高等学校教材

材料研究方法

Materials Analysis Methods

主　编　刘继延
副主编　王德宇　刘志宏

中国教育出版传媒集团
高等教育出版社·北京

内容提要

本书重点介绍光电产业的测试分析技术,紧贴产业需求和科研前沿,主要讲解材料的光学、力学、表面结构、晶体结构等材料特性的测试方法,测试技术包括形貌分析技术、X 射线结构分析技术、其他结构分析技术和性能分析技术。本书的目标是指导读者使用这些测试方法,适度讲解测试原理,侧重测试技巧和数据分析,并结合自身科研经验举例展示如何使用这些方法,培养读者的科研能力。全书共分 4 篇 14 章,适合 48~64 学时教学使用,如果能够同时进行设备操作培训,效果会更佳。

本书可作为高等学校材料类、化学化工类专业相关本科高年级课程和研究生课程的教材,也可供相关工作者参考。

图书在版编目(CIP)数据

材料研究方法 / 刘继延主编;王德宇,刘志宏副主编. -- 北京 : 高等教育出版社,2025.6. -- ISBN 978-7-04-064243-8

Ⅰ.TB3-3

中国国家版本馆 CIP 数据核字第 20253ZH453 号

CAILIAO YANJIU FANGFA

策划编辑	刘　佳	责任编辑	付春江	封面设计	马天驰	版式设计	杨　树
责任绘图	邓　超	责任校对	吕红颖	责任印制	赵义民		

出版发行	高等教育出版社	网　　址	http://www.hep.edu.cn
社　　址	北京市西城区德外大街 4 号		http://www.hep.com.cn
邮政编码	100120	网上订购	http://www.hepmall.com.cn
印　　刷	北京印刷集团有限责任公司		http://www.hepmall.com
开　　本	787 mm×1092 mm　1/16		http://www.hepmall.cn
印　　张	20.5		
字　　数	470 千字	版　　次	2025 年 6 月第 1 版
购书热线	010-58581118	印　　次	2025 年 6 月第 1 次印刷
咨询电话	400-810-0598	定　　价	58.00 元

本书如有缺页、倒页、脱页等质量问题,请到所购图书销售部门联系调换
版权所有　侵权必究
物 料 号　64243-00

前　言

　　本书旨在介绍不同类型材料性能分析仪器的原理、特点、应用范围与分析方法，让这些分析仪器成为教师与学生们学习与研究的有力工具，用于认识材料的功能与特性，指导研究工作。

　　传统的化学分析利用化学反应和其计量关系来确定被测物质的组成和含量，大部分都是利用化学滴定的方式进行的。20 世纪 40 年代以后，随着物理学和电子学的发展，科学家们发现可以利用物质的物理化学性质来研究光、电、热、力、声、磁等物理量变化导致的材料性能变化，建立各种材料性能分析方法，用于定量地了解物质或材料内分子、原子、电子的含量，甚至了解化学反应过程中的物质含量变化。这些定量的监测/检测方法为化学学科、材料学科带来了革命性的变化。20 世纪 70 年代末开始，计算机的大规模应用标志着信息时代的来临，极大地影响与促进了科学技术的发展。计算机的应用可使样品检测、仪器操作和数据处理等过程快速、准确与简便化，使材料性能分析实现数字化与智能化。各种傅里叶变换仪器相继问世，与传统的电子仪器相比，具有更高的灵敏度和扫描速度，同时具有便于与其他仪器联用等更多优势。计算机也促进了数学统计理论的发展，通过材料性能分析与数据分析的结合，发展了化学计量学，让材料性能分析的水平更上一层楼。近年来材料性能分析进一步与生物医学过程相结合，应用于生命过程的研究，成为生物材料检测与临床诊断的必备工具；材料性能分析也可以与化学工业生产过程相结合，用于各种化工流程的实时监测，成为高温、高压等特殊环境下的材料分析方法，为各类材料加工与成型的精确控制提供保障。

　　经过将近一个世纪的发展，材料性能分析已经逐渐发展成一个化学、物理学、生物学、数学、计算机科学等领域通力合作的交叉学科,也变成现代科学研究与工业生产过程中的关键步骤。虽然材料性能分析仪器的主要目标是了解化学特性或物理特性,但是这些分析仪器背后包含了多个学科交叉的科技发展。不同学科的科学家们投入大量的精力对这些分析仪器的检测精度、灵敏度、选择性、重复性进行提高,从而获取更新、更准确的实验数据。而利用这些高灵敏度、高精度的分析仪器进行的科学研究,既可以促进相关理论的验证与发展,又可以促进新材料的合成、发现与改良,从而反过来促进分析仪器的改良与新型分析仪器的发明。所以新型分析仪器的发明与优化,必将更有力地推动科学研究和工业生产的进步,精密测量与精密制造的相互结合与相互促进为人类认识自然、改造自然做出巨大的贡献。

根据材料性能分析仪器的功能,可以将其简单分为以下几类。

1. 形貌观察:透射电镜(TEM)、扫描电镜(SEM/EBSD)、聚焦离子束场 SEM(EBSD)、电子探针(EPMA)、原子力/磁力显微镜(AFM/MFM)、椭偏仪、台阶仪、纳米压痕仪、偏光显微镜、共聚焦荧光显微镜等;

2. 光学、光谱学分析:X 射线光电子能谱(XPS)仪、粉末 X 射线衍射(XRD)仪、单晶 X 射线衍射仪、小角 X 射线散射(SAXS)仪、穆斯堡尔谱仪、圆二色光谱(CD)仪、紫外光电子能谱(UPS)仪、原位紫外-可见光谱(UV-Vis)仪、原位拉曼(Raman)光谱仪、原位红外光谱(FT-IR)仪、和频振动光谱(SFG-VS)仪、变温荧光/磷光光谱仪、上转换时间分辨荧光光谱仪、瞬态吸收光谱仪等;

3. 物质含量分析:有机元素分析(EA)仪、总有机碳(TOC)分析仪、碳硫分析仪、氧氮氢分析仪、辉光放电质谱仪、辉光放电光谱仪、X 射线荧光光谱(XRF)仪、原子吸收光谱(AAS)仪、原子荧光光谱(AFS)仪、飞行时间二次离子质谱(TOF-SIMS)仪、元素测定(ICP)仪、热重-红外色谱联用色谱等;

4. 电磁物性分析:磁性测量(PPMS/MPMS/VSM)仪,四探针电阻分析仪,动态光散射纳米粒度仪及 Zeta 电位检测仪,接触角、表面张力、宽频介电阻抗测量系统、矢量网络分析仪等;

5. 力学分析:旋转流变仪,毛细管流变仪,万能材料试验机,纳米压痕、原位纳米压痕、微米划痕/刮痕测试系统、静态机械热分析(TMA)仪、动态热机械分析(DMA)仪等。

6. 吸附、孔径、比表面积分析:压汞仪、高温高压物理吸附比表面(BET)测试仪、化学吸附仪(TPD/TPR)、动态水蒸气吸附(DVS)仪等;

7. 热分析:比热测定仪(Cp)、同步热分析(TGA-DSC)仪、热重-质谱-红外联用(TG-MS-IR)、热膨胀仪(DIL)、高压差示扫描量热测试(DSC)仪、生物微量热测试(Nano DSC)仪、导热系数测量仪、燃烧热测定仪、锥形量热仪等;

8. 色谱质谱分析:凝胶色谱(GPC)仪、离子色谱仪、气相色谱仪、液相色谱仪等;

9. 核磁共振波谱分析:固体核磁共振(ssNMR)仪、液体核磁共振仪、电子自旋顺磁共振(ESR/EPR)仪等。

本书介绍了十几种主要的材料性能分析仪器及相关的分析方法,用于了解材料的化学特性或物理特性,但是材料性能分析方法并不只限于本书中介绍的分析仪器和分析方法。希望本书能为读者打开一扇窗口,让大家可以在本书的基础上,继续开阔视野,探索材料研究方法相关的化学、物理学、生物学、数学、计算机科学等学科交叉的广大领域,在学习与工作中更上一层楼。

参与本书编写的人员有江汉大学高淑豫(第 1 章)、李博文(第 2 章)、王迅昶(第 3 章)、何荣祥(第 4 章)、万明(第 5 章)、余韵(第 7 章)、胡成龙(第 8 章)、魏锋(第 9 章)、刘志宏(第 10 章 10.3 节)、刘学清(第 11 章)、肖标(第 12 章)、刘翠(第 13 章)、王德宇(第 6 章 6.4 节和第 14 章),国家纳米中心贺蒙(第 6 章 6.1~6.3 节),中国科学院长春应用化学研究所刘勇刚(第 10 章 10.1~10.2 节),唐一涵绘制了本书部分插图。全书由刘继延负责统稿并担任主编,王德宇与刘志宏辅助统稿并担任副主编。

限于编者水平,书中难免有纰漏之处,敬请读者不吝赐教!

编　者

2024 年 10 月

目　录

第一部分　形貌分析技术

第四部分　性能分析技术

第一部分
形貌分析技术

第1章
扫描电子显微镜与能谱仪分析技术

扫描电子显微镜（scanning electron microscope，SEM，简称扫描电镜）具有分辨力高、景深大、制样简单、易于操作等优势，外加各种功能强大的扫描电镜附件（如能谱仪、波谱仪等）也极大地提高了扫描电镜的综合分析能力，不仅可以同时进行微观形貌、微区成分分析，还能应用于晶体材料表征。因此，扫描电镜在科学研究、工业生产、刑侦检测方面均能发挥巨大作用。

1.1 扫描电镜的发展和种类

光学显微镜的出现为人们打开了认识微观世界的大门，但因其分辨力受可见光波长限制，无法满足人们更细微的观测需求，于是采用短波长的电子束作为照明源的电子显微镜便应运而生。透射电镜较扫描电镜更早出现，透射电镜利用电子束透过薄样品直接成像，薄样品制备非常麻烦，成本很高。扫描电镜通过电子束进行扫描成像，信息获取丰富，且制样简单、操作容易，所以扫描电镜的应用更广泛。

扫描电镜的种类很多，主要有钨灯丝/六硼化镧扫描电镜、冷/热场发射扫描电镜、扫描透射电子显微镜、冷冻扫描电镜、低真空扫描电镜、环境扫描电镜、扫描隧道显微镜等。

1.2 扫描电镜的相关理论知识

1.2.1 分辨力

分辨力又称"分辨率"，指能够分辨两个物点的最小距离。距离物点 25 cm，且在正常照明条件下人眼分辨力为 0.2 mm。

根据瑞利判据，显微镜的分辨力 d 可表述为

$$d = \frac{0.61\lambda}{n\sin\alpha} \tag{1-1}$$

式中，λ 为光源波长；n 为显微镜系统内介质的折射率；α 为透镜孔径半角。

在扫描电镜中，镜筒是真空环境，$n \approx 1$；α 很小，故 $\sin\alpha \approx \tan\alpha \approx \alpha$，瑞利判据可改为

$$d \approx 0.61\lambda \tag{1-2}$$

电子具有波动性，根据德布罗意波长公式：

$$\lambda = \frac{h}{mv} \tag{1-3}$$

在电子枪的加速电场中，电子受电镜加速电压 U 作用，其运动速度由 0 至 v，其能量公式为

$$eU = \frac{1}{2}mv^2 \tag{1-4}$$

式中，h 为普朗克常量；m 为电子的静止质量；e 为电子电荷量。

最后可得

$$\lambda = \frac{1.226}{\sqrt{U}} \tag{1-5}$$

上述公式忽略了相对论修正。

由式(1-5)可知：电子束波长与加速电压有关；加速电压越高，电子束波长越短，越有利于提升仪器的分辨力。

1.2.2　放大倍率

1. 有效放大倍率

借助仪器把物点的像放大，使之达到人眼分辨力能接受的程度，该仪器的放大倍率称为有效放大倍率($M_{有效}$)：

$$M_{有效} = r_e/r_0 \tag{1-6}$$

式中，r_e 为人眼分辨力；r_0 为仪器分辨力。

从式(1-6)可知，仪器的分辨力越高，有效放大倍率就越高，可观察的细节就越显著。如果忽视电镜的实际分辨能力而盲目地增大放大倍率，图像上的细节并不清楚，这种放大没有实际意义，只是"空放大"。因此我们评价扫描电镜的首要指标是分辨力，而不是放大倍率。

2. 图像放大倍率

扫描电镜的图像放大倍率 M 是所用显示屏中的实际成像区域边长 D 与电子束在样

品上偏转所扫过的同方向距离的长度 d 之比,即 $M=D/d$,如图 1-1 所示。

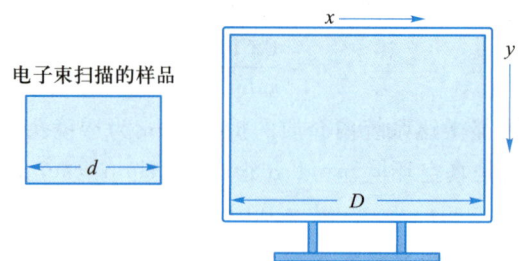

图 1-1　电子束扫描的样品及与之对应的图像

图像放大倍率基本取决于显示器偏转线圈的电流与电镜扫描线圈的电流之比。在实际工作中,通常维持前者不变,通过调节电镜扫描线圈的电流大小就能方便地改变电镜的放大倍率。

1.2.3　像差

像差分为离轴像差和近轴像差。前者可通过电镜合轴消除,所以通常可忽略这种像差;后者包括衍射差、球差、色差和像散,这四种像差是同时存在的,会使聚焦后的电子束斑尺寸变大,图像分辨力变差。像散可利用消像散器消除,其他像差难以消除,但可通过小孔径光阑、提高电源稳定性和选用短波电子束减弱。

1.3　扫描电镜的结构及功能

扫描电镜是由电子光学系统、信号探测处理系统、图像显示记录系统、电源系统和真空系统等部分组成,如图 1-2 所示。除去真空、电源等辅助系统外,下面为大家介绍扫描电镜的主要组成部分。

1.3.1　电子光学系统

电子光学系统由电子枪、聚光镜/光阑、物镜/光阑、扫描偏转系统、消像散器等部件构成。电子光学系统的作用就是提供扫描电子束,并且要求在电子束斑尺寸尽可能小的前提下使束流最大且稳定。

1. 电子枪

电子枪是发射和加速电子束的装置,根据电子发射方式不同,电子枪分为热发射和场

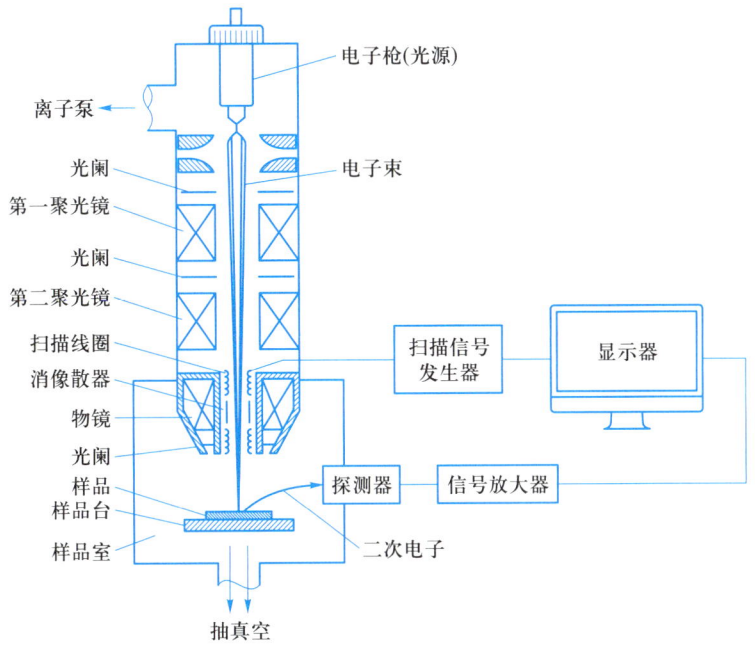

离子泵

电子枪(光源)

光阑

电子束

第一聚光镜

光阑

第二聚光镜

扫描线圈

消像散器

物镜

光阑

样品

样品台

样品室

扫描信号
发生器

显示器

探测器

信号放大器

二次电子

抽真空

图 1-2　扫描电镜结构图

发射两种类型。热发射电子枪三级结构分别为阴极、栅极、阳极,场发射电子枪三级结构的主体分别为阴极、第一阳极、第二阳极。这两种电子枪的电子源在电镜中均为电场阴极。电子枪结构设计及用材上的差异导致了它的本征亮度不同,从而对扫描电镜的分辨力产生决定性的影响。因此扫描电镜一般按照电子枪的类型进行分类。

　　热发射电子枪采用阴极高温方式发射电子。根据阴极材料不同可分为钨阴极电子枪和六硼化镧(LaB_6)阴极电子枪。在电子枪亮度和电子源直径方面,LaB_6 阴极更具优势,但是它成本相对较高。虽然热发射电子枪真空要求低、价格便宜,但电子源的亮度、最大束流强度、能量分散度等方面均不如场发射电子枪,因此高分辨力电镜都采用场发射电子枪作为电子源。

　　场发射电子枪通过场致发射效应使阴极尖端发射电子。场发射又有冷场发射和热场发射(或称肖特基发射)之分。冷场发射阴极无须加热,选定的钨阴极晶体通常为(310)晶面;热场发射阴极需要辅助加热,选定的钨阴极晶体通常为(100)晶面,且表面涂覆氧化锆。相较而言,冷场发射的束流密度、电子源尺寸、亮度、能量扩展范围等方面更有优势,因此冷场发射电子枪有利于高分辨力成像,但是它的束流稳定性较差,需要经常进行"Flashing";热场发射的总束流和束斑都比冷场大,而且稳定性较好,故更适合用在成分和晶体取向分析类的附件上,如能量色散 X 射线能谱仪(EDS)、电子背散射衍射(EBSD)。这几种电子枪的性能比较可参看表 1-1。

表1-1　几种类型电子枪的性能比较

阴极材料	热发射		冷场发射	热场发射
	W	LaB_6	W(310)	$W(100)/ZrO_2$
工作温度/K	2800	1900	300	1800
电子源直径/μm	20~40	7~15	0.003~0.006	0.015~0.03
稳定束流/%h^{-1}	0.1	0.2	5	<0.5
最大束流/nA	<1000	<1000	<20	<200
发散能量/eV	1.5~2	0.8~1	0.2~0.5	0.5~0.8
使用寿命/h	50~100	~1000	>2000	~2000
真空度/Pa	<10^{-3}	10^{-5}~10^{-4}	<10^{-8}	<10^{-7}

2. 聚光镜、物镜和光阑

电子枪发射出的电子束束斑尺寸较大,只有通过聚光镜、物镜等部件才能大幅度缩小束斑,得到"极细"的电子束。聚光镜和物镜一般都采用电磁透镜(通电线圈产生的磁场所构成的透镜),通过改变线圈电流大小来调节磁场强弱,从而改变焦距,以达到聚焦的目的。扫描电镜通常有一到两组聚光镜,一般为轴对称结构。物镜是决定电子束最终束斑尺寸的末级透镜,不仅要保证会聚质量,还要留足够空间放置扫描线圈、消像散器、探测器等,因此它比聚光镜更复杂也更重要。现代物镜设计成倒圆锥形,可以很完美地满足上述要求。光阑对电子束起限制作用,镜筒中通常还设置有3~4个光阑。一些机型的聚光镜光阑、物镜光阑是可通过镜筒外部手动调节的多孔可变光阑。聚光镜、物镜、光阑三者搭配可控制电子束的尺寸、强度和会聚半角。

3. 扫描线圈

扫描线圈的作用是产生交变磁场,驱动电子束在样品表面做光栅扫描。扫描线圈分上下两组,根据机型不同,设置在第二聚光镜和物镜之间或者在物镜内。扫描系统由扫描线圈、同步扫描信号发生器、放大倍率控制电路组成。扫描系统除了实现同步扫描作用外,还能通过调节扫描线圈中的驱动电流大小来改变电子束的扫描幅度以获得不同放大倍率的扫描图像。

4. 样品室

扫描电镜的样品仓位于物镜的下方,空间较大,用于安装样品台和多种不同检测功能的探测器。现代样品台一般可执行五种方向移动:水平(X,Y)、竖直(Z)、旋转(R)、倾斜(T)。有些电镜样品台可以完全自动化操作,有些电镜的Z轴和T轴为手动调节。样品的Z轴移动是在改变工作距离,移动范围通常为2~50 mm,Z轴调节距离越大,观察视野越大。

1.3.2 信号探测处理及图像显示记录系统

信号探测处理及图像显示记录系统是由探测器、信息处理系统、信号放大系统以及显示器组成,其作用是收集样品在高能聚焦电子束作用下所激发的各种信号,经放大、转换后将样品信息以图像的形式呈现出来。不同的物理信号需要不同类型的探测器进行探测。根据探测器用途不同,常用的探测器分为以下几种:

1. 二次电子探测器

E-T 电子探测器(以 Everhart 和 Thornley 命名)是用于检测二次电子的主流探测器,由收集器(又称法拉第筒)、闪烁体、光导管、光电倍增管和前置放大电路组成,也可用于检测透射电子和高能背散射电子。从其原理看,是一种通过光电转换的闪烁体探测器,信号强度正比于探测到的电子数量。如果在收集器上加略高于 200 V 的正偏压,可吸引大部分的二次电子;如果在收集器上加 50 V 负偏压,所有二次电子被排除,只能收集小部分高能背散射电子。这种情况下获得的背散射电子信号衰减较多,图像质量较差。

近几年来,高分辨力的场发射扫描电镜中不仅都安装了这种二次电子探测器,而且还会加装透镜内(In-lens)探测器或穿过透镜的二次电子探测器(TLD-SED 或 TL-SED),这样不仅能够提高二次电子的收集率,还能改善图像的信噪比和分辨力,特别是低加速电压时的图像对比度和分辨力,都能得到明显提高。

2. 背散射电子探测器

除了前面介绍的带负偏压的 E-T 探测器,目前常用的背散射电子探测器是环状硅基半导体探测器,也可称为固态探测器(SSD)。SSD 的主要部件是硅面垒探测器或金-硅面垒探测器,由肖特基二极管或 PN 结二极管组成。它是利用入射的高能电子在半导体硅中电离产生电子-空穴对的原理来工作的。能量较小的二次电子很难在探测器中激发电子-空穴对,而能量较高的背散射电子可激发大量的电子-空穴对。同样的加速电压下,电子-空穴对的产量和背散射电子强度具有一定的对应关系,由此产生对应的电信号,经放大处理后在显示器上形成样品的背散射电子图像。另外一种背散射电子探测器称为 Robinson 探测器,由大面积的闪烁晶体与光电倍增管组成,利用置于物镜下方大立体角的闪烁体收集背散射电子。其信噪比和分辨力最好,但它的成本比半导体型探测器高,占用样品仓的空间也较大。

3. X 射线探测器

X 射线探测器的结构和原理类似背散射电子探测器,具体内容将在后面详细讨论。

1.4　扫描电镜的工作原理

扫描电镜的结构如图 1-2 所示,电子枪阴极尖发射出电子束,在加速电压作用下,经过聚光镜/光阑、扫描线圈、物镜/光阑,最终形成一束极细的高能电子束并在样品表面做有序的光栅扫描。在电子束与样品相互作用的过程中产生各种信号(如二次电子、背散射电子、吸收电子、X 射线、俄歇电子等)被相应的探测器探测,经放大、调制后在显示屏上显示出该扫描区域所对应的图像衬度,以此来表征和分析样品。其中聚光镜、光阑、物镜控制电子束的尺寸和强度,扫描线圈操纵电子束从左到右、从上到下、逐点、逐行依序在样品上进行光栅扫描。

扫描作用原理如图 1-3 所示。扫描电镜成像过程中,扫描信号发生器同时控制镜筒中的扫描线圈和显示器的扫描装置,确保电子束在样品上的扫描与显示器上的扫描完全同步,因此样品表面出射信号的位置与显示器上图像各点的位置一一对应,并且出射信号强度与样品的表面特征有关。扫描电镜就是采用这种逐行扫描、逐点成像的方法把样品表面和亚表面发出的不同信息特征的信号按顺序依次成比例地转换为显示屏对应点的亮度,从而形成扫描电镜的图像。

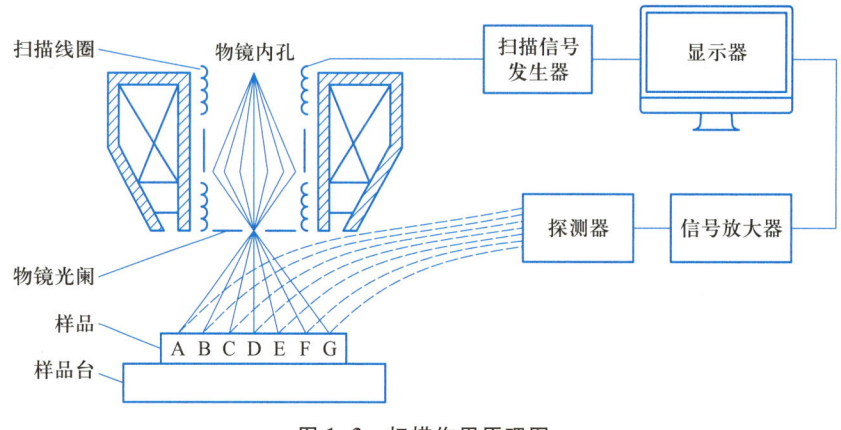

图 1-3　扫描作用原理图

1.5　扫描电子信号

高能电子束入射电子与样品原子发生相互作用时产生一系列的弹性散射和非弹性散射,使得入射电子在样品内部扩散,直至电子逸出样品或能量完全损失为止,同时伴有各种信号产生,如二次电子、背散射电子、特征 X 射线、俄歇电子等。它们产生于相互作用区的不同范围(图 1-4),且具有不同的能量(图 1-5),并能反映样品的形貌、结构和成分的信息。

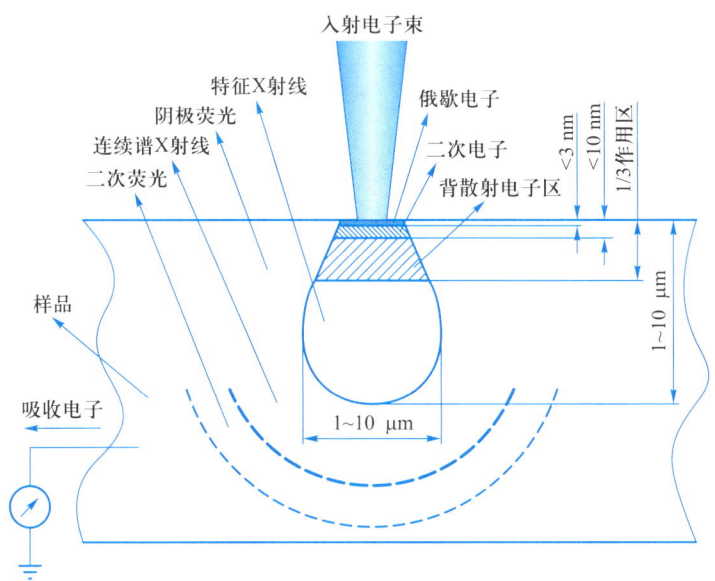

图 1-4 相互作用区内主要信号电子产生范围

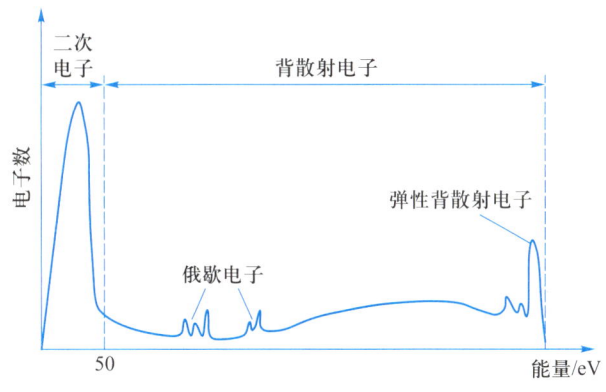

图 1-5 信号电子的能量谱图

1.5.1 二次电子

入射电子与样品原子的外层电子发生非弹性散射,一部分损失的能量激发外层电子形成自由电子,克服材料的逸出功离开样品,成为二次电子(secondary electron,SE)。一般二次电子的能量低于 50 eV(图 1-5)。由于二次电子能量很低,能够逸出的二次电子仅限于样品表层(深度一般距表面小于 10 nm),且逸出时无明显扩散,因此二次电子逸出范围与入射电子束的束斑直径相当,因此二次电子的成像分辨力很高,可以完全反映样品表面的形貌特征。

1.5.2   背散射电子

入射电子与样品的原子发生散射后,累积的总散射角大于 90° 而离开样品表面的入射电子称为背散射电子(back-scattered electron,BSE),其能量一般大于 50 eV。这部分入射电子离开样品前经历的散射次数不同,导致各自损失的能量不同,因此背散射电子的能量分布宽,从 50 eV 到接近入射电子能量 E_0(图 1-5)。原子核的库仑强度与原子序数有关,样品元素的原子序数越大,原子核对入射电子的弹性散射就越强,被背散射电子产生的概率就越大,所以它可以反映样品成分信息。另外,入射电子只有到达样品内部某个深度后才能进行充分的散射,使其反向射出离开样品产生背散射电子,因此背散射电子带有样品某个深度范围的形貌和成分信息,其深度范围大约在 1/3 的相互作用区内(图 1-4)。

1.5.3   特征 X 射线

当入射电子与样品原子的某内层电子发生非弹性散射时,内层电子被激发,内层上出现空位,一系列外层电子向内层空位跃迁,多余的能量以产生一系列特征 X 射线(characteristic X-ray)的形式释放。特征 X 射线能量等于在上述跃迁过程中相关壳层间的临界激发能之差,与元素相关,所以被称为特征 X 射线。通过探测特征 X 射线能量可以反映样品中元素组成和变化。由于特征 X 射线能量非常高,即使样品内部深处产生的信号也能出射至表面,从而被 X 射线能谱仪探测到,特征 X 射线的产生范围包括了整个入射电子与样品原子的相互作用区(图 1-4)。

1.5.4   连续 X 射线

如果入射电子在原子核势场中减速,其能量不断衰减,损失的能量以 X 射线形式释放出来,X 射线的能量在从零到入射电子能量范围内变化,所以这种类型的辐射被称为连续 X 射线(continuum X-ray)辐射或韧致辐射,有的文献也称之为制动辐射或白色辐射。它的能量与样品的材料性质无关,是一种非特征辐射。在能谱分析中,它们构成能谱图的背底。

1.5.5   俄歇电子

如果特征 X 射线从样品内出射的过程中又被原子吸收,使原子内的电子产生电离,释放出某一壳层的低能电子,就是俄歇电子(auger electron)。俄歇电子主要来自样品 0.5~2 nm 的深度,是材料表面化学分析的主要信号。由于俄歇电子产额少、信号弱,真空条件要求极高,因此不适用于一般的扫描电镜。做表面分析可采用俄歇电子显微镜。

除了上述信号,入射电子与样品相互作用还会产生透射电子、吸收电子、阴极荧光、二次荧光等。

1.6 扫描电镜图像

在扫描电镜中,由于样品存在微区特征(形貌、成分、晶体结构或取向等)的差异,导致高能聚焦电子束与样品相互作用所产生的各种物理信号(二次电子、背散射电子、特征 X 射线等)的强度不同,使得显示屏上出现亮度不同的区域,从而获得图像的衬度。形貌衬度和成分衬度是两种最基本的图像衬度。本小节将介绍扫描电镜中常见的图像衬度和其成因以及二次电子像和背散射电子像的特点。本小节中二次电子和背散射电子统称为信号电子。

1.6.1 扫描电镜图像衬度及其成因

由前面介绍可知,样品的微区特征差异导致信号强度不同,从而产生图像衬度。而信号强度的大小与探测器转换电子信号的多少有关。因此,讨论扫描电镜图像衬度时,不能把样品和探测器孤立考虑。扫描电镜中常用的探测器有 E-T 电子探测器和固态探测器(SSD)。

E-T 电子探测器可探测大部分的二次电子和少部分的高能背散射电子,信号强度正比于探测到的信号电子数量。显然样品产生信号电子数量越多的区域对应图像的位置就越亮,反之越暗。样品尖凸处产生的信号电子产量多于凹坑处,即形貌差异导致衬度产生。二次电子像和背散射电子像都有形貌衬度。

SSD 用来探测背散射电子,信号强度正比于电子−空穴对的产量,而电子−空穴对的产量正比于探测到的背散射电子能量。故信号强度与探测到的背散射电子能量成正比,而样品中重元素相较轻元素产生的高能背散射电子比例更大,即元素差异导致衬度,因此背散射电子像具有成分衬度。

另外,信号电子出射的角度正对或背离探测器也会引起信号强度差别。

综上,信号电子的数量、出射角度、能量的不同以及探测器的位置、类型都会引起信号强度变化而产生衬度。注意,讨论样品衬度的前提是样品本身的性质确实具有差异。还有,人眼能够从显示屏上察觉出的最小衬度值为 5% 左右,低于该值的图像衬度则无法分辨。下面探讨常见的扫描电镜图像的特性。

1.6.2   二次电子像

二次电子能量低、逸出深度浅(距离样品表面小于 10 nm),并且逸出范围与入射电子束的束斑直径相当,因此二次电子像分辨力很高,具有形貌衬度,能够很好地反映样品表面的形貌特征。

样品表面形貌可看成由许多与入射电子束构成不同倾斜角度的微小形貌所组成。这些微区倾角不同的部位所产生的二次电子数量各不相同,导致这些部位在图像上亮暗不一,从而获得形貌衬度。微区倾斜角度越大(如有尖端、棱边、边缘等细节),入射电子束穿过的距离更长且作用区更贴近浅表层,导致二次电子大量产生且更易逸出,从而使二次电子产额更大、信号更强,该微区细节的图像就越亮。

由于二次电子的能量低,用 E-T 探测器探测时,探测器前端的收集器施加的正偏压可把大部分二次电子吸引过来,包括部分的背向探测器的二次电子。所以二次电子像的阴影效应不明显,背向探测器部位的图像较暗,但细节仍然清晰。

因此二次电子像可显示形貌衬度且分辨力高、阴影效应不明显、景深长、立体感强,是扫描电镜中最主要和最常用的成像方式。

1.6.3   背散射电子像

背散射电子像可以用来显示形貌衬度,但是背散射电子的产生区域远大于二次电子,背散射电子像[图 1-6(a)]的空间分辨力远逊于二次电子像[图 1-6(b)]。

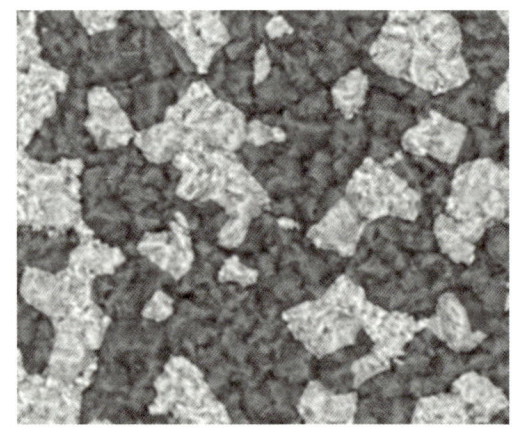

(a) 背散射电子像   (b) 二次电子像

图 1-6   锡铅镀层形貌像

由于背散射电子的方向性较强,对探测器的朝向更敏感,因此只有出射方向正对着探测器的背散射电子才可以被探测器所收集,并且在背散射探测器有效面积所覆盖区域内的立体角越大,其接收的效率越高,所成的图像分辨力和信噪比也会越好。

背散射电子像也可以用来显示成分衬度。在通常电压下,背散射电子产额 η 随着原子序数 Z 的增高而增加,因此背散射信号可以用来反映样品成分衬度。如果样品是由几种不同元素组成的化合物,背散射电子信号强度与样品的平均原子序数有关,平均原子序数越高,背散射电子信号强度越强,图像区域就越亮,如图 1-7 所示。平均原子序数 Z 的计算方法为

$$Z_{均} = \sum W_i Z_i$$

式中,W_i 为元素 i 的质量分数,Z_i 为元素 i 的原子序数。

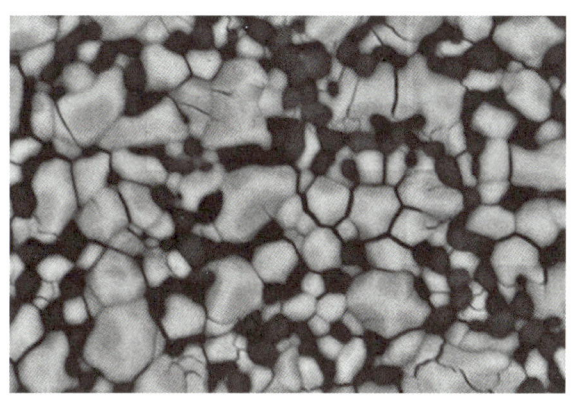

图 1-7　MgO-Y₂O₃ 复相陶瓷的背散射电子像

但是对于均质样品,即使样品中的原子序数和含量相差大,也得不到成分衬度像。如果样品光滑平整且为均质样品,则观察不到任何衬度。因此分析样品时,若为了突出样品原子序数衬度,一般需要对样品进行研磨抛光,减少微区形貌的影响。

总之,背散射电子像不仅可以用于分析样品表面形貌特征,还可用于显示样品表面和亚表面化学组分的成分衬度像,在一定的范围内能对样品表面的化学组分分布进行粗略的定性分析。

对于多元素非均相样品,背散射电子像和 X 射线能谱分布图(图 1-8)都可以表现出

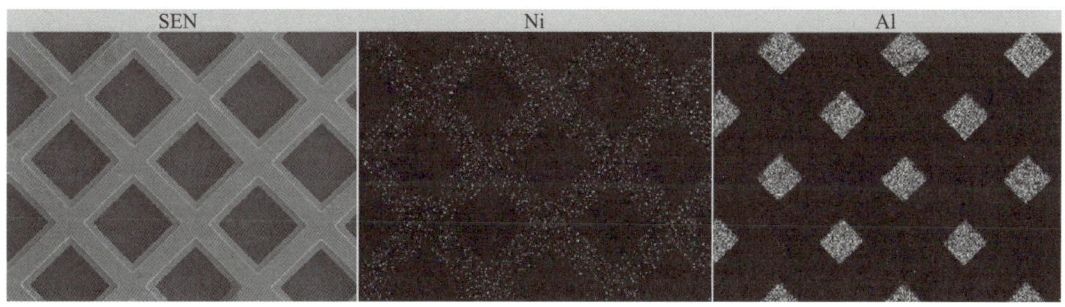

图 1-8　Ni-Al 网格的元素 X 射线能谱分布图

衬度,但是背散射电子像只能通过图像衬度反映平均原子序数的差异,并不能指明不同亮度区是何种元素或者含有哪些元素。

1.7   扫描电镜图像质量和样品制备

在扫描电镜中,高质量的图像应该具备三个特点:分辨力高、衬度适中、信噪比好。其中分辨力是最重要的指标。全面了解影响图像质量的各种因素和它们之间的关系,对充分发挥仪器的性能是非常必要的。

1.7.1   影响图像质量的相关因素

1. 仪器的水平和环境影响

很明显,仪器水平的不同,分辨力就会有差异,例如高亮度的场发射扫描电镜比钨灯丝扫描电镜更易拍摄高分辨图像。另外,仪器所处的周围环境也会影响仪器的分辨力。例如室温的变动、循环水温度的波动,特别要注意的是外界振动和电磁场干扰,很容易造成图像轮廓粗糙或图像扭曲。因此扫描电镜实验室的环境必须符合仪器安装规定的各项要求。

2. 样品因素

如果样品没有衬度差别,扫描电镜是无法显示样品细节的。如果样品细节丰富,但是制备不当,导致样品表面存在污染、粉末样品堆积、镀膜过厚等掩盖了细节信息,同样也会影响图像质量。

3. 操作水平

面对一台高性能的且工作状态良好扫描电镜时,使用者的操作水平会直接影响仪器性能发挥,从而导致图像质量有别。

1.7.2   样品制备

样品制备是扫描电镜测试中重要的步骤,它直接影响观察效果、图像质量。只有制备的样品具有"热稳定性好、导电性强以及二次电子和背散射电子产率高"等特点才能获得好的图像。因此,待测样品如果不满足上述特点,需对样品进行处理,使之符合要求。另外须注意,有些扫描电镜禁止测试磁性样品。对于一般样品,制样流程如下:

1. 制样

块状样品的尺寸不宜过大,最好不超过 5 mm×5 mm。如果是截面观察,须将样品断开。脆性材料可直接掰断或敲断,柔性材料可通过液氮冷冻脆断。有些样品的表面、断口需要通过侵蚀处理,才能暴露所需观察面。样品如果黏附油污、碎屑等杂质,不可直接观察,可先用洗耳球或压缩空气吹拂,再将样品用乙醇进行超声清洗,直至表面干净,最后烘干备用。

2. 样品粘贴

通常用导电双面胶或液体导电胶将样品粘贴于样品台上,要保证样品粘贴牢固,根据样品不同状态采用不同的粘接方式。如果块状样品底部平整,直接把样品压紧贴合在导电胶带上;样品底部不平整,则使用液体导电胶填满缝隙。如果样品本身导电性差并且较厚,则还需要做"搭桥处理",避免荷电。制备粉状样品时要确保粉末与样品台粘牢,避免粉末污染电镜。如果粉末样品团聚严重,可以把粉末样品放入乙醇或水中进行超声分散,然后移取少量滴在玻璃片、硅片或导电胶带上,待溶剂挥发后即可。

3. 镀膜

对于导电性不好的样品,可考虑进行镀膜处理,也就是人们常说的"喷金"。常用的镀膜方法有真空蒸镀、离子溅射。实验室选择较多的是离子溅射镀膜法。镀膜材料一般为 C、Cr、Au、Pt 或其合金。C 膜均匀性好,导电导热效率高且材料经济,但 C 膜的二次电子产率低,不适合高倍图像的分析。Au 膜二次电子产率高、覆盖性好,镀膜容易,但是 Au颗粒较大,并且容易出现"岛状结构",适用于中低倍(2 万倍)以下图像的观察。而 Pt 和Au-Pd 合金膜的颗粒较细且结构特征不明显,适用于高分辨率图像。如果要求更高倍率(至少 20 万倍膜层结构不能显现)的观察,可采用高真空镀 Cr。

1.8 扫描电镜操作要点

现代扫描电镜的很多操作可通过软件程序控制,使用起来相对简单。但是要想获得高品质图像,使用者除了要掌握基本电镜操作,还要了解主要操作步骤对仪器性能的影响,并且根据样品的情况和研究目的,选择合适的仪器工作条件和参数,进行熟练操作。

1.8.1 仪器调校

扫描电镜调校需要进行电子光学系统合轴,它是电镜保持最佳工作状态的前提。合轴一般包括电子束对中、透镜合轴、物镜光阑合轴、消像散器中心调整,使电子束沿电子枪、聚光镜、物镜和光阑的轴线穿行。合轴好的系统成像清晰,进行聚焦操作时图像不会出现偏移。电镜合轴并不是每次电镜操作过程都必须执行的,当更换新灯丝、调节加速电压后需要进行合轴操作。

1.8.2　聚焦、消像散和拍照

聚焦、消像散是最基本的操作。聚焦遵循"高倍聚焦,低倍拍照",即在高于所需拍摄倍数 2~3 倍的放大倍数下完成聚焦,然后回至所需拍摄倍数下拍照,这样拍摄的图片更加清晰;当样品某个区域要拍摄一系列高低倍的组合图像时,一般先从高倍拍摄以减少聚焦次数。

消像散时首先调节聚焦,然后分别调节消像散器的旋钮,将图像尽量调节清晰;再次聚焦确定更精确的正焦位置,再一次调节像散。如此多次交替操作直至图像最清晰。消像散时最好选用特征清晰且衬度较大的样品作为参照物。

聚焦和消像散调节好后,选择拍照模式。通常电镜设有快扫、慢扫、线积分扫描模式等。线积分扫描模式的扫描时间和清晰度介于快扫和慢扫模式之间,对荷电和电子束损伤的抑制也介于两者之间。一般遵循"低倍快扫、高倍慢扫"的原则,同时也要注意样品的导电性和对电子束的敏感性,选择合适的拍照模式。

1.8.3　仪器参数选择

扫描电镜可变换的参数很多,了解仪器参数对图像的影响对于参数选择具有指导意义。下面总结各种常用参数对图像的影响。

1. 加速电压

加速电压的大小决定了入射电子能量的高低,是最重要的参数之一。扫描电镜从最高加速电压(通常 30 keV)到最低加速电压(通常小于 1 keV),理论上分辨率降低,二次电子产额增大,作用区深度减小,有较好的形貌衬度;电子束敏感样品的损伤减小;不导电样品的荷电现象减弱。

2. 束流

小束流可以提高图像分辨率,但降低了信噪比;大束流则提高图像信噪比,图像分辨率下降,使电子束敏感样品损伤增大,弱导电性样品荷电现象增强。

3. 物镜光阑孔径

光阑孔径变小,景深就会变大,图像立体感变强,束斑变小,图像分辨率提高,但是信噪比变差。

4. 工作距离

工作距离(WD)是指样品表面与物镜之间的距离。工作距离越远,景深越大;工作距离越近,分辨率越高。

5. 扫描速度

扫描速度越快,噪声越大,电子束对样品损伤越小;扫描速度越慢,图像越清晰,噪声越小,不导电样品的荷电现象越严重。

由上可知,图像分辨率、衬度和信噪比等条件是相互联系又相互制约的。使用者需要明确观察目的,结合成像要求选择合适的参数。

1.9　扫描电镜测试时常见问题及解决方案

使用扫描电镜观察样品时,偶尔会出现一些反常情况:荷电、电子束损伤、样品污染等。这些情况会干扰观察,影响图像质量。

1.9.1　荷电

扫描电镜的入射电子束与导电性不良的样品作用时,入射电子束在样品表面累积电荷形成静电场,影响该部位二次电子(甚至背散射电子)的产生和接收,使得样品表面形貌像出现异常亮、异常暗及表面被磨平的现象。这种异常现象就是样品的荷电现象。荷电解决办法如下:

(1)根据样品特点正确制样,避免样品堆积;

(2)镀膜;

(3)仪器参数选择:低加速电压/低束流/工作距离较大/快速扫描模式(CSS/TV 模式);

(4)利用背散射电子成像;

(5)选择低角度探测器。

在实际操作过程中可能某一应对样品荷电的方法并不能带来完美的结果,复合使用几种消除荷电的方法,可有效解决样品荷电问题。

1.9.2　电子束损伤

用扫描电镜观察高聚物、生物样品和熔点低的样品时,样品出现鼓包、变形、歪曲、发黑等情况,说明样品很可能受到电子束损伤。改善办法可采用镀膜、加大工作距离、快速扫描、降低束流、使用冷阱等。

1.9.3   碳污染

在进行高倍率聚焦和消像散之后,当缩小倍率准备拍摄时,常常可以见到在高倍率调整的位置,出现一个黑色方块,这就是碳污染现象。碳污染产生的主要原因是样品表面附着的污染物是由碳、氢、氧原子所构成的化合物,受电子束轰击后发生了碳化。消除或减弱碳污染的措施包括:

(1)清洁样品表面,采用加热、离子清洗或者紫外清洗的方式;

(2)仪器操作:增大加速电压、采用下探测器;减少高倍聚焦时间;

(3)使用冷阱。

1.10   能谱仪分析技术

能量色散 X 射线能谱仪(energy dispersive X-ray spectroscopy,简称 EDS),作为扫描电镜常用的附件,通过检测样品被激发的特征 X 射线能量进行样品微区成分分析。

1.10.1   X 射线辐射及应用

特征 X 射线产生机理参见 1.5.3,即高能聚焦电子束与样品相互作用,样品原子的内层电子被激发产生空位,外层电子填充空位,能量差以产生特征 X 射线和俄歇电子形式释放出来。

1. Moseley 定律

特征 X 射线能量是由原子中电子跃迁始、终态的能量差所决定的,由于每种元素原子的电子层排布和壳层能量差是特定的,所以特征 X 射线的能量可以标识谱线。早在1913 年,英国物理学家 Moseley 推导出特征 X 射线能量 E 与原子序数 Z 之间的函数关系

$$E = A \cdot (Z - C)^2 \tag{1-8}$$

式中,A 和 C 为 X 射线谱线系相关常数。由式(1-8)可知,所产生的特征 X 射线谱线与原子序数是一一对应的。如果检测到特征 X 射线的能量,那么产生该射线的元素就可以确定,这是能谱仪利用特征 X 射线对材料进行元素成分分析的理论依据。

2. 特征 X 射线谱线系及 EDS 中谱峰

特征 X 射线一般根据被填充的电子层和用来填充的电子层来命名,例如:当 K 层电子空缺,若 L 层电子跃迁填充,则产生 K_α 射线;若 M 层电子填充则为 K_β 射线,其他则为

K_γ 射线,这些特征 X 射线统称为 K 系谱线;当 L 层电子出现空缺,M 层及外层电子跃迁填充,产生的线系 L_α、L_β 等为 L 系谱线,如图 1-9 所示。

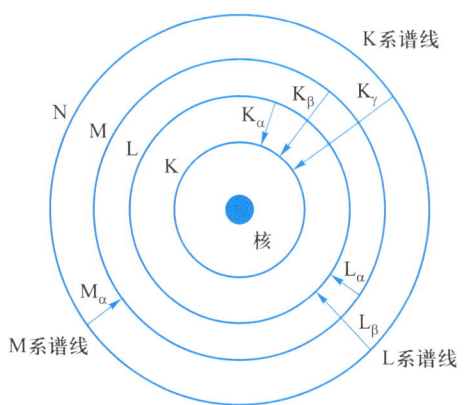

图 1-9　X 射线的命名示意图

由于同一电子层的亚层具有的能量并不相同,因此同名谱线产生的能量也略有差别,例如同为 K_α 射线可分为 $K_{\alpha1}$ 和 $K_{\alpha2}$,这些射线能量相近,受 EDS 能量分辨率所限,无法将它们分辨开,所以能谱图中只显示出一条 K_α 谱峰,出现在两者能量之间。

对于同一个原子,各不同层次谱线的能量关系为:$M_\alpha < L_\alpha < K_\alpha$。在同一线系中,每条谱线辐射的能量并不同:$K_\alpha < K_\beta$,$L_\alpha < L_\beta$,因此在能谱图中,$K_\beta$ 谱峰一定出现在 K_α 谱峰的右边;每条谱线产生的概率也不同,即"权重"不同。K 线系内各权重为 $K_\alpha : K_\beta = 1 : 0.2$,L 线系内各权重为 $L_\alpha : L_\beta : L_\gamma = 1 : 0.2 : 0.1$。能谱图中各谱线权重表现为谱线峰高比,因此 K_β 谱峰的高度总比 K_α 谱峰矮,这些特点都有助于识别谱图中的谱峰,如图 1-10 所示。

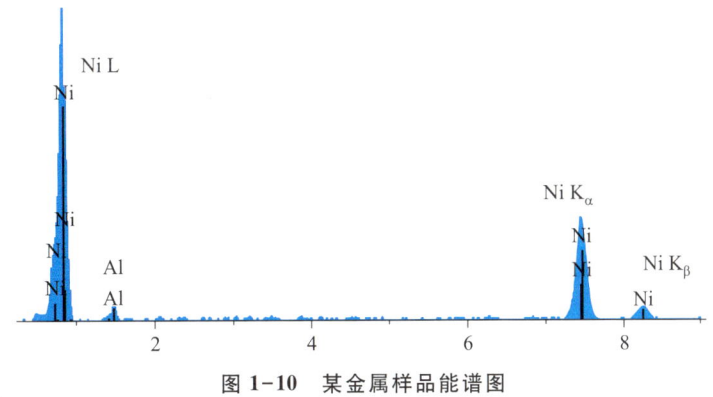

图 1-10　某金属样品能谱图

当入射电子与样品原子相互作用时,除了产生特征 X 射线、俄歇电子外,还会产生连续 X 射线,它是入射电子受原子核电场作用而减速所产生的,其能量损失是连续变化的,这种类型的辐射称为连续 X 射线辐射或韧致辐射,也有文献称之为白色辐射,是一种非特征辐射,它的能量或波长与样品的材料性质无关。连续 X 射线辐射构成能谱图的背底,见图 1-11。如果样品中某个元素含量较低,其特征谱峰的强度可能被背底谱掩盖了,就检测不到这个元素,这就是能谱仪探测限不高的主要原因。

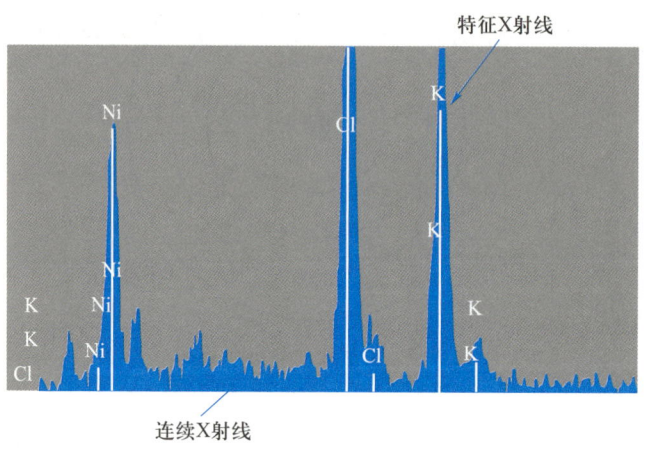

图 1-11 某金属样品能谱图

3. 荧光产额

由前面介绍可知,在样品原子的内层电子被激发随即去激过程中,产生特征 X 射线和俄歇电子。其中特征 X 射线的产生概率用荧光产额 ω 来衡量。一般来说,随着原子序数增加,X 射线产生的荧光产额 ω 增大,而俄歇电子的产生概率 $1-\omega$ 却减小。因此,用俄歇电子谱仪来分析超轻元素(Be~Ne)比用 X 射线能谱仪分析更有效。

1.10.2 能谱仪的结构和工作原理

X 射线能谱仪的主要部件包括固体探测器、场效应管、脉冲处理器和多道分析器、信号处理和显示系统。如图 1-12 所示。

其工作原理:探测器接收特征 X 射线信号→把特征 X 射线光信号转换成电压脉冲信号→前置放大器放大信号→脉冲处理器对脉冲进行整形并降低噪声→经过模数(A/D)转换器→多道分析器把不同能量的脉冲信号分开并存储在不同的能量通道内→在显示器上显示输出脉冲数及脉冲高度谱图→利用计算机进行定性和定量计算。其中,不同通道内的脉冲数与元素含量相关,不同脉冲高度与元素种类相对应。

能谱仪最重要的部件是探测器。它的结构和原理类似背散射电子探测器,利用 X 射线激发出硅半导体的电子-空穴对,再将其转化成脉冲信号并加以检测。大约每 3.6 eV 的 X 射线能量可以产生一个电子-空穴对。元素的特征 X 射线具有特征能量,所以可由电子-空穴对的数量判定 X 射线的能量,从而确定元素。早期使用的是液氮制冷的锂漂

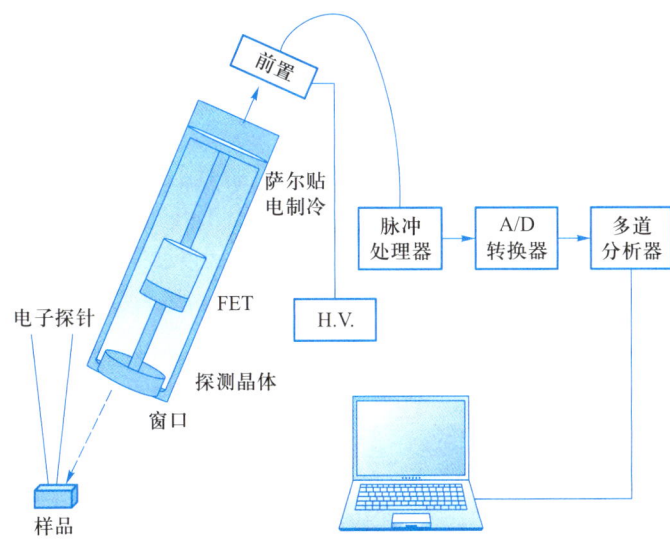

图 1-12　X 射线能谱仪结构示意图

移硅探测器［lithium-drifted silicon detector, Si（Li）］, 现在基本上被采用半导体技术制冷的硅漂移探测器（silicon drift detector, SDD）取代, 便捷性和探测性能都得到大幅提高。

1.10.3　能谱仪的定性和定量分析

1. 定性分析

通过采集样品中各元素原子所激发的特征 X 射线, 分析其能量并计数, 形成能谱峰图, 根据 Moseley 定律中特征 X 射线能量值与原子序数之间的函数关系, 从其谱峰位置的能量值确定样品的元素种类, 即为定性分析。

2. 定量分析

在正确完成样品定性分析的基础上, 其各元素的含量或浓度也可以依据能谱中各元素特征 X 射线的强度进行确定, 即元素定量分析, 这也是材料研究过程中的重要内容。依据谱图中各峰强值进行定量分析时, 需要进行谱峰背底扣除、基体校正以及定量分析方法这三大步骤, 这些步骤一般都是由能谱定量软件自动完成的。

1.10.4　能谱仪的分析方法

能谱采集分析数据主要有这几种方式, 点分析、选区分析、线扫描以及面扫描。做点分析时选取的感兴趣点不应太小, 应在微米级别, 因此, 放大倍数几千倍较为适宜。做面扫描时也一样,放大倍数不宜过大,一般情况下,不超过1万倍。下面以IXRF能谱仪为研究对象,逐一介绍常用的能谱分析方法。

1. 点扫描分析法

点扫描分析法是指入射电子束固定在将电子束(探针)固定在样品中感兴趣的点上,进行定性或定量分析。某金属样品点分析能谱图如图1-13所示。点扫描准确度较高,但只能分析到样品1 μm左右的区域,若要提高分析准确度,需在样品表面多扫描几个点的信息。样品中低含量元素的定量分析,只能用点分析方法。

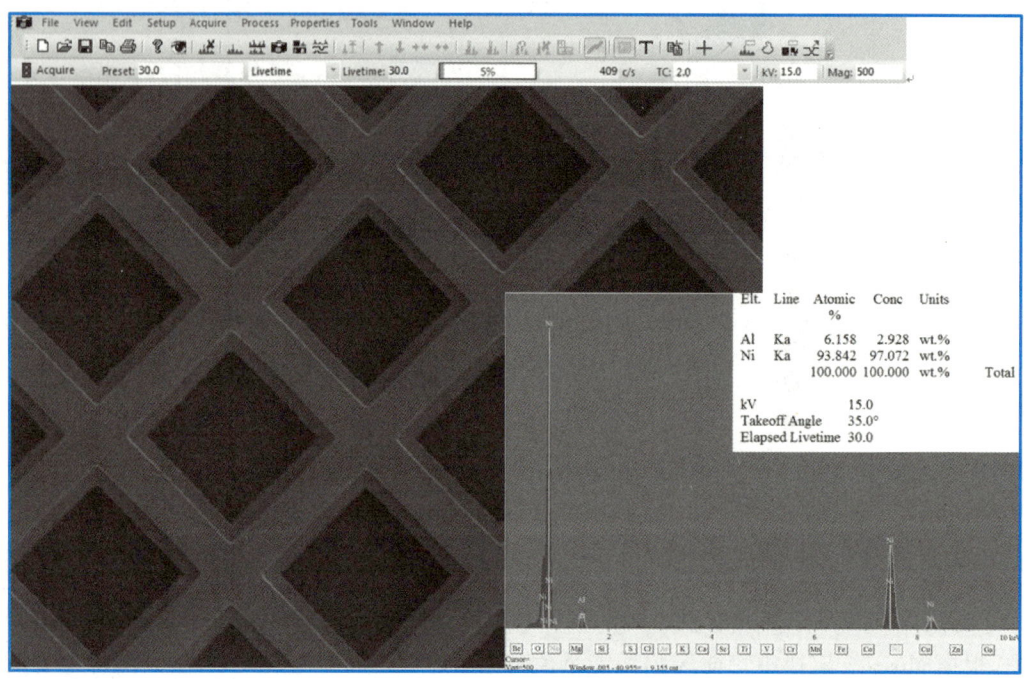

图1-13　某金属样品点分析能谱图

2. 线扫描分析

在能谱定性测试中,对于样品中元素含量分布不均匀时,可以采用线扫描分析法。线扫描是电子束沿样品上的一条线扫描,扫描结果和样品的形貌像对照分析,能直观地获得元素在图像这条线上的分布情况。某金属样品线分析能谱图如图1-14所示。

3. 面扫描分析

电子束在样品的某一感兴趣区域做光栅式扫描,元素在样品表面上的分布以亮度(或彩色)分布显示出来,其亮度的不同在一定程度上反映出其含量分布的不同。面扫描灵敏度较点扫描和线扫描的低,但能更直观反映样品的元素分布信息。某金属面分析能谱图如图 1–15 所示。

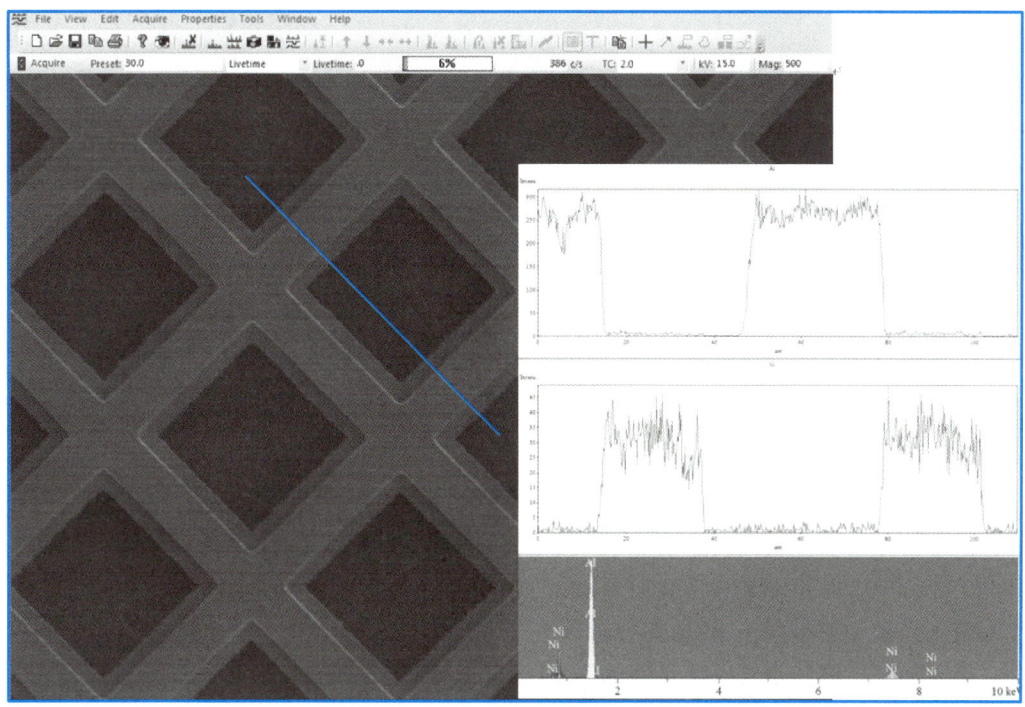

图 1–14　某金属样品线分析能谱图

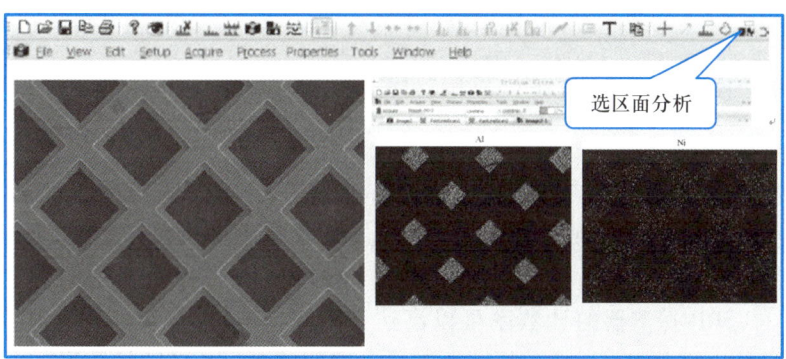

图 1–15　某金属面分析能谱图

1.10.5　参数选择

电镜参数和能谱仪的软件参数设置选择都会影响 EDS 的最终分析结果。

1. 电镜参数选择

电压

电压选择的前提是保证充分激发元素的某特征 X 射线,选择依据是某特征 X 射线能量的 2 倍以上。另外电压的选择也会影响计数率。其选择范围一般为 10~20 kV:

原子序数 ≤20 的轻元素:一般选用 10 kV 左右;

原子序数为 20~29 的元素,如一般氧化物、矿物、玻璃:15 kV;

原子序数 ≥29 的元素:20 kV;

对未知样品推荐采用 20 kV;

以上元素指的是样品中主要分析的元素。电压选用值仅供参考。

束流

束流主要影响计数率的大小。在加速电压选定的情况下,一般通过调节束流或者光阑(实际也是束流变化)来控制 X 射线计数率。对钨灯丝扫描电镜来说,可调整 spot size/intensity 以及物镜光阑来调整计数率,spot size/intensity 越大,束流越大,计数率越大;物镜光阑数字越小,束流越大,计数率越大;对场发射扫描电镜来说,可增大 Ie 的值,调整 probe current 为 high,将物镜光阑旋转到 2 或 1 上,聚光镜激励(即 condenser lense 1)等,其中聚光镜激励数字越小,计数率会越大。

束流选择的原则是要保证足够的 X 射线计数率,但尽可能减小荷电对样品的损伤。这些情况需采用低束流:电子束敏感样品(聚合物和生物等样品),测试过程中出现荷电,能谱图中有和峰出现。

当分析含量低于 1% 的痕量元素时,必须采用大电流以获得有统计意义的 X 射线计数率。

2. 能谱仪软件参数选择

计数率

计数率表示能谱仪处理系统每秒可处理的 X 光子数,单位是 cps(counts per second),通常指脉冲处理器的输入计数率。计数率的大小受电镜端电压和束流的影响较大。不同脉冲处理能力的探测器有适宜的计数率要求,例如 Si(Li)探测器的计数率一般推荐 2000 cps 左右,SDD 探测器的计数率可以高达 20000 cps。操作者一般通过改变电镜束流、选用不同尺寸的光阑或者调节探测器与样品之间的距离来调节计数率。

采谱时间

采谱时间的设置应根据总计数的要求来定,总计数通常为 10 万个以上,如果需定量分析,那总计数应大于 20 万个。例如计数率为 2000 cps,那么采谱时间应不小于 100 s。当样品中有质量分数为 1% 以下的微量成分时,采谱时间要延长,甚至 200 s 以上。采谱时间长可改善峰背比,但采谱时间过长,也容易导致样品产生荷电或发生热损伤。

死时间(dead time,DT)和活时间(live time,LT)

系统不能接收脉冲的总时间,即在系统处理一个脉冲期间或系统发生堆积而关闭的时间,称为死时间(DT)。DT＝(输入计数率－输出计数率)/输入计数率×100％,通常以百分比表示。在正常的定性和定量分析时,Si(Li)探测器的死时间通常控制在 30％ 左右,最好不要超过 35％。

活时间(LT)指系统等待和处理信号的时间,通常以秒表示。

时间常数

系统的脉冲处理器提供 0.25 μs,0.5 μs,1 μs,2 μs,4 μs,8 μs,16 μs,32(μs)八档时间常数,在做线扫描和面扫描时,需要高的计数率,这时候我们选用较小的时间常数。对电制冷能谱来说,时间常数一般选 4,在做线扫描或面扫描时也可调整为 2 或 1;对液氮制冷能谱来说,时间常数一般选 8,在做线扫描或面扫描时可调整为 4 或 2。

1.10.6　能谱仪的探测限

探测限是在特定分析条件下,仪器能检测到元素或化合物的最小量值。探测限可有多种方式表达(质量分数、原子分数、浓度、原子数和质量等)。能谱仪的检测限通常为 0.1％~0.5 ％,随元素、电压等条件的不同而略有差异。如果样品中某一元素的含量低于检测限,那么就无法检测到。超出能谱仪检测范围的元素,如 Li,无论其含量高低,都无法检测到。注意:氢和氦原子只有 K 层电子,不能产生特征 X 射线。

1.10.7　EDS 样品制备技术

为了得到准确的分析结果,样品要满足以下条件:

(1) 样品干燥、洁净无污染,稳定性好。

(2) 导电、导热性能良好,不导电样品需镀膜,最好蒸镀碳导电膜。

(3) 分析面要平坦。块状样品表面应该光滑平整;大颗粒样品(尺寸大于 5 μm)树脂镶嵌,打磨抛光,露出颗粒面;小颗粒样品(尺寸小于 5 μm 的颗粒或纳米粉体)最好压片。

(4) 生物样品采用真空干燥或冷冻干燥,尽量保持组织的自然状态。

习题

1. 二次电子像和背散射电子像的特点及成像原因。
2. 如果待测样品形貌差异小,要想获得高分辨力的形貌细节需要采用哪些测试条件?
3. 如何利用 X 射线进行物相的定性分析?
4. 结合你所研究的课题说明为什么要用到扫描电镜,需要用到哪些功能,说明相关性与可行性。

第 1 章参考文献

第 2 章
透射电子显微分析技术

透射电子显微镜(transmission electron microscope, TEM)简称透射电镜,是以波长极短的电子束作为照明源,用电磁透镜聚焦成像的一种高分辨率、高放大倍数的电子光学仪器,由电子光学系统、辅助系统和水冷系统三大系统组成,其中电子光学系统是核心部分。自 20 世纪 30 年代第一台透射电子显微镜诞生以来,透射电子显微技术经过近百年的发展,现已成为材料、化学化工、物理、生物、能源等众多领域科学研究中物质微观结构观察、测试的重要手段。透射电子显微学作为一门探索电子与固态物质结构相互作用的科学,透射电子显微镜可以把人眼的分辨力从大约 0.2 mm 拓展至亚原子量级(<0.1 nm),比光学显微镜所能观察到的最小结构小数万倍,极大地增强了人们观察世界的能力,它的发展已与其他学科的发展息息相关,密切联系在一起。

按照加速电压的高低,可以将透射电子显微镜分为低压、高压、超高压三种,超高压透射电子显微镜的应用,本质上是消除低压和高压透射电子显微镜对样品厚度的限制。低压透射电子显微镜的加速电压在 200 kV 以下,该类电镜分辨率较高,但穿透本领较小,因此所观察的样品必须很薄,一般适用于细胞和组织的超薄切片;高压透射电子显微镜的加速电压在 200~400 kV,目前常用的是 200 kV 的电镜,穿透能力约为普通 100 V 低压电镜的 1.6 倍,可以观察更厚的样品,实现对细胞结构的三维观察;超高压透射电子显微镜目前已有的加速电压为 500 kV, 1000 kV, 3000 kV,这类电镜具有极强的穿透能力,比如,1000 kV 的超高透射电子显微镜所能观察的厚度大约是 100 kV 电镜的 5 倍,对于轻金属 Al 的观察厚度为 5 μm,重金属 Au 的观测厚度为 1 μm,过渡金属 Fe 的观测厚度为 2 μm,这样,利用超高透射电子显微镜基本可以实现对大块材料内部的晶体缺陷的观察。

2.1 透射电子显微镜的成像原理

透射电子显微镜的成像原理与光学显微镜相似(图 2-1),两者的本质区别在于光学显微镜是以可见光为光源,以玻璃透镜聚焦成像;而透射电子显微镜则由电子枪发射出的电子经高电压加速后,以高速运动的电子束为"光源",并利用电子与磁场的相互作用,用电磁透镜将相应的电子聚焦成像。

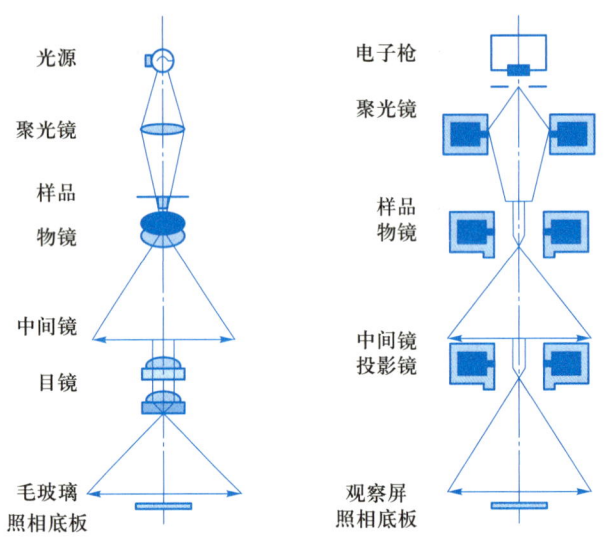

图 2-1   光学显微镜与透射电子显微镜成像原理的比较

对于光学显微镜,在理论上所能达到的最大分辨率(d)主要由照射在样品上的光子波长 λ 和光学系统的数值孔径 N_A 决定,可由式(2-1)表示。在可见光范围内,光学显微镜的分辨率极限为 200 nm

$$d = \frac{\lambda}{2n\sin\alpha} \approx \frac{\lambda}{2N_A} \tag{2-1}$$

基于运动电子的波动性,人们想到利用电子束作为电子显微镜的光源,由于透射电子显微镜的加速电压一般在 80~300 kV,而超高压电镜甚至高达 1000~3000 kV,在如此高的电压下,电子的速度接近光速。需要引入相对论修正,此时的电子波长(λ_e)可以表示为

$$\lambda_e \approx \frac{h}{\sqrt{2m_0E\left(1 + \dfrac{E}{2m_0c^2}\right)}} \tag{2-2}$$

式中,h 为普朗克常量;m_0 为电子的静质量;E 为加速电子的能量;c 为光速。

因此,对于透射电子显微镜,提高加速电压,缩短电子波长,可以显著提高它的分辨率,且加速电压越高,其穿透能力越强,可进一步放宽样品减薄的要求。

透射电子显微镜是利用电子枪发射出的电子经加速后,通过聚光镜会聚照射在样品上,最终透过样品的电子被电子透镜放大成像。在此过程中电子可能发生透射、散射、吸收、干涉和衍射等多种效应,因此成像原理比较复杂。总体而言,透射电子显微镜的成像原理可分为三种情况。

（1）明场像（吸收像） 成像原理见图 2-2(a)。早期的透射电子显微镜都是基于这种原理,当电子射到质量、密度大的样品时,主要的成像作用是散射,样品上质量厚度大的地方对电子的散射角大,通过的电子较少,像的亮度较暗,这种也被称为是质厚衬度,由于绝大部分材料的质量和厚度不可能绝对均匀,因此,几乎所有的样品都会显示质厚衬度。

（2）暗场像（衍射像） 暗场像指"收集"散射（衍射）电子成像,成像原理见图 2-2(b)。电子照射的样品如果质量越大、越厚,其散射就越强,在暗场下就越亮,没有样品处由于电子散射很少而越暗,这种因衍射强度不同而导致的明暗不同也称为"衍射衬度"。衍射衬度主要用于晶体材料,电子束被样品衍射后,样品不同位置的衍射波振幅分布对应于样品中晶体各部分不同的衍射能力,当然,如果晶体出现缺陷时,缺陷部分的衍射能力与完整区域不同,从而使衍射波的振幅分布不均匀,也可以用于反映出晶体缺陷的分布。

（3）相位衬度（相位像） 当样品薄至 100 nm 以下时,电子可以穿过样品,波的振幅变化可被忽略,成像来自样品上不同区域透过的电子（包括散射电子）相位差异,比如,在晶体样品超薄的情况下（如 10 nm 左右）,可使透射电子显微镜具有高分辨率成像的功能,此时获得的图像为相位衬度,可对材料结构进行精细分析。

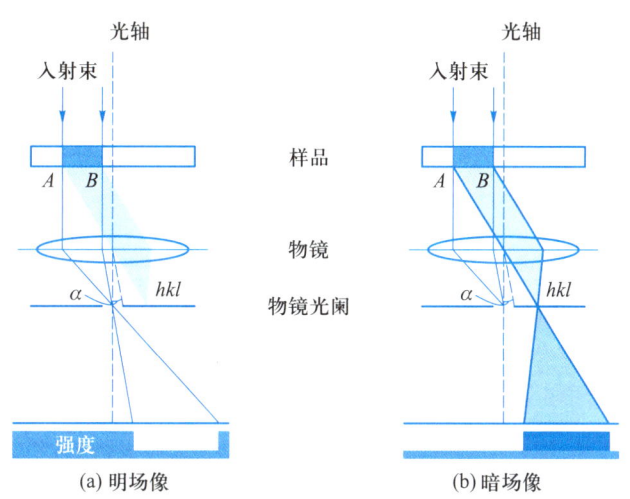

图 2-2　明场像和暗场像的成像原理

2.2　透射电子显微镜的基本结构和成像原理

透射电子显微镜的总体结构包括电子光学系统和辅助系统两大部分。如图 2-3 所示,电子光学系统自上而下主要包括照明系统（电子枪、聚光镜）;成像系统（样品室、物镜、选区光阑、中间镜、投影镜）;观察记录系统（光学显微镜、荧光屏、底片盒）。辅助系统包含真空系统（机械泵、离子泵、真空阀等）,电路系统（变压器、调整控制）,水冷系统等。

以下主要介绍其核心部分——电子光学系统。

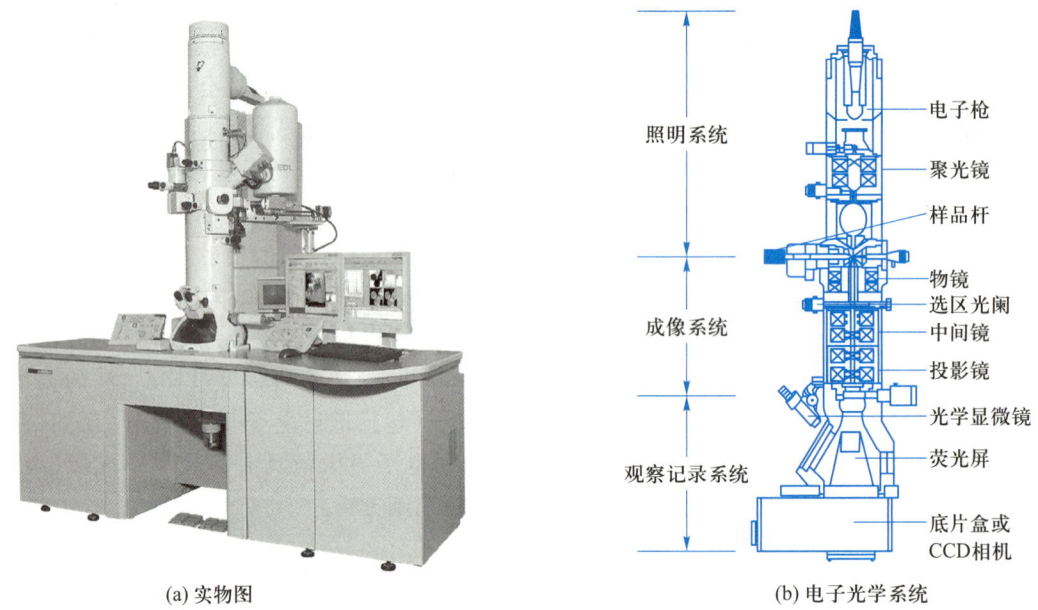

（a）实物图   （b）电子光学系统

图 2-3   透射电子显微镜

2.2.1   照明系统

照明系统由电子枪和聚光镜以及相应的平移对中、倾斜装置组成。它的主要功能是给样品和成像系统提供一个高亮度、高稳定度、高平行度、照明孔径角小的光源。

1. 电子枪

电子枪位于透射电子显微镜的最顶端，是发射电子的照明光源。电子枪大致可以分为热阴极发射和场发射两种类型，热阴极电子枪的材料主要有钨丝和六硼化镧（LaB_6）。最早采用的是钨丝热阴极型电子枪，由阴极、栅极和阳极组成，其中，电子枪的阳极接地，电压为零，阴极加有负高压（$-200 \sim -50$ kV），栅极加有比阴极更负的偏压（为负几百伏），是一个自偏压回路（图 2-4），起限制和稳定束流的作用。阴极作为产生电子的源头，在电源作用下，电流流过阴极加热钨丝，使其尖端的温度高达 2200 ℃以上时，电子则会从钨丝阴极尖端逸出即发射热电子，在阴极和阳极之间高电位差的作用下，电子以极大的速度从阴极奔向阳极。从阴极射出的电子具有很大的动能和一定的发散性，而栅极具有比阴极更负的电压，高能电子在靠近栅极时被排斥电子，使得电子在通过栅极孔时向轴心会聚，从而在栅极与阳极之间形成了一个最小电子束截面以后又发射。这个最小电子束截面叫"电子枪交叉点"。通常把它叫作"有效光源"，直径约为 50 μm。

由于热阴极型电子枪的阴极需要加热，且需要较长的时间才能达到工作温度，难以实

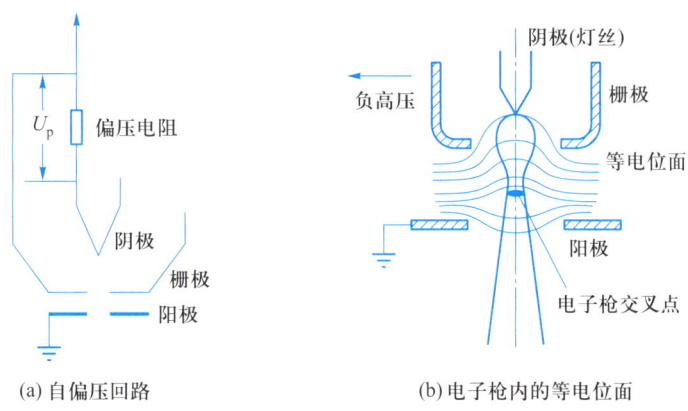

(a) 自偏压回路　　　　　(b) 电子枪内的等电位面

图 2-4　热阴极发射电子枪的基本构造

现快速启动,极大地限制了热阴极电子枪进一步的发展,目前在高性能分析的透射电子显微镜中多采用场发射电子枪。一般情况,电子必须获得足够的能量才能从发射体内部向真空中逸出,从而产生发射电子,因此,发射体的表面势垒是阻止其内部电子逸出的主要原因。对于阴极型电子枪,通过对阴极进行加热,以提高电子能量,使电子克服表面势垒而逸出。根据肖特基效应,当阴极表面有电场时,该电场除了可加速发射电子,还可以降低阴极表面势垒,减小逸出功,从而增加发射电流密度。因此,在阴极表面加一个强电场时(电场的大小与不同的材料有关),阴极表面势垒将进一步降低,由于隧穿效应,发射体内部的电子穿过势垒从金属表面发射出来,这种利用外部强电场降低阴极表面势垒引起电子发射的现象叫作场发射。场发射电子枪(图 2-5)没有栅极,由 1 个阴极和 2 个阳极构成,第一阳极上施加的吸附电压稍低于第二阳极,用以将阴极上的自由电子吸引出来,即主要用于电子发射;而第二阳极上的电压极高,用于将自由电子加速到很高的速度,从而发射出电子束流。在超高电压和超高真空(真空度达 10^7 Pa)条件下,其热损耗极小,使用寿命可达 2000 h,电子束流密度大,束斑的光点尖细,直径可达到 10 nm,相较于钨丝阴

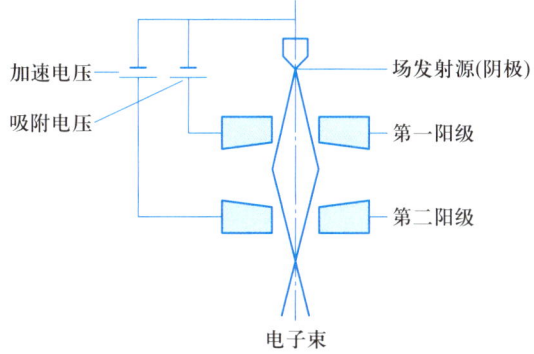

图 2-5　场发射电子枪基本构造

极缩小了 3 个数量级,由于很高的发光效率,它的光斑亮度能达到 10 A/(cm·s),相较于钨丝阴极也提高了 3 个数量级。

场发射可以分为热场发射和冷场发射,因此,场发射式电子枪可分为热阴极场发射电子枪和冷阴极场发射电子枪,通常使用的是热阴极场发射电子枪。热阴极场发射电子枪是在强电场的状态下,将钨的(100)晶面作为发射极,并加热到 1600~1800 K,从而使电子越过势垒发射出来。冷阴极场发射电子枪是将钨的(310)面作为发射极,不加热,在室温下使用,由于没有加热,电子能量的发散仅为 0.3~0.5 eV,比热阴极方式(能量发散为 0.6~0.8 eV)有所减少,能量分辨率更高,但其发射极上易产生残留气体分子的离子吸附,造成其具有较大的发射噪声,同时,发射电流也会随着吸附分子层的形成而逐渐降低,因此,需要定期进行闪光处理(即在尖端上瞬时通过大电流),以除去尖端表面的吸附分子层。

2. 聚光镜

由于电子枪发射出的电子束有一定的发散角,还要利用聚光镜把电子枪提供的电子束直径进一步会聚缩小,以便获得一束亮度高、相干性好的照明电子束。聚光镜处于电子枪的下方,由两个磁透镜和两个透镜光阑组成,第一聚光镜通常是短焦距强磁透镜,主要是将从电子枪发出的束斑尽量缩小,一般将电子束直径缩小 1/50~1/10,并在第二聚光镜的物平面上成像;第二聚光镜则为长焦距弱透镜,用于将第一聚光镜缩小后的束斑会聚到样品上,该透镜通常用于控制照明孔径角和照明面积,可以对光源起到放大作用。第一聚光镜光阑的作用是使光束进一步会聚,第二聚光镜光阑的作用则是挡住远轴光线,以减小球差和照明孔径角。各聚光镜组合在一起使用,可以有效调节束斑的直径大小,并在样品平面上获得 2~10 μm 的照明电子束斑,从而改变照明亮度的强弱(图 2-6)。

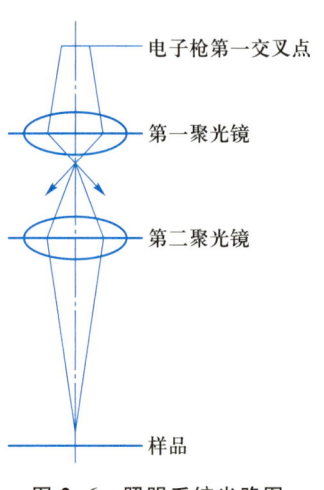

电子枪第一交叉点

第一聚光镜

第二聚光镜

样品

图 2-6   照明系统光路图

2.2.2   成像系统

成像系统由样品室、物镜、选区光阑、中间镜、投影镜以及其他电子光学部件组成。

1. 样品室

样品室用于放置样品,处于聚光镜之下,内有放置样品的样品台,样品网置于样品台前端。在性能较高的透射电子显微镜中,通常采用侧插式样品台(图 2-7),相对应地配备了 2 个操纵杆或旋转手轮,以达到调节样品台沿水平面上 x,y 轴移动的目的,进而实现选择和移动观察视野。高档的电镜可以根据观察样品时的需求配备各式各样的侧插式样品台,例如,调节晶体样品方位的单倾样品台和双倾样品台;控制温度变化的可加热样品台和可冷却样品台。样品室上下电子束的通道中各设有一个真空阀,该设计有利于在更换样品时,通过切断电子束通道,只破坏样品室内的真空,而不影响整个镜筒内的真空,从而极大地节省更换样品后再次测试的时间。

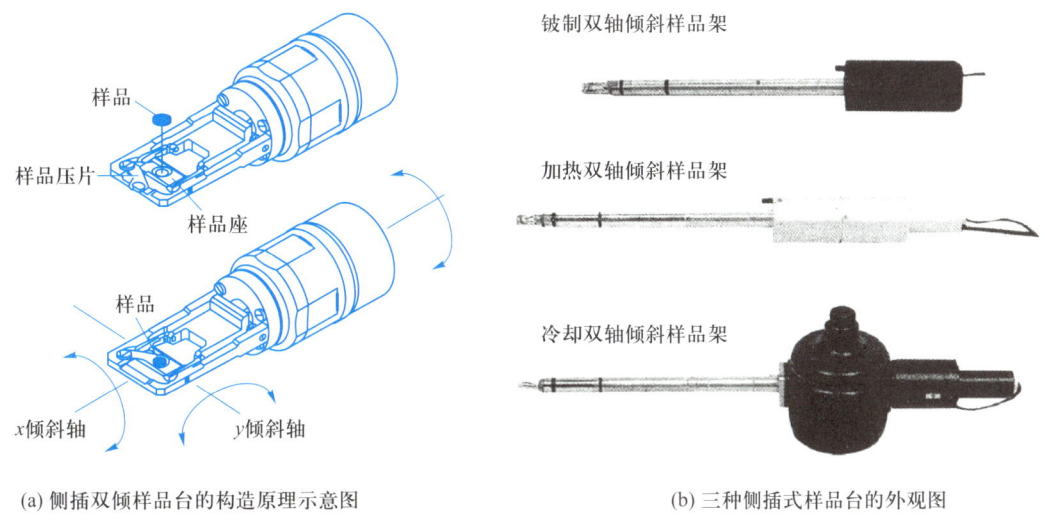

(a) 侧插双倾样品台的构造原理示意图   (b) 三种侧插式样品台的外观图

图 2-7 侧插式样品台

2. 物镜

物镜是透射电子显微镜最关键的部件,它处于样品室下方,紧贴样品台。它的功能是将样品不同点同方向同相位或同一点不同方向的弹性散射束会聚于其相平面上,形成透射电子显微镜的第一幅电子衍射花样或显微图像,因此,物镜的任何缺陷及误差都会被成像系统中的其他透镜进一步放大,进而暴露出来。物镜是一块强激磁短焦距透镜($f = 1 \sim 3$ mm),像差小,它的放大倍数较高,一般为 $100 \sim 300$ 倍,对材料的质地纯度、加工精度、使用中污染状况等工作条件要求极高。透射电子显微镜分辨力的高低主要取决于物镜,一般可以通过借助物镜光阑和消像散器减小球差、消除像散来提高,但主要取决于极靴(电磁铁、永磁体和电机磁极的一个独特结构)的形状和工艺精度,图 2-8 是物镜极靴的断面图。

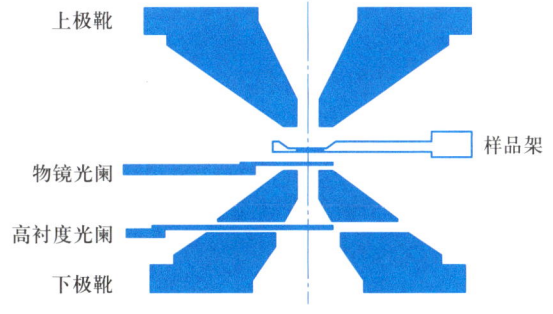

图 2-8 物镜极靴的断面图

3. 中间镜和选取光阑

中间镜在物镜下方,是一块弱激磁、长焦距、放大倍数可调(1~20 倍)的透镜,它的主要作用是通过调控总放大倍数,实现显微图像和衍射花样的转移。在成像系统中,中间镜有两个重要的作用:一是通过调整中间镜激磁电流,控制总放大倍数,改变中间镜的放大倍数,当放大倍数大于 1 时,中间镜起放大作用,透射电子显微镜为高倍像;当放大倍数小于 1 时,中间镜起缩小作用,透射电子显微镜为低倍像。二是通过改变中间镜的物平面,实现电子显微像和电子衍射花样之间的转变,如果中间镜的物平面与物镜的后焦面在荧光屏上重合,即可得到衍射花样;如果中间镜的物平面与物镜的像平面重合,即可在荧光屏上得到电子显微像。为了仅让通过光阑孔的显微组织提供衍射信息,便于该微区的晶体结构分析,像平面上加有一个选区光阑,光阑空分档可变,通常称为中间镜光阑。

4. 投影镜

投影镜和物镜一样,是一个强激磁、短焦距透镜。它的作用是将中间镜成的像或电子衍射花样进一步放大,并在荧光屏上成像,形成最终放大的电子显微像和电子衍射花样。由于投影镜的激磁电流是固定的,所以其放大倍数固定,一般为 100 倍。此外,投影镜孔径角非常小,约为 10^{-5} rad,它的景深和焦长都很大,即使透射电子显微镜的总放大倍数变化很大,也可以得到清晰的图像。近代高性能电镜一般都有两个中间镜,两个投影镜,在它们共同作用下,透射电子显微镜的总放大率等于物镜、中间镜和投影镜的总放大率之积

$$M = M_{物} M_{第一中间镜} M_{第二中间镜} M_{第一投影镜} M_{第二投影镜} \tag{2-3}$$

2.2.3　观察记录系统

观察记录系统主要用于观察记录图像,由观察室和照相室组成。其中,观察室位于投影镜下方,图像的观察则是由观察室内的荧光屏实现,这是因为电子束的成像波长很短,无法被人眼直接观察,而透射电子显微镜所采用的由荧光物质均匀涂布制成的荧光屏可以对电子感光,从而将接收的电子影像显现出来。此外,观察室还开有 1~3 个铅玻璃窗(屏蔽镜体内的 X 射线),观察窗外配备有 5~10 倍的双目光学显微镜,以便于操作者在外面观察分析。

照相室位于镜筒的最下方,主要用于及时保留电镜的成像结果,里面包含送片盒、接收盒以及一套胶片传输机构,可以在底片上打印出拍摄时的每张照片及工作参数(加速电压、放大率、成像日期、简要文字说明等)。现代透射电子显微镜常用 CCD 摄像机,这种数字成像技术将电子显微图像或电子衍射花样直接反映在计算机上,便于观察和存储。

2.3　透射电子显微镜样品制备

透射电镜样品的制备对于获得可信度高、结论正确的电子显微图像是至关重要的,也是做好材料微光分析工作最重要的一个环节。由于透射电子显微镜利用穿透样品的电子束成像,要求被观察的样品相对于入射电子束必须"透明"。而电子束穿透固体样品的能力主要取决于加速电压和样品的原子序数,因此,对于一台固定的透射电子显微镜,要根据不同的要求来选择适当的样品厚度,一般而言,对于绝大部分金属,样品的厚度要小于500 nm。

随着科学的发展,透射电子显微镜已在材料学、生物学、纳米科学等众多领域发挥重要作用,这也致使它所涉及的样品形状及种类繁多,如粉末样品、块状样品、薄膜样品、高分子生物样品等,显然,要制备满足测试需求的样品并不是一件轻而易举的事情,为保证测试需求,随之也衍生了各式各样的样品制备方法。

2.3.1　表面复型技术

"复型"技术是一种把金相样品表面经浸蚀后产生的显微组织浮雕复制到一种很薄的膜上,然后放到透射电子显微镜中观察分析的一种技术,这一技术的局限是只作为样品形貌的研究手段,不能用于研究其本身的内部结构。用于制备复型的材料本身必须是"无结构"的(或"非晶体"的),常用的复型材料是非晶的塑料和真空蒸发沉积碳膜。根据复型所用材料,常见的复型包括塑料一级复型、碳一级复型、塑料-碳二级复型,但是这三种复型目前已不常用,除此以外还有一种萃取复型。

1. 塑料一级复型

塑料一级复型是一种最简单的表面复型,在已浸蚀好的金相样品上用预先配制好的塑料溶液直接浇铸而成。具体制备方法如下:在金相样品表面滴一滴塑料溶液,刮平并静置,待溶剂蒸发后形成厚度约 100 nm 的塑料薄膜。在透明胶纸上放几块略小于样品铜网的纸片,再在其上放置样品铜网,这样仅使其边缘粘贴在胶纸上。把贴有样品铜网的胶纸平整地压贴在已干燥的塑料表面,利用胶纸的黏性把塑料一级复型从金相样品表面干剥下来,用针尖或小刀在铜网边缘划一圈,将塑料薄膜划开,再用镊子把样品铜网连同贴附在它上面的塑料一级复型取下,即可放到透射电子显微镜中去观察。

2. 碳一级复型

碳一级复型是对已制备好的金相样品表面直接蒸发沉积碳膜。具体制备方法如下:在真空喷碳仪中,以垂直的方向在已浸蚀好的金相样品表面上直接蒸发沉积一层厚度数十纳米的碳膜(简称喷碳)。用针尖或小刀把喷过碳的金相样品表面划成略小于样品铜网的小方格,然后浸入适当的化学试剂中作第二次浸蚀或电解抛光,使碳膜与金相样品表面分离。用样品铜网将碳复型捞起烘干,即可放到透射电子显微镜中观察。

3. 塑料-碳二级复型

塑料-碳二级复型是目前最常用的复型方法之一,其最大优点在于制备过程中不破坏金相样品原始表面,必要时可重复制备。制备方法如下:在样品表面上滴一两滴丙酮(或醋酸甲酯),然后贴上一小片与样品相当的醋酸纤维薄膜(简称 AC 纸,厚度 30 ~ 80 μm),待 AC 纸干透,揭下塑料一级复型并剪去周围多余的部分;将一级复型固定在玻璃片上,放入真空喷碳仪中喷碳,即得二级复型,把二级复型剪成略小于样品铜网的小方块,放到丙酮或醋酸甲酯中,溶掉一级复型,再用镊子夹住样品铜网,把二级复型捞起来干燥后即可供观察。

4. 萃取复型

萃取复型是对一级复型步骤稍加改进的方法,是唯一能提供样品本身信息的复型。抽取复型可以用碳蒸膜也可以用塑料膜,目前常用碳蒸发膜,其具体制备方法如下:首先,利用浸蚀剂,深浸蚀金相样品表面,以致这些粒子突出于样品表面;然后在真空喷碳仪中蒸镀一层较厚的碳膜(20 μm 以上),并用针尖或小刀把碳膜划成小于样品铜网的小方块,进行第二次浸蚀(或进行电解抛光),从而进一步溶解基体材料,实现碳膜连同凸出样品表面的第二相粒子与基体分离。最后,将分离后的碳膜依次用适当的化学试剂及酒精清洗,并用铜网捞起干燥后,即可放到透射电子显微镜中观察。

2.3.2   粉末样品制备

对于样品是细小的粉末或颗粒,不能直接用铜网来承载,以防止其从铜网孔中掉落,而必须在铜网上预先黏附一层连续且很薄(20~30 nm)的支持膜(图 2-9),因此,粉末样品的制备包括支持膜的制备和粉末均匀分布于支持膜上的方法。支持膜通常分为两大类,即无微孔和有微孔(又叫微栅),目前较多使用的是火棉胶-碳复合支持膜,支持膜属于电镜耗材,也可在电镜耗材专用店直接购买。

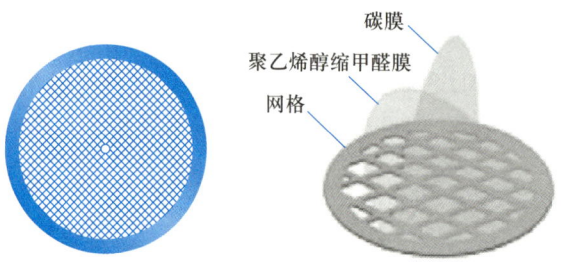

碳膜
聚乙烯醇缩甲醛膜
网格

图 2-9   支持膜

（1）支持膜的制备 在一干净的培养皿中加入适当的蒸馏水，将配制好的较稀火棉胶的醋酸戊酯溶液（质量分数约为 3 %）滴一滴于水面中央，静置待醋酸戊酯挥发，火棉胶则由于水的张力随即展开并浮在水面形成一层薄膜，用镊子将它除掉，再重复此操作，制备出第二次干净的薄膜，检查薄膜是否有皱折、残缺，直到薄膜制好。

（2）样品制备 对于粉末样品，为了确保能够均匀分散，首先可以将其进行研磨，研磨后的粉末放入无水乙醇里，用超声波清洗 30 min 左右，使之成为悬浮液，稍微静置后滴在微栅上，干燥后进行透射电镜观察，也可用尖嘴镊子夹住带支持膜的铜网边缘，在悬浮液中蘸一下，放在滤纸上干燥即可观察。

2.3.3 薄膜样品制备

从制样时的方向来区分，薄膜可以分为平面薄膜和截面薄膜，因此，薄膜样品的制备主要包括薄膜平面样品的制备和薄膜截面样品的制备。平面薄膜用于普通微结构或者薄膜表面附近的微结构研究，一般可以通过真空蒸发、磁控溅射、溶液凝固等方法直接制成可用于透射电子显微镜观察的薄膜样品；而截面薄膜是垂直于样品表面取样，多用多层结构的半导体器件、薄膜、复合表面等材料的研究，相对于薄膜平面样品的制备，用于透射电子显微镜观察的截面样品制备比较困难。以无机非金属的制样过程为例：选取表面平整且无损伤的样品，然后切割成一定尺寸的小块。再用无水乙醇、丙酮、超声等方式清洁，捞出并自然干燥后用少量胶水（比如 AB 胶）将两块样品的两个长条观察面粘在一起，胶水固化后用切片机切割成小片，然后将切好的小片用合适砂纸垂直于涂层面打磨抛光，以进一步减薄至 30~40 μm，并用超声波打孔机或其他方法把薄片钻取为 2.5~3 mm 的小片，最后利用离子减薄仪进行离子轰击减薄和离子抛光。

2.3.4 块体样品制成薄膜的技术

制备薄膜样品除了真空沉积等制备方式外，更普遍的情况是由块体材料制成。透射电子显微镜的测试范围很广，因此所设计的材料也各式各样，下列将从金属块体材料、无机非金属块体材料、高分子块体材料的薄膜样品的制备进行介绍。

1. 金属块体材料

首先利用砂轮片、金属丝或电火花切割的方式获取一样品"薄块"（厚度小于 0.5 mm）；然后用金相砂纸研磨或采取化学抛光方法将样品"薄块"进一步减薄到 0.05~0.1 mm；最后，用电解抛光做最终减薄，获得厚度满足透射电镜测试要求的"薄膜"（厚度小于 500 nm）。

2. 无机非金属块体材料

陶瓷块体薄膜的制备：首先利用专用切片机将陶瓷块体割成薄片，然后将薄片进行机械减薄抛光,获得厚度为 $30 \sim 40 \ \mu m$ 的薄片,并用超声波打孔机或其他方法把薄片钻取为 $2.5 \sim 3 \ mm$ 的小片,最后利用离子减薄仪进行离子轰击减薄和离子抛光。

3. 高分子块体材料

直接采用超薄切片机即可获得满足透射电子显微镜测试需求的薄试样($50 \ nm$ 左右),该方法已在生物样品和高分子样品的制备中获得广泛应用。但需要注意的是,利用该方法切割好的薄片往往是从刀刃上取下的,因此,通常需要将样品放入液氮中冷冻,或把样品镶嵌在一种可以固化的介质中(如环氧树脂),以防止在切割时引起薄片样品变形。

2.4 透射电子显微镜的基本操作

透射电子显微镜的操作难度大,专业化程度高,因此,正确的操作既是透射电子显微镜正常运行、避免仪器损坏的前提,也是获得高质量照片的保障。以下是透射电子显微镜的基本操作步骤:

(1)检查电镜的真空状态,确认样品台是否回位。透射电子显微镜日常下保持常开,也就是真空常开,且日常初始状态下的加速电压为 160 kV,每天只需升降高压和开关灯丝电流,如若长时间不使用或者异常断电时,则需要总开关机。

(2)启动高压 HT 按钮,加高压:$120 \rightarrow 180$ kV,时间为 10 min,等待 3 min 后,再进行 $180 \rightarrow 200$ kV 的升压过程,时间为 10 min。

(3)将载网固定在样品杆上,把样品杆插入电镜样品室。包含两步:(a)先放入预抽室,打开预抽开关,进行预抽;(b)10 min 之后,将样品杆进一步送入样品室。

(4)待真空值降到 15 以下,加灯丝电流(点 Filament),打开 Column。

(5)低倍模式(LM150-250 倍左右)下,看"全局"了解样品大致分布,找合适的观测点。(补充:在用透射电镜观察样品时,一般先选择中间暗度的区域(square)观察,若发现"正染色"现象,说明染色过浅,换更暗的区域。)

(6)顺时针旋转 Magnification 按钮放大倍数到 M2000-3000 倍左右,这时视野缩小到一个区域内,找到一个标志图像(看需调光强,光斑恰好覆盖整个荧光屏为宜)。按 wobbler 按钮(也可通过 set alpha 调 z 轴高度),调 z 轴位置,到标志点基本只在中心附近运动为止。

(7)放大倍数到 80000 倍左右,插入侧插相机选择 Live 模式,调节光强(intensity)使相机边缘较清晰。

(8)打开实时图像与傅里叶变换图像,调焦(focus),结合图像与 FFT 环的变化找到正焦点,然后调到欠焦状态(一般在 $-3 \ \mu m$ 左右),保证左侧实时图像信号较清晰。调节光强使图像清晰并且能覆盖整个视野(不出现黑色边缘)。具体倍数与 defocus 看情况调节。欠焦状态时：图像颗粒边界为白色，逆时针旋转 focus 旋钮 FFT 环变小（透射电镜与冷冻电镜都是在欠焦下采集图像）；过焦状态时：图像颗粒边界为黑色，顺时针旋转 focus 旋钮，FFT 环变小。

（9）找到合适的观察区域，点击 Snapshot 按钮拍照，保存图像。

2.5 透射电子显微镜的应用

透射电子显微镜因具有高分辨率、直观性的特点，在材料、化学、物理、生物等各个研究领域发挥着不可替代的重要作用。下面是透射电子显微镜在部分领域的简要应用介绍。

2.5.1 在材料科学方面中的应用

材料的微观结构对材料的力学、光学、电学等物理化学性质起着决定性作用。透射电镜作为材料表征的重要手段，不仅可以在成像模式下对材料中的原子进行直接成像，直接观察材料的微观结构，对材料进行形貌分析，还可以利用衍射模式对晶体的结构进行研究，包括晶型、取向、缺陷等相关研究。同时，透射电子显微镜还可与其他技术联用，比如透射电子显微镜配备能量色散 X 射线能谱仪（EDS）和电子能量损失谱（EELS），能有效地用来研究材料的演变规律和组分的变化过程。此外，电子显微技术对于新材料的发现也起到了巨大的推动作用，例如，诺贝尔化学奖获得者 D.Shechtman 借助透射电子显微镜发现了准晶，并重新定义了晶体，丰富了材料学、晶体学、凝聚态物理学的内涵。

1. 形貌分析

透射电子显微镜明场像是利用透过样品的电子束成像，在明场模式下，整个视野内比较明亮，有利于对样品的大小、尺寸、形貌等信息的观察和分析；而暗场像则是利用样品对电子的衍射，"收集"散射（衍射）电子成像，暗场下的衍射衬度可以用来分辨样品中不同区域的晶粒，可以作为明场像的补充。对于厚薄均匀的样品，在明场像中两个区域没有差别，但是在暗场像中如果一个区域满足布拉格方程，而另外一个区域不满足，则满足布拉格方程的区域明亮可见，否则为暗，从而达到鉴别的目的。透射电子显微镜对样品是否导电不做要求，无论是导电还是不导电的组织和材料都可得到高分辨的形貌图，因此被广泛应用于各种材料领域。图 2-10 为一颗直径约为 12 nm 的铼纳米粒子的高分辨图像，展示了铼原子的二维晶格，粒子中的圆点即为铼原子的二维晶格像。图 2-11 是 Cu-MOF@CNT（IITI-1/CNT）复合材料的 TEM 图像，通过 TEM 图像可以证实材料中存在两种结构的符合；其中，图（a）（b）中观察到 IITI-1 是块状粒子，图（c）（d）中观察到 CNT 是不同的纳米管，图（e）（f）中可观察到 IITI-1 对 CNT 的均匀包覆。图 2-12 是聚合物太阳电池中

二元和三元薄膜的 TEM 图像,通过该图像可以分析二元和三元薄膜 PBDB-TF:eC9 和
PBDB-TF:HDO4Cl:eC9 的相容性和聚集特征。

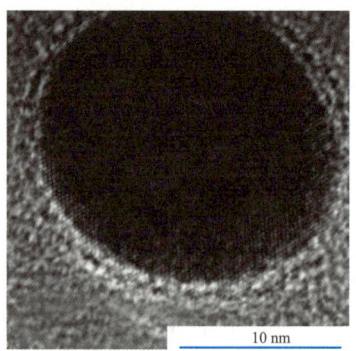

图 2-10 铼纳米粒子的高分辨图像

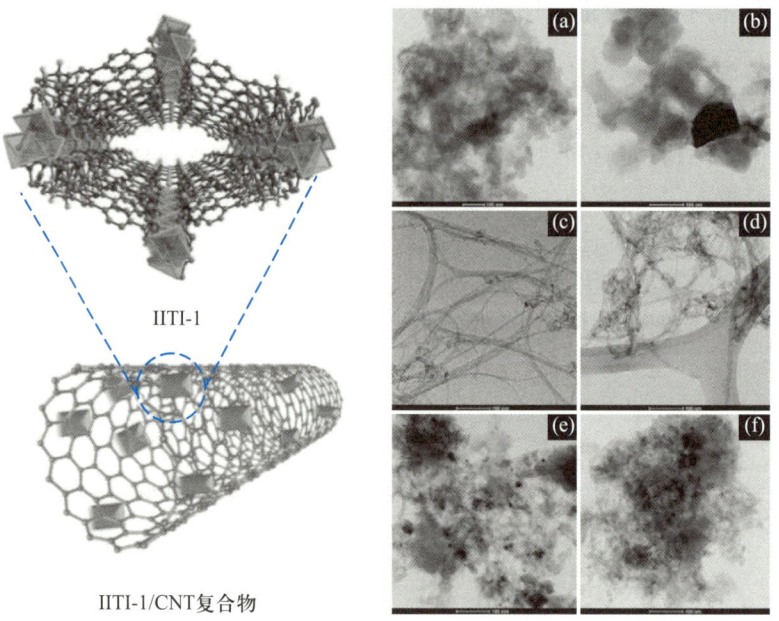

图 2-11 Cu-MOF@CNT(IITI-1/CNT)复合材料和它的 TEM 图像
[(a)(b) IITI-1;(c)(d) CNT;(e)(f) IITI-1/CNT]

2. 晶体结构分析

透射电子显微镜不仅能通过明场和暗场像直观展示聚合物材料的微观结构,而且能
结合电子衍射关联微细结构与相应的晶体结构与取向行为。这里以聚合物为例,介绍利
用透射电子显微镜能够获得的一些结构信息。

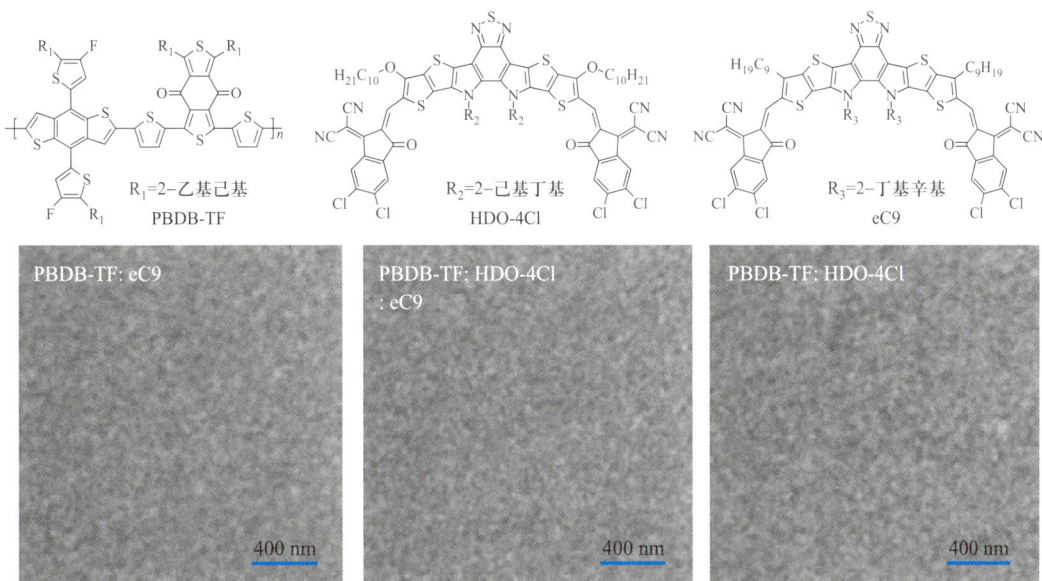

图 2-12 聚合物太阳电池中二元和三元薄膜的 TEM 图像

晶型分析和晶体取向分析。在对不同晶体的结晶行为研究中,晶体类型可以通过透射电镜观察的形态结构和电子衍射来确定,同时,电子衍射还能够提供聚合物晶体取向的准确信息。图 2-13(a)和(b)分别是表面蒸镀碳膜的熔体拉伸 PE 膜及其 150 ℃熔融 15 min 后在 128 ℃下重结晶 2 h 的明场像和电子衍射图,从明场像可以看到热处理前后并未改变平行排列的、高度取向的片晶结构。

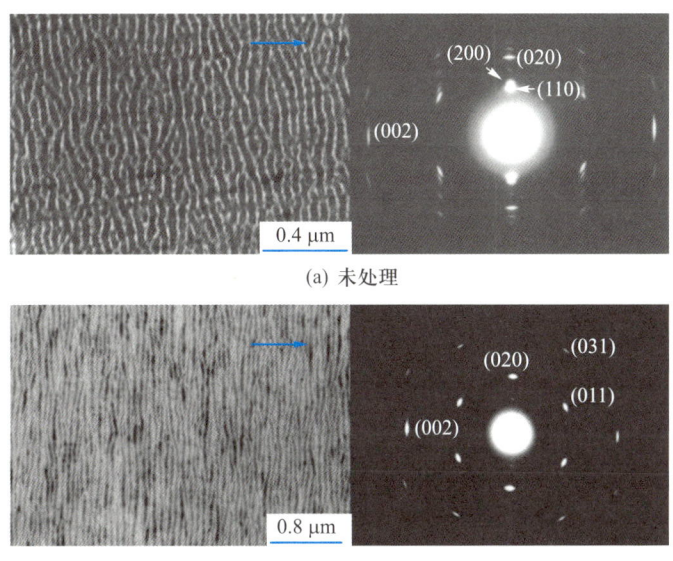

(a) 未处理

(b) 在 150 ℃熔融 15 min 后,再在 128 ℃结晶 2 h

图 2-13 真空碳包覆 PE 熔拉薄膜的 TEM 图像和相应的电子衍射图

晶体缺陷分析。研究和了解材料中的缺陷行为及其与成分和相分布的交互作用,是科学调控材料成分和显微组织,并提高材料综合性能的关键。晶体缺陷主要包括位错、层错、第二相粒子在基体上造成的孪晶等。图 2-14 是镍基单晶高温合金 γ′-相中各种缺陷的低放大倍衬度像和缺陷核心结构,其中图 2-14(a)为镍基单晶高温合金 γ′-相中<001>超位错在不同衍射矢量 g 下的形貌像;图 2-14(b)为镍基单晶高温合金 γ′-相中的复杂堆垛层错;图 2-14(c)为镍基单晶高温合金 γ′-相中的孪晶。

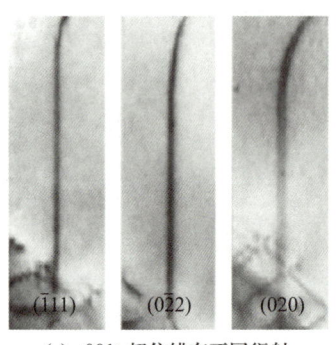
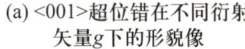
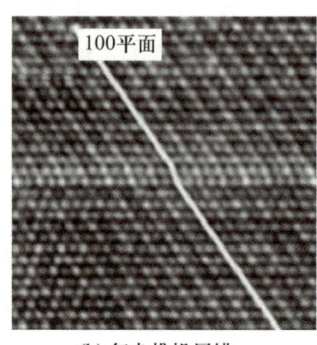
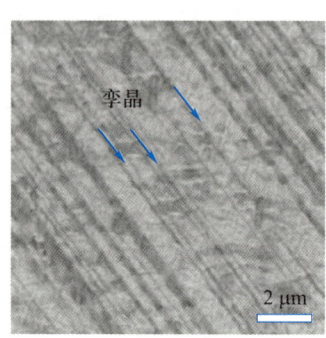

(a) <001>超位错在不同衍射 矢量g 下的形貌像 (b) 复杂堆垛层错 (c) 孪晶

图 2-14 镍基单晶高温合金 γ′-相中各种缺陷的低放大倍衬度像和缺陷核心结构

3. 材料成分分析

微区成分分析是利用聚焦的高能电子束照射样品产生 X 射线,进而获得样品化学成分以及元素分布,这也导致样品的形貌和样品的晶体结构容易发生改变,因此,微区成分分析一般放在最后进行。以矿物样品的微区成分分析为例,通常可以选择电子探针微分析仪、扫描电子显微镜或透射电子显微镜对其进行分析,但由于电子探针微分析仪和扫描电子显微镜的束斑尺寸分别为微米级和百纳米级,因此它们所分析的微区分别在 1 μm 和百纳米级以上,无法在纳米尺度上对材料的成分做出准确判断。而对于透射电子显微镜,其束斑尺寸为纳米级别,可以很好地在纳米尺度上分析材料的成分。例如,南京大学张爱铖团队在 DaG978 陨石的研究中,在陨石的一富磷区域利用 FIB 切制透射电子显微镜样品,但对所切样品不同区域进行成分分析时,发现并不是所有区域都富磷,某些位置并无磷信号检出,说明在透射电子显微镜观察尺度上,能够确定磷分布不均匀(图 2-15)。

2.5.2 在化学科学方面中的应用

在化学领域,原位透射电子显微镜因具有超高的空间分辨率,为原位观察气相和液相化学反应提供了一种重要的方法。气相和液相化学反应在材料的成核和生长界面作用、生物矿化、能源催化等领域都有着重要的作用。为了实现对材料设计和制备的可控调节,研究工作者已对气相和液相反应的机理做了大量的研究工作,但因技术限制,大都是通过

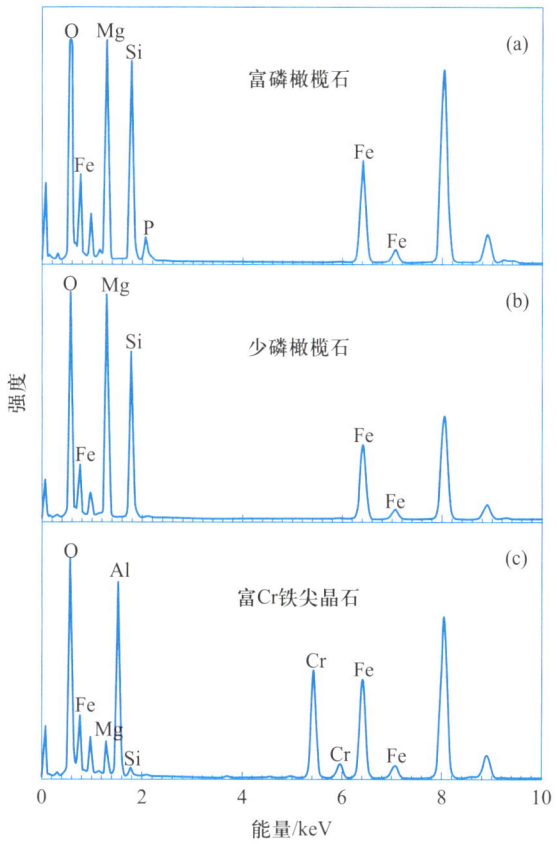

图 2-15   不同切割区域 DaG978 陨石的 TEM-EDS 谱图

研究反应始、末两个时刻下材料的变化来推测材料演变的过程和机理,并没有做到对气相或液相反应的实时观察和分析。比如,利用原位透射电子显微镜可以很好地理解化学反应机理和纳米材料的转变过程,从而可以从化学反应的本质理解、调控和设计材料的合成。图 2-16 是 PtPb 纳米棒的代表性 TEM 图像和 PtPb 纳米棒的相演化。

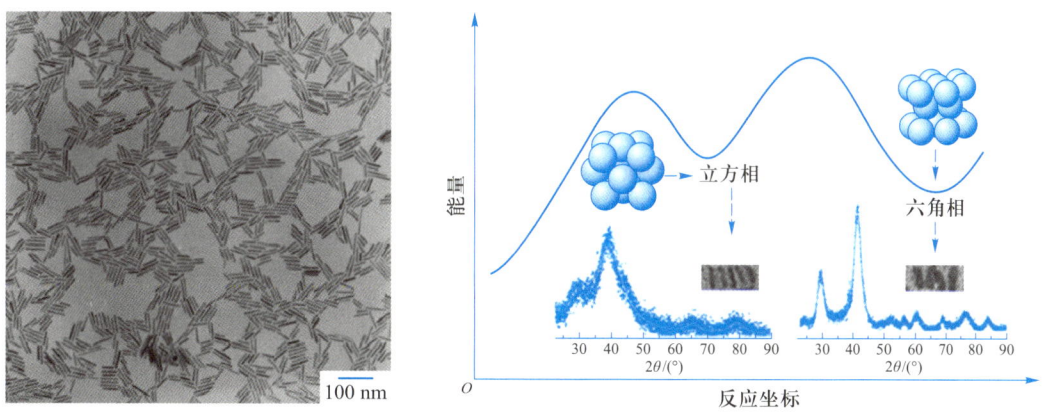

图 2-16   PtPb 纳米棒的代表性 TEM 图像和 PtPb 纳米棒的相演化

2.5.3   在生物学科方面的应用

随着透射电子显微镜自动化程度的不断提高,其操作界面越来越简单,这也使透射电镜成为研究生物组织、细胞及细胞器超微结构观察的重要工具之一。

利用透射电子显微镜可以对动植物组织的超微结构进行观察,一方面用以探讨植物在组织分化、生长发育过程中,其形态结构变化的机理及其结构的发育,揭示植物结构与功能关系;另一方面用于研究动物的超微结构与生理功能关系,辨别微小器官和分析器官的作用,加深理解它们在生理功能上的作用,为探索各种生命现象和生活规律提供依据。例如,徐丽萍等人运用透射电子显微镜技术对东京野茉莉雌雄芯花粉、胚珠的珠被细胞超微结构进行观察研究,从他们对东京野茉莉的花粉内部透射电镜的观察图(图 2-17)可以发现良好的花粉细胞内细胞质浓厚,含有高尔基体、大量的线粒体、较多的高电子致密物质、淀粉粒等物质,而败育的花粉内部物质和结构松散,里面有些大的空泡,花粉壁外壁突起,内壁也相对薄。

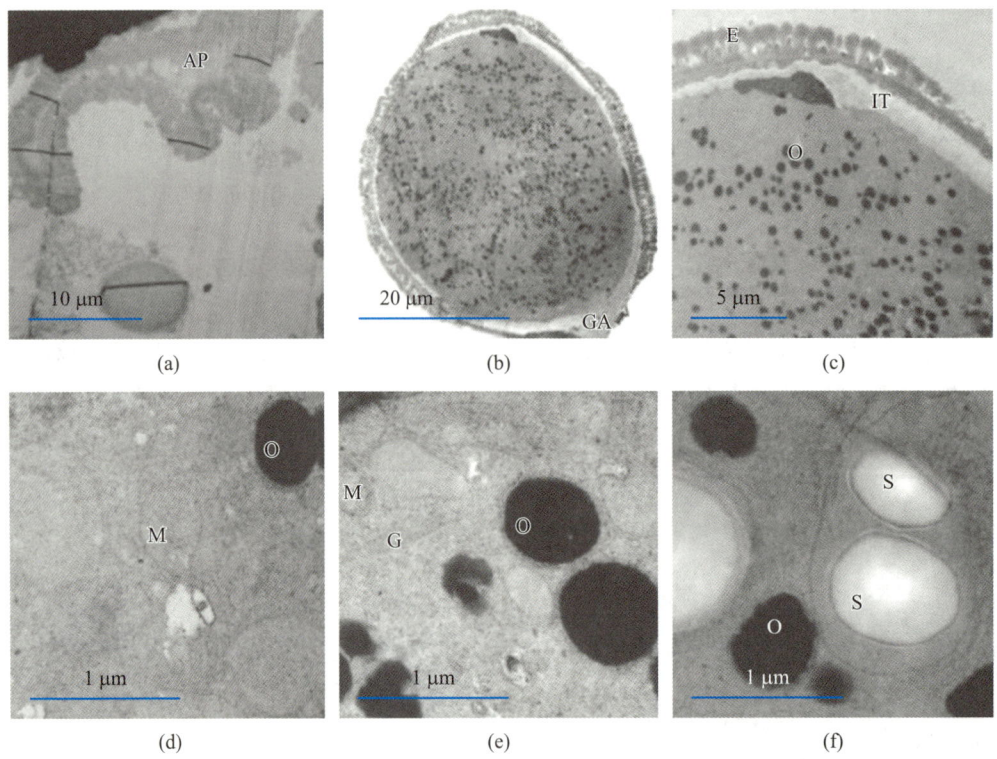

图 2-17   东京野茉莉的花粉内部 TEM 图像。(a) 败育花粉全貌;(b) 正常花粉全貌;(c)~(f) 正常花粉局部放大;E—花粉外壁;G—高尔基体;GA—萌发孔;IT—花粉内壁;M—线粒体;O—嗜锇颗粒;
S—淀粉粒

另外,透射电子显微镜在微生物学和病理学的研究中也具有非常重要的作用,为新病毒、类病毒的发现和辨别提供科研手段。利用透射电子显微镜观察真菌、放线菌、细菌等微生物的结构形态,判别其科属和判断病源;以及对动植物的组织和器官的超微结构病变进行研究,为防治提供科学依据。

例如,伏波等人通过电镜技术,研究测定了分离自小麦根部的植物内生枯草芽孢杆菌Em7菌液对葡萄灰霉病菌的抑制作用及抑菌机理。透射电镜观察发现,对照菌丝体内原生质稠密均匀,液泡很少,细胞壁厚度一致,胞外无外渗物[图2-18(a)];经Em7处理后菌丝体出现了内质壁分离现象,液泡明显增多,原生质凝集[图2-18(b)(c)(d)],细胞质密度增加,产生了非膜结构的内含体,且多与液泡聚集在一起[图2-18(c)],菌丝细胞壁出现非常明显的不规则增厚[图2-18(d)]。

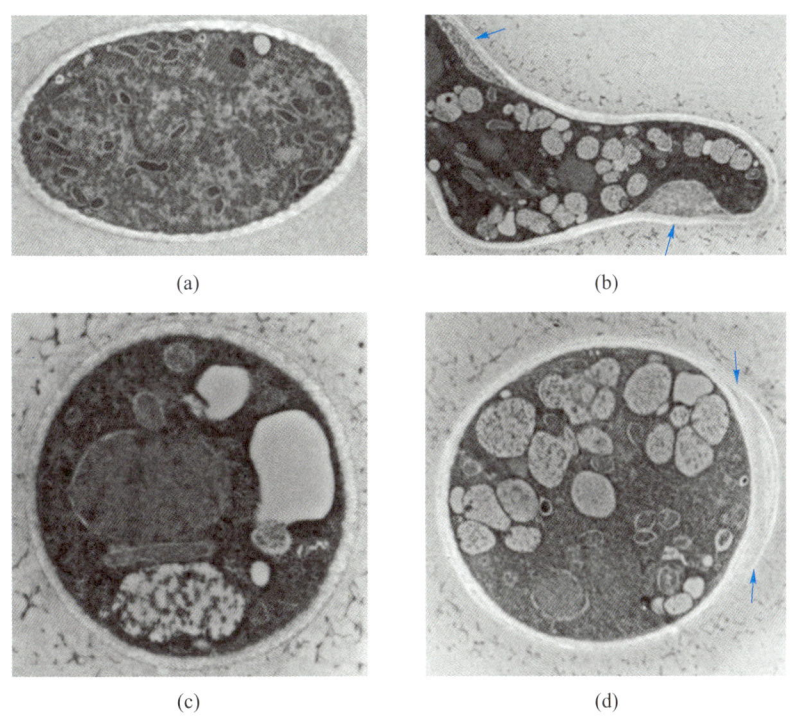

(a)　　　　　　　　　　(b)

(c)　　　　　　　　　　(d)

图2-18　正常葡萄灰霉病菌菌丝和经Em7菌液处理后菌丝的TEM图像。(a) 正常菌丝横断面,标尺=2 μm;(b)—(d) Em7菌液处理后菌丝横断面,质壁分离[(b)中箭头所示,标尺=2 μm],非膜结构内含体产生[(c)标尺=500 nm],细胞壁不规则加厚[(d)中箭头所示,标尺=2 μm]

此外,透射电子显微镜除了用于单纯形态结构研究的范畴外,还可与免疫学、细胞化学、放射性同位素标记等技术相结合,用于细胞内特定蛋白质、糖类等物质的定位研究,以及这些物质在细胞中的合成、转移、生理功能的探索。

习题

1. 透射电镜主要由几大系统构成？

2. 照明系统的作用是什么？它应满足什么要求？

3. 成像系统的主要构成及其特点是什么？

4. 物镜和投影镜各自具有什么功能和特点？

5. 透射电镜中有哪些主要光阑，在什么位置？其作用如何？

6. 制备薄膜样品的基本要求是什么？具体工艺如何？双喷减薄与离子减薄各适用于制备什么样品？

第 2 章参考文献

第 3 章

原子力探针显微分析技术

原子力显微镜(AFM)也称扫描力显微镜,是针对扫描隧道显微镜不能直接观测绝缘体表面形貌的问题,在其基础上发展起来的又一种新型表面分析仪器。AFM 为扫描探针显微镜家族的一员,具有纳米级的分辨能力,其操作容易简便,是目前研究纳米科技和材料分析的最重要的工具之一。原子力显微镜利用探针和样品间原子作用力的关系来获得样品的表面形貌。至今,原子力显微镜已经发展出许多分析功能,原子力显微镜已经是当今科学研究中不可缺少的重要分析仪器。

3.1 原子力显微镜的基本知识

3.1.1 显微技术简介

在近代仪器发展史上,显微技术一直随着人类科技进步而不断地快速发展,科学研究及材料发展也随着新的显微技术的发明,而推至前所未有的微观世界。自从 1982 年 Binnig 与 Robrer 等共同发明扫描隧道显微镜(scanning tunneling microscope, STM)之后,人类在原子尺度的探索又向前跨出了一大步,对材料表面现象的研究也更加深入。在这之前,能直接看到原子尺寸的仪器只有场离子显微镜(field ion microscopy, FIM)与电子显微镜(electron microscope, EM)。但碍于试片设备条件及操作环境的限制,对于原子尺寸的研究极为有限,而 STM 的发明则解决了这些问题。STM 通过一根尖锐的探针对样品表面进行来回扫描,从而在原子尺度上实现对样品表面结构的探测。这一过程就像工作中的唱片机,其触针根据唱片旋转时的表面起伏而上下移动,从而产生信号。在 AFM 中,情况与唱片机类似:通过测量探针和物质表面之间的相互作用力来揭示样品表面的拓扑形貌。在 STM 中,情况略有差别,其实际测量的是样品表面电子密度。当然,当物体表面存在相对均匀的电子特征并且表面起伏维度在 10 Å 以上时,STM 的图像也能有效反映样品表面拓扑形貌。当样品表面性质各向异性时,比如在高分辨的条件下,某些表面区域可以达到化学键成像,那么对 STM 图像的解释就更加复杂了。STM 横向分辨率可以达到 0.1 Å,纵向分辨率可以达到 0.01 Å。在实际导电样品测量中,虽然 STM 会更容易获得原子级的分辨率,但是对样品的要求较高,对于绝缘或是表面起伏很大的样品,AFM 更为常用且有效。自扫描隧道显微镜问世以来,更有几十种类型的探针显微镜一直不断地被开发出来,以探针方式的扫描探针显微镜(scanning probe microscope,SPM)是个大家族,除了上述的 STM 和 AFM 以外,其中较常用的还有近场光学显微镜(NSOM)、磁力显微镜(MFM)、化学力显微镜(CFM)、扫描式热电探针显微镜(SThM)、相位式探针显微镜(PDM)、静电力显微镜(EFM)等。

最早扫描隧道显微技术(STM)使我们能观察表面原子级影像,但是 STM 的样品基本上要求是导体,同时表面必须非常光滑,从而使 STM 的使用受到很大的限制。目前各种扫描式探针显微技术中,以原子力显微镜(AFM)应用最为广泛,AFM 利用针尖与样品之间的原子级力场作用力,所以又被称为原子力显微镜。AFM 可适用于各种物品,如金属材料、高分子聚合物、生物细胞等,并可以在大气、真空、电性及液相等环境中操作,进行不同物性分析,所以 AFM 最大的特点是其在空气中,或者液体环境中都可以操作。因此,AFM 在生物材料、晶体生长、作用力的研究等方面有着广泛的应用。根据针尖与样品材料的不同及针尖与样品距离的不同,针尖与样品之间的作用力可以是原子间斥力、范德华力、弹性力、黏附力、磁力和静电力以及针尖在扫描时产生的摩擦力。通过控制并检测针尖与样品之间的这些作用力,不仅可以高分辨率表征样品的表面形貌,还可以分析与作用力相应的表面性质:摩擦力显微镜可分析研究材料的摩擦系数;磁力显微镜可研究样品表面的磁畴分布,成为分析磁性材料的强有力工具;利用压电力显微镜可分析样品表面电荷、薄膜的介电常数和沉淀电荷等。另外,AFM 还可对原子和分子进行操纵、修饰和加工,并设计和创造出新的结构和物质。

3.1.2   原子力显微镜工作原理

1. 原子力显微镜系统原理概述

原子力显微镜系统可以分成三个部分:力检测部分、位置检测部分、反馈系统。

在本系统中检测的力是原子与原子之间的范德华力,使用悬臂(cantilever)来检测原子之间力的变化量。悬臂通常由一定长度和厚度的硅片或氮化硅片制成。悬臂顶端通常有一个尖锐针尖,用来检测样品–针尖间的相互作用力。微悬臂有一定的规格,例如长度、宽度、弹性系数以及针尖的形状,而针尖与样品之间有了交互作用之后,会使得悬臂摆动,所以当激光照射在微悬臂的末端时,其反射光的位置也会因为悬臂摆动而有所改变,这就造成偏移量的产生。在整个系统中,依靠激光光斑位置检测器记录下偏移量,并转换成电的信号,以供 SPM 控制器进行信号处理。聚焦到微悬臂上面的激光反射到激光位置检测器,通过对落在检测器四个象限的光强进行计算,可以得到由表面形貌引起的微悬臂形变量大小,从而得到样品表面的不同信息。将信号经由激光检测器获取之后,在反馈系统中会将此信号当作反馈信号,作为内部的调整信号,并驱使通常由压电陶瓷管制作的扫描器做适当的移动,以使样品与针尖保持一定的作用力。AFM 系统使用压电陶瓷管制作的扫描器可以精确控制微小的扫描移动。压电陶瓷会按特定的方向伸长或缩短,而伸长或缩短的尺寸与所加电压的大小呈线性关系。也就是说,可以通过改变电压来控制压电陶瓷的微小伸缩。通常把三个分别代表 X,Y,Z 方向的压电陶瓷块组成三脚架形状,通过控制 X,Y 方向伸缩达到驱动探针在样品表面扫描的目的;通过控制 Z 方向压电陶瓷的伸缩达到控制探针与样品之间距离的目的。AFM 的系统中,使用微小悬臂来感测针尖与样品之间的相互作用,它们之间的作用力会使微悬臂摆动,再利用激光将光照射在悬臂的末端,当摆动形成时,会使反射光的位置改变而造成偏移量,此时激光检测器会记录此偏移量,也会把此时的信号反馈给系统,以利于系统做适当的调整,最后再将样品的表面特性以影像的方式呈现出来(图 3-1)。

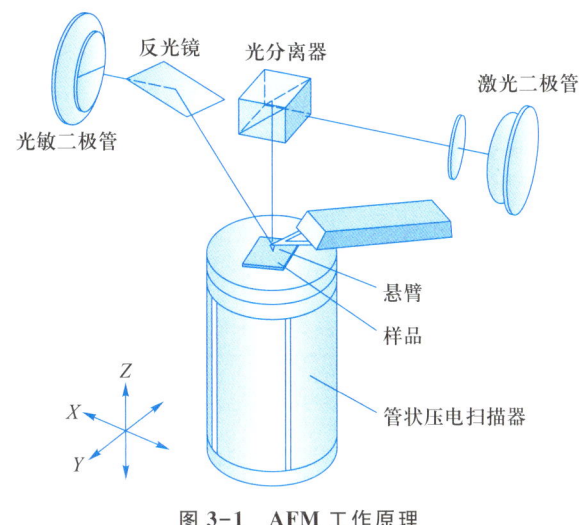

图 3-1　AFM 工作原理

2. 原子力显微镜的基本工作模式

基于针尖-样品相互作用,可通过很多方法得到图像对比度。利用相互作用的不同,AFM 扫描可分为三种模式:接触模式、轻敲模式和非接触模式。其中轻敲模式介于接触和非接触之间,即短时间接触,大部分时间不接触的一种振荡状态。

(1) 接触模式。接触模式是 AFM 操作的最常规的方法。在扫描过程中,针尖与样品保持紧密接触。接触意味着作用力曲线是在位于图 3-1 横轴上边的排斥区,能提供非破坏的三维(3D)信息,其分辨率可达到横向 1.5 nm,纵向 0.05 nm。在针尖与样品间存在很强的排斥力,容易分析绝缘体和导体,因为 AFM 不是基于导电,不要求着色和上影,可在空气和液体环境中操作。接触模式的缺点是在样品上存在大的横向力,针尖容易钻入样品,可能牵引样品表面,使记录结果失真。处于排斥力区,对于柔性样品容易发生损伤,得到的形貌可能极不真实。

（2）轻敲模式。轻敲模式是现今应用相当广泛的模式。针尖在扫描时,以一定的频率轻敲样品表面,存在短时间针尖-样品接触,极大地减少了对样品的损伤。当在空气或其他气体环境中操作时,悬臂式在其共振频率上振动(通常几百 kHz),只在振荡周期很小部分轻敲表面,短时间与表面接触,这显著地减小横向力的产生。当样品很难固定或柔性样品时,与接触模式相比轻敲模式是最好的选择。在恒定力模式中,调节反馈电路,使悬臂振动频率保持(接近)常数,从振幅很小改变作为信号形成图像。通常用驱动悬臂的压电陶瓷振荡与检测振荡针尖之间的相差,得到样品特性图像,如硬度、黏弹性等。通过相位滞后测量可得到力的各种分量、黏滞、摩擦等参量。可识别混合聚合物的两相结构,减小软样品的破坏,识别在高度像中不能看到的样品表面污染。

（3）非接触模式　非接触式操作是可用来成像的另一种方法。在扫描过程中,针尖不与样品表面接触,悬臂在样品表面上振荡,距离是在分子间作用力曲线的吸引力区。与扫描电镜(SEM)相比,AFM 提供特大的形貌对比度,恒定高度测量和非破坏的表面结构(不需要放荷电涂层)。与透射电镜(TEM)相比,三维 AFM 像的获得不需要特殊样品制备,与二维截面分布相比得到更完全立体结构的信息。但非接触式模式对于一般 AFM 操作环境条件是很困难的控制模式。在样品表面存在很薄一层污染,会在针尖和样品间形成小的毛细管桥,结果跳跃到接触模式。所以在非干燥气体、液体、低真空系统中,最好采用轻敲模式。有关原子力显微镜的操作模式,列表 3-1。

表 3-1　原子力显微镜操作模式的比较

操作模式	相互作用力	备注
接触模式	强(排斥力)	恒定力或恒定距离
非接触模式	弱(吸引力)	振动探针
中等接触模式	强(排斥力)	振动探针
横向力模式	摩擦力	扫描悬臂存在扭转
静电力	库仑作用力	振动探针
磁力	表面磁场成像	
热扫描	热导率分布成像	

AFM 选择哪种工作模式由计算机软件通过电路来控制,其中反馈电路起着至关重要的作用。通过反馈电路可以操作在两种状态:反馈控制,去掉反馈控制。若打开反馈,在针尖-样品间任何力的改变,都会通过压电陶瓷运动样品或针尖来平衡这个改变,保持预先的设定值。这个操作模式称为恒力模式,通常能够相当可靠地得到形貌像(高度像)。若关掉反馈,则操作在恒高或偏转模式。这对很平的样品适用,具有高分辨力。通常最好

是小的反馈量,避免热驱动或粗糙样品破坏针尖,又能具有恒高状态的优点。严格地说这应该是误差信号模式(error signal mode)。误差信号模式同样显示反馈是开态,图像的形貌很缓慢地变化,但结构边缘明亮,得到较高的分辨率。

三种模式的比较如下:

(1) 接触模式。

优点:扫描速度快,是唯一能够获得"原子分辨率"图像的AFM。垂直方向上有明显变化的硬质样品,有时更适用于接触式扫描成像。

缺点:在空气中,横向力影响图像质量,因为样品表面吸附液层的毛细作用使针尖与样品之间的黏着力很大,横向力与黏着力的合力导致图像空间分辨率降低,而且针尖刮擦样品会损坏软质样品(如生物样品、聚合体等)。

(2) 非接触模式。

优点:没有力作用于样品表面。

缺点:由于针尖与样品分离,横向分辨率低;为了避免接触吸附层而导致针尖胶黏,其扫描速度低于轻敲式和接触式AFM。通常仅用于非常怕水的样品,吸附液层必须薄,如太厚,针尖会陷入液层,引起反馈不稳,刮擦样品。由于上述缺点,非接触式的使用受到限制。

(3) 轻敲模式。

优点:很好地消除了横向力的影响,降低了吸附液层引起的力,图像分辨率高,适于观测软、易碎或胶黏性样品,不会损伤其表面。

缺点:比接触式AFM的扫描速度慢。

3. 原子力显微镜测量架构

AFM的探针一般由悬臂及针尖所组成,主要原理是由针尖与试片间的原子作用力,使悬臂产生微细位移,以测得表面结构形状,其中最常用的距离控制方式为光束偏折技术。AFM的主要结构可分为探针、偏移量侦测器、扫描仪、回馈电路及计算机控制系统五大部分。AFM探针长度只有几微米,探针放置于一弹性悬臂(cantilever)末端,探针一般由 Si、SiO_2、SiN_4、碳纳米管等所组成,当探针尖端和样品表面非常接近时,二者之间会产生一股作用力,其作用力的大小会随着与样品距离的不同而变化,进而影响悬臂弯曲或偏斜的程度,以低功率激光打在悬臂末端上,利用一组感光二极管侦测器(photo detector)测量低功率激光反射角度的变化,因此当探针扫描过样品表面时,由于反射激光角度的变化,感光二极管的电流也会随之不同,由测量电流的变化可推算出这些悬臂被弯曲或歪斜的程度,输入计算机计算可产生样品表面三维空间的一张影像。

碳纳米管探针针尖的尖锐程度决定影像的分辨率,越细的针尖相对可得到更高的分辨率,因此具有纳米尺寸的碳管探针,是目前探针材料的研究热点。碳纳米管(carbon nanotube)是由许多五碳环及六碳环所构成的空心圆柱体,因为碳纳米管具有优异的导电性、弹性与韧度,很适合作为原子力显微镜的探针针尖。通常其末端的面积很小,直径为 1~20 nm,长度为数十纳米。碳纳米管因为具有极佳的弹性及韧性,可以减少在样品上的作用力,避免样品的成像损伤,使用寿命长,可适用于比较脆弱的有机物和生物样品。

3.1.3   原子力显微镜的功能技术

1. 相位式原子力显微镜(phase imaging force microscope)

原子力显微镜在轻敲式(tapping mode)AFM 操作下,测量及回馈会因表面抵挡及黏滞力的作用,引起振动探针的相位改变,而抵挡及黏滞力的差异为不同材料性质引起,因此可以用相位差(phase lag)来观察表面定性材质分布状况。因相位改变量比起振幅改变量更敏感,故较易观察平面分布。在操作控制探针与表面的交互作用力上,可使用轻敲模式(较少力量)达到非破坏性分析,也可使用重敲模式(较大力量)达到穿透性,测量及回馈出表面特性,尤其对高分子聚合物及生物分子样品有非常好的性质观察。因为利用探针跳动扫描时表面的高度变化会影响振幅的大小,所以利用振幅变化可以得知表面的结构,但是表面的成分不同也会造成探针跳动频率变化,以及相位变化,例如当表面有些区域的性质特别软,造成探针在此区域扫描时跳动的频率变慢,且会产生相位差。因此,利用此特性让扫描探针显微镜观察到除了表面形貌之外的不同成分,如图 3-2 所示。

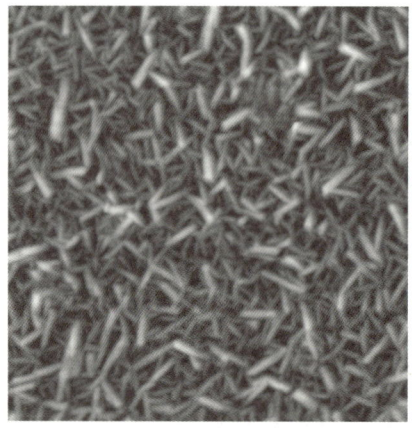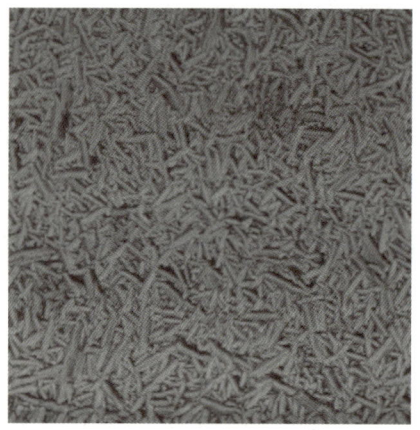

图 3-2   相位式原子力显微镜分析表面不同成分影响变化

2. 扫描式磁力显微镜(magnetic force microscope,MFM)

扫描式磁力显微镜是利用具磁性的探针(Si)镀上一层磁性 Co-Cr 合金,第一次扫描时轻敲式 AFM 的振幅用来测量表面高低,分辨率为 20~50 nm。在提升第二次扫描时,振幅受现有磁场变化,依提升高度而变更,可为镭射光侦测器得知,此差异信号可用来判断表面磁场分布,容易同时得到 AFM 及磁场分布影像,但是磁场大小却无法得知。轻敲式和提升式的操作应用,扫描前必须进行探针磁化,然后先以轻敲式取得高度变化的影像,然后再利用提升式测量存在表面上方的磁场分布,因为探针已经过磁化,所以在表面上方扫描时只会感应有磁场的区域,如图 3-3 所示。由于样品磁场大小有不一样的特性,不能使用具有强磁性的探针去扫描软磁性的样品,否则样品磁场会被强磁性的探针所干扰,造成一堆杂乱信号。

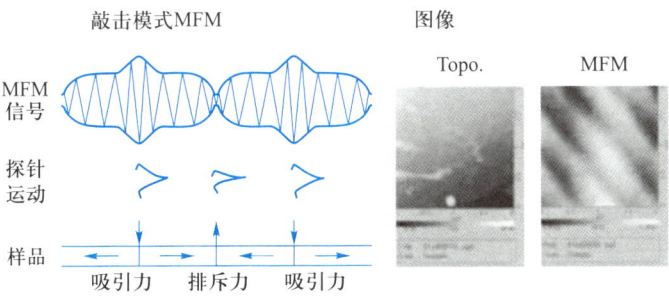

图 3-3　扫描式磁力显微镜磁场分布影像

3. 横向力显微镜(lateral force microscope,LFM)

LFM 的作用方式主要是使探针与样品表面相接触并在表面上平移,利用探针移动时所受的样品表面摩擦力以及因样品表面高低起伏造成悬臂的偏斜量来探知样品的材质与表面特性。图 3-4 为在硅表面放置的单层 Langmuir-Blodgett (LB)图像,通过每条扫描线(快速的扫描方向)从左到右扫描获得。再从相反的扫描方向快速扫描(从右到左)获得原像。

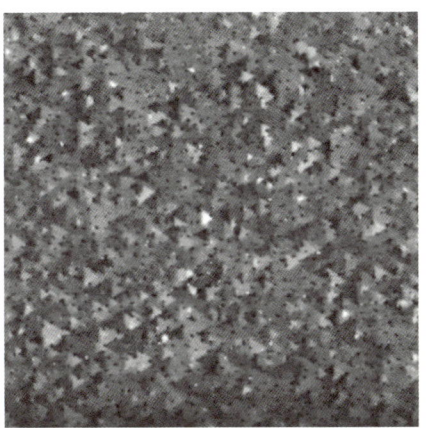

图 3-4　硅表面放置的单层 LB 图像

4. 扫描式热电探针显微镜(scanning thermal microscope,SThM)

利用探针悬臂上加镀的电路,工件表面的温差会驱动电路产生电流,此电流可被测量得到。接触式或轻敲式 AFM 均可在变温控制下操作,以观察材质与温度的关系。SThM

可进行 50~250 ℃于空气中的操作,系统设计上有:① 隔热保护装置,确保扫描仪不受热而尺寸失序;② 探针温度补偿,使表面温度与输入温度一致;③ 可程序化温控。图 3-5 为 PP 高分子的片晶和球晶影像。

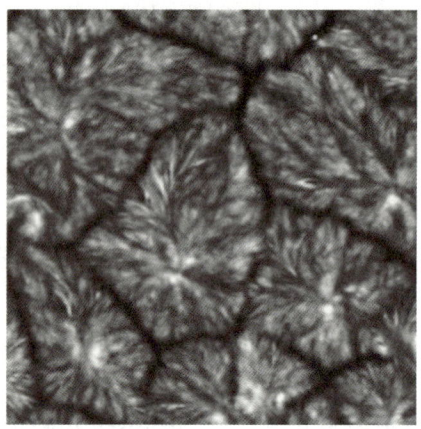

图 3-5   PP 高分子的片晶和球晶结构

5. 扫描式电场力显微镜(electrical force microscope,EFM)

扫描式电场力显微镜是利用微小的导电探针对样品表面进行扫描,以获得样品表面形貌特征及探针与样品相互静电力作用的信息。因其具有分辨率高(可达原子水平分辨率),样品准备简单,受工作环境限制少,功能多样化等优点,国内外已将 EFM 应用到微纳米尺寸下材料表面电荷的研究中。EFM 是利用提升模式操作(lift mode operation)功能,首先将导电探针在第一次扫描时,以轻敲式 AFM 的振幅来测量表面高低,在第二次扫描时,振幅受到现有表面电场变化,依提升高度而变更,这一变化可为镭射光侦测器得知,此差异信号可用来判断表面导电分布。但是此方式无法得知电压大小,欲知电压大小,须用表面电位仪(surface potential meter)方式测量。

6. 液相原子力显微镜(liquid cell force microscope)

对生物分子研究而言,对 DNA 基本结构及功能的了解一直是科学家追求的目标,早在 1953 年 DNA 双螺旋结构被发现后,使人了解遗传信息如何在这当中传送,并且也将生物研究推展到分子生物的领域,为了解个别分子的功能,许多解析分子结构的工具被发展出来;最先是 X 射线绕射方法(DNA 结构即由此方法解出),而后有核磁共振(NMR),再加上近年来的电子显微镜(SEM、TEMD),但样品必须进行固化、切片、脱水、镀金等步骤,而无法得到生理含水环境下真实生物活性样品的形态,相对于以上的测量方法,原子力显微镜则提供了一个较好的方式。原子力显微镜有极佳的横向分辨率,同时它可以在液相中进行生物活性样品扫描分析,如图 3-6 所示。因此原子力显微镜在测量液相中生物分子的活性微结构的同时,又可减少对生物样品的破坏。近年来在生理条件下,生物样本的测量几乎都以 AFM 为主要工具,它在进入液体中测量时并不会改变生物的基本特性,所以对于生物样本而言,该方法是一个最直接且适应性高的方法。

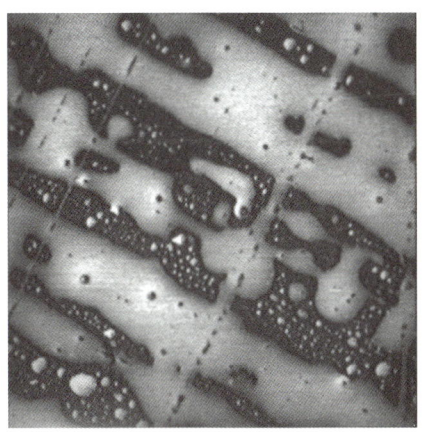

图 3-6　AFM 在液相中进行扫描

7. 微影操控术（nanolithography and nanomanipulation）

微影(lithography)及操控术(manipulation)是目前相当热门的研究方向。多年以来微影应用力学及电流方式,可在材料表面刻出或长出不同尺寸的纳米图案。目前研究主要针对如何划出 100 nm 级图案、10 nm 级线宽以及图案稳定性及操控性等工程议题。这些议题在设备上,目前可以使用封闭式回路控制扫描器(close loop scanner)解决。微影的要求均必须达到及时性,表示 AFM 扫描时,欲将某物从 a 移动至 b 时,可在移动后马上扫描,其间无须重新安置探针,及时性就非常重要。目前面临的挑战有纳米级定位修补、表面重组生化上强制接种加速实验。1990 年,IBM 公司的科学家展示了一项成果。他们在金属镍表面用 35 个惰性气体氙原子组成"IBM"三个英文字母(见图 3-7)。科学家在实验中发现 STM 的探针不仅能得到原子图像,而且可以将原子在一个位置吸住,再搬运到另一个地方放下。这是个了不起的发现,因为这意味着人类从此可以对原子进行操纵。

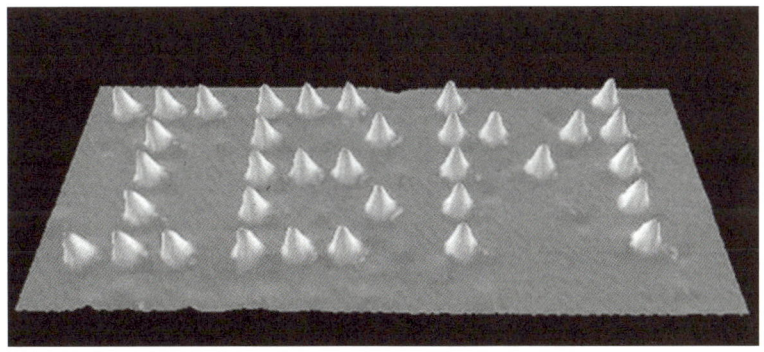

图 3-7　镍表面 35 个惰性气体氙原子组成"IBM"图像

3.2   原子力显微镜的应用

AFM 是利用样品表面与探针之间力的相互作用这一物理现象工作的,因此不受 STM 等要求样品表面能够导电的限制,可对导体进行探测,对于不具有导电性的组织、生物材料和有机材料等绝缘体,AFM 同样可得到高分辨率的表面形貌图像,从而使它更具有适应性,有广阔的应用空间。AFM 可以在真空、超高真空、气体、溶液、电化学环境、常温和低温等环境下工作,可供研究时选择适当的环境,其基底可以是云母、硅、高取向热解石墨、玻璃等。AFM 已被广泛地应用于表面分析的各个领域,通过对表面形貌的分析、归纳、总结以获得更深层次的信息。

3.2.1   在材料科学方面的应用

1. 三维形貌观测

通过检测探针与样品间的作用力可表征样品表面的三维形貌,这是 AFM 最基本的功能。AFM 在水平方向具有 0.1~0.2 nm 的高分辨率,在垂直方向的分辨率约为 0.01 nm。尽管 AFM 和扫描电子显微镜(SEM)的横向分辨率是相似的,但 AFM 和 SEM 两种技术的最基本区别在于处理样品深度变化时有不同的表征。由于表面的高低起伏状态能够准确地以数值的形式获取,AFM 对表面整体图像进行分析可得到样品表面的粗糙度、颗粒度、平均梯度、孔结构和孔径分布等参数,也可对样品的形貌进行丰富的三维模拟显示,使图像更适合人的直观视觉。图 3-8 就是接触式下得到的三维原子力图像,同时还可以逼真地看到其表面的三维形貌。

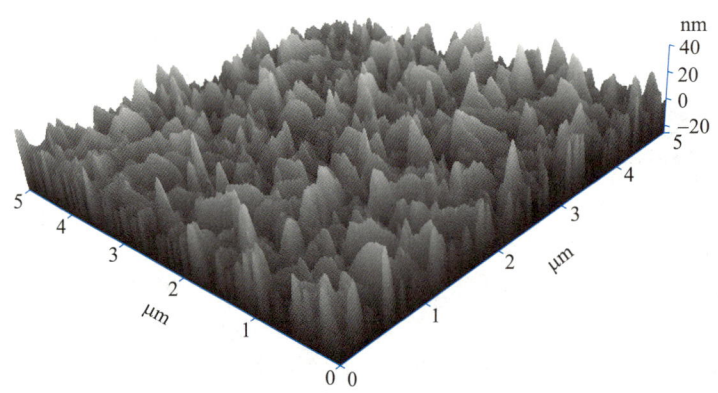

图 3-8   三维原子力形貌影像

在半导体加工过程中通常需要测量高纵比结构,像沟槽和孔洞,以确定刻蚀的深度和宽度。这些在 SEM 下只有将样品沿截面切开才能测量。AFM 可以无损地进行测量后即返回生产线。

2. 纳米材料与粉体材料的分析

在材料科学中,无论无机材料或有机材料,材料是晶态还是非晶态都要通过研究分子或原子的状态来判断产生化学及各种相的变化,以便找出结构与性质之间的规律。在这些研究中 AFM 可以使研究者从分子或原子水平直接观察晶体或非晶体的形貌、缺陷、空位能、聚集能及各种力的相互作用。这对掌握结构与性能之间的关系有非常重要的作用。纳米材料是当今材料领域关注的课题,而 AFM 对纳米材料的微观研究也是分析测试工具。纳米材料科学的发展和纳米制备技术的进步,将需要更新的测试技术和表征手段,以评价纳米粒子的粒径、形貌分散和团聚状况。原子力显微镜的横向分辨率为 0.1～0.2 nm,纵向分辨率为 0.01 nm,能够有效地表征纳米材料。纳米科学和技术是在纳米尺度(0.1～100 nm)上,研究物质(包括原子、分子)的特性和相互作用,并且利用这些特性的一个新兴科学。其最终目标是直接以物质在纳米尺度上表现出来的特性,制造具有特定功能的产品,实现生产力方式的飞跃。纳米科学包括纳米电子学、纳水机械学、纳米材料学、纳米生物学、纳米光学、纳米化学等多个研究领域,纳米科学的不断成长和发展与以扫描探针显微术(SPM)为代表的多种纳米尺度研究手段的产生和发展密不可分。可以说,SPM 的相继问世对纳米科技的诞生与发展起了根本性的推动作用,而纳米科技的发展又为 SPM 的应用提供了广阔的天地。SPM 是一个包括扫描隧道显微术(STM)、原子力显微术(AFM)等在内的多种显微技术的大家族。SPM 不仅能够以纳米级甚至是原子级空间分辨率在真空、大气或液体中来观测物质表面原子或分子的几何分布和态密度分布,确定物体局域光、电、磁、热和机械特性,而且具有广泛的应用性,如刻划纳米级微细线条,甚至实现原子和分子的操纵。这一集观察、分析及操作原子分子等功能于一体的技术已成为纳米科学研究中的主要工具。在粉体材料的研究中,粉体材料大量地存在于自然界和工业生产中,但目前对粉体材料的检测方法比较少,制样也比较困难。AFM 提供了一种新的检测手段。它的制样简单,容易操作。以微波加热法合成的低水合硼酸锌粉体为例,我们可以将其在酒精溶液中用超声波进行分散,然后置于新鲜的云母片上进行测试。其原子力显微图如图 3-9 所示,粒径约为 20 nm。

3. 成分分析

在电子显微镜中,用于成分分析的信号是 X 射线和背散射电子。X 射线是通过 SEM 系统中的能谱仪(EDS)和波谱仪(WDS)来提供元素分析的。在 SEM 中利用背散射电子所呈的背散射像又称为成分像。而在 AFM 中不能进行元素分析,但它在相位显像模式下可以根据材料的某些物理性能的不同来提供成分信息。图 3-10 是在轻敲模式下得到的高分子橡胶的原子力显微镜相位图像,它可以研究橡胶中填充 SiO_2 颗粒的微分布,并可以对 SiO_2 颗粒的微分布进行统计分析。

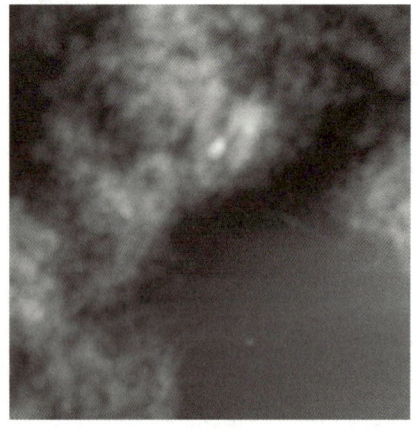

图 3-9　低水合硼酸锌的 AFM 图　　　图 3-10　高分子橡胶的 AFM 相位图像

4. 晶体生长方面的应用

晶体生长理论在发展过程中形成了很多模型,可是这些模型大多是理论分析的间接研究,它们和实际情况究竟有无出入,这是人们最为关心的。因而人们希望用显微手段直接观察到晶面生长的过程。用光学显微镜、干涉显微镜、激光全息干涉技术等对晶体晶面的生长进行直接观测,也取得了一些成果。但是,由于这些显微技术分辨率太低,或者是对实验条件要求过高,出现了很多限制因素,不容易对生长界面进行分子原子级别的直接观测。原子力显微镜则为我们提供了一个原子级观测研究晶体生长界面过程的全新有效工具。利用它的高分辨率和可以在溶液和大气环境下工作的能力,为我们精确地实时观察生长界面的原子级分辨图像、了解界面生长过程和机理创造了难得的机遇。近几年,国外学者已经开始利用原子力显微镜进行晶体生长机理的研究,特别是研究生长界面的动态过程,这些研究已经给传统的晶体生长理论和模型带来了冲击和挑战,在此基础上,晶体生长理论可望有新的突破。这方面的工作不仅有利于晶体生长理论本身的发展,而且有利于指导晶体生产实践,具有重要的理论和实际意义。应用原子力显微镜研究和修正晶体生长机理已取得以下一些比较典型的进展。

美国科学家展示了一种新技术,就是利用原子力显微镜(AFM)触发晶体生长,并实时地控制和观察晶体生长过程。美国西北大学的 Chad Mirkin 与同事用涂有多聚物的 AFM 探针在石英基片上完成了对一种多聚物晶体的生长、观察和控制。Mirkin 小组先在室温下用 AFM 探针将一滴多聚 DL 赖氨酸(PLH)滴在石英基片上。接着,他们用探针扫描这个基片,扫描区域为 8 μm×8 μm。在不断地扫描过程中,他们先是发现了两块三角形的结晶,其中一块边长只有 320 nm。他们看到这两颗"种子"不断地生长,同时其他晶体也在不断出现。他们还发现如果在 AFM 探针上涂上一层 PLH 就可以对晶体的生长进行控制。在控制实验中,PLH 是直接滴在石英基片上的,他们造出了各种大小的随意结构和三角形晶体。当温度提升至 35 ℃时,他们发现晶体由三棱柱结构变成了立方体结构。

5. 在薄膜技术中的应用

随着膜技术的蓬勃发展,人们力图通过控制膜的表面形态结构和改进制膜的方法,进而提高膜的性能。在过去多年的研究中,关于膜的制备、形态与性能之间的关系已经做了多方面的尝试和研究,而且这些尝试和研究对于膜的形成与透过机理都十分有价值,然而由于过程相当复杂,对其中的理解仍然是不够充分的。1988 年,当 AFM 发明以后,Albrecht 等首次将其应用于聚合物膜表面形态的观测之中,为膜表面形态的研究开启了新的大门。AFM 在膜技术中的应用相当广泛,它可以在大气环境下和水浴液环境中研究膜的表面形态,精确测定其孔径及孔径分布,还可在电解质溶液中测定膜表面的电荷性质,定量测定膜表面与胶体颗粒之间的相互作用力。无论在对哪个参数的测定中,AFM都显示了其他方法所没有的优点,因此,其应用范围迅速增长,已经成为膜科学技术中发展和研究的基本手段。

用于膜表面形态和结构特征研究的手段方法很多,如扫描电子显微镜法、压汞法、泡点法、气体吸附−脱附法、热孔法以及溶质透过特性等。其中只有扫描电子显微镜能够提供直接而又详细的资料,如孔形状和孔径分布。它在一段时期曾是微电子学的标准研究工具,它可以分辨出小至几个纳米的细节。但是这种显微镜要求样品表面涂覆金属并在真空中成像,三维分辨能力差,发射的高能电子可能会损坏样品表面而造成测量偏差。AFM 通过探针在样品表面来回扫描,生成可达到原子分辨率水平的图像,具有并不苛刻的操作条件(它可以在大气和液体环境中操作),以及样品不需进行任何预处理的特点,使其在膜技术中的应用引起了广泛的兴趣。AFM 在膜技术中的应用与研究主要包括以下几个方面。

(1) 膜表面结构的观察与测定包括孔结构、孔尺寸、孔径分布。当一幅清晰的 AFM 图像得到后,在图像上选定一条线做线分析(line analysis),可做孔径和孔径分布的研究。在使用 AFM 观测膜的表面时,科研工作者将其测定结果与其他方法得到的结果进行了比较。研究发现,AFM 的接触模式与非接触模式的测定结果相似,而 SEM 和 TEM 的测定值都偏小。造成这种偏差的原因是由测定方法所决定的。SEM 要求在样品表面覆盖一层导电层,而 TEM 要求制备样品的复制品。这些对样品的预先处理都会带来测量上的偏差。这已经得到了证实。同时,膜也有可能被电子光束所破坏。在膜表面结构和形态的观察中研究人员还发现,膜的操作环境同样会对测量结果产生影响。我们知道,AFM 可以在大气环境和液体环境中对膜表面进行成像扫描。Bowen 在研究微孔膜时发现,随着NaCl 溶液浓度的变小,得到的表面图像和孔径测定结果都相对较差。因此,AFM 不是说按一个简单的按钮就可以完成所有的工作,它需要在测试时调整各种参数以求达到最好的结果。尽管如此,它仍然不失为膜表面观察的首选技术。通常认为,由高分子材料制备得到的合成膜表面应当是光滑的,因此认为在膜的制备过程中产生表面带有花纹的膜是不希望得到的。但是,随着膜科学技术的发展和对膜现象的深入了解,人们越来越意识到表面看似有花纹的膜在其透过通量上比平整的膜表面有更大的优势。

（2）膜表面形态的观察,确定其表面粗糙度。利用 AFM 先进的扫描技术和分析方法可以对膜的表面图像进行分析,得到其粗糙度参数。观察反渗透膜时,可以用 AFM 找到膜的透过通量与粗糙度之间的关系:随着膜表面粗糙度增高,膜的水通量增大,这是因为膜的有效面积增大。换言之,表面粗糙度大的膜表面可以获得更大的比表面积以及更大的透过通量。用 AFM 研究膜表面时还发现,膜表面的粗糙区可分为非晶形区和晶形区,而且膜表面的不规整性还会影响膜的物理化学性质。反渗透膜和超滤膜在水处理中存在的一个主要问题是膜污染。在对膜的粗糙度进行研究时发现,膜表面的粗糙度与膜污染之间存在一定的关系。Elimelech 等研究了被胶体污染了的醋酸纤维素反渗透膜和芳香聚酰胺反渗透复合膜,发现芳香聚酰胺复合膜的受污染程度高,这主要归因于复合膜表面的粗糙度高,而且膜表面图像也显示了醋酸纤维素反渗透膜较为平整的膜表面,芳香聚酰胺复合膜存在大量的"山峰"结构。Bowen 对纳滤膜的研究也得到了相似的结果。由上可见,AFM 对膜表面的粗糙度的分析,对膜的性能与表面形态之间的关系研究提供了极大的方便。

（3）膜表面污染时的变化,以及污染颗粒与膜表面之间的相互作用力,确定其污染程度。在研究膜的污染状况前,先看看 AFM 在其中的作用。AFM 可以通过测量悬臂的弯曲程度来测量膜表面与探针针尖之间的相互作用力。假设将针尖的硅/二氧化硅换以一球形颗粒附着在悬臂上,测量其与膜表面之间的作用力,便可知其在膜上的黏附程度,从而预见膜表面的污染状况,这种技术称为"胶粒探针"技术。随着技术的提升,颗粒的直径可以从 0.75 μm 做到 15 μm。利用"胶粒探针"技术定量分析膜表面与各种材料之间的相互作用力,使得快速评估不同颗粒在膜表面的污染状况成为可能,简化了膜的研制过程,并在膜材料的选择方面提供理论指导依据,从而推动低污染或无污染膜的快速发展。

（4）膜制备过程中相分离机理与不同形态膜表面之间的关系。高分子膜结构与相分离机理紧密相关,尤其是非晶形聚合物,相分离过程对膜的表面形态和结构影响极大。AFM 对膜表面形态与结构的成像与分析,对于膜制备过程中的成膜机理研究也带来了极大的帮助,AFM 在膜技术方面显示了强大的应用能力。无论在空气中或是液体环境中,AFM 无须对膜进行任何可能破坏表面结构的预处理,就能生成高清晰度的膜表面图像。AFM 通过对膜表面形态、结构以及与颗粒间的相互作用力进行测定,使人们掌握膜的结构、形态与膜性能之间的关系,了解膜的抗污染程度,以及对成膜机理进行更深入的研究,推动膜科学技术的迅猛发展。

3.2.2   在其他有关方面中的应用

1. 在生物学中的应用

由于 AFM 的高分辨率,并且可以在生理条件下进行操作和观察,AFM 在生物学中的应用越来越得到重视。利用 AFM 可以对细胞以及细胞膜进行观察。最先用 AFM 进行成像的细胞是干燥于盖玻片表面的固定红细胞。在 AFM 成像中,扫描区域可变动于 10 μm

和 1 nm 之间,甚至更小。因而它能够对整个细胞或单个分子成像。对于研究细胞来讲,AFM 区别于其他工具最显著的优点是其可以在生理条件下进行细胞成像,如在生理盐水中对红细胞成像的辨别力为 30 nm。AFM 为科学家在生理条件下研究细胞膜和膜蛋白的结构提供了有力的手段。Langmuir-Blodgett(LB)膜的 AFM 成像提供了脂质膜厚度的直接证据,这在以前只能用间接的方法测定或只是一种理论推测。AFM 的高度辨别力是亚纳米水平的。LB 膜的分子水平成像表现出单个头部极性基团及分子排列,包括它们的广范围装配。研究这些膜的好处在于人们可随时改变脂质的组成,研究脂-脂相互作用流动性及脂-蛋白间的相互作用。用 LB 膜进行研究的结论表明,AFM 对生物标本成像在一般情况下与电镜成像一致,但却有电镜所不具有的优越之处:即 AFM 是在近生理条件下成像。AFM 成像并非仅仅限于天然生物膜,而且可用于合成膜。利用这一点,人们可以合成特定物质所组成的生物膜,使蛋白质能够按一定的秩序镶嵌其内。这种技术对于那些在通常情况下不形成阵列的蛋白质成像具有一定的意义。

AFM 由于其纳米级的分辨率,可以清楚地观察大分子,如 DNA、蛋白质、多糖的形貌结构。从首次用 AFM 获得 DNA 分子的图像以来,AFM 便成为研究 DNA 分子的重要工具。分子辨别水平(2~3 nm)的双链 DNA 的成像也已能够在空气和液体中进行,其螺旋沟及螺旋周期可以辨认,DNA 分子的宽度和高度似乎依赖于操作环境(空气或溶液)、尖端特性及所用底物。单链 DNA 无论在何种辨别水平都较难成像,似乎还没有发现适宜的制备方法或底物。此外,AFM 还被应用于测定作用力和通过改变作用力而进行的微小结构加工等方面。通过改变探针的物理和化学性质,在不同的环境下来测量它与样品表面的作用力,从而可以获得样品的电性、磁性和黏弹性等方面的信息。AFM 的这一功能对于研究粒子之间的相互作用是非常有用的。处于微悬臂前端的探针在样品原子(分子)的作用下将使微悬臂产生形变。受吸引力的吸引时,针尖端将向样品弯曲,而受排斥力作用时,向远离样品的方向弯曲,这种形变一般采用光学装置来测量。在生命科学领域,可用 AFM 探测 DNA 复制蛋白质合成、药物反应等反应过程中的分子间力的作用,若对探针进行生物修饰,可以测量单个配体-受体对之间的结合力。若将单个生物分子的分子链尾端连接到 AFM 针尖上,AFM 则可根据探针上的特定分子与样品底物之间的结合来测定其力的大小。

2. 在物理学中的应用

物理学中,AFM 可以用于研究金属和半导体的表面形貌、表面重构、表面电子态及动态过程,超导体表面结构和电子态层状材料中的电荷密度等。从理论上讲,金属的表面结构可由晶体结构推断出来,但实际上金属表面很复杂。衍射分析方法已经表明,在许多情况下,表面形成超晶体结构(称为表面重构),可使表面自由能达到最小值。而借助 AFM 可以方便地得到某些金属、半导体的重构图像。例如,Si(111)表面的 7×7 重构在表面科学中提出过多种理论和实验技术,而采用 AFM 与 STM 相结合的技术可获得硅活性表面 Si(111)-7×7 的原子级分辨率图像。AFM 已经获得了包括绝缘体和导体在内的许多不同材料的原子级分辨率图像。随着扫描探针显微镜(SPM)系列的发展和技术的不断成熟,人类实现了纳米与数十纳米尺度的过程模拟,从工程和技术的角度开始了微观摩擦学研究,提出了分子摩擦学和纳米摩擦学的新概念。

纳米摩擦学是摩擦学新的分支学科之一,它对纳米电子学、纳米材料学和纳米机械学的发展起着重要的推动作用,而原子力显微镜在摩擦学研究领域的应用又将极大地促进纳米摩擦学的发展。原子力显微镜不仅可以实现纳米级尺寸微力的测量,而且可以得到三维形貌、分形结构、横向力和相界等信息,尤其重要的是还可以实现过程的测量,达到实验与测量的统一,是进行纳米摩擦学研究的一种有力手段。近年来,应用原子力显微镜研究纳米摩擦、纳米磨损、纳米润滑、纳米摩擦化学反应和微型机电系统的纳米表面工程等方面都取得了一些重要进展。在 AFM 探针上修饰纳米 MoO 单晶研究摩擦,发现了摩擦的各向异性。总之,原子力显微镜在纳米摩擦学研究中获得了越来越广泛的应用,已经成为进行纳米摩擦学研究的重要工具之一。

3. 在化学中的应用

许多化学反应是在电极表面进行的,了解这些反应过程,研究反应的动力学问题是化学家们长期研究的课题。吸附物质将于表面形成吸附层,吸附层的原子分子结构、分子间相互作用是研究表面化学反应的前提与基础。在超高真空环境下,科学家们使用蒸发或升华的方法将气态分子或原子吸附在基底(一般为金属或半导体)上,再研究其结构。在溶液中,分子将自动吸附于电极表面。在电位的控制下,吸附层的结构将有不同的空化。此种变化本身与反应的热力学与动力学过程有关,由此可以研究不同种类物质的相互作用区反应。电化学 STM 在这一领域的研究中已有很好的成果。例如,硫酸是重要的化工原料,硫酸在活性金属表面(如铑、铂等)上的吸附一直是表面化学和催化化学中的研究热点。尽管有关硫酸吸附的研究报告已有很多,但是其在电极表面的吸附是否有序、结构如何、表面催化变化过程、硫酸根离子与溶液中水分子的相互作用、水分子在硫酸的吸附结构形成中的作用等,长期没有明确结论。利用电化学 STM,研究人员在溶液中原位研究了这一体系的吸附及结构变化过程。研究发现,硫酸根离子在 Rh(111) 以及 Pt(111) 等表面与水分子共同吸附,水分子与硫酸根离子通过氢键结合形成有序结构。基于实验结果,研究人员提出了硫酸根离子与水分子吸附的理论并给出了模型。

利用电位控制表面吸附分子是电化学 STM 在化学研究中的又一成功应用范例。利用此技术,可以控制表面吸附分子在材料表面的结构及位向等。例如控制分子与基底平行的取向变为与基体垂直的取向。这种取向变化只受电位影响,其行为类似于原子分子开关。这一研究为原子分子器件的发展提供了新的途径。光电反应是涉及生物、化学、环境、电子等众多学科的一类常见的重要化学反应,利用电化学 STM 可以跟踪监视光电化学反应过程,研究反应物分解与转化的微观机制,如分子吸附层结构、分子间的相互作用、分子分解以及生成物的结构等,现已受到众多领域学者的重视。总之,用 STM 技术研究表面化学反应已获得了许多成功,并展现了极具魅力的广阔前景。在未来的研究中,肯定会有更著名的实验结果问世。

3.3 原子力显微镜的表面分析

图 3-11 为涂覆一层氧化锡红外反射薄膜的样品表面形貌图。从图 3-11 可以看出,因膜的层数较少,薄膜的厚度较薄,表现出表面较平整。一层薄膜的样品表面颗粒较密集,凹凸波动较小,颗粒排列较整齐。从图上可以看出颗粒并不是彼此独立的,而是已经交织连成一片。可以得出用溶胶-凝胶法镀膜得到的薄膜厚度较薄且颗粒度小,但工艺和所配制的溶胶对薄膜的影响很大,可以采用多次提拉、多次镀膜的方法取得较厚的薄膜,如果控制得恰当,可以得到较理想的薄膜。用原子力显微镜扫描后,也可以定量知道其粗糙度等有关参数。

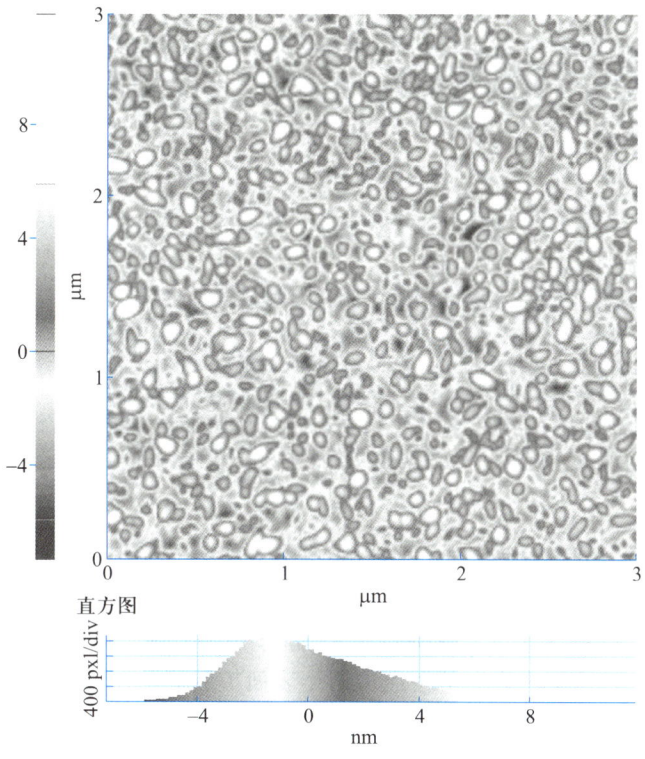

图 3-11 涂覆一层氧化锡红外反射薄膜的样品表面形貌图

3.4　原子力显微镜与其他显微分析技术

3.4.1　原子力显微镜与其他显微分析技术的比较

自从 1933 年德国 Ruska 和 Knoll 等在柏林制成第一台电子显微镜后,几十年来,有许多用于表面结构分析的现代仪器先后问世。如透射电子显微镜(TEM)、扫描电子显微镜(SEM)、场电子显微镜(PEM)、场离子显微镜(FIM)、低能电子衍射(CLBED)仪、俄歇电子能谱(AES)仪、化学分析电子能谱(ESCA)仪、电子探针等。这些技术在表面科学各领域的研究中起着重要的作用。但任何一种技术在应用中都会存在这样或那样的局限性,例如:LEED 及 X 射线衍射等衍射方法要求样品具有周期性结构,光学显微镜和 SEM 的分辨率不足以分辨出表面原子,高分辨 TEM 主要用于薄层样品的体相和界面研究,FEM和 FIM 只能探测在半径小于 100 nm 针尖上的原子结构和二维几何性质,且制样技术复杂,可用来作为样品的研究对象十分有限;还有一些表面分析技术,如 X 射线光电子能谱(ELS)等只能提供空间平均的电子结构信息,有的技术只能获得间接结果,还需要用试差模型来拟合。此外,上述一些分析技术对测量环境也有特殊要求,例如真空条件等。扫描隧道显微镜的出现,使人类第一次能够实时地观察单个原子在物质表面的排列状态和与表面电子行为有关的物理、化学性质,在表面科学、材料科学、生命科学等领域的研究中有着重大的意义和广阔的应用前景。

在 STM 出现以后,又陆续发展了一系列工作原理相似的新型显微技术,包括原子力显微镜,以原子力显微镜为代表的扫描探针技术(SPM)与其他显微分析技术相比有以下特点。

(1)原子级高分辨率。如 STM 在平行和垂直于样品表面方向的分辨率分别可达0.1 nm 和 0.01 nm,可以分辨出单个原子,具有原子级的分辨率。

(2)可实时地得到实空间中表面的三维图像,可用于具有周期性或不具备周期性的表面结构研究。这种可实时观测的性能可用于表面扩散等动态过程的研究。

(3)可以观察单个原子层的局部表面结构,而不是体相或整个表面的平均性质。因而可直接观察到表面缺陷、表面重构、表面吸附体的形态和位置,以及由吸附体引起的表面重构等。

(4)可在真空、大气、常温等不同环境下工作,甚至可将样品浸在水和其他溶液中,不需要特别的制样技术,并且探测过程对样品无损伤。这些特点适用于研究生物样品和在不同试验条件下对样品表面的评价,例如对于多相催化机理、超导机制、电化学反应过程中电极表面变化的监测等。

(5)配合扫描隧道谱(scanning tunneling spectroscopy,STS)可以得到有关表面结构的

信息,例如表面不同层次的态密度、表面电子阱、电荷密度波、表面势垒的变化和能隙结构等。

此外,对于技术本身,SPM 具有的设备相对简单、体积小、价格便宜、对安装环境要求较低、对样品无特殊要求、制样容易、检测快捷、操作简便等特点,同时 SPM 的日常维护和运行费用也十分低廉,因此,SPM 技术一经发明,就带动纳米科技快速发展,并在很短的时间内得到广泛应用。

3.4.2　原子力显微镜与扫描电子显微镜

尽管 SEM 和 AFM 的横向分辨率是相似的,但每种方法又会根据观察者对样品表面所要了解的信息不同而提供更完美的表征。SEM 和 AFM 两种技术最基本的区别在于处理样品深度变化时有不同的表征。极其平整的表面既可能是天然形成的,如某些矿物晶体表面,也可能是经过处理的,如抛光和晶体在半导体上的取向生长以及光盘表面等。对经过王水处理去掉外层保护膜的磁盘、光盘进行扫描时,与 SEM 不同,AFM 一次扫描即可完成三维测量(x、y、z)。由于 AFM 的纵向分辨率小于 0.5 Å,所以它可以分辨出光盘在垂直方向不足 100 nm 的凹坑。而对于如此平整的样品,由于高度的变化极其微小,SEM 却很难分辨出这些特征。对于多数薄膜 SEM 和 AFM 都可以扫描出相似的图像,它们一个共同的应用就是观测随着沉积参数的变化(如温度、压力、时间等)而引起的形态变化。许多样品用 SEM 和 AFM 都可以扫描出相似的表面结构的图像。然而,对于这个样品上可以获得的其他信息,SEM 和 AFM 是不同的,AFM 可以将测量到的样品 x、y、z 三个方向的特征,用于计算样品凹凸的变化以及由于沉积参数的不同样品表面面积的变化。对于 SEM,一次就可以在比较大的视域内(几毫米)采集到表面结构的变化,而 AFM 最多可以观察到 100 μm×100 μm 范围内的变化。另外,利用两种不同的技术采集到的图像在高度上的解释稍有不同。在 SEM 图像,由于电荷在斜面会增加电子在样品表面的发射,所以表现在图像上会产生更高的强度,然而有时很难确定它是向上倾斜还是向下倾斜。而 AFM 的测量数据包含了高度的信息,因此可以直截了当地确定扫描部分是凸起还是下凹。

半导体加工通常需要测量高纵横比结构,像沟槽和孔洞,确定刻蚀深度。然而这些信息用 SEM 技术是无法直接得到的,除非将样品沿截面切开。AFM 技术则恰恰弥补了 SEM 的这一不足,它只扫描样品的表面即可得到高度信息,且测量是无损的,半导体材料在测量后即可返回到生产线。AFM 不仅可以直观地看到光栅的形貌,而且它的宽度以及刻槽的深度都可以定量测量。SEM 技术的一个主要优点是它可以把在垂直方向有几个毫米的粗糙表面的样品扫描成像。尽管 AFM 可以探测到样品表面垂直方向小于 0.5 Å 的变化,但对于垂直方向变化比较大的样品,AFM 则显得力不从心。SEM 和 AFM 是两种类型的显微镜,它们最根本的区别在于操作的环境不同。

SEM 需要在真空环境中进行,而 AFM 是在空气中或液体环境中操作。环境问题有时对解决具体样品显得尤为重要。首先,我们经常遇到的是像生物材料这一类含水样品的研究问题。这两种技术通过不同的方法互为补偿,SEM 需要环境室,而 AFM 则需要液体池。其次,由于 SEM 这一技术的特性决定了它需要在真空环境中工作,由此带来的问题是样品必须是适合真空的,样品表面是导电的以及要保持一定的真空度。对于不导电的样品,可以用真空镀膜技术覆盖上导电的表面层,当然还可以用低加速电压操作,或者在环境室(低真空)中工作,而后者是以牺牲图像的质量和分辨率为代价的。AFM 的最大特点是可以将不导电的样品表面在液体池中扫描出高分辨的图像。通常 AFM 扫描含水的样品是把它和扫描探针放在液体中进行的,因为 AFM 不以导电性为基础,所以图像和扫描模件在液体中都不会受干扰。AFM 最常见的应用是在生物材料、晶体生长、作用力的研究等方面。虽然 SEM 和 AFM 的表现形式非常不同,但二者有着许多相似之处:① 两种技术都是探针在样品表面做光栅式扫描,通过检测器检测到探针与样品表面相互作用而形成的一幅图像。② 它们的横向分辨率在数量级上是一样的（尽管在一定的条件下 AFM 更优于 SEM）。③ 它们都是人们认可的获得高分辨率图像最常用和有效的方法。扫描电镜的发展要早于、成熟于原子力显微镜,但是最近几年原子力显微镜的迅速发展,以及它所发挥的作用也是不容忽视的。扫描电镜和原子力显微镜是互为补充的两种图像技术。

习题

1. 粗糙度数据中各个参数 Image Ra、Image Rq、粗糙因子有什么意义?

2. AFM 粉末制样时基片的选择有_____、_____、_____、玻璃、石英等;一般要结合样品的亲疏水、表面化学特性等选择合适的基片,对于详细研究粉体尺寸、形状等特性,应尽量选取表面原子级平整的_____、_____等作为基片。

3. AFM(原子力显微镜)是现代测试中常用的一种检测方法,它可以用于生物细胞的_____形态观测;生物大分子的_____及其他性质的观测研究。

4. AFM 测试有些样品(例:细菌+不锈钢基体)表面电势时,为何同一个样品不同位置测试的电势差别特别大?

5. AFM 探测到的原子力由哪两种主要成分组成?

6. 怎样使用 AFM,才能较好地保护探针?

7. 原子力显微镜有哪些应用?

8. 与传统的光学显微镜、电子显微镜相比,扫描探针显微镜的分辨本领主要受什么因素限制?

9. 要对悬臂的弯曲量进行精确测量,除了在 AFM 中使用光杠杆这个方法外,还有哪些方法可以达到相同数量级的测量精度?

第 3 章参考文献

第4章
激光扫描共聚焦显微分析技术

激光扫描共聚焦显微技术(laser scanning confocal microscopy)是一种高分辨率的可以层层扫描的显微成像技术,在众多科研领域中得到广泛应用,比如食品检测、化学分析、材料表征、临床研究、细胞及生物分子分析等。

4.1 激光扫描共聚焦显微镜的测试原理

4.1.1 仪器基本原理

普通的荧光光学显微镜在对较厚的标本(如细胞)进行观察时,来自观察点邻近区域的荧光会对样品结构的分辨率形成较大的干扰。共聚焦显微技术每次只对空间上的一个点(焦点)进行成像,再通过计算机控制一点一点地扫描形成标本的二维或者三维图像。在此过程中,来自焦点以外的光信号不会对图像形成干扰,从而大大提高了显微图像的清晰度和细节分辨能力。图4-1为激光扫描共聚焦显微镜光学结构图。

图4-2是共聚焦显微镜的工作原理示意图。用于激发荧光的激光束(laser)透过入射小孔(light source pinhole)被二向色镜(dichroic mirror)反射,通过显微物镜(objective lens)汇聚后入射于待观察的标本(specimen)内部焦点(focal point)处。激光照射所产生的荧光(fluorescence light)和少量反射激光一起,被物镜重新收集后送往二向色镜。其中携带图像信息的荧光由于波长比较长,直接通过二向色镜并透过出射小孔(detection pinhole)到达光电探测器(detector)[通常是光电倍增管(PMT)或是雪崩光电二极管(APD)],变成电信号后送入计算机。而由于二向色镜的分光作用,残余的激光则被二向色镜反射,不会被探测到。

图4-3解释了出射小孔所起到的作用:只有在焦平面上的点所发出的光才能透过出

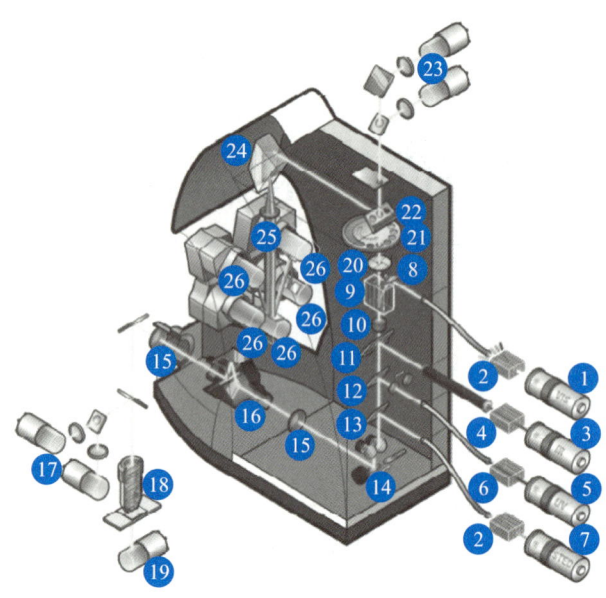

1—可见波长激光或白激光;2—声光调制器(AOTF);3—红外激光(IR);4—电光调制器;5—紫外激光;6—AOTF
或直接调制器(DMOD);7—STED 激光;8—Setlight 监控二极管;9—AOBS 及其他选配件;10—用于 FRAP 的光束增
强镜;11—红外激光耦合;12—与 CS2 紫外光路耦合的紫外激光;13—STED 激光耦合;14—全视野扫描镜及串行高
速扫描镜选件;15—UVIS,HIVIS 或 VISIR 的光路镀膜;16—扫描视场旋转镜;17—在 NND 位置上的反射光检测器;
18—物镜(可提供各种选择);19—在 NND 位置上的透射光检测器;20—正方形针孔;21—Fluorifier 盘;22—X1 出口
接口;23—外置检测器;24—色散棱镜;25—分开的荧光光谱;26—最多 5 个光电倍增管或 4 个 HyD 检测器

图 4-1   Leica TCS SP8 型激光扫描共聚焦显微镜光学结构图

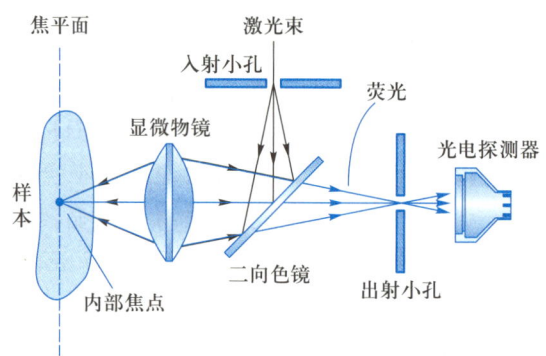

图 4-2   共聚焦显微镜的工作原理示意图

射小孔;焦平面以外的点所发出的光线在出射小孔平面是离焦的,绝大部分无法通过中心
小孔。因此,焦平面上的观察目标点呈现亮色,非观察点则作为背景呈现黑色,反差增加,
图像清晰。在成像过程中,出射小孔的位置始终与显微物镜的焦点(focal point)是一一对
应的关系(共轭 conjugate),因而被称为共聚焦(con-focal)显微技术。共聚焦显微技术是

由美国科学家马文·闵斯基(Marvin Minsky)发明的,并于1957年申请了该技术的专利。直到20世纪80年代后期,借助激光研究的长足进步,激光共聚焦扫描显微技术(CLSM)才成为了一种成熟的技术。激光共聚焦显微镜原理如图4-4所示。

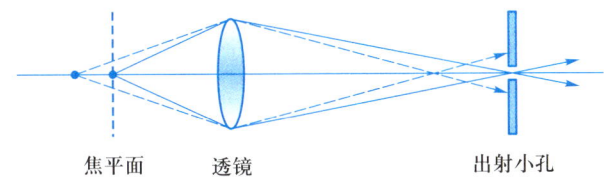

焦平面　　　透镜　　　　　　　出射小孔

图4-3　探测针孔的作用示意图

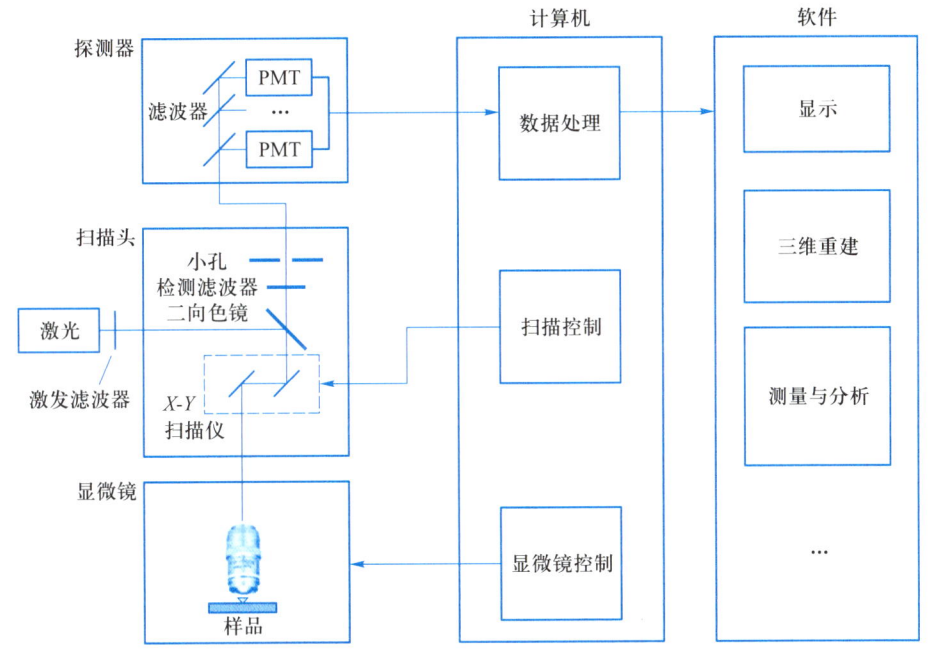

图4-4　激光共聚焦显微镜原理框图

当今的激光共聚焦显微镜已经发展为一种结合了激光技术、显微光学、自动控制和图像处理等多种尖端科研成果的高技术工具,是现代微观研究领域不可缺少的利器之一。

4.1.2　相近测试方法对比

扫描电子显微镜(scanning electron microscope,SEM)利用电子和物质的相互作用,可以获取被测样品本身的各种物理、化学性质的信息,如形貌、组成、晶体结构、电子结构和内部电场或磁场等。原子力显微镜(atomic force microscope,AFM)是一种可用来研究包括绝缘体在内的固体材料表面结构的分析仪器。由于电子的德布罗意波长非常短,透射电子显微镜的分辨率比光学显微镜高很多,可以达到 0.1~0.2 nm,放大倍数为几万至百万倍。因此,使用透射电子显微镜可以用于观察样品的精细结构,甚至可以用于观察仅仅一列原子的结构,比光学显微镜所能够观察到的最小结构小数万倍。TEM 在物理学和生物学相关的许多科学领域都是重要的分析方法,如癌症研究、病毒学、材料科学,以及纳米技术、半导体研究等。冷冻电镜(cryo-microscopy)通常是在普通透射电镜上加装样品冷冻设备,将样品冷却到液氮温度(77 K),用于观测蛋白、生物切片等对温度敏感的样品。通过对样品的冷冻,可以降低电子束对样品的损伤,减小样品的形变,从而得到更加真实的样品形貌。然而,SEM 和 TEM 对于样品制样要求较高,而 AFM 主要表征样品的表面形貌。因此,对于有缓冲液环境的生物样品,如何表征样品,特别是特异性位点,如特异性蛋白、特异性基因序列,显然 SEM,TEM 和 AFM 是不合适的。普通荧光显微镜可以全视场观察和表征生物样品或具有荧光特性的材料,但只能给出整体结果,并不能在样品中进行精确定位,而且放大倍数一般最大为 400 倍。因此,利用激光共聚焦的三维表征技术,可高分辨率表征样品的荧光特性,进而可分析相应目标物的三维空间分布。

4.2   激光扫描共聚焦显微镜的测试与数据分析

4.2.1   测试仪器基本结构

以 Leica TCS SP8 激光共聚焦显微镜基本结构如图 4-5 所示。

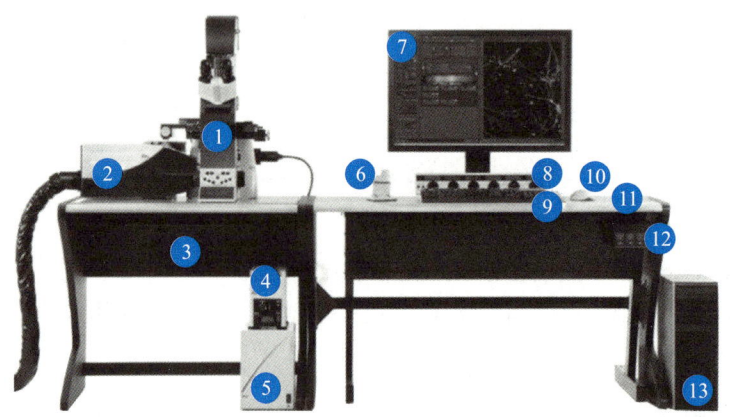

1—研究级显微镜;2—扫描头;3—防震台;4—EL6000 荧光照明;5—显微镜控制器;6—遥控手轮;7—显示器;8—控制面板;9—键盘;10—电脑鼠标;11—电脑桌;12—电源控制;13—工作站

图 4-5   Leica TCS SP8 激光共聚焦显微镜结构组成

4.2.2 典型测试技术

激光扫描共聚焦显微镜可用于固定样品及活细胞样品的成像,测试过程中,主要涉及扫描速度、分辨率、降噪、光电倍增调节、多参数协同优化、成像质量评估、图像后期处理等。

以 Leica TCS SP8 激光共聚焦显微镜为例,介绍测试方法及模式。

根据样品的荧光特性,选择合适的激光波长、分光镜、检测器及检测波长范围等参数;设置适当的扫描参数及扫描模式。主要分为以下几种:

1. *xyz* 三维扫描(*z*-Stack)

xyz 扫描模式为默认采图模式,加上 *z* 轴扫描多个层面,适合观察样品中目标的空间分布,如图 4-6 所示。

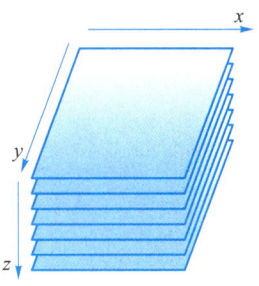

图 4-6　*xyz* 三维扫描模式

拍摄完 3D 图像之后,在图像显示窗口右侧会多出 3 个用于 3D 图像显示的按钮:

最大亮度投影按钮(maximum projection):将所有 *z* 平面的图像信息选取最亮的点集中显示在一层,相当于将多层图像压成一层,多用于集中显示跨越多个层面的结构信息。

正交剖面方式按钮(orthogonal section):分别以 *xy*、*yz*、*xz* 三个方向显示指定位置的剖面信息,如图 4-7 所示,多用于观察结构在 3D 空间内的定位。

3D 立体模式按钮(open in 3D viewer):打开 3D 可视化模块,以直观方式展示 3D 结构,如图 4-8 所示,该模块功能强大,有多种参数可以调整显示方式,也可以以视频方式输出。

2. 时间序列扫描(timeseries 或 *xyt* scan)

时间序列扫描多用于活细胞成像,记录动态过程。扫描原理如图 4-9 所示。

相关参数可在软件中进行设置。

(1)在"Acquire"菜单栏的"Acquisition"中选择 *xyt* 扫描模式后,将出现 *xyt* 扫描菜单,如图 4-10 所示。

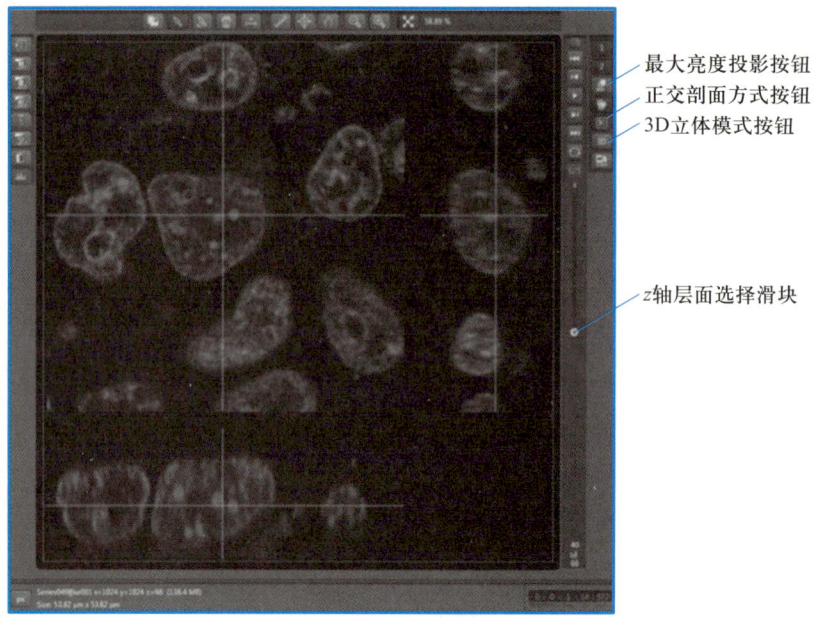

最大亮度投影按钮
正交剖面方式按钮
3D立体模式按钮

z轴层面选择滑块

图 4-7 xy、yz、xz 三个方向显示的荧光图像

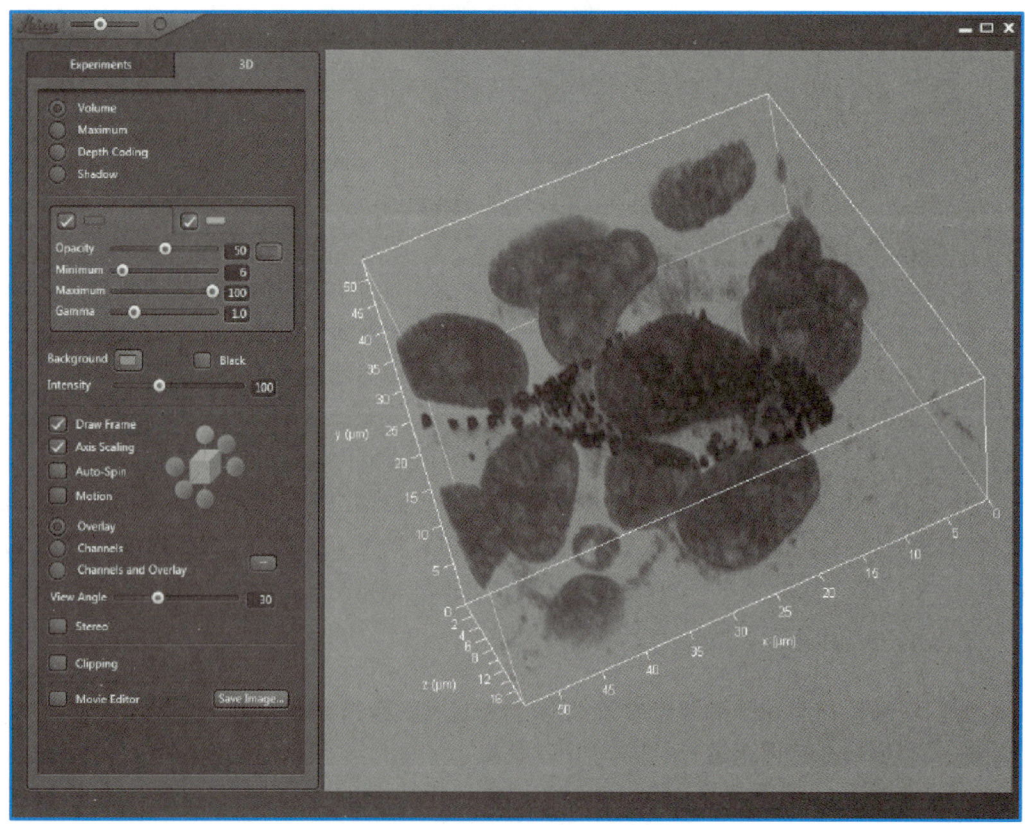

图 4-8 3D 可视化显示三维图像

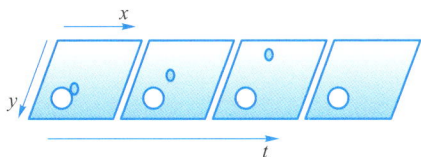

图 4-9　时间序列扫描原理图

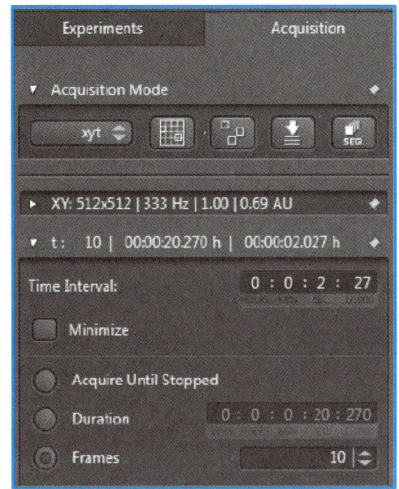

图 4-10　时间扫描参数设置

（2）设置光路参数。

（3）定义"Time Interval"，即采集相邻两帧图像所需的时间间隔，也可选择最小值"Minimize"。

（4）按采图需要选择"Acquire until stopped""Duration"或"Frames"。若选择"Acquire until stopped"，则图像将持续采集，直至手动终止。若选择"Duration"，可定义采图所需的总时间。若选择"Frames"，可定义所需的图像帧数。

（5）选择合适的分辨率和扫描线速度，点击"Start"进行时间序列图像的采集。

3. 波长扫描（$xy\lambda$ scan）

波长扫描常用于自发荧光或新染料发射光谱的检测，如果有串色严重的标本需要进行"Spectral Dye Seperation"，必须进行波长扫描。其原理如图 4-11 所示。

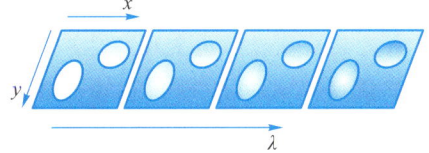

图 4-11　波长扫描原理示意图

4.2.3　样品制备

主要分为生物样品及非生物样品。

生物样品处理要求如下：

（1）样品经荧光探针标记；

（2）固定的或活的组织；

（3）固定的或活的贴壁培养细胞应培养在 Confocal 小培养皿或盖玻片上；

（4）悬浮细胞，甩片或滴片后，用盖玻片封片；

（5）载玻片厚度应为 0.8~1.2 mm，盖玻片应光洁，厚度在 0.17 mm 左右；

（6）标本不能太厚，如太厚激发光大部分消耗在标本下部，而物镜直接观察到的上部不能充分激发；

（7）尽量去除非特异性荧光信号；

（8）封片剂多用甘油：PBS 混合液（9∶1）。

非生物样品处理要求：样品厚度为 2 mm 以下，尺寸可控制在 25 mm×25 mm 以内。

4.2.4　数据分析

激光共聚焦显微镜可拍摄某一焦面荧光图像，也可层层扫描荧光图像，并进行三维数据空间重构。同时，可通过软件数据处理对获取的三维荧光数据进行再处理，可获得任意角度、任意切面荧光图像，为样品中荧光信息分析提供便利。具体操作可参考各型号显微镜操作手册。

4.3　激光扫描共聚焦显微镜的应用案例

4.3.1　单细胞形态分析

首先利用水热法合成二氧化钛纳米线，经过盐酸刻蚀后，制备了微纳米尺寸形貌的生物基底材料，如图 4-12 所示。将乳腺癌细胞 MCF-7 在基底上培养一定时间后，进行细胞免疫染色。样品处理后在激光共聚焦显微镜上观察结果。

相比常规荧光显微镜，共聚焦显微镜具有常规显微镜的所有功能。图 4-13 为共聚焦显微镜拍摄的细胞免疫染色荧光结果。由于共聚焦显微镜可在 z 方向上进行层层扫描，因此与常规荧光显微镜的整体拍摄结果相比，具有高分辨率优势，可清晰地显示出细胞整体染色结果。

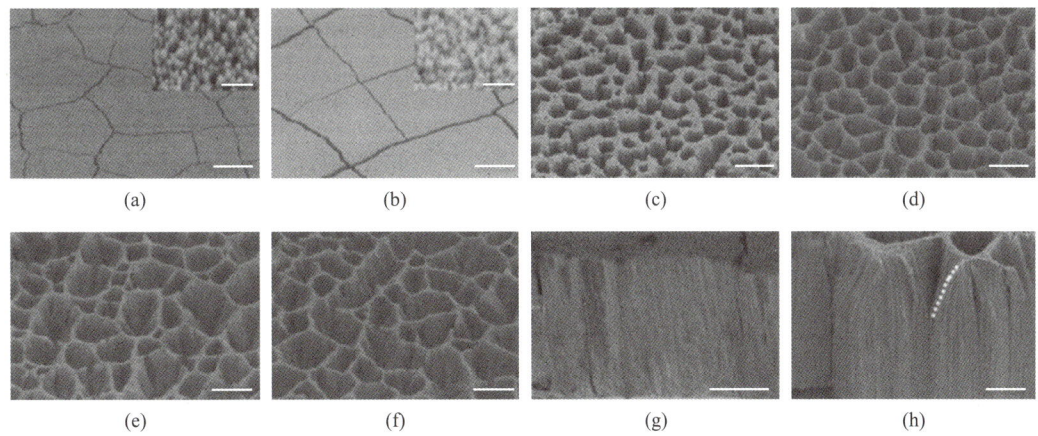

(a)　　　　　　(b)　　　　　　(c)　　　　　　(d)

(e)　　　　　　(f)　　　　　　(g)　　　　　　(h)

图 4-12　经过不同刻蚀时间的 TiO_2 微纳米形貌的生物基底（标尺为 10 μm）

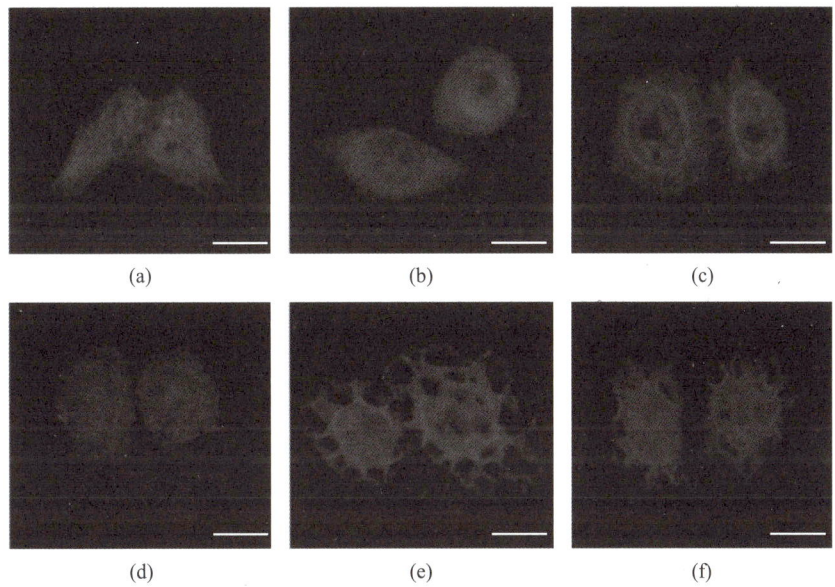

(a)　　　　　　　　(b)　　　　　　　　(c)

(d)　　　　　　　　(e)　　　　　　　　(f)

图 4-13　共聚焦显微镜拍摄细胞免疫染色荧光结果（标尺为 20μm）

　　激光共聚焦显微镜的最大优势是可以进行 z 方向上的层层扫描，并对结果进行 3D 重构，可展现出样品的空间信息。图 4-14 为在微纳米生物界面上细胞核的可变性。

　　从图 4-14 中可以看出，与玻璃基底相比，随着盐酸刻蚀时间的延长（2～10 h），TiO_2 材料基底的微米孔洞尺寸增加，导致细胞核的形态发生了较大变化，说明了细胞核在此基底上也发生了形变，且形变较强。利用共聚焦显微镜 3D 可视化功能，可对细胞进行 3D 空间信息分析。图 4-15 展示了一个 MCF-7 乳腺癌细胞分裂中期的染色体三维结构及空间分布。

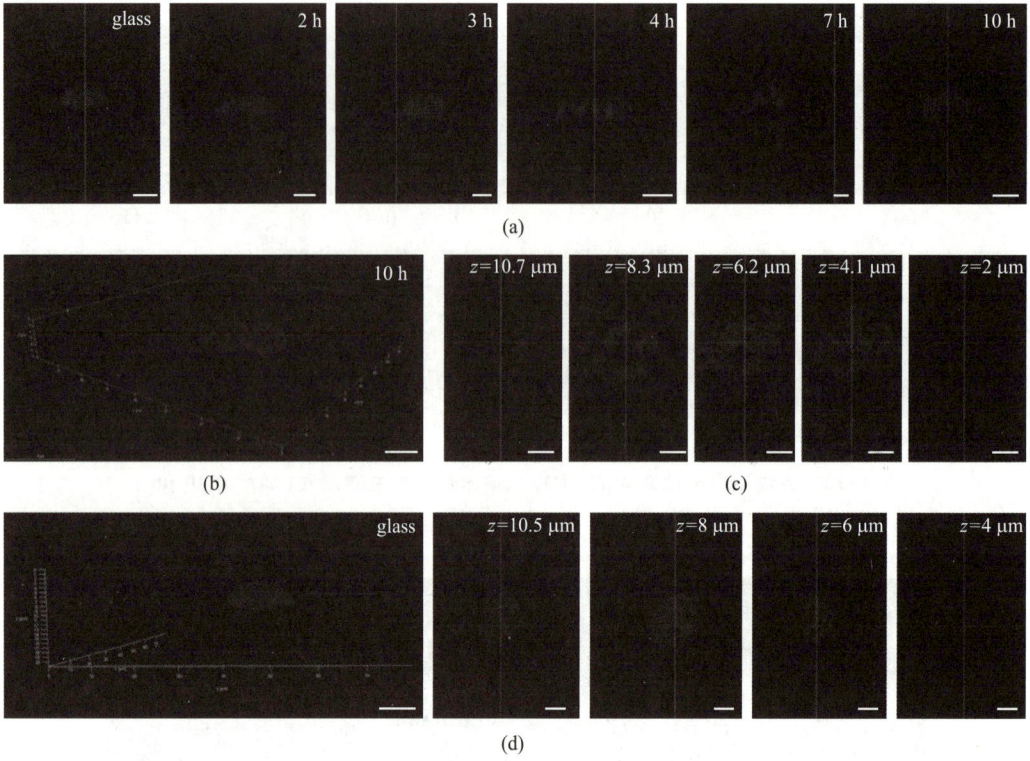

图 4-14　微纳米生物界面上细胞核形变表征

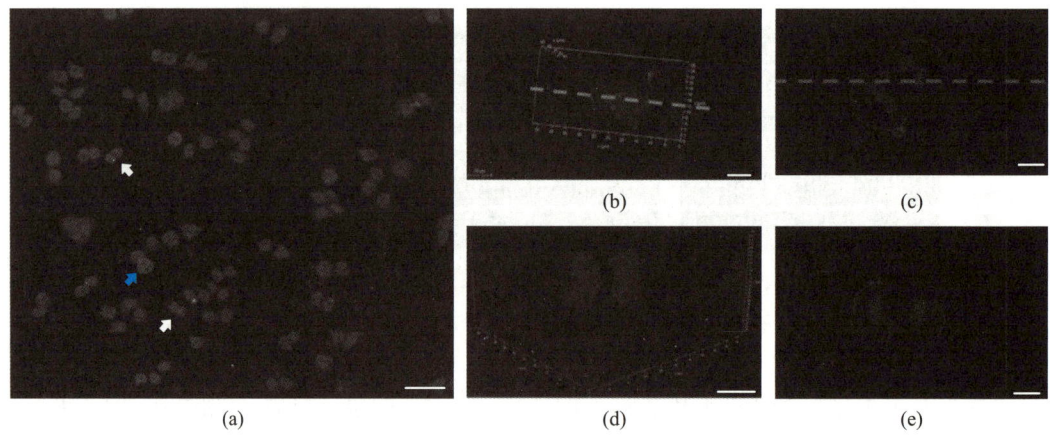

图 4-15　MCF-7 细胞染色体三维结构及空间分布

　　通过共聚焦软件,可将 z 轴扫描结果进行可视化图像重构。在软件中,可任意旋转角度,并能重新提取空间荧光信息进行图像再现。

4.3.2 光电功能薄膜中发光材料表征

基于激光共聚焦纤维成像技术的特性,可以用于研究光电材料在薄膜中的分布以及生物样品中的分布。图 4-16 所示为三种结构类似的发光聚合物(PPF-IF,PPF-NIF 和 PPF-F)的结构式及将其分散至聚甲基丙烯酸甲酯(PMMA)基质后的荧光成像图。由于 PPF-IF,PPF-NIF 和 PPF-F 受到光激发后均有较强的荧光发射,而 PMMA 不能被光激发,通过记录发光材料/PMMA 复合薄膜的光致发光成像图可以观测到发光材料在 PMMA 网络中的分散情况。图中,黄色较亮的区域为发光材料,黑色区域是不发光的 PMMA。通过这种方法很容易判断复合材料中发光材料的微观分布,有利于研究复合光电功能薄膜的光学及电学性质。

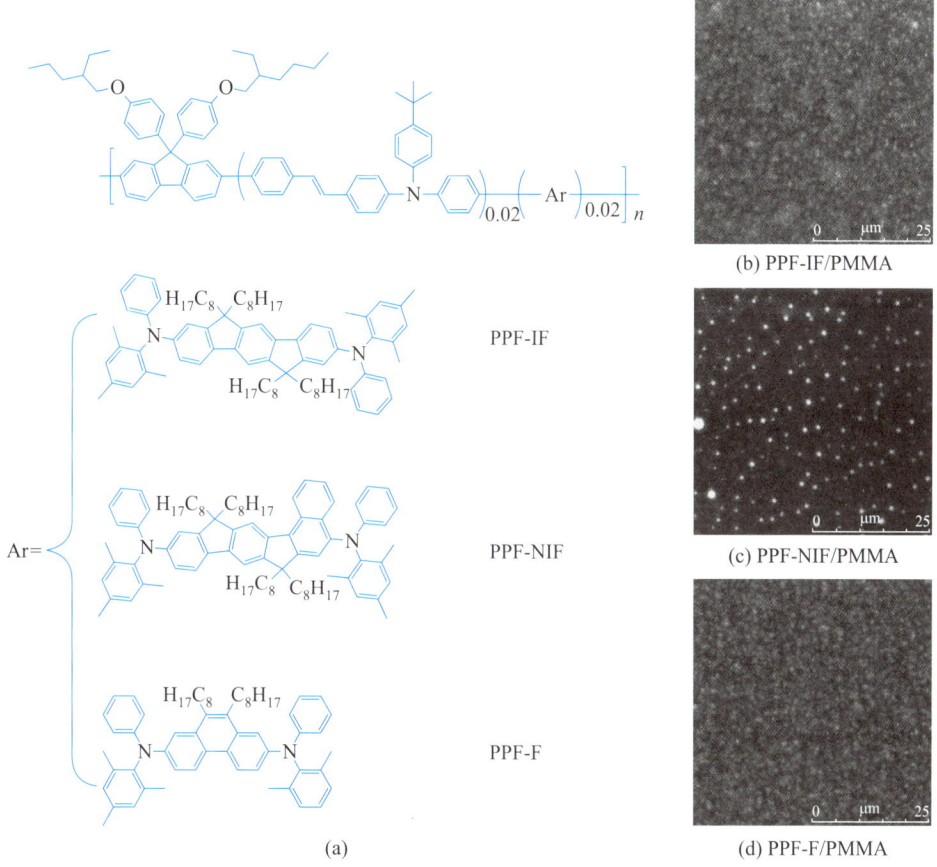

(b) PPF-IF/PMMA

(c) PPF-NIF/PMMA

(d) PPF-F/PMMA

(a)

图 4-16 (a)发光共聚物的结构式。(b) PPF-IF,(c) PPF-NIF 和(d) PPF-F 分别与无荧光发射的 PPMA 共混物的激光共聚焦显微成像图

习题

1. 简述激光扫描共聚焦显微镜(LSCM)成像原理。

2. 简述 LSCM 与常规荧光显微镜有哪些优势。

第 4 章参考文献

第二部分
X 射线结构分析技术

第 5 章
X 射线光电子能谱分析

5.1　X 射线光电子能谱基本原理

电子能谱学是应用最广泛的表面分析技术。它可以对样品表面的元素组成及分布情况、化学态、原子和电子态、表面结构等进行定性及定量分析。在电子能谱学中包括两种电离方式,即光子电离(光电离)和电子电离。光子电离,是由荷能光子引起的,一般容易使样品内层电子电离,且在光电离过程中只发射出单个电子。

X 射线光电子能谱学(X-ray photoelectron spectroscopy,XPS)及紫外光电子能谱学(ultraviolet photoelectron spectroscopy,UPS)属于光子电离的范畴。激发源是光子,原子中的价电子(外层电子)或芯电子(内层电子)受光子的作用,从初态作偶极跃迁到高激发态而离开原子。然后对这些光电子进行能量分析,通过与已知元素的原子或离子的不同壳层的电子能量比较,就可以确定未知样品表层中原子或离子的组成和状态。

具有足够能量的辐射($h\nu$)或电子、粒子、中性粒子等粒子与样品中的原子或分子碰撞(辐照或轰击),一般均能引起电离或电子激发。如果表面层内的电子具有一定能量和动量,电子就能逃逸出样品,从而进入真空而被接收。即 $A+h\nu \longrightarrow A^{+*}+e^-$。式中,A 代表中性原子或分子,$A^{+*}$ 代表激发态离子,e 代表电子,e^- 代表光电子。

由能量守恒:$E_i(n)+h\nu=E_f(n-1,k)+E_K$,式中 E_i 代表原子或分子初态能量,$E_f(n-1,k)$ 代表原子或分子碰撞结束后的终态能量,E_K 代表光电子动能。

或 $E_K=h\nu-E_B$,式中 E_B 代表结合能。此即爱因斯坦光电发射定律。

5.1.1　光电效应

当光线照射到物质表面,物质表面有电子逸出的现象,称为光电效应,也称为光电离或光致发射。原子中不同能级的电子具有不同的结合能。当具有一定能量 $h\nu$ 的入射光子与样品表面原子相互作用时,光子将能量交给原子中某能级上的一个束缚电子,此原子获得能量 $h\nu$。如果 $h\nu$ 大于该电子的结合能 E_B,那么这个电子将脱离原来受束缚的能级,剩余的能量将转化为该电子的动能,使得其从原子中发射出去,成为电子,原子则变为激发态离子。当光电离中内层电子被电离后,会产生一个空位,同时发生两个竞争性的退激发过程。其中之一为发射荧光 X 射线,即外层电子填充(跃迁)此空位时,所释放的能量等于两个能级之间的差值,由于此能量处于 X 射线区域,并以辐射形式出现,因此称为 X 射线荧光能谱。我们可以从中得到样品的能级信息。另一个退激发过程为,当外层电子向这空位填充时所释放的能量,又将另外一个能级上的电子(即俄歇电子)电离。这个以无辐射形式而发射电子的过程称为俄歇过程。通过俄歇电子能量分析,同样可以得到样品的能级信息。与一步电离的光电离不同,俄歇过程为两步过程。以上涉及的两种过程互为竞争关系。

光电子直接产生于光电离过程,光电子动能会随着入射光子能量的增加而增加,而俄歇电子的动能则与产生初级电离的入射粒子能量无关。利用此差异便可以区别光电子和俄歇电子,见图 5-1。一般的,X 射线光电子能谱一般都伴随有俄歇电子能谱,常结合一起使用。

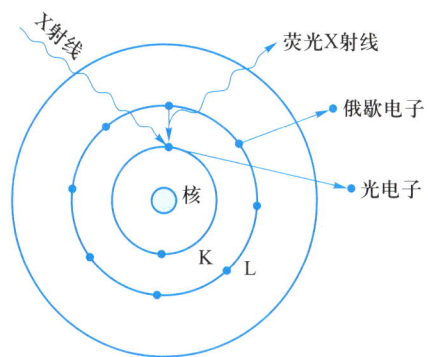

图 5-1 光电子、俄歇电子及荧光 X 射线产生示意图

5.1.2 光电截面 σ

当光子与样品相互作用时,从原子中各能级发射出来的光电子数不同,具有一定的概率,常用光电效应截面或光电离截面用 σ 表示,光离子化概率与下列因素有关:

（1）原子中不同能级 σ 不同;

（2）不同元素 σ 随原子序数 Z 的增大而增大;

（3）一般地说,同一元素壳层半径越小,σ 越大;

（4）电子结合能与入射光的能量越接近,σ 越大;

（5）对同一壳层：σ 随角量子数（ι）的增大而增大。

σ 越大，就说明该能级上的电子越容易被光激发，与同原子其他壳层上的电子相比，其光电子峰强度就较大。每个元素都具备能够发射出最强 σ 的能级，该能级通常为该元素的特征轨道，是 XPS 分析的依据。

5.1.3   电子结合能 E_B

原子中的电子被束缚在不同的量子化能级上。当原子吸收一个能量为 $h\nu$ 的光子后可引起有 n 个电子的系统激发，从初态－能量 $E_i(n)$ 跃迁到终态离子－能量 $E_f(n-1,k)$，再发射出一动能为 E_K 的自由光电子，k 标志电子发射能级。只要光子能量足够大（$h\nu > E_B$），就可发生光电离过程，如前所述爱因斯坦光电发射定律，E_B 为结合能。定义为 $E_B = E_f(n-1,k)-E_i(n)$。对固体样品，电子结合能可以定义为电子从所在能级转移到费米（Fermi）能级所需要的能量。

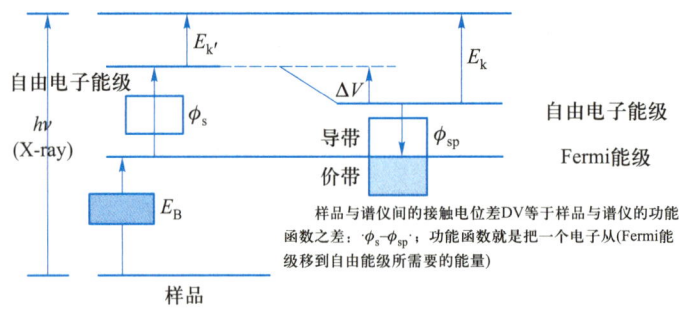

图 5-2   XPS 中电子结合能、动能和入射光子能量 $h\nu$ 的关系

固体样品电子从费米能级跃迁至自由能级所需要的能量称为逸出功，或称为功函数。从图 5-2 可以看出，入射光子能量 $h\nu$ 被分为三部分，即电子结合能 E_B、逸出功 ϕ_s 以及自由电子所具有的动能 $E_{k'}$，即 $h\nu = E_B + \phi_s + E_{k'}$。其中，$E_{k'}$ 为从样品出射光电子的动能；E_k 为谱仪测量到的光电子的动能。

在 XPS 中，样品与谱仪的功函数相关，谱仪材料的功函数为 ϕ_{sp}。由图 5-2 可知，$\phi_s + E_{k'} = E_k + \phi_{sp}$。则 $E_B = h\nu - E_k - \phi_{sp}$

对于一台 X 射线光电子能谱仪而言，其功函数 ϕ_{sp} 是固定的，通常在 4 eV 左右。$h\nu$ 是实验时选用的 X 射线能量，均为已知值。因此，只要我们测出光电子的动能，就可以根据上式算出样品中某原子不同壳层电子的结合能。

5.1.4   峰位

峰位即光电子结合能，固体中可定义为从某能级中电子移动到费米能级时所必须消耗的能量,也可认为原子从特定轨道失去一个电子后,体系的终态与始态的能量差。固体中的费米能级为始态和终态的能量参照。在光电子能谱中,常应用始态、终态以及能量差的概念。始态(initial state)指的是光电子发射前的原子基态。终态(finial state)指的是光电子发射之后,原子所处的状态。

在 XPS 图谱中,峰位即原子特定电子的结合能位置。结合能不仅是物理意义上的量,还受到原子周围化学环境的影响,使其发生相应的变化,产生化学位移。

5.1.5　化学位移

能谱中表征样品芯电子结合能的一系列光电子谱峰称为元素的特征峰。原子因所处化学环境不同(化合物结构的变化和元素氧化状态的变化)而引起的内壳层电子结合能变化,在谱图上表现为谱峰有规律的位移,这种现象即为化学位移。所谓某原子所处化学环境不同有两方面的含义:一是指与它相结合的元素种类和数量不同;二是指原子具有不同的化学价态。

如方程 $E_B = E_f(n-1) - E_i(n)$ 所表明,初态和终态效应都对观察的结合能 E_B 有贡献。初态即是光电发射之前原子的基态。如果原子的初态能量发生变化,例如与其他原子化学成键,则此原子中的电子结合能 E_B 就会改变。E_B 的变化 ΔE_B 称为化学位移。

除少数元素(如 Cu、Ag 等)芯电子结合能位移较小,在 XPS 谱图上不太明显外,一般元素化学位移在 XPS 谱图上均有可分辨的谱峰。

由结合能的化学位移可以测得元素原子的化学价态。XPS 的重要应用是能测定不同原子中的内层电子结合能。由于内层电子结合能的大小强烈反映出原子核对内层电子的吸引力,这与原子的核电荷有关。可以认为,结合能是原子的特定性质,因此 XPS 在化学分析中得到了广泛的应用。

5.2　X 射线光电子能谱仪的结构

5.2.1　X 射线光电子能谱仪结构简图

X 射线光电子能谱仪主要由 6 部分组成,包括激发源、能量分析器、电子(离子)检测器、真空系统、进样系统、计算机控制系统,见图 5-3(a),图 5-3(b)是岛津 X 射线光电子能谱仪的构成单元。

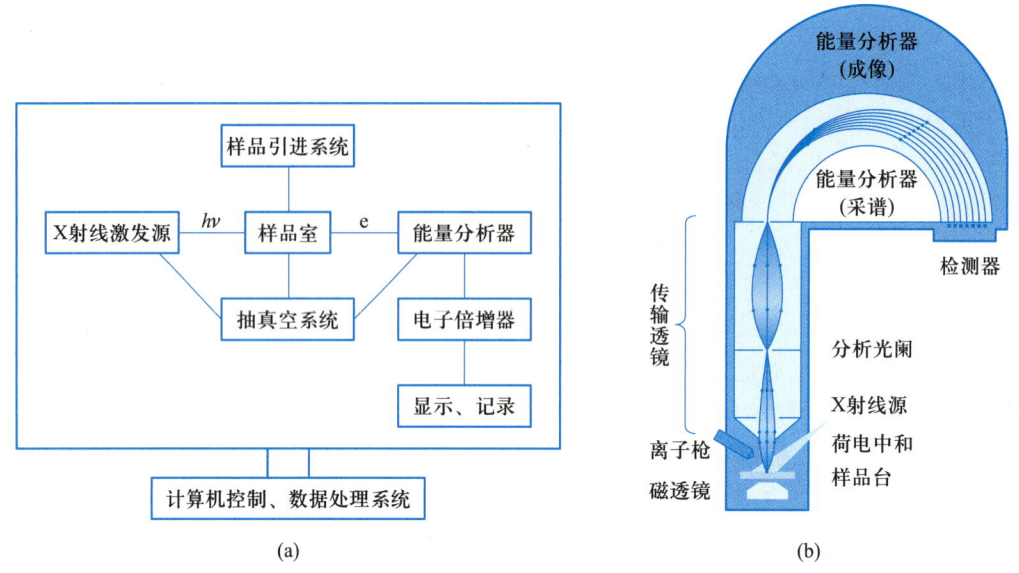

图 5-3　X 射线光电子能谱仪的基本组成

5.2.2　激发源

激发源发射具有一定能量的光子、电子或离子,入射样品表面,产生待分析的电子或离子。激发源的种类包括:光子源、电子源和离子源。

1. 光子源

光子源是能产生一定能量、一定本征线宽及一定强度的射线源,是电子能谱仪的基本条件。光子源分为 X 射线源和紫外射线源。X 射线源又分为非单色化 X 射线源和单色化射线源。紫外射线源又分为非单色化源、单色化源和偏振源。

非单色化 X 射线源

X 射线光电子能谱仪中简单的 X 射线源就是高能电子轰击阳极靶时发出的特征 X 射线。特征射线由这些原子内部的电子跃迁产生,它们的能量取决于标靶的原子内部能级,以 Al 阳极靶为例。

除了这些特征射线以外,还产生与入射电子能量有关的连续谱,称为韧致辐射。它的最大强度大约出现在入射电子能量的 1/3 处。所以 XPS 所用的标准 X 射线发射出的 X 射线能谱是由一些重叠在连续分布上的特征线所组成的。图 5-4 为 Al 的连续 X 射线谱选择实用的 X 射线的原则是能量、线宽、强度以及稳定性。

XPS 中,最常用的 X 射线是 Al 和 Mg 的 $K_{\alpha1,2}$ 发射线,相应的能量为 1486.6 eV 和 1253.6 eV。它们具有强度高、自然宽度小(分别为 830 meV 和 680 meV)的特点。表 5-1

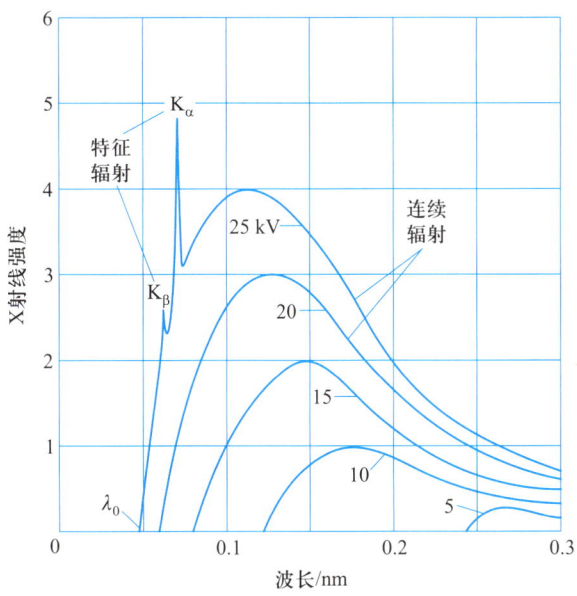

图 5-4　Al 的连续 X 射线谱

列出了 Mg/Al 双阳极产生的特征 X 射线。

表 5-1　Mg/Al 双阳极产生的特征 X 射线

X 射线	Mg 靶		Al 靶	
	能量/eV	相对强度	能量/eV	相对强度
$K_{\alpha1}$	1253.6	67.0	1486.6	67.0
$K_{\alpha2}$	1253.4	33.0	1486.3	33.0
$K_{\alpha'}$	1258.2	1.0	1492.3	1.0
$K_{\alpha3}$	1262.1	9.2	1496.3	7.8
$K_{\alpha4}$	1263.1	5.1	1498.2	3.3
$K_{\alpha5}$	1271.0	0.8	1506.5	0.42
$K_{\alpha6}$	1274.2	0.5	1510.1	0.28
K_{β}	1302.0	2.0	1557.0	2.0

　　实验中,当靶表面污染或铜基裸露时,X 射线能谱图中会出现一些由它们发射的 X 射线,称为鬼线(ghost line),会增加分析能谱图的困难。这些鬼线的位值见表 5-2。

表 5-2   鬼 线 位 值

污染物辐射	表观综合能减真实结合能 $\Delta E/\text{eV}$	
	Mg 靶材	Al 靶材
$O(K_\alpha)$	728.7	961.7
$Cu(L_\alpha)$	323.9	556.9
$Mg(K_\alpha)$	—	233.0
$Al(K_\alpha)$	223.0	—

单色化 X 射线源

直接轰击 Al 靶产生的是非单色化的 X 射线,即波长不唯一。为了获得单色化的 X 射线,还需要经过一个 X 射线衍射的过程。X 射线衍射过程遵从布拉格定律,当一束 X 射线照射到平行晶面上时,如果光程差 $2d\sin\theta$ 为波长的整数倍,那么 X 射线发生相长干涉,如果不为整数倍则出现相消干涉。由此通过晶体衍射,即可从连续波长的 X 射线中筛选出所需要波长的 X 射线。

非单色化 X 射线源存在明显的缺点:① 韧致辐射的存在,会增加能量高于费米能级的本底产生,图谱中会出现大于入射光电子能量的谱峰,以及产生意外的俄歇峰,出现初始电离后的内层结合能大于特征 X 射线的能量的情况,增加图谱分析困难;② 除特征谱线外,还有"伴线",尤其是强峰的"伴线"会干扰和模糊弱峰。

非单色化 X 射线源发出的 X 射线是由多种频率的 X 射线叠加而成的。为了获得更高的观测精度,实验中常常使用石英晶体单色器(利用其对固定波长的色散效果),将不同波长的 X 射线分离,选出能量最高的 X 射线。这样做有很多好处:① 选用有用的射线,降低线宽到 0.2 eV;② 提高信号/本底之比,去除不必要的 X 射线(包括伴线及鬼线)。但经单色化处理后,X 射线的强度大幅度下降。

以岛津 XPS 为例,其单色器选用石英晶体作为衍射材料,整个 X 射线源位于仪器的后方,Al 靶、单色晶体、样品台布置在罗兰圆的三点上。整个过程可以这样描述,电子枪产生电子束,打到 Al 靶上激发非单色化 X 射线,非单色化的 X 射线经过单色晶体衍射,产生单色化的 X 射线,最终单色化 X 射线打到样品上,激发出光电子信号被仪器所接收。X 射线源及原理示意图如图 5-5 所示,可以看出单色化 X 射线的产生过程是复杂的,所以单色化 X 射线源部件的体积也较大。

X 射线线宽与仪器分辨率的关系

XPS 仪器的发展使得单色化 X 射线源逐渐代替非单色化 X 射线源,原因在于分辨率的提高。图 5-6 是在清洁的 Si 表面测到的 Si 2p 谱,可以看出,单色化后的峰宽要明显窄于未单色化的峰宽。峰宽越窄,仪器的分辨率自然也就越高。单色化后,Al K_α X 射线的线宽可从 0.9 eV 减小到 0.25 eV 左右,同时也可滤掉韧致辐射成分,提高了仪器的信噪比。

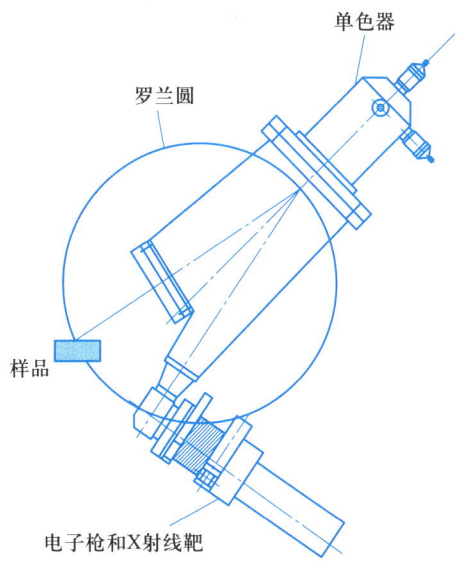

图 5-5　岛津 XPS 单色化 X 射线源及原理

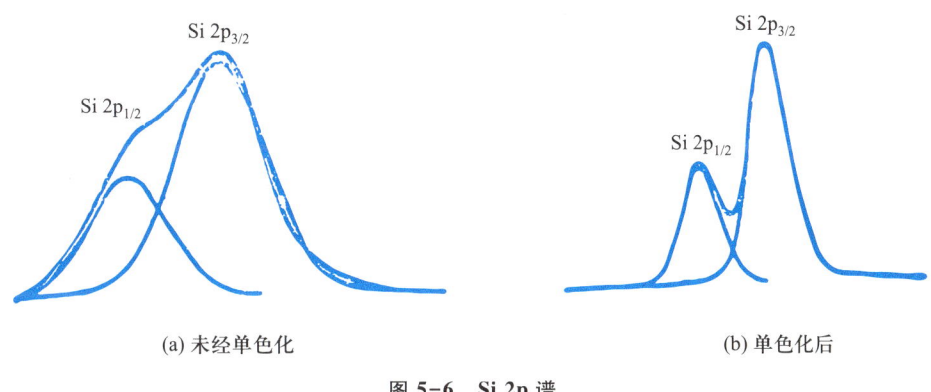

(a) 未经单色化　　　　　　　　　　　　(b) 单色化后

图 5-6　Si 2p 谱

2. 紫外射线源

常用的紫外射线源是气体放电式,所用的惰性气体以 He 气最为常用。He I 辐射来自中性原子,He II 辐射来自一次电离的离子。

紫外射线源具有以下特点:① 能量较低,为 16~41 eV,在此能量区间的电子逃逸深度较小。实用于原子价电子、外层电子、固体价带研究。② 峰宽(FWNM)较小,约为 0.01 eV,适用于研究样品的振动甚至转动能级的精细结构。

常用的紫外射线源见表 5-3。

表 5-3　常用的紫外射线源

紫外射线	能量/eV	相对强度	紫外射线	能量/eV	相对强度
He I（2p→1s）	21.22	100	Ne II	26.81	100
He II（2p→1s）	40.81	1~30	Ar I	11.62	100
Ne I	16.85	100	Ar II	13.30	30

XPS 常用的紫外射线为 He I，能量为 21.22 eV。

3. 离子源

离子源是用于产生一定能量、一定能量分散、一定束斑和一定强度的离子束。通常情况下，采用 Ar 气作为常用离子源。在 XPS 中，配备的离子源一般用于样品表面清洁和深度剖析实验。在 XPS 谱仪中，常采用 Ar 离子源。它是一个经典的电子轰击离子化源，气体被放入一个腔室并被电子轰击而离子化。

Ar 离子源又可分为固定式和扫描式。固定式 Ar 离子源，将提供一个使用静电聚焦而得到的直径从 125 μm 到毫米量级变化的离子束。由于不能进行扫描剥离，对样品表面刻蚀的均匀性较差，仅用作表面清洁。对于进行深度分析用的离子源，应采用扫描式 Ar 离子源，提供一个可变直径（直径从 35 μm 到毫米量级）、高束流密度和可扫描的离子束，用于精确的研究和应用。

4. 荷电中和系统

用 XPS 测定绝缘体或半导体时，由于光电子的连续发射而得不到足够的电子补充，使得样品表面出现电子"亏损"，这种现象称为荷电效应。荷电效应将使样品出现一个稳定的表面电势 VS，它对光电子逃离有束缚作用，使谱线发生位移，还会使谱峰展宽、畸变。因此 XPS 中的这个装置可以在测试时产生低能电子束，来中和样品表面的电荷，减少荷电效应。

5.2.3　真空系统

衡量电子能谱仪的一个基本指标是真空系统的性能，包括：① 仪器的最佳真空度；② 抽真空的速度；③ 工作可靠、稳定性及是否易于维修。

真空一般可划分为：① 粗真空：大气压~10 Torr；② 低真空：10~10^{-3} Torr；③ 高真空：10^{-3}~10^{-8} Torr；④ 超高真空 10^{-9}~10^{-12} Torr；⑤ 极高真空<10^{-12} Torr；（1 Torr = 133.322 Pa = 1 mmHg）。

超高真空系统是进行现代表面分析及研究的主要部分。XPS 谱仪的激发源，样品分析室及探测器等都安装在超高真空系统中。通常超高真空系统的真空室由不锈钢材料制成。

在 X 射线光电子能谱仪中必须采用超高真空系统,原因是:

(1)使样品室和分析器保持一定的真空度,减少电子在运动过程中同残留气体分子发生碰撞而损失信号强度;

(2)降低活性残余气体的分压。因在记录谱图所必需的时间内,残留气体会吸附到样品表面上,甚至有可能和样品发生化学反应,从而影响电子从样品表面上发射并产生外来干扰谱线。一般 XPS 采用三级真空泵系统。前级泵一般采用旋转机械泵,极限真空度能达到 10^{-3} Torr;采用涡轮分子泵,可获得高真空,极限真空度能达到 10^{-9} Torr;而采用钛升华泵,可获得超高真空,极限真空度能达到 10^{-10} Torr。

这几种真空泵的性能各有优缺点,可以根据各自的需要进行组合。现在新型 X 射线光电子能谱仪,普遍采用机械泵–分子泵–钛升华泵系列,这样可以防止扩散泵油污染清洁的超高真空分析室。岛津的 AXIS 及以上系列就是利用这样的泵组合。样品处理室(smaple treatment center,简称为 STC)利用一个机械泵及分子泵可以抽真空至 $10^{-8} \sim 10^{-9}$ Torr;样品分析室(sample analysis center,简称为 SAC)借助于一个机械泵及分子泵可以抽真空至 10^{-9} Torr,并在分析过程中保持 10^{-9} Torr 真空度;而分析室在真空度下降时,可以利用附加于其上的钛升华泵(TSP)来抽真空,以提高分析室真空度。

5.2.4　能量分析器

能量分析器的功能是测量从样品中发射出来的电子能量分布,是 X 射线光电子能谱仪的核心部件。常用的能量分析器,基于电(离子)在偏转场(常用静电场而不再是磁场)或在减速场产生的势垒中的运动特点。

通常,能量分析器有两种类型,半球型分析器和筒镜型能量分析器。半球型能量分析器具有对光电子的传输效率高和能量分辨率高等特点,多用在 XPS 谱仪上。而筒镜型能量分析器对俄歇电子的传输效率高,主要用在俄歇电子能谱仪上。

对于一些多功能电子能谱仪,考虑到 XPS 和 AES 的共用性和使用的侧重点,选用能量分析器的主要依据是以哪一种分析方法为主。以 XPS 为主的采用半球型能量分析器,而以俄歇为主的则采用筒镜型能量分析器。在现代电子能谱仪中,为提高电子接收灵敏度,增大电子透镜接收从样品发射的光电子的立体角,在样品下方装置磁透镜(magnetic immersion lens),如图 5–7 所示,使原来不能进入电子透镜的部分光电子在磁场的作用下改变运动轨迹,进入接收透镜。使用磁透镜,可使灵敏度提高 10 倍以上。

5.2.5　检测器系统

光电子能谱仪中被检测的电子流非常弱,一般在 $10^{-19} \sim 10^{-13}$ A/s,所以现在多采用电子倍增器加计数技术。电子倍增器主要有两种类型:单通道电子倍增器和多通道电子检测器。单通道电子倍增器可有 $10^{6} \sim 10^{9}$ 倍的电子增益。为提高数据采集能力,减少采集时间,近代 XPS 谱仪越来越多地采用多通道电子检测器。最新应用于光电子能谱仪的延

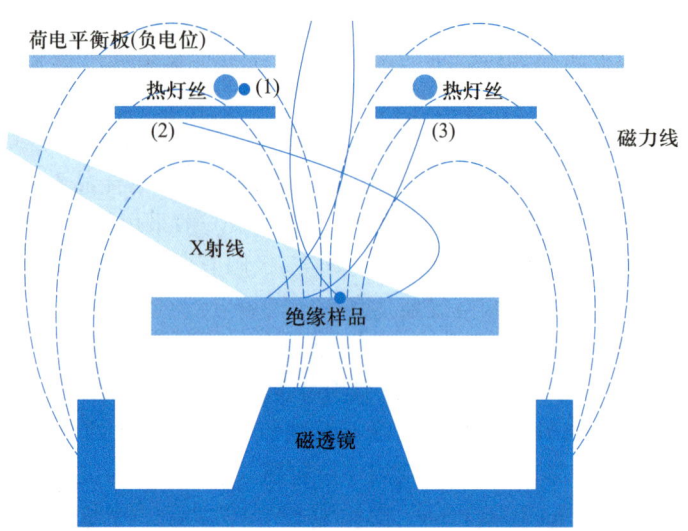

图 5-7   岛津 **Kratos** 磁透镜示意图

迟线检测器（delay line detector，DLD），采用多通道电子检测器，尤其在微区（10 μm 左右）分析时，可以大大提高接收谱和成像的灵敏度。

5.2.6   数据系统

X 射线电子能谱仪的数据采集和控制十分复杂，涉及大量复杂数据的采集、储存、分析和处理。数据系统由实时计算机和相应软件组成。计算机可对谱仪进行直接控制并对实验数据进行实时采集和处理。实验数据可由数据分析系统进行一定的数学和统计处理，并结合能谱数据库，获取对检测样品的定性和定量分析知识。

常用的数学处理方法有谱线平滑，扣背底，扣卫星峰，微分，积分，准确测定电子谱线的峰位、半高宽、峰高度或峰面积（强度），以及谱峰的解重叠（peak fitting）和退卷积，谱图的比较等。

5.3   X 射线光电子能谱图谱分析

X 射线光电子能谱仪（XPS）中的电子信息来自处于激发态的分子离子。光电离过程的最终产物是处于特定电子状态的分子离子，因而光电子能谱中观察到的结构应与电离体系相关，每个谱峰对应于电离体系的各个电子态。

5.3.1　XPS 表示方法

物质是由原子、分子组成的,而原子又是由原子核和围绕原子核作轨道运动的电子组成的。电子在其轨道中运动的能量是不连续的、量子化的。电子在原子中的状态常用量子数来进行描述。

主量子数 $n=1,2,3,4,\cdots$ 亦可用字母符号 K、L、M、N 等表示,以标记原子的主壳层,它是能量的主要因素。n 值越大,电子层数越大,原子轨道半径越大,能量越高。

角量子数 $l=0,1,2,3,\cdots,(n-1)$,通常用 s、p、d、f 等符号表示,它是决定能量的次要因素。决定原子轨道的角度分布形状。

总角量子数 j,$j=|l\pm s|$,s 为电子自旋量子数,$s=1/2$。

一个电子所处原子中的能级可以用 n,l,j 三个量子数来标记(nlj)。量子数、光谱学符号和 X 射线符号间的关系见表 5-4。

表 5-4　量子数、光谱学符号和 X 射线符号间的关系

原子能级图

电子能级符号　　　　　　X射线能级符号

电子能级的表示

量子数			电子能级	
n	l	j	AES标记	XPS标记
1	0	1/2	K	$1s_{1/2}$
2	0	1/2	L1	$2s_{1/2}$
	1	1/2	L2	$2p_{1/2}$
		3/2	L3	$2p_{3/2}$
3	0	1/2	M1	$3s_{1/2}$
	1	1/2	M2	$3p_{1/2}$
		3/2	M3	$3p_{3/2}$
	2	3/2	M4	$3d_{3/2}$
		5/2	M5	$3d_{5/2}$
4	0	1/2	N1	$4s_{1/2}$
	1	1/2	N2	$4p_{1/2}$
		3/2	N3	$4p_{3/2}$
	2	3/2	N4	$4d_{3/2}$
		5/2	N5	$4d_{5/2}$
	3	5/2	N6	$4f_{5/2}$
		7/2	N7	$4f_{7/2}$
5	0	1/2	O1	$5s_{1/2}$

5.3.2　弛豫效应

光电离过程中电子由内壳层出射,结果使原来体系的平衡场破坏,形成的离子处于激发态。其余轨道的电子将作重新调整,电子轨道半径会出现收缩或膨胀,各轨道半径变化为 $1\%\sim10\%$。这种体系电子结构的重新调整,称为电子弛豫(效应)。

弛豫效应是一种普遍现象。

弛豫结果使离子回到基态,并释放出弛豫能 E_R。由于弛豫过程大体和光电发射同时进行,所以弛豫作用提高了光电子动能,降低了结合能。

弛豫可分为原子内项(intra-atomic term)和原子外项(extra-atomic term)两部分。所谓原子内项是指单独原子内部电子的重新调整所产生的影响,对自由原子只存在这一项。原子外项是指与被电离原子相关的其他配位原子的电子结构重新调整所产生的影响,对于分子和固体,这一项占有相当的比例。这样弛豫能可表示为

$$E_R = E_R^{intra} + E_R^{extra}$$

XPS 谱中的主峰(光电子峰)相当于绝热结合能的位置(对应于离子基态)。由于弛豫能的存在,使得光电子主峰的能量位置降低了。

5.3.3   初态效应和终态效应

由结合能的定义式 $E_B = E_f(n-1) - E_i(n)$,$E_f(n-1)$ 为始态,$E_i(n)$ 为终态。始态即是光电发射之前原子的基态。如果原子的初态能量发生变化,例如与其他原子化学成键,则此原子中的电子结合能 E_B 就会改变。通常认为初态效应是造成化学位移的原因,所以随着元素形式氧化态的增加,从元素中出射的光电子的 E_B 亦会增加。在光电发射过程中,由于终态的不同,电子结合能的数值就有差别。电子的结合能与体系的终态密切相关。因此这种由电离过程中引起的各种激发产生的不同体系终态对电子结合能的影响称为终态效应。

弛豫便是一种终态效应。事实上,电离过程中除了弛豫现象外,还会出现诸如多重分裂,电子的震激(shake-up)和震离(shake-off)等激发状态。这些复杂现象的出现同体系的电子结构密切相关,它们在 XPS 谱图上除正常光电子主峰外,还会出现若干伴峰,使得谱图变得复杂。

解释谱图并由此判断各种可能的相互作用,获得体系的结构信息,这是当前推动 XPS 发展的重要方面,也是实用光电子谱经常遇到的问题。

5.3.4   X 射线光电子能谱图

X 射线光电子能谱图中包含非常丰富的信息,从中可以分析得到样品的化学组成、元素化学态、电子结构等。

X 射线光电子能谱图是一个强度图,横坐标为表征指纹参数(特征信息参数光电子结合能 E_B 或者 X 射线光电子动能 E_k),纵坐标表示相应强度。以结合能 E_B 为横坐标时,结合能 E_B 从左向右递减,以 X 射线光电子动能 E_k 为横坐标时,动能 E_k 从左向右递增。XPS 图谱通常分为两类:宽谱和窄谱。宽谱(wide scan 或 survey scan)当用 Mg K_α 或 Al K_α 辐照时,结合能扫描范围通常在 0~1000 eV 或 1200 eV。在宽谱中包含了除 H/He 以外几乎所有元素的主要特征能量的光电子峰,见图 5-8。

第二类是高分辨窄谱或精细谱(narrow scan 或 detail scan),扫描宽度范围在 10~30 eV,每个元素的主要光电子峰能量都是独一无二的指纹峰,很少重叠,因此可以准确而便捷地鉴别出样品的元素组成,见图 5-9。

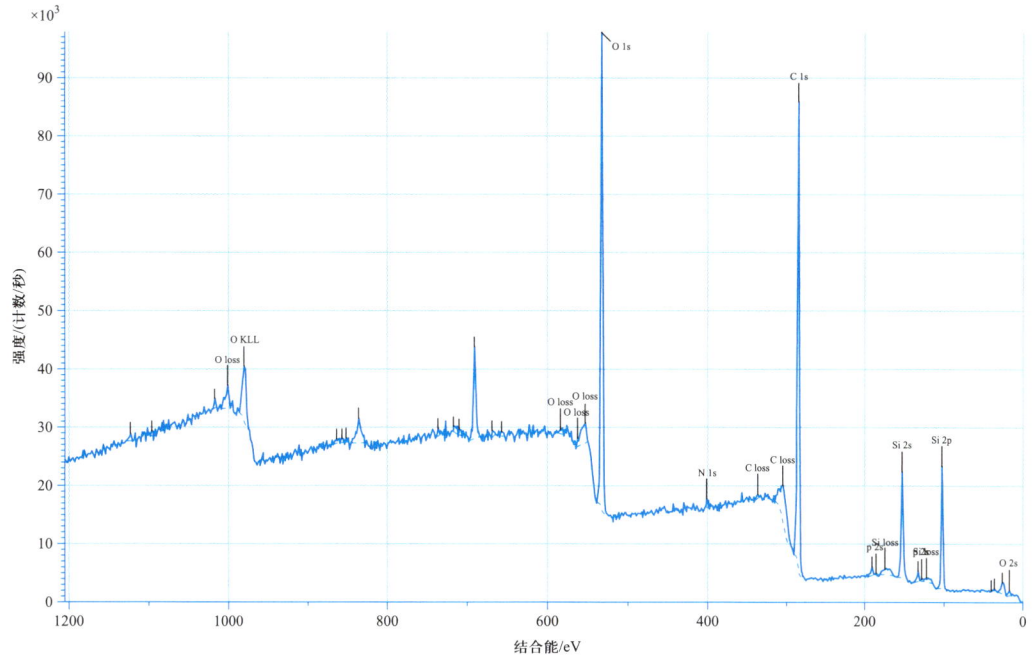

图 5-8　样品宽谱

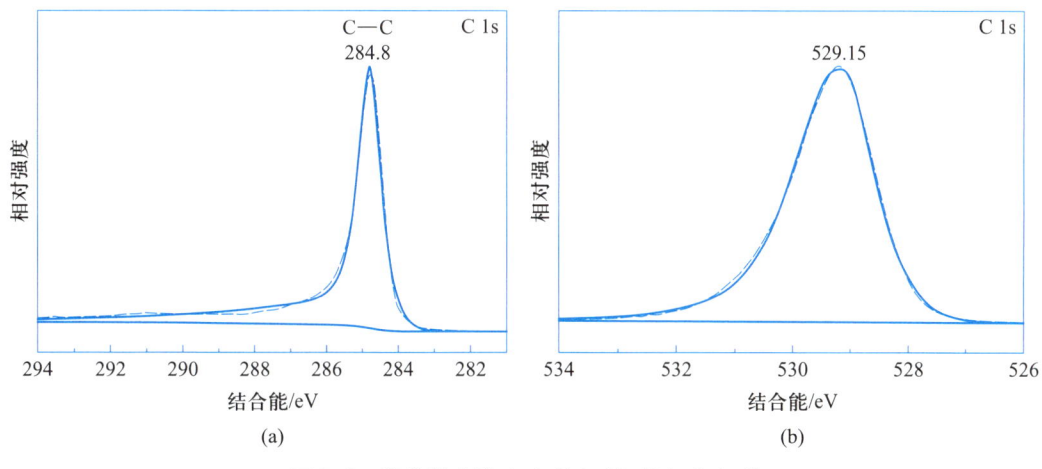

(a)　　　　　　　　　　(b)

图 5-9　高分辨窄谱 (a) C 1s 峰, (b) O 1s 峰

　　元素周期表中第二排如 C、N、O 等元素的一些 1s 能级和远至 Al 元素有时会涉及与其他元素光电子峰有重叠, 如 C 1s/Ru 3d、O 1s/Sb 3d、Al 2p/Cu 3p。但 Cu 的主峰 Cu 2p 在另外的结合能区间, 且信号很强, 不与其他光电子峰重叠。所以在定性分析时, 出现几个峰相近或重叠, 可以观察该元素的非特征轨道谱峰。

　　检测未知样品时, 首先接收一个宽谱。应注意收谱条件要合适, 考虑分辨率、每个通道步长和停留时间以及信噪比等,选择合适的仪器工作参数。一般地,XPS 的绝对灵敏度约为 10^{-18} g,但更重要的是相对灵敏度:0.1 %~1.0 %。

X 射线光电子能谱图中谱峰常常需注意以下参数:

(1) 峰位置(结合能)。与元素及其能级轨道和化学态有关。

(2) 峰强度。与元素在表面的浓度和原子灵敏度因子成正比。

(3) 对称性。金属中的峰不对称性是由金属 EF 附近小能量电子-空穴激发引起,即价带电子向导带未占据态跃迁。不对称度正比于费米能级附近的电子态密度。

(4) 峰宽(FWHM)。光电子线的谱线宽度来自样品元素本质信号的自然宽度、X 射线源的自然线宽、仪器以及样品自身状况的宽化因素等四个方面的贡献。

一般高分辨主峰峰宽值为 0.8~1.8 eV。

全谱图谱一般由以下几部分构成。

1. 主电子峰

光电子谱中尖锐峰位弹性散射光电子形成,一般来自样品表层。每种元素均有各自的最强峰,是定性分析的依据。而那些来自样品深层的光电子因在途中的碰撞、能量损失,其动能不再具有特征性,或已演变成背底或伴峰。低结合能端的背底电子少,而高结合能端的背底电子多,表现为谱峰在高结合能端的背底高,低结合能端的背底低。同层上的光电子,内层角量子数越大,谱线强度就越大,常见的强电子峰有 $1s$、$2p_{3/2}$、$3d_{5/2}$、$4f_{7/2}$ 等。

2. 连续背底

XPS 谱显示出特征性的连续阶梯状背底,光电发射峰的高结合能端背底总是比低结合能端的高。这是由体相深处发生的非弹性散射过程(外禀损失)造成的。平均来说只有靠近表面的电子才能无能量损失地逸出,在表面中较深处的电子将损失能量,并以减小的动能或增大的结合能的面貌出现。在表面下非常深的电子将损失所有能量而不能逸出。

3. 俄歇电子峰(Auger lines)

由弛豫过程中(芯能级存在空穴后)原子的剩余能量产生。它总是伴随着 XPS,具有比光电发射峰更宽和更为复杂的结构,位置一般在较高的结合能(低光电子动能)处。其动能与入射光子的能量 $h\nu$ 无关。俄歇电子峰多以谱线群的形式出现。

XPS 中的俄歇线可对样品分析提供有用的信息,是 XPS 中光电子信息的补充。主要体现在两个方面。

(1) 元素定性分析　某些元素时,利用 X 射线激发的俄歇线进行元素定性分析更方便。例如,金属 Na 在 265 eV 附近 Na KLL 强度为 Na 2s 光电子线谱的 10 倍。XPS 图谱中的俄歇电子峰见图 5-10。

(2) 化学价态的鉴别　光电子谱的最大特点是通过测量内层电子结合能的位移确定

元素的化学态。然而有些元素处于不同化学环境时,它们在 XPS 图谱上的结合能变化很微小,此时用内层电子结合能位移很难确定其化学价态,但 XPS 中的俄歇线随化学环境的不同会出现明显的位移,如表 5-5 中的元素。

表 5-5　元素 XPS 中的俄歇线随化学环境的不同出现明显位移

状态变化	光电子位移/eV	俄歇电子位移/eV
$Cu \rightarrow Cu_2O$	0.1	2.3
$Zn \rightarrow ZnO$	0.8	4.6
$Mg \rightarrow MgO$	0.4	6.4
$Ag \rightarrow Ag_2SO_4$	0.2	4.0
$In \rightarrow In_2O_3$	0.5	3.6

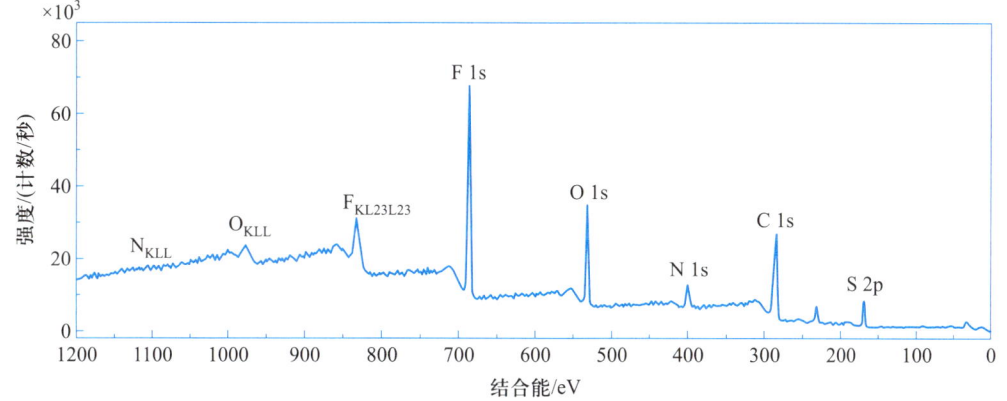

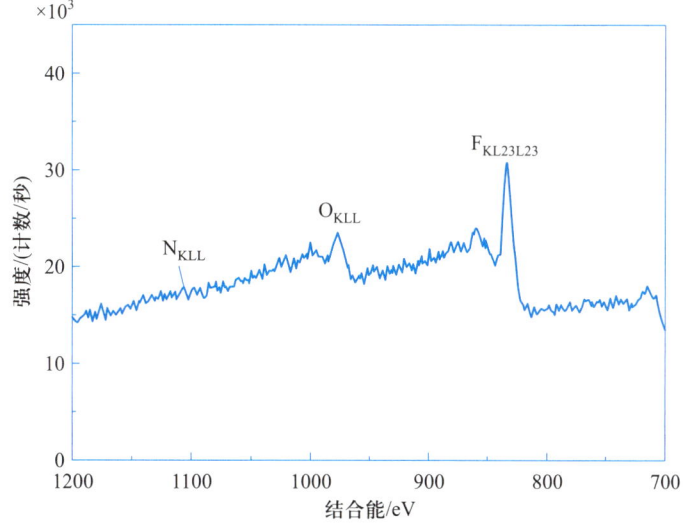

图 5-10　XPS 图谱中的俄歇电子峰

俄歇线之所以较光电子线有明显位移,是因为俄歇跃迁后的双重电离状态能从周围易极化介质和电子获得较高的屏蔽能量。

在 XPS 中,可以观察到 KLL,LMM,MNN 和 NOO 四个系列的俄歇线。每列有三个大写字母组成,第一个字母表示产生起始空穴的电子层,第二个字母表示填补起始空穴的电子所在壳层,第三个字母表示形成俄歇电子的所在电子层。俄歇电子的产生形式主要决定原子系数 Z,当 $Z = 3 \sim 14$ 时,为 KLL;当 $Z = 15 \sim 41$ 时,为 LMM;当 $Z = 41 \sim 79$ 时,为 MNM;更重的元素,则为 NOO 形式。如 KLL 或 KL_2L_3 用俄歇过程初态空位所在能级(如 K)、向空位作无辐射跃迁的电子原在能级(如 L_2)及所发射电子原在能级的能级符号(如 L_3)联合表示。

4. XPS 中的伴线结构

自旋-轨道裂分(j-j 耦合)

自旋-轨道裂分是指原子中的电子由于自旋和轨道角动量耦合而引起的 p,d,f 能级的分裂。原子中的电子既有轨道运动又有自旋运动。电子自旋和它的轨道角动量之间存在磁相互作用,称为自旋-轨道耦合。这种相互作用在闭壳层体系($l=0$)中为 0,电子是如果有一个轨道简并的开壳层,则可以导致简并态裂分。对于 $l>0$ 的内壳层,这种分裂可以用内量子数 j 来表示。其数值为 $j = \left| l+s \right| = \left| l \pm 1/2 \right|$。因此,对于 $l=0$,$j=1/2$。对于 $l>0$,则 $j=l+1/2$ 或者 $l-1/2$。也就是说,除了 s 能级不发生分裂外,其他能级均分裂为两个能级,对应在 XPS 谱图中出现双峰。

在光电子谱中,从闭壳层分子的简并亚层($l>0$)光电离一个电子而产生的离子态具有重要意义。自旋-轨道相互作用使得一个简并空穴裂分为 2 个能级。一般地,l 和 s 平行状态比较稳定,另一状态即为向量相互倒置。自旋-轨道裂分的大小随原子序数增加。对于给定的壳层(n,l 一定),当 n 固定时,随着 l 增加,ΔE_j 减小,例如 4p>4d>4f。自旋-轨道裂分间隔的大小也随与核的距离增加(核屏蔽增加)而减小。这种屏蔽作用对角量子数大的轨道更大,因此引起双线裂分间隔大小次序为:3p>3d,4p>4d>4f。

一般的,自旋-轨道裂分两谱线之间强度正比于简并度,为($2j+1$)。例如

$$p_{3/2}/p_{1/2} = \left[2(1+1/2)+1 \right] : \left[2(1-1/2)+1 \right] = 2 : 1$$
$$d_{5/2}/d_{3/2} = \left[2(2+1/2)+1 \right] : \left[2(2-1/2)+1 \right] = 3 : 2$$
$$f_{7/2}/f_{5/2} = \left[2(3+1/2)+1 \right] : \left[2(3-1/2)+1 \right] = 4 : 3$$

多重裂分

多重裂分是指原子自由光电子发射生成的未配对电子与价壳层中未配对电子的相互作用而引起光电子线的裂分。

当一个体系的价壳层有未配对电子存在时,其总自旋也不为 0,则内层能级电离后会发生裂分。对于原子体系,常用原子光谱项表示其所处的状态。对于简单分子,可用分子光谱项表示。

前面讲到,电子运动状态可用主量子数 n,角量子数 l,磁量子数 m,自旋磁量子数 s 进行描述。而原子的能级,可用光谱项来表征。光谱项是粒子的一个能态。标记该能态的

量子数称为光谱项符号。它是描写多电子原子与分子的量子能态的符号。一般用大写字母 S、P、D、F 等表示多电子原子的角量子数，$L=0,1,2,3$ 等状态。再在左上标表示自旋多重性 $2S+1$，借以表示不同的轨道或能阶。在右下标表示总角动量量子数 J 具体数值；这种符号称为"光谱支项"。

光谱支项符号一般表示为

$$n^{2S+1}L_J$$

其中 n：主量子数；

L：总角量子数，其数值为外层价电子角量子数 l 的矢量和，$L=\Sigma l_i$；如两个价电子耦合，L 的取值为 $L=l_1+l_2,(l_1+l_2-1),(l_1+l_2-2),\cdots,|l_1-l_2|$。$L$ 的取值范围为 $0,1,2,3,\cdots,$ 相应的符号为 S，P，D，F，$\cdots$；

S：总自旋。其值为价电子自旋 s（其值为）的矢量和。当电子数为偶数时，S 取零或整数 $0,1,\cdots$；当电子数为基数时，S 取半整数 $1/2,3/2,\cdots$；

J：内量子数。其值为各个价电子组合得到的总角量子数 L 与总自旋 S 的矢量和。J 的取值范围为 $L+S,(L+S-1),(L+S-2),\cdots,|L-S|$；

J 的取值个数：若 $L \geqslant S$，则 J 有 $(2S+1)$ 个值；若 $L<S$，则 J 有 $(2L+1)$ 个值，$(2S+1)$ 叫光谱的多重性，即谱线多重性符号。当 $S=0,2S+1=1$ 称为单重态，当 $S=1,2S+1=3$，称为三重态。例如 1s 叫作单重 S 态，3P 叫作三重 P 态等。

例如，钠原子的第一激发态：$(3p)^1,n=3,L=l=1;S=1/2$ $(2S+1)=2;J=3/2,1/2$。

则光谱项为 3^2P；光谱支项为 $3^2P_{1/2}$ 和 $3^2P_{3/2}$。由于轨道运动和自旋运动的相互作用，这两个光谱支项代表两个能量有微小差异的能级状态。

多重裂分是怎么产生的呢？

对于价壳层完全填满电子体系的电离，只有一种终态，在 XPS 图谱上也只有一条谱线。而对于价壳层未完全充满电子的体系，其电离终态不止一个，在 XPS 图谱上会出现几条相邻谱线。

对于一般简单分子，如在价壳层中含有未成对电子，其在光电子谱中，会出现裂分，表现为 s 内层能级的简单裂分。如 NO 和 O_2。对于 O_2 分子，电离前，原来的 $2\pi^*$ 轨道上有两个未成对电子，当 O 原子 1s 轨道电离后，在 O 1s 谱上就发生了裂分。而对于 NO 分子，电离前在 $2\pi^*$ 有一个未成对电子，此电子更偏向于 N 原子。当内层轨道电离后，N 1s 剩余电子与 $2\pi^*$ 未成对电子耦合，在 N 1s 谱上产生裂分。裂分后的谱线强度之比为 $(S+1)/S$。

对于固体过渡金属的 d 轨道和稀土镧系化合物的 f 轨道，电子都是未充满的。当对内壳层光电离后，留下的未成对电子则很可能与原来的未充满电子的价壳层内未成对电子发生耦合。

例如，基态 Mn^{2+} 的光谱项为 ^6S[价壳层价电子 $S=5/2$，光谱多重态 $(2S+1)=6$]。Mn^{2+} 3s 轨道光电离后，出现如图 5-11 所示的 (a)(b) 两种状态。区别在于，^7S 态表示 3s 轨道电离后剩下的电子与价壳层 3d 的 5 个未成对电子自旋平行，^5S 态表示 3s 轨道电离后剩下的电子与价壳层 3d 的 5 个未成对电子自旋反平行。只有自旋相反的电子才有耦合作

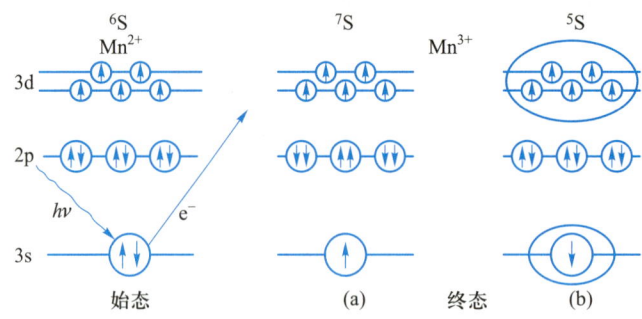

图 5-11   锰离子 3s 轨道电离时两种终态

用(b),耦合的结果使电子能量降低,结合能升高。两条谱线的强度之比理论上为$(S+1)/S=7/5$,实测为 2/1,这是由于弛豫和构型相互作用的结果。$^5S(2)$、$^5S(3)$是由电子相关作用引起的精细结构,如图 5-12 所示。

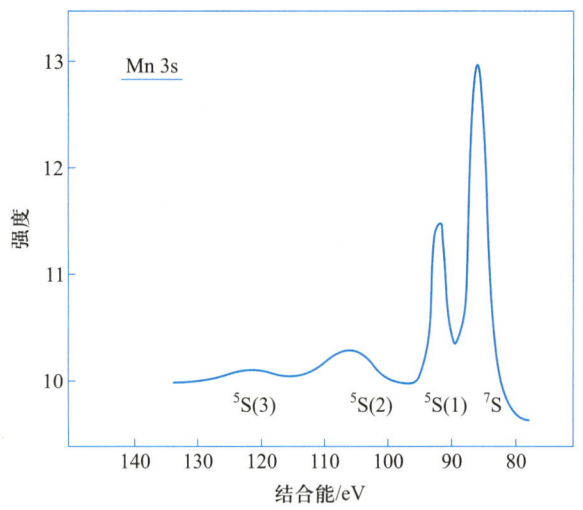

图 5-12 MnF_2 测得 Mn 离子 3s 电子 XPS 精细谱

振激振离伴峰

光电离时,从内壳层发射出一个电子后,内层形成空位,原子中心电位发生突然变化将引起外壳电子跃迁,其中一种可能就是使一个价电子从原来占据的轨道向能量较高的尚未被占据的轨道跃迁,这个过程就称为振激。于是在主峰的高结合能(低动能)端出现一个能量损失峰,即振激峰。在稀土元素中,还会出现另一类振落(shake down)峰。此时在主峰低结合能(高动能)侧出现一个伴峰。另一种可能就是受激发电子的价电子完全被电离出去,留下是带两个正电荷的离子,一个在内层能级上,另一个在价带能级上。于是过程是从分立能级向连续区跃迁,即价壳层电子跃迁到非束缚的连续状态成了自由电子。此过程为电子的振离。振离峰因此谱峰较宽,与大量非弹性散射的电子混杂在一起,形成本底信号。一般对谱峰结构无贡献。

例如,当 Ne 1s 电子被激发后,一个 2p 轨道上的电子被激发到 3p 轨道上或者被激发称为自由电子,在 XPS 图谱上形成振激峰或者振离峰,如图 5-13 所示。

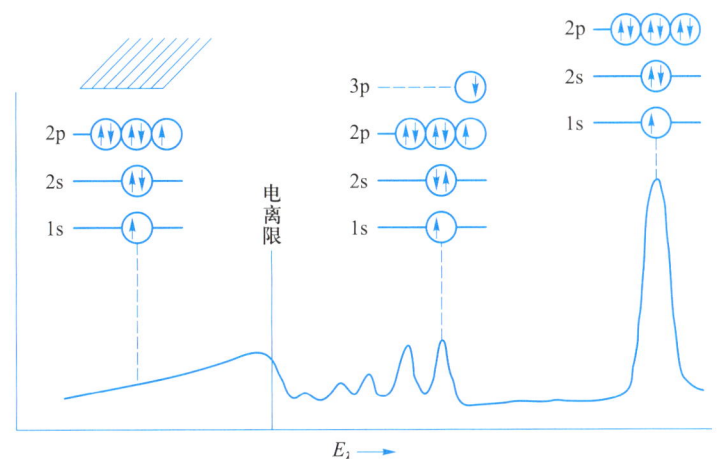

图 5-13　Ne 的振激振离过程示意图

一般地,不论振激还是振离都需要能量,这样就使最初形成的光电子的动能下降,结果会在光电子谱主峰的低动能一边出现振激引起分离的伴峰和振离导致平滑的连续谱。

振激与振离峰一般具有以下特点:

第一,它们均属单极激发和电离,电子激发过程只有主量子数改变,跃迁发生只可能是 $ns \rightarrow n's, np \rightarrow n'p$,电子的角量子数和自旋量子数均不变,即 $\Delta n \neq 0, \Delta l = \Delta s = \Delta j = 0$

第二,振激峰与光电子能量无关,每个能级的振激峰结构不同;

第三,对气体样品,均可观测到振激峰;对固体样品,多数观测不到(被能量损失峰遮盖)。

一般地,具有以下特点的物质具有较大的振激峰:

离子型化合物中具有未充满的 d、f 轨道的过渡金属和稀土金属化合物中的顺磁性化合物离子。对过渡金属而言,顺磁性均有振激伴峰,而逆磁性没有。

如 Cu 离子。在 Cu、Cu_2O 中,由于铜离子价壳层为闭壳层,因此没有振激峰。而 CuO 中 Cu^{2+} 价壳层为开壳层,因此有明显的振激峰。相关图谱如图 5-14 所示。

如 Co^{2+} 是顺磁性,CoO 有明显的振激峰;而 Co_2O_3 则无振激峰。相关图谱如图 5-15 所示。

应注意的是,具有相同化学状态的不同化合物并不一定具有相似的振激峰。还是以铜离子为例,如 CuO 有明显振激峰,但 CuS 没有。

具有不饱和侧链,或者具有不饱和骨架的高聚物;如聚异丁烯酸苯酯,其 XPS 峰具有明显振激峰,主要来源于内层电离的 $\pi \rightarrow \pi^*$ 跃迁。

某些具有共轭 π 电子体系的化合物,尤其是芳香体系,Shake up 峰为主峰强度的

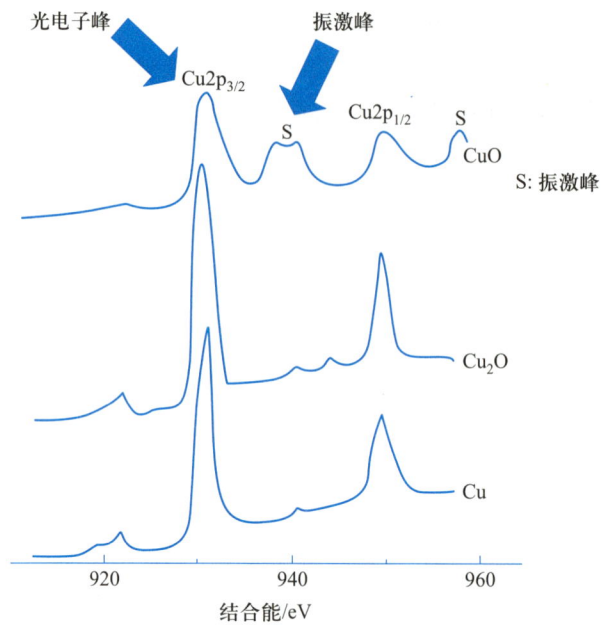

图 5-14   Cu、Cu₂O 和 CuO 的 Cu 2p 的 XPS 图谱

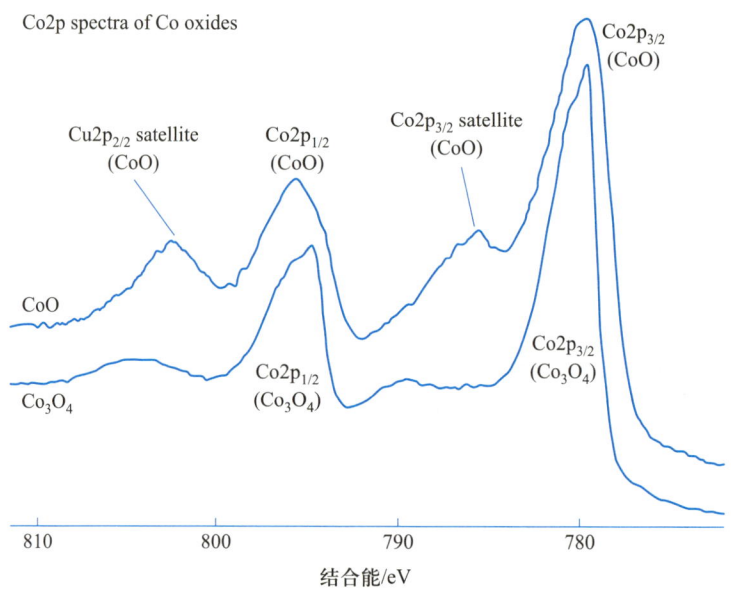

图 5-15   CoO 和 Co₂O₃ 的 Co 2p 的 XPS 图谱

5 % ~ 10 %,振激峰来自价电子的 π→π* 跃迁。

等离子体激元损失峰

在金属中,整个系统在宏观尺度上保持着电中性,然而在微观尺度上往往存有电子密度的起伏。由于电子之间的库仑作用是长程作用,电子密度的起伏将会引起整个电子系统的集体运动,称为等离子体(plasmon,又称电子气)。

激元一般分为两类,一类为集体激发的准粒子,另一类是单粒子激发的准粒子。晶格振动的格波就是经典的集体激发的例子,其准粒子就是声子。金属中的电子和空穴是单粒子激元。

Al 的 XPS 图谱和 Al 2p、2s 等离子体激元峰如图 5-16 所示。

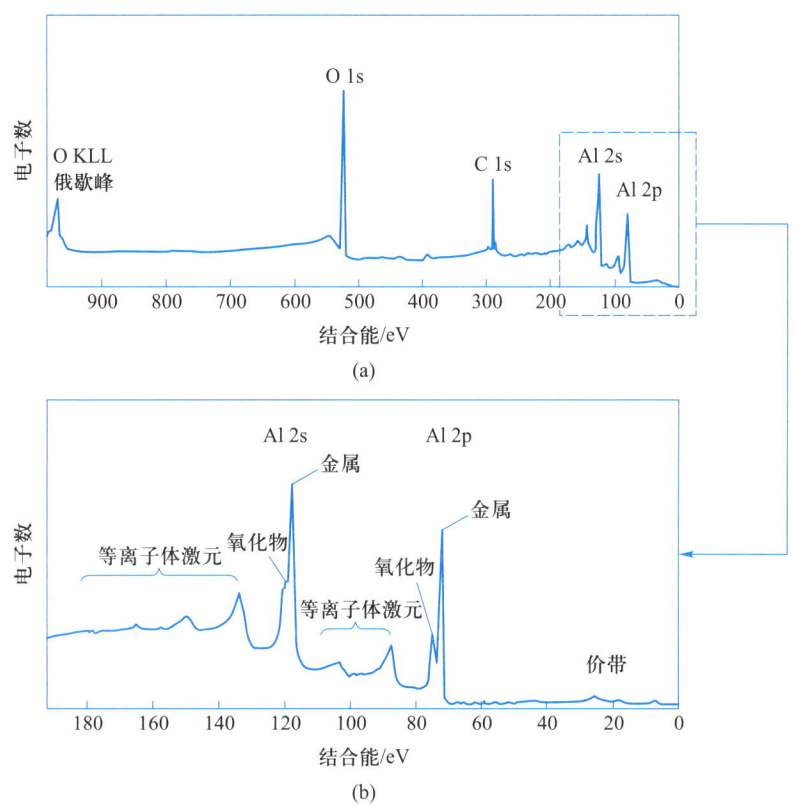

图 5-16 Al 的 XPS 图谱(a)放大后显示 Al 2p 和 2s 等离子体激元峰(b)

当任何具有足够能量的光电子在穿越固体逃逸时,往往引起电子气的纵向集体振荡,同时光电子能量损失,在内层电子峰高结合能(低动能)侧出现等离子体激元的能量损失峰。这种能量损失峰是由传导电子量子化激发的,由于连串收到多次损失,因此在图谱上表现为一系列等间距的峰,强度逐渐减弱。

值得注意的是,等离子体激元常被视为在图谱中伴随其他峰出现的特征能量损失峰,如那些弹性散射的初级电子、光电子峰、俄歇电子峰和电离边等峰。

5.3.5 影响化学位移的因素

内层电子一方面受到原子核强烈的库仑作用而具有一定的结合能,另一方面又受到外层电子的屏蔽作用。因而元素的价态改变或周围元素的电负性改变,则内层电子的结合能改变。原子因所处化学环境不同而引起的内壳层电子结合能变化,在谱图上表现为谱峰的位移。这种现象即为化学位移。

1. 元素化学位移受电荷的影响

当元素电子受原子核的库仑作用增加,结合能增加;当外层电子密度减少时,屏蔽作用将减弱,内层电子的结合能增加;反之则结合能将减少。

如图 5-17 所示,在 $Na_2S_2O_3$ 中,i 位置的 S 原子的 2p 电子几乎被定域在其周围,而中心 ii 处的 S 原子的 2p 电子则被 3 个 O 原子俘获。因此,ii 处的 S 原子的 2p 电子结合能要高得多,出现分峰现象。

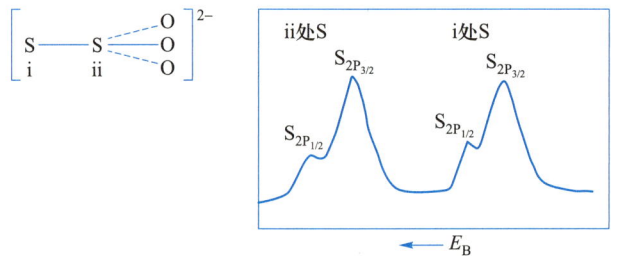

图 5-17　$Na_2S_2O_3$ 中两种 S 元素 XPS 图谱

2. 化学位移与原子氧化态的关系

氧化作用使内层电子结合能上升,氧化中失电子越多,上升幅度越大。还原作用使内层电子结合能下降,还原中得电子越多,下降幅度越大。同一元素随氧化态的增高,内层电子的结合能增加,化学位移增加。

例如纯金属铝原子(零价)的 2p 轨道电子结合能为 72.7 eV,当它与氧化合成 Al_2O_3 后,铝为正三价,这时 2p 轨道电子结合能为 74.7 eV,增大了 2 eV。

3. 化学位移与元素电负性的关系

分子中某原子的内层电子结合能位移量 ΔE_B 同和它结合的原子电负性之和有一定的线性关系。

例如,三氟醋酸乙酯中四个 C 原子分别与不同的原子相连,用卤族元素 X 取代 CH_4 中的 H,C 原子周围的负电荷密度较未取代前有所降低,这时 C 原子的 1s 电子同原子核结合得更紧,因此 C 1s 的结合能会提高。元素的电负性大小次序为 F>O>C>H,因此得到的 XPS 图谱中各个 C 1s 如图 5-18 所示。

有机物中官能团各种 C 相关键的标准结合能如图 5-19 所示。

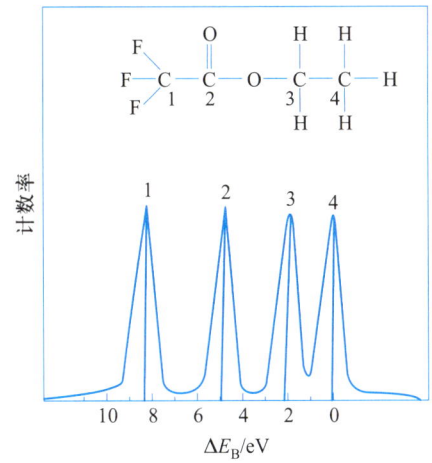

图 5-18　三氟乙酸乙酯中 C 原子 1s 的 XPS 谱

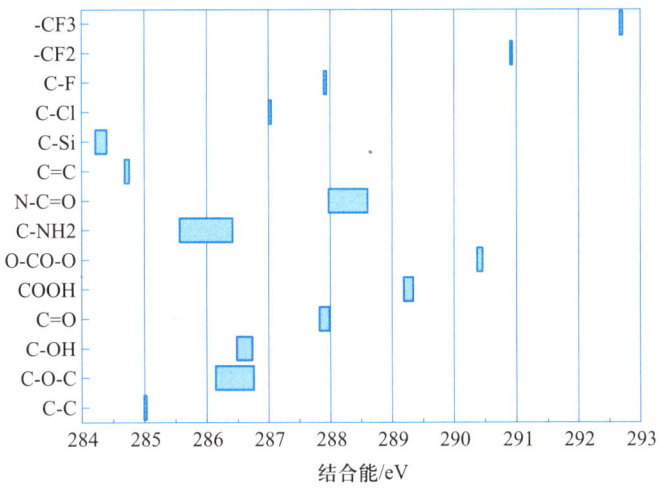

图 5-19　有机物中官能团各种 C 相关键的标准结合能

5.3.6　XPS 价带谱

X 射线光电子能谱仪（XPS）价带谱（valence band spectra，VB spectra）（或称价带 XPS）位于 XPS 中近费米能级的低结合能区域（0~35 eV）。XPS VB 因所用 X 射线源线宽的限制在价带区光电离截面很小，使价带谱相对于内层能级电子图谱，信号弱，信噪比差，谱线紧靠在一起，构成带状结构。价带谱是指来自样品价带电子激发的能量分布。

两个以上的原子以电子云重叠的方式形成化合物，根据量子化学计算结果，各原子内层电子几乎仍保持在它们原来的原子轨道上运行，只有价电子才形成有效的分子轨道而属于整个分子。

　　正因如此,不少元素的原子在它们处在不同化合物分子中时的 X 射线内层光电子的结合能并没有什么区别,在这种场合下研究内层光电子线的化学位移便显得毫无用处,如果观测它们的价电子谱,有可能根据价电子线结合能的变化和价电子线的峰形变化规律来判断该元素在不同化合物分子中的化学状态及有关的分子结构。

　　价电子谱线对有机物的价键结构很敏感,其价电子谱往往成为有机聚合物唯一特征的指纹谱,具有表征聚合物材料分子结构的作用。目前用 XPS 研究聚合物材料的价电子线,以期得到这类材料分子结构信息的工作已得到了一定发展。价带谱的结构和特征直接与分子轨道能级次序、成键性质有关。因此对分析分子的电子结构是非常有用的一种技术。材料的价带谱既可以利用 XPS 获得,也可以通过紫外光电子能谱(UPS)测得。通过 XPS 获得的谱信号比较弱,而 UPS 获得的价带谱强度要大得多,差不多 3 个数量级。

5.4　样品制备及图谱分析举例

5.4.1　样品所含成分要求

　　(1)检测元素范围:3~92 号元素,为一般实验室用 XPS 设备的 X 射线能量所能检测元素的范围。

　　H 和 He 为什么不能测 XPS 呢? 主要原因有三点:① H 和 He 的光电离界面小,信号太弱;② H1s 电子很容易转移,在大多数情况下会转移到其他原子附近,检测起来非常困难;③ H 和 He 没有内层电子,其外层电子用于成键,H 以原子核形式存在。所以用 X 射线去激发时,没有光电子可以被激发出来。

　　(2)样品无放射性、无腐蚀性、无磁性、无毒性。

　　(3)样品不吸水,在超高真空中及 X 射线照射下不分解,无挥发性物质(如单质 Na、K、S、P、Zn、Se、As、I、Te、Hg 或者有机挥发物),避免对高真空系统造成污染;不大量放气(尤其是腐蚀性气体)等。

　　(4)在高真空状态下,易升华扩散的物质如商品化黑磷,含氟小分子盐,含有 B—H 化物的粉末,含有任何易挥发溶剂的材料,不适宜进行 XPS 测试。

5.4.2　样品状态要求

　　样品须为固态样品(片状、块状或粉末):

　　(1)块状样品:面积尽量不小于 5 mm×5 mm,高度不可超过 5 mm。

　　(2)粉末样品:粉末样品置于大口西林瓶中,样品量不少于 100 mg,至少能铺满

5 mm×5 mm。

（3）薄膜样品：面积尽量不小于 5 mm×5 mm（测试面要做好标记）。

5.4.3　样品测试图谱举例

1. 样品制备

一般情况下，电子能谱仪只能对固体样品进行分析。如果是粉体样品，可以采用压片法制成薄片，也可以用导电胶带或者绝缘胶带把样品固定在样品台上。

XPS 对表面分析样品的表面清洁度的要求远比其他的分析技术要求高得多。用来分析的样品必须在真空下稳定。在样品的处理和制备中，应佩戴无粉手套。

应注意样品的导电性，以保证绝缘样品能有效地荷电中和。如无法确定样品的导电性，可先按照绝缘样品处理，在开合荷电中和的情况下比较 C 元素的结合能位置。

样品制备后，将样品条小心送入样品室，开启设备抽真空。待真空达到要求后，将样品送入分析室进行扫描。

2. 样品定性分析

XPS 谱能提供材料表面丰富的物理、化学信息，可提供的信息有样品的组分、化学态、表面吸附、表面态、表面价电子结构、原子和分子的化学结构、化学键合情况等。

（1）元素组成鉴别及数据采集-全谱扫描或宽谱扫描（Survey scan）

元素定性的主要依据是组成元素的光电子线和俄歇线的特征能量值，因为每种元素都有唯一的一套芯能级，其结合能可用作元素的指纹。通过测定谱中不同元素芯光电子峰的结合能直接进行。将实验谱图与标准谱图相对照，根据元素特征峰位置（及其化学位移）确定样品中存在哪些元素（及这些元素的化学态）。

对于一个化学成分未知的样品，首先应做全扫描谱，或称为宽谱扫描。以初步判定表面的化学成分。在作 XPS 分析时，全扫描谱能量范围一般取 0~1350 eV（Al 靶），因为几乎所有元素的最强峰都在这一范围之内。通过样品的全扫描谱，在一次测量中就可检出全部或大部分元素。由于各种元素都有其特征的电子结合能，因此在能谱中有它们各自对应的特征谱线，所以根据这些谱线在能谱图中的位置即可鉴定元素种类。

宽谱的一般解析步骤如下：

首先，因 C，O 是经常出现的，所以首先识别 C，O 的光电子谱线，俄歇线及属于 C，O 的其他类型谱线；

其次，鉴别样品中主要元素的强谱线和有关的次强谱线，利用 X 射线光电子谱手册中各元素的峰位表确定其他强峰对应的元素，并标出其相关峰，注意有些元素的个别峰可能相互干扰或重叠；

最后，鉴别剩余的弱谱线，假设它们是含量低的未知元素的主峰（最强谱线）；

对于 p，d，f 谱线的鉴别应注意它们一般应为自旋双线结构，其双峰间距及峰高比一一般为一定值(有助于识别元素)。p 峰的强度比为 1 : 2;d 线的强度比为 2 : 3;f 线的强度比为 3 : 4。

某样品 XPS 宽谱如图 5-20 所示。

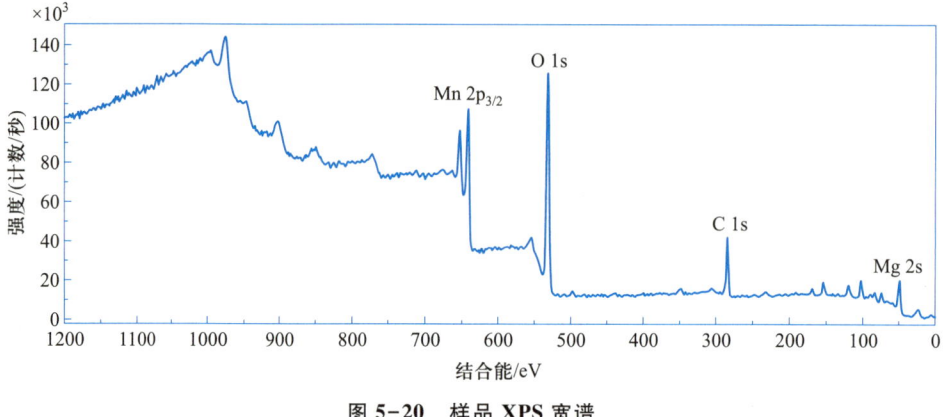

图 5-20   样品 XPS 宽谱

可以利用 XPS 设备自带分析软件的 Peak ID 功能进行初步分析样品元素组成,如表 5-6 所示。应注意由软件自动分析的宽谱信息仅提供初步信息,需结合手册及资料进行进一步分析。

表 5-6   图 5-20 样品 XPS 宽谱所显示的元素初步信息

成分	BE/eV	FWHM/eV	RSF	原子含量/%	误差/%	质量分数/%	误差/%
Mg 2s	88.62	2.99	0.25	1.7	0.66	2.0	0.78
Si 2p	102.62	2.62	0.33	6.3	0.61	8.5	0.80
Al 2s	119.62	3.13	0.43	3.2	0.40	4.2	0.51
S 2p	168.62	3.27	0.67	1.3	0.32	2.0	0.49
C 1s	284.62	2.69	0.28	28.3	0.79	16.4	0.55
O 1s	531.62	4.16	0.78	48.0	0.75	37.1	0.66
Mn $2p_{3/2}$	641.62	3.68	1.77	11.2	0.30	29.8	0.69

(2)化学态分析及窄谱扫描或精细谱扫描

宽谱扫描完成后,可对有测试要求的几个元素的峰进行窄区域高分辨细扫描,以获取更加精确的信息,例如结合能的准确位置、鉴定元素的化学状态,或为了扣除本底或峰的拟合分析等处理。

元素化学态分析是 XPS 最主要的应用之一。元素化学态分析的情况比较复杂,涉及到的信息比较多,一般需要对谱图做分峰拟合处理。

对上述样品中 Mn/Si/O/C 元素进行窄谱分析。

① 碳元素窄谱分析　样品中碳元素的精细谱图如图 5-21 所示,解析信息见表 5-7。

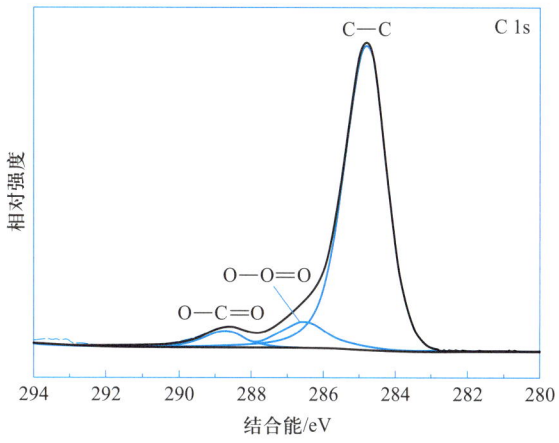

图 5-21　样品中碳元素的精细谱图

从碳元素精细谱可知:样品中碳元素主要以 C—C 键或 C ═O 键形式存在,C—C 占总含碳量的 82.75%,其他碳元素与氧元素结合。

表 5-7　碳元素精细谱解析信息

名称	C 1s		
	C—C	C—O ═C	O—C ═O
峰位	284.8	286.5	288.66
峰面占比/%	81.97	10.66	7.37
半峰宽	1.37	1.37	1.37

② 氧元素窄谱分析　样品中氧元素的精细谱图如图 5-22 所示,解析信息见表 5-8。

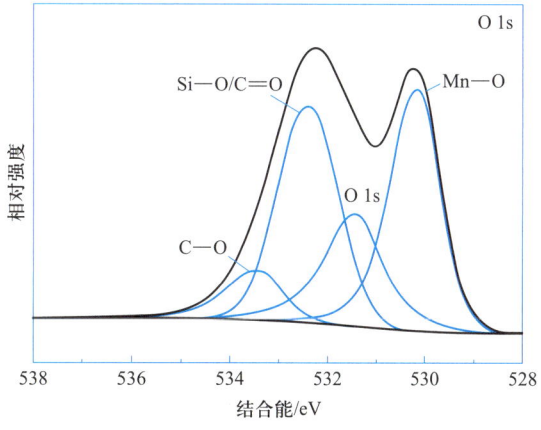

图 5-22　样品中氧元素的精细谱图

表 5-8 氧元素精细谱解析信息

名称	O 1s			
	Mn—O	O 1s	Si—O/C=O	C—O
峰位	530.12	531.42	532.36	533.4
峰面占比/%	38.76	18.22	34.88	8.14
半峰宽	1.41	1.41	1.41	1.41

样品中氧元素主要与 Mn、Si、C 等元素结合,其中 Si—O 与 C =O 峰位置重叠,根据峰位置,基本可判断硅元素以二氧化硅形式存在;锰元素以二氧化锰形式存在,占氧元素总含量的 38.76%。

③ 硅元素窄谱分析　样品中硅元素的精细谱图如图 5-23 所示,解析信息见表 5-9。

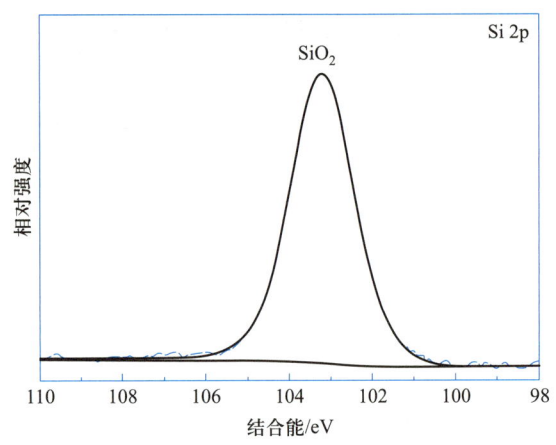

图 5-23　样品中硅元素的精细谱图

表 5-9　硅元素精细谱解析信息

名称	Si 2p
	SiO_2
峰位	103.18
峰面占比/%	100
半峰宽	1.79

硅元素 XPS 精细图谱显示,样品中硅元素以二氧化硅形式存在。

④ 锰元素窄谱分析　样品中锰元素的精细谱图如图 5-24 所示,解析信息见表5-10。(Mn 2p 的分峰拟合需要成对出现,可以只拟合 $2p_{3/2}$)

因此,综合锰元素 2s 及 3s 图谱分析($3s\Delta E_B = 5.9$),初步判断样品中锰以二价锰存在,由于终极效应导致锰元素的谱图峰宽化。

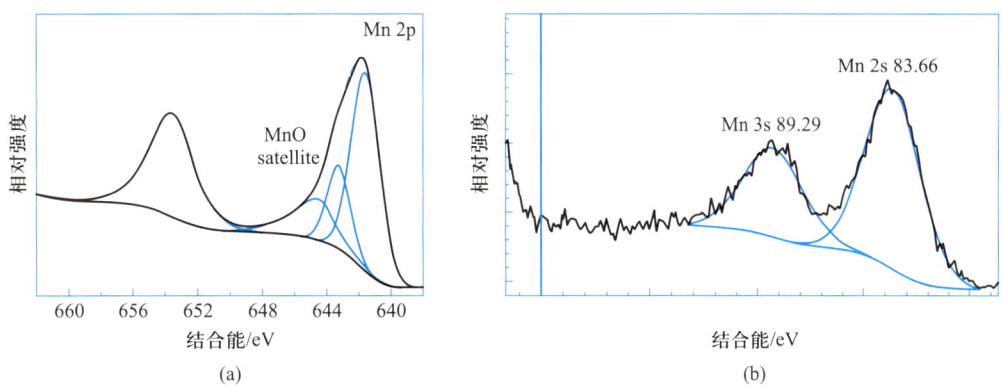

图 5-24 样品中锰元素的(a) Mn²⁺2p 精细谱图解析及(b) Mn²⁺3s 精细谱图解析

表 5-10 锰元素精细谱解析信息

名称	Mn 2p				Mn 3s	
	Mn 2p₁/₂	Mn 2p₃/₂	Mn 2p-sat	Mn 2p₃/₂	Mn 2s	Mn 3s
峰位	641.64	643.29	644.5	653.5	83.66	89.29
峰面占比/%	46.3	19.91	9.72	24.07	64.88	35.12
半峰宽	1.73	1.73	2.92	3.19	3.056	3.326

3. 样品定量分析

XPS 可以给出样品中测定元素的相对含量,但这种含量分析并非十分准确。利用软件分析出上述样品中元素的相对含量如表 5-11 所示。

表 5-11 样品中各元素相对含量

成分	BE/eV	FWHM/eV	RSF	原子含量/%	Error/%	质量分数/%	误差/%
Si 2p	103.09	0.00	0.33	7.4	0.28	9.5	0.35
Mn 2p	641.59	0.00	2.66	15.3	0.28	38.7	0.48
O 1s	531.99	0.00	0.78	49.7	0.61	36.5	0.38
C 1s	284.59	0.00	0.28	27.6	0.83	15.2	0.54

可以看出,样品分析是以所测定元素的总含量为 100%,测定各元素的相对含量。因此,XPS 所给出的测定含量一般仅供参考。

习题

1. 简述产生光电子的光电效应过程。

2. 何为化学位移？简述氧化过程和还原过程的一般化学位移规律。

3. XPS 谱中主线如何标记？简述 XPS 技术定性分析表层元素组成的步骤。

4. XPS 谱图除主线还有哪些伴线？简述各自的产生机制。

5. XPS 表面分析对样品的基本要求有哪些？

第 5 章参考文献

第 6 章

X 射线衍射分析及原位测试技术

X 射线衍射(X-ray diffraction, XRD)技术是 X 射线的重要应用之一,是分析晶体结构的最重要手段,广泛应用于地质、矿产、冶金、材料、医药、农林等诸多领域,是材料科学工作者日常工作中最常用的实验技术之一。本章以最常用的实验室粉末 X 射线衍射仪为例介绍 X 射线衍射的原理、应用以及相关的原位检测技术。

6.1　X 射线衍射基础

作为一种电磁波,X 射线在传播中遇到电子等微观粒子时,会发生散射现象,仅改变了 X 射线的传播方向,并不改变其能量的散射,称为相干散射。晶体中存在大量周期性规则排列的原子,被不同原子所相干散射的 X 射线能够进一步相互干涉,在某些方向上相互干涉加强或减弱,这一现象称为晶体的 X 射线衍射。X 射线衍射线的方向和强度与晶体结构密切相关,因此 X 射线衍射是研究晶体结构的有力工具。本节分别介绍 X 射线衍射的三个基础问题:晶体的空间结构(三维衍射光栅)、X 射线衍射方向和 X 射线衍射强度。

6.1.1　晶体的空间结构

晶体的空间结构是比 X 射线衍射更为基础的知识,与材料的诸多性质密切相关,本节仅对晶体结构做非常简单的概要介绍。

晶体材料是由原子、离子或分子等在三维空间中周期性规则排列而成的,具有平移对称性,即长程有序。将晶体中几何环境完全相同的点抽象出来,就构成了一个三维的空间点阵,称为晶体的空间点阵。空间点阵代表了晶体的平移对称性特征。为了方便,通常用空间点阵的一个重复单元来代表整个空间点阵。同一个空间点阵选取重复单元的方式有

无限多种。为了更好地体现晶体空间点阵的对称性,通常按照以下原则来选取代表空间点阵的重复单元:

(1)重复单元的形状要尽量体现空间点阵的对称性;

(2)重复单元的基矢要尽量与空间点阵重要的对称方向平行或重合;

(3)重复单元的体积尽可能小。

按照这些原则选择出来的重复单元,称为晶体的晶体学惯用晶胞,也称为布拉维晶胞,以纪念法国物理学家布拉维(Bravais,1811—1863)。虽然晶体结构千变万化,但可以根据晶体对称性的特征不同,将晶体划分为 7 种晶系、14 种布拉维点阵、32 种点群和 230 个空间群。七大晶系的典型结构特征列于表 6-1。

表 6-1   七大晶系的结构特征

晶系	符号	晶系	晶类(点群)	空间群数	晶胞特征	代表材料
三斜	a	三斜	$1,\bar{1}$	2	$\alpha \neq \beta \neq \gamma \neq 90°, a \neq b \neq c$	$CuSO_4 \cdot 5H_2O$
单斜	m	单斜	$2, m, 2/m$	13	$\alpha = \gamma = 90° \neq \beta, a \neq b \neq c$	$CaSO_4 \cdot 2H_2O$
正交	o	正交	$222, mm2, mmm$	59	$\alpha = \beta = \gamma = 90°, a \neq b \neq c$	$LiFePO_4$
四方	t	四方	$4, \bar{4}, 4/m, 422,$ $4\,mm, \bar{4}2m, 4/mmm$	68	$\alpha = \beta = \gamma = 90°, a = b \neq c$	金红石 TiO_2
六方	h	三方	$3, \bar{3}, 32, 3m, \bar{3}m$	7	$\alpha = \beta = \gamma < 120° \neq 90°, a = b = c$	$LiCoO_{2\#}$
				18	$\alpha = \beta = 90°, \gamma = 120°, a = b \neq c$	
		六方	$6, \bar{6}, 6/m, 622, 6mm,$ $\bar{6}2m, 6/mmm$	27	$\alpha = \beta = 90°, \gamma = 120°, a = b \neq c$	石墨
立方	c	立方	$23, m\bar{3}, 432, \bar{4}3m, m\bar{3}m$	36	$\alpha = \beta = \gamma = 90°, a = b = c$	NaCl

注:三方晶系、六方晶系是同一种离子堆积方式,两种不同的晶胞表述方式。

图 6-1 是立方结构典型材料氯化钠(NaCl),图中的小球代表构成晶体的离子。

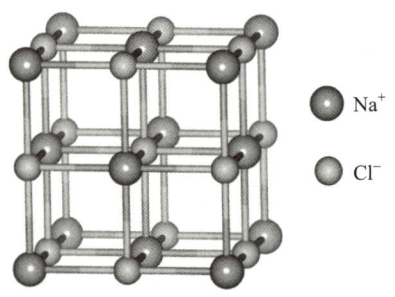

图 6-1   NaCl 晶体结构

在这一结构中所有的 Na^+（或 Cl^-）都处于同样的环境之中,因此,左右的 Na^+（或者 Cl^-）所在的位置就代表了 NaCl 晶体的空间点阵。空间点阵中任意三个不在同一直线上的阵点就构成一个晶面。不同的晶面用晶面指数(hkl)来表示。将任一晶面在三个坐标轴上的截距取倒数,然后将三个倒数化为互质的整数,即为该晶面的晶面指数。这种表示晶面的方法是由英国晶体学家米勒(Miller,1801—1880)提出的,因此这种晶面指数又被称为米勒指数。

6.1.2 X 射线衍射方向

1912 年,德国物理学家劳厄(Laue,1879—1960)提出了关于晶体衍射的劳厄方程,指明了在哪些方向上被晶体所散射 X 射线可以发生相干增强:只要晶体的三个基矢与散射矢量的点积为整数,就可以发生衍射。由于实际计算较为复杂,非专业者多使用布拉格方程判断晶面能否发生衍射。

1913 年,英国物理学家布拉格父子(William Henry Bragg,1862—1942;William Lawrence Bragg,1890—1971)提出了另外一种描述 X 射线衍射方向的方法,即布拉格方程。

如图 6-2 所示,当一束波长为 λ 的 X 射线以入射角(与晶面夹角)θ 入射到晶体的(hkl)晶面上,如果(hkl)晶面间距 d 与 λ 和 θ 满足式(6-1),则能够发生衍射,式(6-1)是著名的布拉格方程。需要强调一点,入射波在某晶面(hkl)的"镜面反射方向"的相干散射波才有可能发生衍射,即衍射方向为入射波被晶面(hkl)"镜面反射"的方向。因为布拉格方程在描述衍射方向时更为直观,因此在分析晶体衍射现象时得到了广泛应用。

$$2d\sin\theta = n\lambda \quad n = 0,1,2,\cdots \tag{6-1}$$

式中,d 为晶面间距;n 为反射级数;θ 为入射角;λ 为 X 射线的波长。

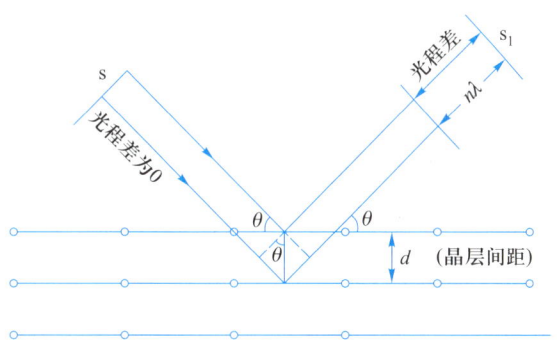

图 6-2 布拉格方程衍射原理

在晶体学的研究中,还经常使用倒易点阵和埃瓦尔德球等工具来分析晶体的衍射方向,在此不展开讨论。

6.1.3   X 射线衍射图形

固体材料分为单晶材料、多晶材料和无定形材料,对应的衍射图案分别是衍射斑点、衍射环和弥散的衍射环,如图 6-3 所示。

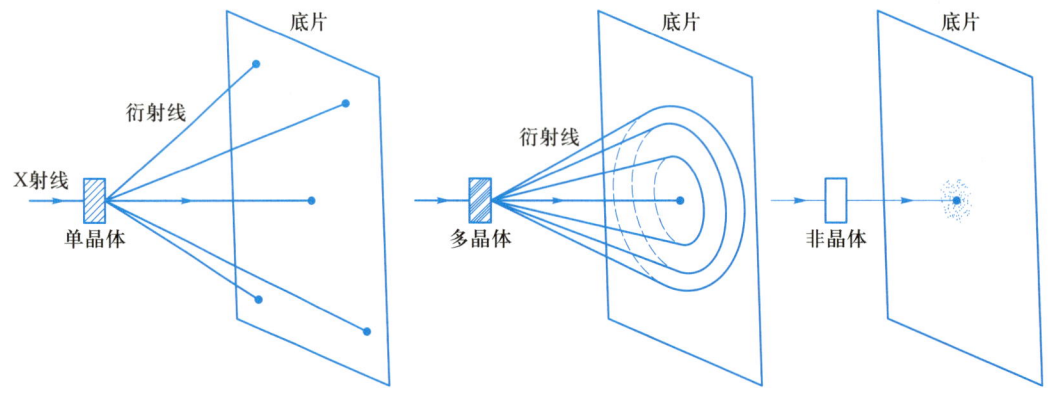

图 6-3   X 射线衍射图案

实验室用的 X 射线衍射仪的 X 射线光束直径一般在百微米至毫米量级,探测深度通常为几微米至几百微米。当 X 射线光束照射到单晶材料上,产生衍射效果的是一个晶粒,晶粒所包含的衍射周期数可近似视为无限大,各组晶面取向为各向异性。晶体可当作 X 射线的三维光栅,获得的衍射图案为衍射斑点,在空间规则排列。第一组单晶衍射斑点是劳厄及其合作者于 1912 年测试获得,这一实验证明了晶体具有周期性的空间结构,也证明了 X 射线是电磁波。

多晶材料由多个小单晶组成,如果晶粒是边长为 1 μm 的小立方体,X 射线斑点内包含上千万,乃至上亿个单晶小颗粒,衍射图形是这些晶粒的平均效果,各组晶面取向几乎全部都是各向同性,产生不同半径的同心衍射圆环,晶面间距越大,半径越小。相对于单晶材料,多晶材料晶体缺陷变多,衍射谱线发生宽化,所以相同材料的多晶衍射环要比衍射斑点更宽一些。多晶衍射由荷兰–美国化学家德拜(Debye,1884—1966)和他的学生瑞士物理学家谢乐(Scherrer,1890—1969)在 1916 年首次成功实现。

如果晶粒尺寸进一步降低,每个晶粒所包含的衍射周期数会变得更少,缺陷更多,衍射圆环宽化更加严重,各个衍射环之间相互重叠,直至形成弥散的散射斑。

由布拉格方程可知,衍射关系包含三个变量,晶面间距 d、入射角 θ 和 X 射线波长 λ。获取晶体结构的实验是通过 θ 和 λ 获得 d 的信息。显然,变换入射角比变换入射波长更加容易,所以 X 射线衍射设备几乎都采用固定波长、连续变换角度的测试方式,例如实验室用的粉末衍射仪采用了 θ–2θ 反射式扫描。相应地,衍射图形由最开始的衍射斑点、衍射环转变为角度–衍射峰强度曲线,即 "2θ-Intensity" 曲线,如图 6-4 所示,衍射强度可以直接通过接收器计数获得。

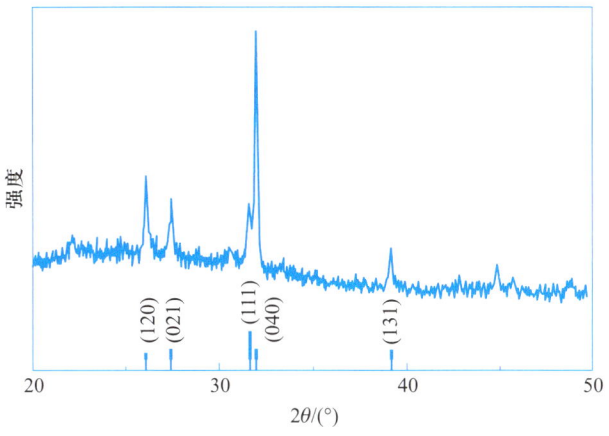

图 6-4　XRD 衍射图谱

6.1.4　X 射线衍射强度

单晶的 X 射线衍射强度由晶体结构决定。晶体的 X 射线衍射波是晶体中所有晶胞的相干散射波的叠加,晶胞的散射波振幅则是晶胞内所有原子的散射波叠加的结果,而一个原子的散射波振幅是由该原子所有电子的散射波叠加而成。

若晶胞中各原子的散射波振幅分别为 f_1A_e、f_2A_e、$\cdots$ f_jA_e、$\cdots$ f_nA_e(A_e 为一个自由电子的散射波振幅,不同种类原子 f 不同),它们与入射波的相位差分别是 Φ_1、Φ_2、$\cdots$、Φ_j、$\cdots$、Φ_n(原子在单胞中不同位置 Φ 不同),所有这些原子散射波振幅的合成就是晶胞的散射波振幅 A_b,如式(6-2)所示。

$$A_b = A_e(f_1 e^{i\Phi 1} + f_2 e^{i\Phi 2} + \cdots + f_j e^{i2j} + \cdots + f_n e^{i\Phi n}) \tag{6-2}$$

至此,可以引出结构因子 F_{hkl},它以一个自由电子的散射能力为单位,反映了一个晶胞对 X 射线的散射能力,如式(6-3)所示。

$$F_{hkl} = 一个晶胞的相干散射波振幅 / 一个电子的相干散射波振幅 = A_b/A_e \tag{6-3}$$

晶体的衍射强度正比于 $|F_{hkl}|$,通常把 $|F_{hkl}|$ 称为结构振幅。结构因子反映了晶胞中原子种类、原子数目及原子位置对衍射强度的影响。在某些方向上 $F_{hkl}=0$,此时对应的衍射强度为零,这一现象称为系统消光。

对于晶体衍射,除结构振幅外,影响 X 射线衍射强度的因素还包括多重性因子(P)、吸收因子(A)、德拜-瓦洛因子(e^{-2M})和洛伦兹-极化因子(LP)。

假设入射 X 射线波长为 λ、强度为 I_0,单晶样品的体积为 V、晶胞体积为 V_0,晶体以角速度 ω 扫过 hkl 衍射的布拉格位置,则该衍射束的总能量 E_{hkl} 如式(6-4)所示。

$$E_{hkl} = I_0(\lambda^3/\omega)(e^2/4\pi\varepsilon_0 mc^2)^2(V/V_0^2)^*|F_{hkl}|^{2}* A(\theta)^* e^{-2M}* LP \tag{6-4}$$

洛伦兹-极化因子 LP 是 θ 的函数,其具体形式与衍射实验中所采用的衍射光路有关。目前实验室用的粉末衍射仪大多采用准聚焦的 Bragg-Brentano 衍射几何,洛伦兹-极

化因子 LP 具有式(6-5)所示的形式。

$$LP = \frac{1 + \cos^2 2\theta_M \cos^2 2\theta}{\sin^2 \theta \cos \theta (1 + \cos^2 2\theta_M)} \tag{6-5}$$

式中,θ_M 是衍射仪单色器的布拉格角。

假定所用粉末衍射仪(采用 Bragg-Brentano 衍射几何)的测角仪半径为 R,则所测得的 hkl 衍射的强度 I_{hkl} 如式(6-6)所示。

$$I_{hkl} = I_0(\lambda^3/32\pi R)(e^2/mc^2)^2(V/V_0^2)^* |F_{hkl}|^{2*} P^* A(\theta)^* e^{-2M*} LP \tag{6-6}$$

6.2　X 射线粉末衍射仪

X 射线粉末衍射仪也称为多晶衍射仪,测试对象包括粉末、多晶块体、高聚物等材料,是实验室应用最广的衍射仪。仪器设备主要由 X 射线发生器、测角仪、X 射线测量记录系统和控制系统四部分构成,具体如图 6-5 所示。

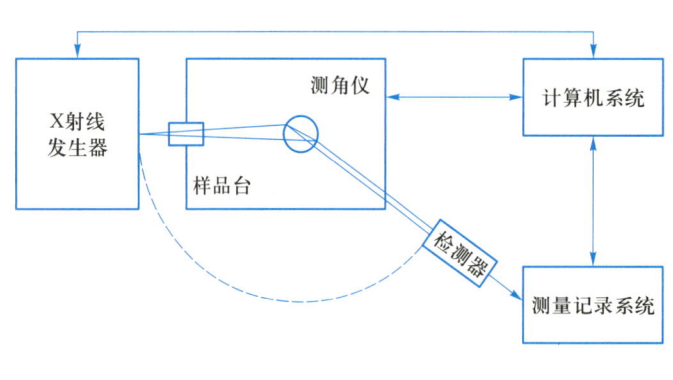

(a) 多晶衍射仪构造示意

(b) 多晶衍射仪照片

图 6-5　多晶衍射仪

(1) X 射线发生器。它是产生 X 射线的装置,多使用密封式 X 射线管。

(2) 测角仪。它是测量角度 θ 的装置,是测量系统中最核心的部件,用来精确测量衍射角,由样品台、一系列狭缝系统组成,样品台与检测器的支臂围绕同一转轴旋转。

(3) X 射线测量记录系统。它是测量 X 射线、记录 X 射线强度的计数装置,是确定衍射强度的关键部件。系统包括检测器、放大器、脉冲幅度分析器、计数率表等单元器件组成,其中探测器多使用 NaI 闪烁晶体,用于计数。

(4) X 射线系统控制装置。包括数据采集系统、电气系统、保护系统等设施,由计算机内相关软件控制。

粉末 X 射线衍射仪衍射的基本操作流程为预热设备、设置设备参数、制备样品、设置测试参数、测试和关闭设备,其中设置测试参数普通科研人员接触最多。测试参数主要是样品测试的起始角度、终止角度和扫描速度,用于确定物相结构的常规测试,扫描范围一般为 5°~90°,扫描速度为 5°~10 °/min,用于结构精修的测试,扫描范围一般为 5°~135°,扫描速度为 0.1°~1 °/min。

6.3 粉末 X 射线衍射图谱分析

每种晶体材料都有其特定的结构参数,包括点阵类型、晶胞大小、晶胞中原子的种类、数目和位置等,这些参数在 X 射线衍射花样中均有反映。尽管晶体材料有很多种,但没有衍射花样完全相同的两种物质,因此衍射花样可以作为晶体材料的指纹验证。通过对衍射曲线进行相应的对比分析和模拟分析,能够获得测试样品的晶体学参数。下面介绍常见的数据分析方法。

6.3.1 物相定性分析

物相定性分析是 XRD 最基本、应用最广泛的分析方法,也是其他衍射分析方法的基础。由布拉格方程可知,每一个 XRD 衍射峰都对应一组晶面,所有检测到的衍射峰组合在一起能够确定样品的晶体结构。将测试得到的衍射谱图,与粉末衍射卡片(Power Diffraction File,PDF)内的标准数据进行对比,如图 6-6 所示,可以快速确认测试样品的物质种类。

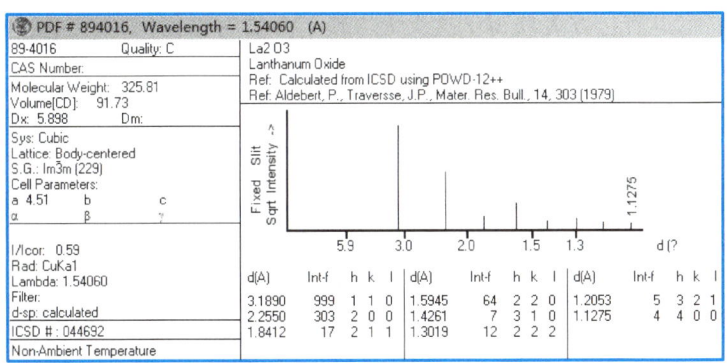

图 6-6 粉末衍射 PDF 卡片

粉末衍射卡片由哈娜瓦特(Hanawalt)于 1938 年创立,经过多年积累,粉末衍射卡片库已经非常庞大,2020 年收集的晶体材料超过 29 万种,包括有机物和无机物。完备的晶体衍射数据库是 XRD 能够广泛应用的主要原因之一。

6.3.2　物相比例分析

在某些应用场合,测试样品包含两种或几种晶体材料,可以通过分析混合样品的衍射积分强度获得各相的比例。

假设样品是由 n 个相组成的混合物,线吸收系数为 μ_l,其中第 a 相的 hkl 衍射线强度公式可写成式(6-7)。当各相组成变化时,被测晶体材料的线吸收强度也会发生变化。

$$I_{a,hkl} = I_0(\lambda^3/32\pi R)(e^2/mc^2)^2 * \frac{1}{2\mu_l} * \left[(V_a/V_{a,0}^2) * |F_{a,hkl}|^2 * P * e^{-2M} * LP \right] \quad (6\text{-}7)$$

最直接的测试方式就是将第 j 相最强峰的强度直接与纯相材料对比,即可定出第 i 相在混合样品中的相对含量,这一方法被称为单线条法。然而,在实际分析中发现,某物相各衍射线的强度会随着含量的增加而增强,但并不成正比,单线条法的误差较大。

为了提高测试准确度,在测试材料内加入标准物,通过比较测试相的衍射强度和标准物的衍射强度,以式(6-8)的方程计算出质量分数,该方法就是 K 值法。

$$I_a/I_s = K_s^a(w_a/w_s) \quad (6\text{-}8)$$

式中,a 为混合物中第 a 相,s 为标准物,I_a 是第 a 相衍射强度,I_s 是标准物的衍射强度,K_s^a 为与 a 相、标准物特性相关的常数,w_a 为混合物中第 a 相的质量分数,w_s 为标准物的质量分数。

显然,K_s^a 是获得质量分数的关键。虽然这一参数可以通过计算获得,但实际中多采用实验测试获得。在实验中,将第 a 相纯相物质与标准物等质量混合,两相最强峰的强度比就是 K_s^a。

刚玉($\alpha\text{-}Al_2O_3$)是常用的内参比物,粉末衍射卡上收集了众多常用物相的、以刚玉为标准物的 K 值,可以直接查表获得。这大大方便了分析物相比例,可以直接由式(6-8)计算出 a 相物质的比例,这一方法又称为参比强度法。

6.3.3　点阵参数精确测定

晶体材料的晶胞参数与晶面间距存在严谨的数学关系,如表 6-2 所示。当使用 X 射线测定晶体材料的晶胞参数时,是通过测定 (hkl) 晶面的衍射角 θ 来计算该晶面的晶面间距 d 值,再通过 d 值计算出晶胞参数。

表 6-2　不同晶系晶面间距与晶胞参数之间的关系

晶系	晶面间距计算公式
立方	$\dfrac{1}{d^2} = \dfrac{h^2+k^2+l^2}{a^2}$
四方	$\dfrac{1}{d^2} = \dfrac{h^2+k^2}{a^2} + \dfrac{l^2}{c^2}$

续表

晶系	晶面间距计算公式
正交	$\dfrac{1}{d^2} = \dfrac{h^2}{a^2} + \dfrac{k^2}{b^2} + \dfrac{l^2}{c^2}$
六方和三方	$\dfrac{1}{d^2} = \dfrac{4}{3} \cdot \dfrac{h^2 + hk + k^2}{a^2} + \dfrac{l^2}{c^2}$
单斜	$\dfrac{1}{d^2} = \dfrac{\left(\dfrac{h^2}{a^2} + \dfrac{l^2}{c^2} - \dfrac{2hl\cos\beta}{ac} \right)}{\sin^2\beta} + \dfrac{k^2}{b^2}$

以对称性最好的立方晶系晶体材料(晶胞参数：$a = b = c$, $\alpha = \beta = \gamma = 90°$)为例,介绍晶胞参数的计算方程式,如式(6-9)所示。

$$a = d(h^2 + k^2 + l^2)^{1/2} = \frac{n\lambda(h^2 + k^2 + l^2)^{1/2}}{2\sin\theta} \qquad (6-9)$$

式中,a 为晶胞参数,λ 为 X 射线波长,h、k、l 为晶面指数,θ 为入射角。

采用这一方法计算晶胞参数还是非常准确的。晶面指数 hkl 是整数,没有误差;λ 是经过精确测定的,有效数字达到 7 位,非常准确;有可能带来明显误差的只有 θ。对布拉格方程进行微分,可得方程(6-10)。当角度变化 $\Delta\theta$ 一定时,θ 角越大,对应衍射峰的面间距 $\Delta d/d$ 越小,立方晶系的 $\Delta a/a$ 越小;当趋近 90° 时,误差将会趋近于零。

$$\Delta d/d = -\frac{\cos\theta}{\sin\theta}\Delta\theta = -\cot\theta \cdot \Delta\theta \qquad (6-10)$$

显然,衍射角度越高的线条,晶面间距和晶面参数数据越准确。但是,对其实际能使用的衍射线,其 θ 角与 90° 总是有距离的,可以设想通过外推法接近理想状态。最直接的就是图解外推法,这一方法的基本操作过程如下：

(1) 先测出同一物质的多根衍射线,并通过 θ 函数计算出相应的 a 值;

(2) 以 θ 为横坐标,a 为纵坐标,将多点连接成一条曲线;

(3) 延长曲线至 $\theta = 90°$ 处与纵坐标相截,对应的 a 值就是修正的晶胞参数。

显然,外推函数是这一方法的核心。目前,尼尔逊等找到的外推函数,在较大 θ 范围内具有较好的直线性,应用最广泛,如图 6-7 所示。式(6-11)是尼尔逊通过尝试法找到的外推函数。

$$f(\theta) = \frac{1}{2}\left(\frac{-\cos^2\theta}{\sin\theta} + \frac{\cos^2\theta}{\theta} \right) \qquad (6-11)$$

在某些情况下,需要更精确地求解晶胞参数,会使用最小二乘法。最小二乘法的基本原理就是将 n 次试验测量值与构建的模型相比较,通过调整模型的参数,使观测值与模型之间偏差的平方和最小,从而确定模型参数。在晶胞参数计算过程中,采用这一原理,可以计算出更精确的晶胞参数,但此方法需要进行多次迭代计算。

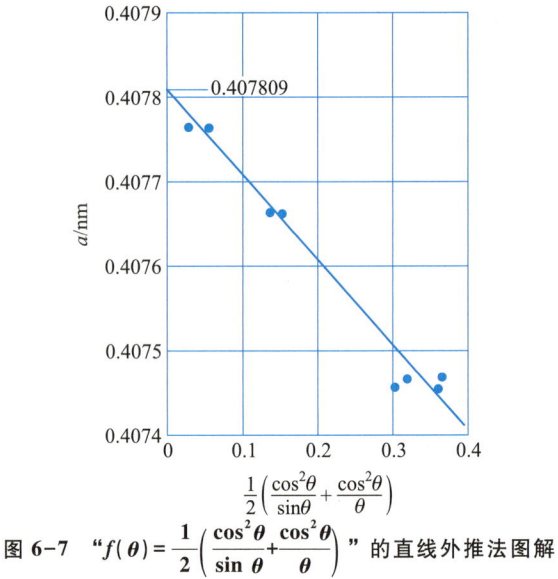

图 6-7　"$f(\theta) = \dfrac{1}{2}\left(\dfrac{\cos^2\theta}{\sin\theta}+\dfrac{\cos^2\theta}{\theta}\right)$" 的直线外推法图解

6.3.4　晶粒尺度计算

多晶衍射中,晶粒尺寸会对衍射峰型产生显著影响,因此可以通过峰型特征来计算测试样品的晶粒尺寸。将衍射峰宽度和晶粒尺寸关联起来的就是著名的谢乐(Scherrer)公式,如式(6-12)所示。这一公式适用于 1~100 nm 晶粒的计算,特别适合评估纳米材料的颗粒尺寸。为了获得准确的实验结果,扫描速度要比较慢,一般选择 1~2 (°)/min。

$$D_{hkl} = k\lambda/(\beta\cos\theta) \tag{6-12}$$

式中,D 为晶粒垂直于晶面方向的平均厚度;β 为样品衍射峰半高宽度,采用弧度,需去除仪器宽化;$k = 0.89$,谢乐常数;θ 为布拉格角度;λ 为 X 射线波长,铜靶为 1.54 Å。

6.3.5　Rietveld 全谱拟合精修原理

Rietveld 全谱拟合分析是一项较为复杂、应用广泛的粉末衍射数据分析方法,其以 H. M. Rietveld 命名。1967 年,Rietveld 在中子粉末衍射结构分析中使用了最小二乘法进行全谱拟合结构修正,获得了丰富的粉末材料的微观结构信息,取得了巨大成功。这是首次将应用于单晶材料的最小二乘法拟合拓展至粉末材料。需要说明一点,Rietveld 所处的时代,计算机已经具有处理大量数据的能力,为粉末样品全谱拟合提供了计算基础。

通俗地说,Rietveld 分析方法的核心思想就是计算出一组与测试曲线几乎相同的模拟曲线,认为计算用的晶体结构等同于测试样品的晶体结构,得到各种需要的晶体学信息。具体而言,基于样品的晶体学基本信息,选择一定的峰形函数,得到计算强度数据

(Y_{ci}),求得计算强度数据(Y_{ci})与实验强度数据(Y_i)差值的平方和(M);逐个调整参数,再计算强度数据(Y_{ci}),逐步降低 M 的数值,直到获得可靠的结果。M 值的计算公式如式(6-13)所示,显然,精修过程就是使 M 逐渐减小至最小的过程。

$$M = \sum w_i(Y_i - Y_{ci})^2 \tag{6-13}$$

式中,Y_i 为实验强度数据,Y_{ci} 为计算强度数据,w_i 为权重因子,一般为 $1/Y_i$。

这一方法可修正的参数,主要分为结构参数和非结构参数,结构参数指原子坐标、占位概率、温度因子、单胞信息等与晶体结构紧密相关的参数,非结构参数包括择优取向、表面粗糙度、背景强度等与晶体结构无关的参数。此外,峰形函数也是一组非常重要的参数,与仪器设备相关,与样品微观结构也相关,具体包括半高峰宽、衍射峰的非对称性因子及混合因子等。

这一方法的解析流程大致可以按照以下四步进行:

(1)获取高质量的 X 射线衍射数据,确定测试样品晶体学信息,包括空间群、晶胞参数初值、原子坐标初值等;

(2)输入进行计算需要的参数初值,包括原子占位、晶胞参数、峰形函数等,如果是两相或多项同时精修,还需要输入两相比例初值;

(3)进行 Rietveld 分析,一般先进行零点校准和扣除背底,然后逐一调整精修参数,逐步提高计算图谱的可靠性;

(4)获得可靠的精修数据,输出晶体结构结果,包括晶体结构参数、原子占位、键长、键角,以及其他关注的信息。

与之前讨论的 X 射线粉末样品强度影响因素相比,除考虑结构因子、洛伦兹因子、吸收因子等因素,全谱拟合还需要考虑峰形函数、择优取向、背景强度等,具体的计算强度数据 Y_{ci} 的计算方程如式(6-14)所示。

$$Y_{ci} = \sum S_j \sum L_{j,k} |F_{j,k}|^2 \Phi(2\theta_i - 2\theta_{j,k}) P_{j,k} A_j + Y_{bi} \tag{6-14}$$

式中,S_j 为 j 相的标度因子;k 为晶面指数 hkl;L_k 为洛伦兹因子、极化因子和多重性因子;F_k 为结构因子;Φ 为衍射峰的峰形函数;P_k 为择优取向修正因子;A_j 为 j 相的吸收因子;Y_{bi} 为背景强度。

Rietveld 分析结果的可靠性是通过可信度因子进行评价的,即通常所说的 R 因子。R 值越小,晶体结构正确的可能性越大,目前已经提出几种 R 值,使用最多的是 R_p 和 R_{wp},如式(6-15)和式(6-16)所示。

$$R_p = \sum (Y_i - Y_{ci}) / \sum Y_i \tag{6-15}$$

$$R_{wp} = \left[\sum w_i(Y_i - Y_{ci})^2 / \sum w_i Y_i^2 \right]^{1/2} \tag{6-16}$$

目前已经开发出多种软件进行结构精修,比较著名的软件包括 Jade、GSAS、FULL-PROOF、BGMN 等,图6-8是锂离子电池正极材料 NCM55 样品的精修 XRD 谱图和晶格参数,所得精修结果列于表6-3。各种方法都有相应的教程,感兴趣的朋友可以参考相关教程深入学习。

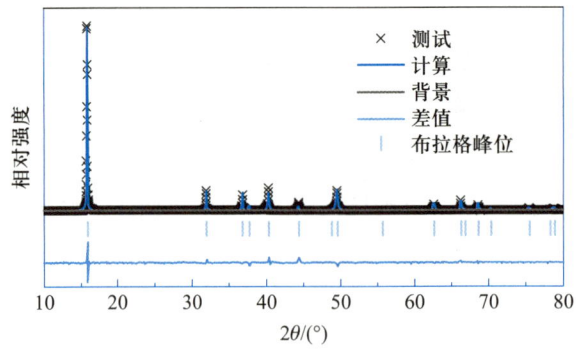

图 6-8   NCM55 样品的精修 XRD 谱图和晶格参数

表 6-3   精 修 结 果

原子	x	y	z	占位	$U_{iso}/Å^2$
Na_f	0	0	0.25	0.406	0.09724
Na_e	0.666667	0.333333	0.25	0.254	0.10313
Co	0	0	0	0.5	0.0143
Mn	0	0	0	0.5	0.0142
O	0.666667	0.333333	0.09283	0.09829	0.0223

$P6_3/mmc, a = 2.8252Å, c = 11.2243Å, R-factors: R_{wp} = 9.86\%, R_p = 7.08\%; \chi^2 = 1.957$

6.3.6　Jade 软件的基本操作

Jade 是目前应用最广泛的 X 射线衍射图谱软件分析工具,软件内部集成了多种计算分析模块,可以进行物相鉴定、晶胞参数计算、晶粒尺寸计算、Rietveld 精修、粉末结构解析等功能。前面提到的各种数据分析方法,都可以在 Jade 内直接操作。

Jade 软件进行数据分析的主要功能大都放置于常用工具栏和手动工具栏之内,如图 6-9 所示,在进行数据分析处理时,一般是按照"读入文件—扣除背底—图谱平滑—寻峰—物相检索"的顺序进行。

常用工具栏和手动工具栏中的按钮及其作用见图 6-9。

(1)读入文件:读取目标文件,显示在当前窗口中,如果以 Read 方式读入,新图谱替换窗口中原有图谱,如果以 Add 方式读入,新图谱与旧图谱同时显示在窗口中,实现多谱显示。

(2)扣除背底:背景是由于样品荧光等多种因素引起的,在有些处理前需要做背景扣除,单击"BG"一次,显示一条背景线,如果需要调整背景线的位置,可以用手动工具栏中的"BE"按钮来调整背景线的位置,调整好以后,再次单击"BG"按钮,背景线以下的面积

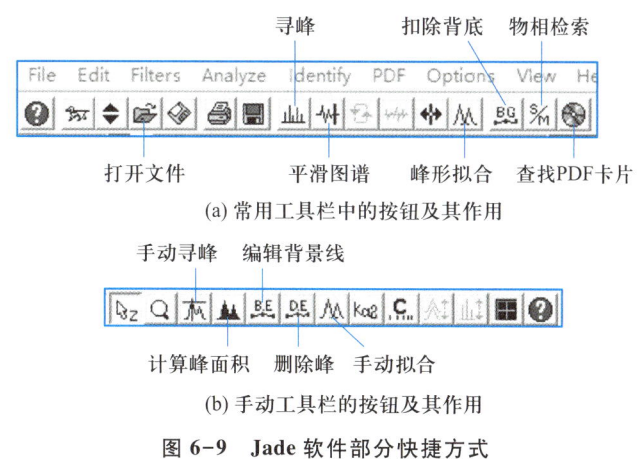

(a) 常用工具栏中的按钮及其作用

(b) 手动工具栏的按钮及其作用

图 6-9 Jade 软件部分快捷方式

将被扣除。

（3）图谱平滑：因为每平滑一次，数据就会失真一次，所以对于测试信号较好的样品，一般不进行图谱平滑处理。但是，有一些测量的曲线因"噪声"而使曲线不光滑，需要将曲线变得光滑一些才能进行分析。数据平滑的原理是将连续多个数据点求和后取平均值来作为数据点的新值，一般采用 9~15 点平滑为好。用鼠标右键点击平滑按钮，就会打开平滑参数设置对话框，可选择二次函数拟合或四次函数拟合，一般使用二次拟合。

（4）寻峰：自动标记衍射峰位置、强度、高度等数据。寻峰后如有误标，需要用手动寻峰方式来删除或添加峰标记。单击鼠标左键，增加一个标记，单击鼠标右键，删除一个标记。

（5）峰形拟合：衍射峰一般都可以用一种"钟罩函数"来表示，拟合的意义就是把测量的衍射曲线表示为一种函数形式。在作"点阵常数精确测量""晶粒尺寸和微观应变测量"和"残余应力测量"等工作前都要经过"扣背景—图形拟合"的步骤。常用工具栏中的拟合命令将全谱拟合，但有时因为窗口中峰太多、计算受阻而不能进行，此时需要用到手工拟合按钮。

下面，以常见的锂离子电池正极材料钴酸锂（$LiCoO_2$）为例，介绍分析过程。经过读入文件—图谱平滑—扣除背底之后，点击 S/M 按钮，得到 $LiCoO_2$ 样品 XRD 谱图在 Jade 软件中的 Search/Match 匹配结果，如图 6-10 所示。在 Jade 软件的 Search/Match 功能中会给出标准谱图的衍射峰位置、物相名称、化学式、匹配程度（FOM）、PDF 卡片编号、点群、晶胞参数、ICSD 编号等。其中，FOM 为匹配率的倒数，值越小，匹配越好。

双击选中的标准物质卡片，会弹出来标准物质详细的 references 和衍射数据值，如图 6-11 所示，该数据可以导出使用。图中所示比较重要的数据包括晶面间距 d，晶面指数 hkl 以及标准谱图衍射峰位置和相对强度等。

Jade 软件中直接集成了采用半峰宽来计算样品的晶粒尺寸这一功能，比较方便。在 Edit→Preferences→Report 里面勾选 Estimate Crystallite Size from FWHM Values。勾选之后

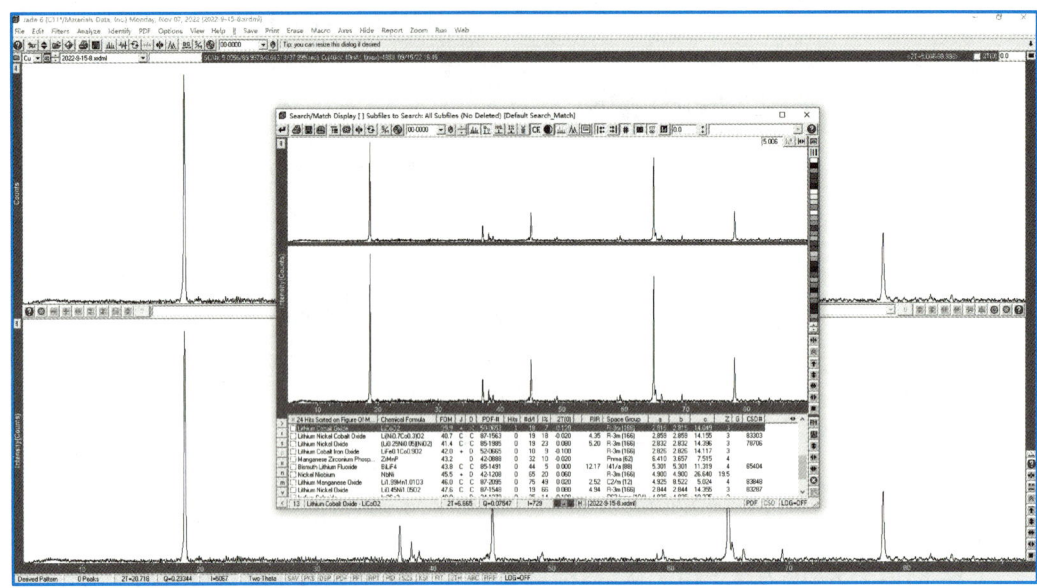

图 6-10　LiCoO$_2$ 样品 XRD 谱图在 Jade 软件中的 Search/Match 匹配结果

进行粒径分析,如图 6-12 所示,采用 Edit Toolbar 中的积分按钮,在主峰下拉取基线,会自动弹出窗口,里面包含晶粒尺寸信息。这里算出来的是平均尺寸,且使用范围为 3～200 nm。

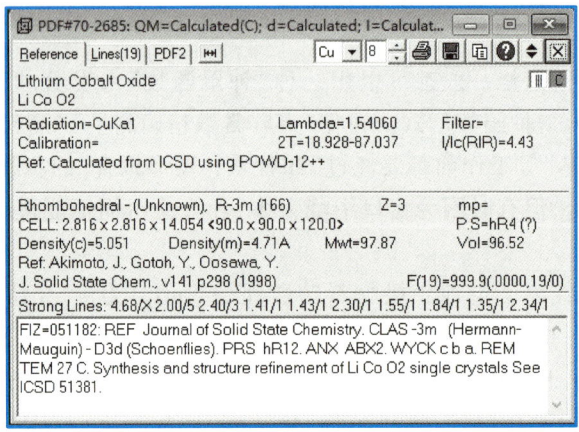

图 6-11　LiCoO$_2$ 的标准 PDF 卡片数据

Jade 软件的实际功能更加强大,已有专著专门介绍,感兴趣的读者可以参考相关的培训教程。

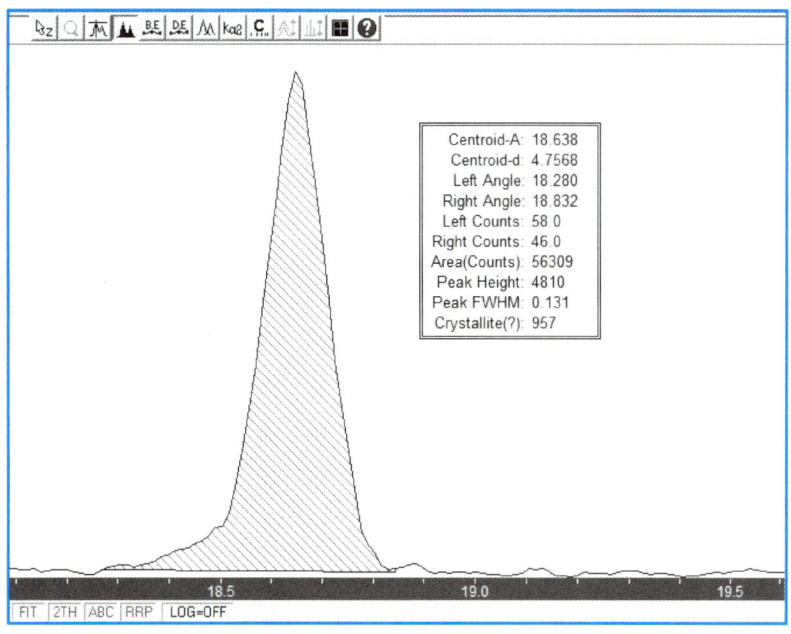

图 6-12　晶粒尺寸的计算结果

6.4　原位 XRD 检测技术

6.4.1　原位 XRD 简介

原位测试就是样品在原来所处的工作位置上或基本上处于原来工作状态时,对样品特性进行的测试,是现代科学研究追求的分析技术,已有的原位技术包括原位 XRD、原位拉曼光谱、原位红外光谱、热重-红外联用、热重-质谱联用等。

原位 XRD 测试就是样品在原来工作状态时对样品晶体学特性进行的测试。在某些应用领域,如储能、催化等,功能材料的晶体结构往往会随着反应的进行发生演变,准确得到关于材料在整个转变过程中的相关信息,对于理解功能材料的结构演化、进一步改善功能材料具有重要作用。与传统的静态分析相比,采用原位 XRD 测试技术能够更好地分析晶体材料晶体结构的实时变化。它的主要优势有以下四点:

（1）原位 XRD 能够实时获得晶体材料在反应过程中的结构变化信息,有助于深入理解材料的变化过程,对理解研究对象的反应机制、进一步改进材料具有重要的指导意义;

（2）原位 XRD 技术在测试整个过程中是针对同一区域颗粒进行测试的,所得的晶胞

参数、峰强度、峰位等信息具有相对可比性,可以在短时间内得到大量可对比信息;

（3）原位 XRD 可以排除一些后期电极处理操作对研究对象晶体结构的影响,以锂离子电池为例,拆装电池、清洗电极、储存电极等操作过程会在一定程度上影响晶体材料的特征,采用原位技术可以避免这些操作的影响;

（4）原位 XRD 可以获得某些特殊状态下的晶体结构,在高温下才能出现的且稳定的相变晶体材料,采用变温原位 XRD 能够非常方便获得对应的晶体结构。如相变合金材料,在 DSC 确认相变温度区间后,变温原位 XRD 能够准确获得各相区的晶体结构。

原位 XRD 检测技术早在 20 世纪 60 年代就已运用到材料科学研究中,早期测试主要采用同步辐射光源作为衍射源,测试模式为透射模式,由于同步辐射光源亮度极高且发散性小,可以得到高质量的衍射结果。但同步辐射光源是大科学装置,建设成本极高,一个光源线站需要几十亿元人民币,机时十分珍贵,目前国内只有北京、上海、合肥等地建有该设备,难以大规模应用。

随着粉末 X 射线衍射仪的持续进步,X 射线光束测试信号越来越强,在穿过样品窗之后,低负载量的准薄膜样品也能获得较高的信噪比,这为粉末 X 射线衍射仪原位测试提供了设备基础。粉末 X 射线衍射仪一般在 150 万元以下,小型粉末 X 射线衍射仪一般约为 50 万元,原位附件可以自行加工,与同步辐射光源以数十亿计的成本相比,基于粉末 X 射线衍射仪的原位 XRD 设备廉价易得,操作简单方便,非常适合大多数实验室。

基于粉末衍射仪开发的原位 XRD 测试技术,已经在锂离子电池领域和高温相变材料等领域应用,相应原位附件已经商品化。

6.4.2   锂离子电池材料原位 XRD 测试技术

锂离子电池是近年来发展最快的电化学储能技术,已经广泛应用于手机、笔记本等数码产品市场,同时也开始应用于电动汽车、智能电网等领域。在工作过程中,锂离子电池活性材料组成持续变化,材料晶体结构也会相应持续变化,采用原位测试技术能够获得准确的晶体结构演化信息。

原位测试的核心组件是原位电池。评估锂电池活性材料电化学性能采用扣式电池结构,如图 6-13 所示,由上至下是电池上壳、研究电极、隔膜、对电极（多为锂片）、垫片、弹片、电池下壳。

在原位 XRD 电池中,需要采用同样的电池结构,同时还需要保证 X 射线能够照射到研究电极,接收装置能够接收衍射波。从结构上说,原位电池的顶部需要有一个 X 射线窗口,目前多采用金属铍做窗口材料,窗口尺寸一般为毫米级,正极膜集流体使用铝网或者打孔铝箔,负极膜集流体使用铜网或者打孔铜箔,同时控制正极膜的厚度在 $5 \sim 20\ \mu m$,保证电极反应均匀,同时也保证 X 射线的检测信号能够顺利穿过,保证 X 射线探照在工作电极的活性材料表面,达到实时监测的状态,装置示意图如图 6-14 所示。在实际测试中,有时会不使用铍窗口,直接使用集流体做窗口,X 射线能够穿透集流体,获得活性物质膜的结构信息。

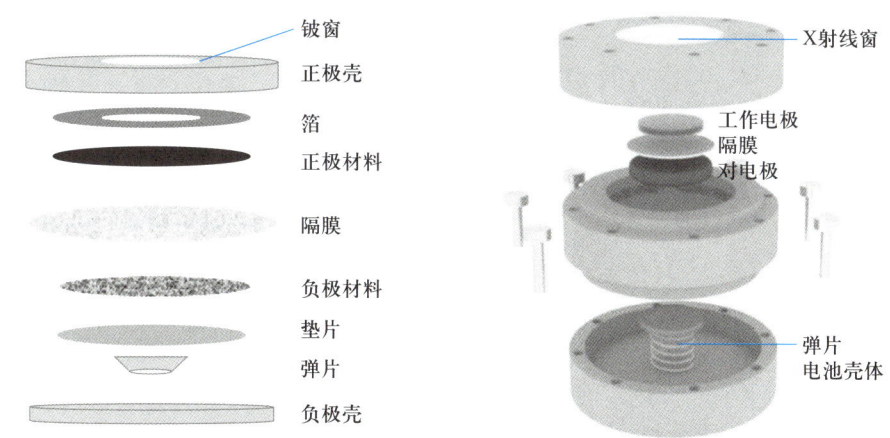

图 6-13 扣式电池示意图以及原位测试电池示意图

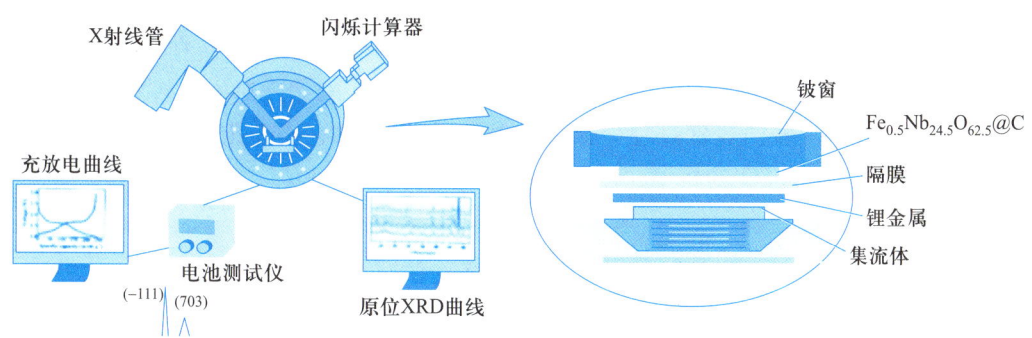

图 6-14 原位 XRD 原理示意图及样品台装置示意图

在测试过程中,锂离子电池采用"恒流充电—恒压充电—恒流放电"的方式进行测试,以常用的三元材料为例,它的充放电策略为:0.5 C 恒流充电至 4.3 V,4.3 V 恒压充电至电流降低为 0.05 C,恒流放电至 2.8 V。其中,C 为材料的可逆容量,如材料的可逆容量为 200 mA·h·g^{-1},0.5 C 的电流就是 100 mA·g^{-1}。材料的充电容量就可以通过电流和时间计算得出。当进行原位 XRD 测试时,为了能够更准确地反映材料的本质特征,通常采用 0.1 C 的电流进行充放电,0.1 C 充电 1 h 后静置 5~10 min 后进行 XRD 测试,然后再充电 1 h,直至充电结束。

以新一代锂离子电池正极材料高镍三元($LiNi_{0.9}Co_{0.08}Mn_{0.02}O_2$,简称 Ni90)为例,介绍原位 XRD 的测试技术。Ni90 原始样品的 XRD 如图 6-15 所示,经过 Jade 软件的数据分析,能够获得材料的晶胞信息。Ni90 的放电曲线列于图 6-15,这一材料的可迁移锂离子为 ~0.76,对应容量为 220 mA·h·g^{-1},它的充电过程的反应如式(6-17)所示。

$$LiNi_{0.9}Co_{0.08}Mn_{0.02}O_2 - xe^- \rightarrow Li_{1-x}Ni_{0.9}Co_{0.08}Mn_{0.02}O_2 + xLi^+ \qquad (6-17)$$

如图 6-16 所示,原位 XRD 的结果表明了高镍三元作为电池的正极材料在充放电过

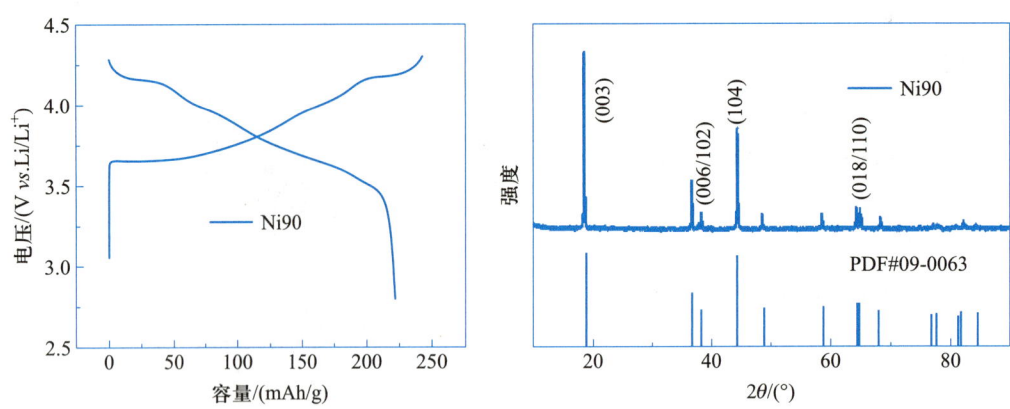

图 6-15   Ni90 正极材料的 XRD 曲线和充放电曲线

程中 003 衍射的具体变化信息。通过 003 特征峰的偏移可以得出,在充电过程中,随着 Li^+ 的不断脱出,本来稳定的层状结构由于锂空位的浓度过高,引起结构的一系列转变,发生相变。衍射结果表明,该材料遵循 H1-M-H2-H3 的相变顺序。在充电时,原始的 $LiNi_{0.9}Co_{0.08}Mn_{0.02}O_2$ 首先发生固溶反应,然后发生从六方相(H1 相)到单斜晶系(M 相)的相变。该材料在进一步的脱锂过程中保持单斜晶系。然后,它表现出另一种相变,即在 $x=0.40$ 附近发生 M 到 H2 的相变。最后发生 H2—H3 的相转变。

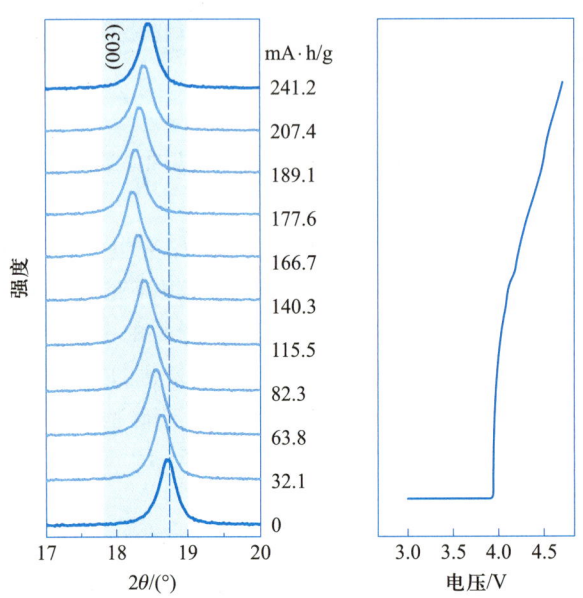

图 6-16   高镍三元材料 Ni90 原位 XRD 的衍射图谱(左)

6.4.3 变温原位 XRD 测试技术

原位变温 XRD,顾名思义,就是改变样品台的温度并通过 XRD 测试样品的晶体结构,测试温度可以为高温、低温,测试气氛可以是空气、氮气、氩气、真空或者 CO_2 等。一般情况下,需要设置测试的温度范围、变温速率以及 XRD 的角度测试范围,样品在测试温度范围内可以只发生相变,也可以发生分解反应,但要保证样品不熔化。

变温 XRD 技术主要应用于随着温度的变化而发生结构相变的物质,高温附件更为常用,如高温合金材料相变、热电材料相变、材料分解反应等。通过在 XRD 衍射仪上加装加热装置,当加热到某一温度、某一时间后,进行 XRD 衍射测试,可以得到在加热过程中的相转变、分解产物等相关信息。图 6-17 是一个典型的 XRD 加热附件,它的原理就是将样品台放到一个可控温的热源上,常规样品可以直接暴露于空气下,也可以放置于一个密封的样品室内。

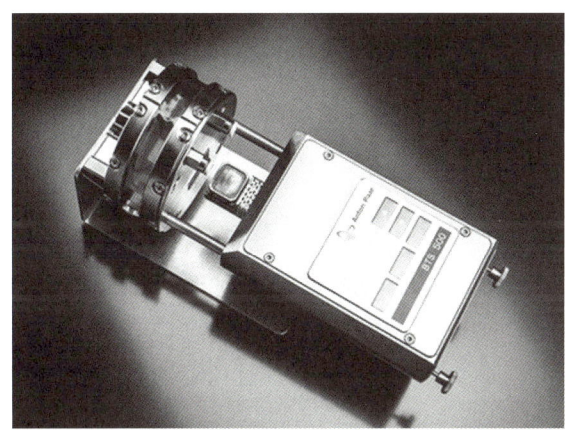

图 6-17　粉末 X 射线衍射仪的高温附件

图 6-18 是变温 XRD 技术在热电材料 $Sn_{0.98}Se$ 上的典型应用。对 $Sn_{0.98}Se$ 材料从室温加热到高温时,该材料会发生从 $Pnma$ 到 $Cmcm$ 的相变过程,这一过程是在 573~843 K 范围内连续变化的,而不是在某一温度下的突然相变。

显然,如果不采用变温原位 XRD 测试技术,这些高温相变材料在高温下的结晶相是很难确认的,需要复杂的烧结炉配合淬冷技术,才有可能保持材料的高温相。应用高温 XRD 技术后,对高温相变下的材料研究、材料优化起到了至关重要的指导作用。

6.4.4 原位 XRD 复合升级测试技术

很多晶体材料在发生结构变化时会同时伴随发生其他变化,与其他先进测试技术联用,能够更好地揭示微观反应机制。目前质谱仪与原位 XRD 联用尝试较多,该方法可以

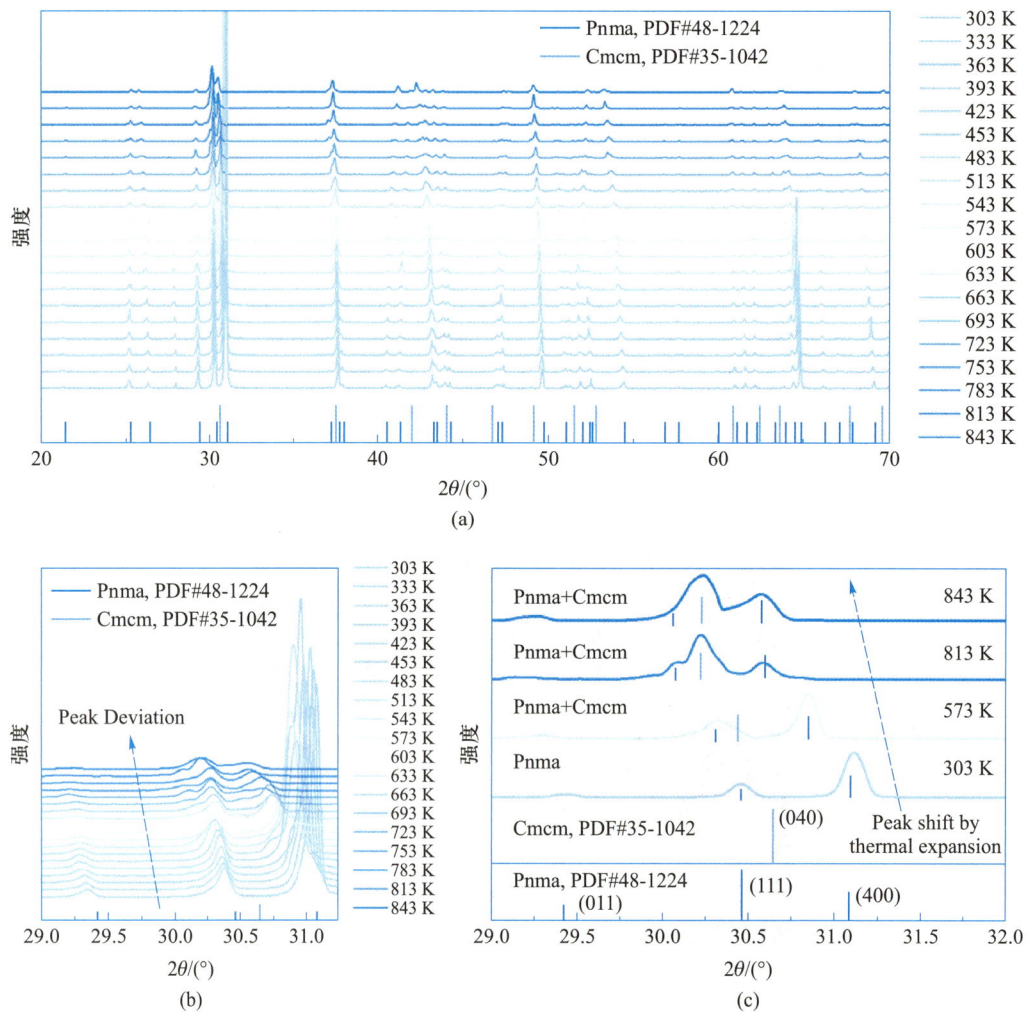

图 6-18 Sn$_{0.98}$Se 的变温 XRD 衍射谱图

同时测试晶体材料相变与产生气体的种类和数量。在锂离子电池研究中,这些信息有助于深入分析活性材料晶体结构、表面结构与界面稳定性之间的关系;在研究材料的相变分解实验时,这些信息是获取分解方程式的核心证据。

原位 XRD 与其他技术手段联用来进行材料的多方位表征,是目前学术界的一个重要研究方向。如图 6-19 所示,科研工作者采用原位 XRD 与质谱联用,同时改变工作温度,测试石墨晶体结构(锂化程度)、工作温度与电解液的界面副反应信息。图 6-19(a)是锂化石墨在高能 X 射线下与质谱仪联用的示意图,用于分析整个过程中的结构演化以及残留气体的释放量;图 6-19(b)是加热装置,常用于变温原位 XRD 的测量;图 6-19(c)是 XRD 与质谱仪的联用。通过这种多角度的表征和测试手段,可以全面清晰地反映出材料在过程中的各种变化信息。

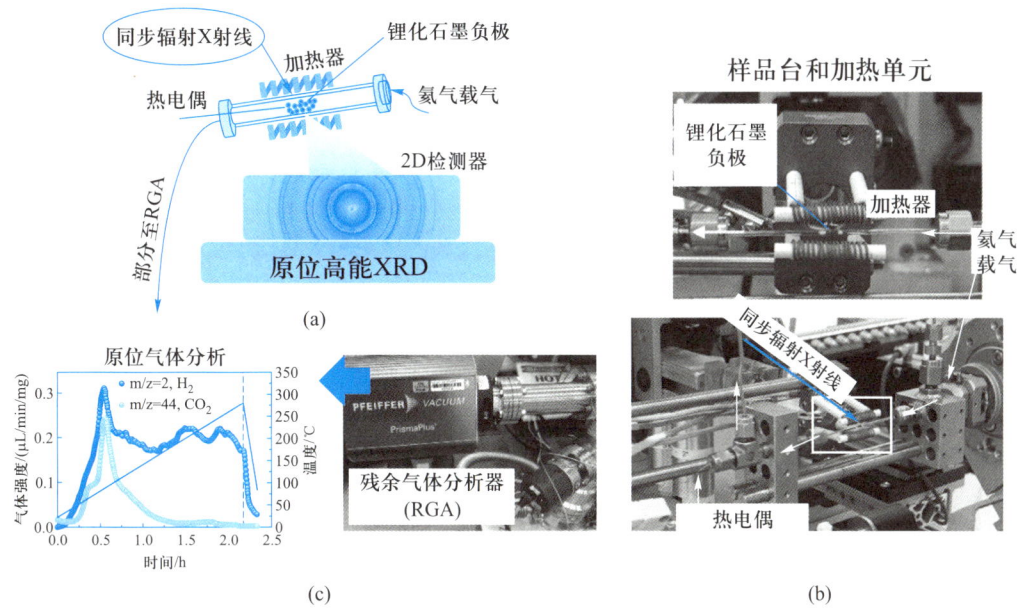

图 6-19   原位 XRD 及质谱仪联用装置

　　采用这种联用技术对分析晶体材料相变、工作状态稳定性都具有非常重要的价值。这类测试多用于同步辐射光源的测试能力升级,虽然粉末衍射仪也能够进行相应测试,但是联用设备价格较高、系统较为复杂,目前在粉末衍射仪上开发类似应用很少。我们相信,这些先进的测试技术在同步辐射光源上成熟之后,会逐渐在粉末衍射仪上应用、推广,大规模地出现在常规材料科学实验室,推进相应的科研进程。

习题

　　1. X 射线衍射现象的三个基本条件是什么?

　　2. 布拉格方程是发生 X 射线衍射现象的必要条件,它的表达式和意义是什么?

　　3. X 射线衍射是重要的材料学分析方法,通过分析衍射数据,可以进行多种材料参数的分析,请列举 3 种,并阐述相关机理。

　　4. 原位 X 射线衍射分析,目前使用较多的是其与哪些设备的联合使用?

　　5. 原位 XRD 能够加速科研进程,揭示大量微观结构变化信息。结合自己的研究课题,哪一部分可以需要使用原位 XRD 测试。

第 6 章参考文献

第 7 章
小角 X 射线散射技术

7.1　小角 X 射线散射的基本概念

　　X 射线是一种电磁波,其本质与可见光和紫外线相同,但波长非常短,介于 0.1 ~ 10 nm(见图 7-1)。X 射线是由高速带电粒子与物质中原子内层电子的相互作用产生的,具有能量高、穿透力强的特性。当 X 射线与物质相互作用时,主要发生吸收和散射两种现象。其中散射现象是指 X 射线通过物质时,在入射束电场的作用下,物质中原子的电子在平衡位置产生振荡,成为散射中心向周围辐射与入射波频率相同的电磁波,即入射 X 射线通过电子向四周散射出去的现象。而小角散射则是指当 X 射线透过被研究的样品时,如果样品内部存在纳米尺寸的电子密度不均匀区,则会在入射 X 光束周围很小角度范围内发生散射的现象。这种散射 X 射线波长与入射 X 射线波长相同的散射称为汤姆孙

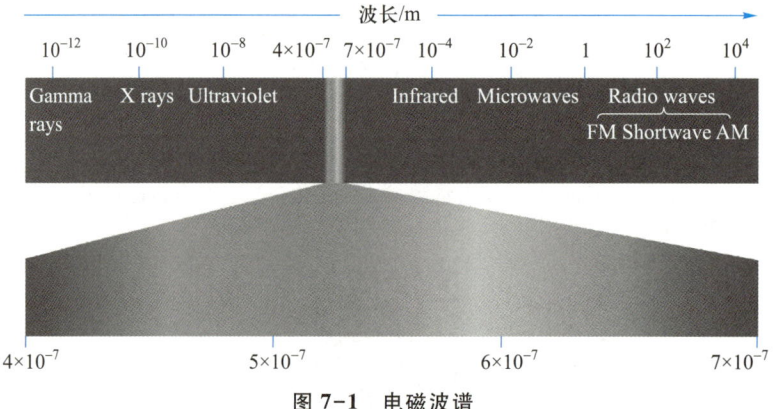

图 7-1　电磁波谱

（Thomson）散射，又称为相干散射或弹性散射。而散射 X 射线波长比入射 X 射线波长稍长，称为康普顿散射，又称作非相干散射或非弹性散射。此外，在 X 射线散射中还会产生荧光 X 射线，即光电效应产生的特征 X 射线。

定义入射 X 射线与散射线的夹角 2θ 为散射角，通常将 2θ 小于 5°范围内的散射和衍射称为小角 X 射线散射（small angle X-ray scattering，SAXS），2θ 大于 5°的则称作广角 X 射线衍射（wide angle X-ray diffraction，WAXD/XRD）。与广角 X 射线衍射（WAXD/XRD）主要研究晶体结构在原子尺寸上的周期性排列不同，小角 X 射线散射（SAXS）一般研究物质的亚微观结构及形态特征，其研究对象的结构远远超过原子尺寸且范围更广，如微晶堆砌的颗粒、非晶体和液体等，如图 7-2 所示。SAXS 研究对象可大致分为两大类，一类是明确定义的粒子，如大分子或分散物质的细小颗粒，包括聚合物溶液、生物大分子、催化剂中孔洞等；第二类是存在亚微观尺寸上的非均匀性散射体，如悬浮液、乳胶、胶状溶液、纤维、合金、聚合物等。在 SAXS 中，康普顿散射和荧光 X 射线不产生干涉效应，在散射图谱中呈现出连续的背底，可忽略不计。因此本章的 SAXS 中仅讨论汤姆孙散射，即入射 X 射线与散射 X 射线波长相同。SAXS 强度受粒子尺寸、形状、分布、取向及电子密度分布等的影响，通过观测 X 射线穿过样品后的散射强度，并根据散射角度、极化度和入射 X 光波长对实验结果进行分析，可用于表征粒子的尺寸和形状等明确的几何参数，以及非均匀性散射体的微区尺寸和形状、非均匀长度、体积分数和比表面积等统计参数。

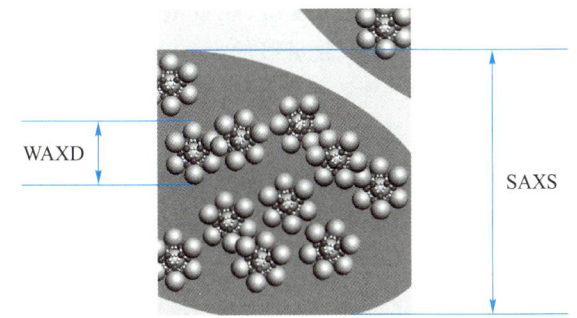

图 7-2 广角 X 射线衍射与小角 X 射线散射研究对象的区别

7.2 小角 X 射线散射仪的结构

小角 X 射线散射仪主要是由 X 射线源、光学系统和探测器三个部分组成的，与广角 X 射线衍射仪的结构基本相同（图 7-3）。但小角散射仪中的 X 射线源与样品的距离以及样品到探测器的距离较广角衍射仪都要长得多。距离较长的光路、较窄的狭缝以及好的准直系统能使小角散射信号与入射光束尽可能地分开，以研究入射光束附近的散射信息。但因此也会导致 X 射线的能量损失、散射信号减弱，所以在小角散射仪中对 X 射线源的强度也有一定要求。

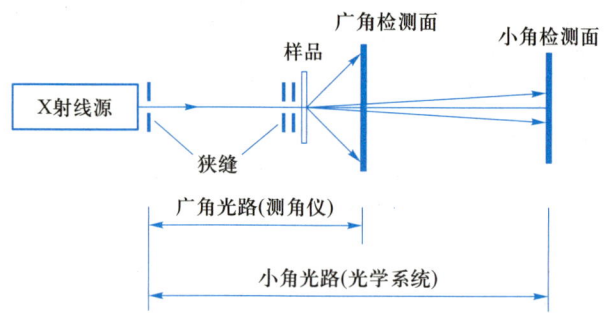

图 7-3　小角散射与广角衍射测试光路的区别示意图

7.2.1　X 射线源

X 射线是由具有足够动能的带电粒子突然减速而产生的。目前除了同步辐射以外的 X 射线发生器可分为两类,包括封闭 X 射线管和旋转阳极 X 射线管。同步辐射是以速度接近光速的带电粒子在磁场中改变运动方向时,沿着偏转轨道切线方向发射出连续谱的电磁波。同步辐射光源主要由电子直线加速器、能量增强器、储存环及外部光束线站组成。其具有较常规 X 射线光源高 3~6 个数量级的高亮度,接近 0.01° 的高准直性平行光,从远红外到硬 X 射线的连续光谱,以及常规 X 射线不具备的高偏振性、脉冲性,并且同步辐射处于超高真空中,纯净性高,无杂质辐射。同步辐射在小角散射的研究中表现出难以替代的优越性,但其造价昂贵,难以在常规实验室中普及应用。小角 X 射线散射仪在光源上虽然无法与同步辐射相媲美,但已能满足实验室内所需的日常表征,并且具有简便快速的优点。

X 射线管是利用高速电子撞击金属靶面产生 X 射线的装置。封闭 X 射线管的组成结构主要包括阳极金属、阴极灯丝和固定两极的封闭外壳(图 7-4)。其中,金属阳极又称为靶,其主要作用是以靶面阻挡高速运动的电子流来产生 X 射线。然而,只有百分之

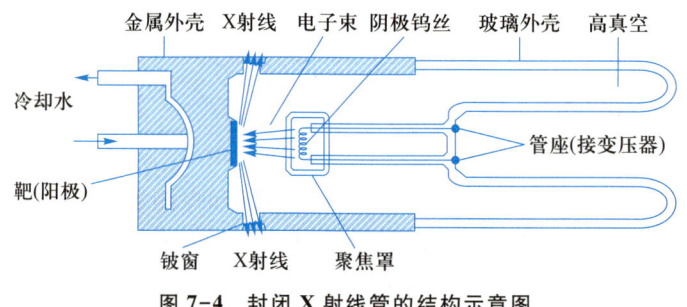

图 7-4　封闭 X 射线管的结构示意图

几的高速运动电子的能量被转换为 X 射线,大部分电子能量转化为热能,因此散热是 X 射线管中需要注意的重要问题。阴极的灯丝一般是螺旋状的钨丝,在电源加热和高压变压器的加速下,产生高速运动的带电粒子以撞击阳极金属靶。此类 X 射线管中,金属靶通常是固定,因此也称作固定阳极 X 射线管,其实际功率通常在 2 kW 以下。

封闭 X 射线管因受其结构限制,功率难以再提升,所以进一步研发了旋转阳极靶。旋转阳极 X 射线管与封闭型的 X 射线产生原理相同,主要区别为其金属靶为转靶,在工作时可高速旋转(图 7-5)。中空的圆柱形转靶在工作时绕轴旋转,靶面上受电子轰击的部位不断变化,受热点也不断改变,圆柱体内部通水可有效地提高冷却效率,因此旋转阳极 X 射线管的功率得到大幅度提升,可达 12 kW 或 18 kW。

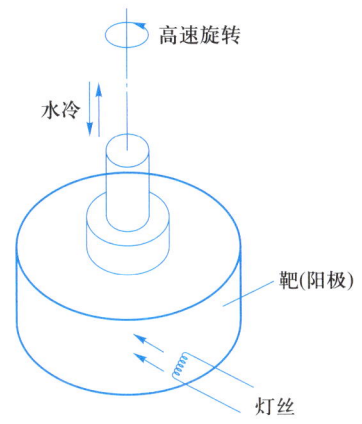

高速旋转

水冷

靶(阳极)

灯丝

图 7-5 旋转阳极 X 射线管的结构示意图

阳极金属靶的材料种类决定了 X 射线的波长(表 7-1),长波长会使散射曲线扩展并得到高分辨率,但也会导致样品的吸收增加,从而降低散射强度。此外,散射强度与吸收系数成反比,若研究的材料具有非常高的吸收系数,则样品难以做得足够薄而保证散射强度。因此,一般以短波长的阳极材料使用较多,在小角散射中,通常配备波长为 1.541 8 Å 的铜靶。对于含有轻金属的样品,使用钼靶较为合适,但对于含有重金属的样品,即使用钨靶,其样品要求的厚度仍难以达到,且要得到足够的散射强度,至少需要 100 kV 的电压,需要特殊的设备。

表 7-1 常用 X 射线特征波长

阳极靶材	元素	Cr	Fe	Co	Cu	Mo	W
	原子序数	24	26	27	29	42	74
X 射线波长/Å	K_α(平均值)	2.2907	1.9373	1.7903	1.5418	0.7107	0.2123

7.2.2　光学系统

光学系统由准直系统、样品台以及散射真空管道组成,其中准直系统是整个 X 射线光路的核心部分。准直系统要有足够长度且具有较小的狭缝才能获得平行、准直且焦点小的光束。样品台用于放置待测样品,一般可更换其中附件来满足不同状态样品的测试要求。散射真空管道是为了防止空气对 X 射线的强烈散射作用。在 X 射线光路中,入射 X 射线光束(初束)通过狭缝后,会具有与狭缝形状相符合的截面和一定的强度分布。由于初束强度过高,其不能直接被探测器检测,通常在探测器前放置光束挡板以防止对探测器造成损坏。在初束区域以外能获得小角散射信号的最小角度就是最小可测角,也就是小角 X 射线散射仪的分辨率。在小角 X 射线散射仪中,要获得更高的分辨率则要求光学系统中具有更窄的狭缝和更长的光路。

为了获得准直的光束以及高分辨率,在小角 X 射线散射中已发展了多种光学系统,包括线形狭缝光学系统、针孔狭缝光学系统、锥形狭缝光学系统、聚焦型光学系统以及 Kratky 光学系统等。

线形狭缝光学系统中最为典型的是四狭缝光学系统,其光源为线光源,图 7-6 是典型的四狭缝光学系统布置图。其中靠近光源的两个狭缝 S_1 和 S_2 起到平行初束的作用,为准直狭缝。第三狭缝 S_3 是防散射狭缝,用来挡住第二狭缝刃边产生的寄生散射,即图中的 W 区域 3 和 5 以及 4 和 6 之间产生的寄生散射,只允许初束(1 和 2 之间的直接光束,图中的 P 区域)通过。样品置于第三狭缝后,第四狭缝 S_4 为接收狭缝(图中省略),置于样品之后、探测器 PR 之前,散射信息通过接收狭缝后再进入探测器。线形狭缝光学系统的最小可测角 $2\theta_{min}$ 可达 0.4° 左右,但线形狭缝的高度强度分布会对散射信息产生明显的模糊效应,因此必须对测试数据进行消模糊处理。

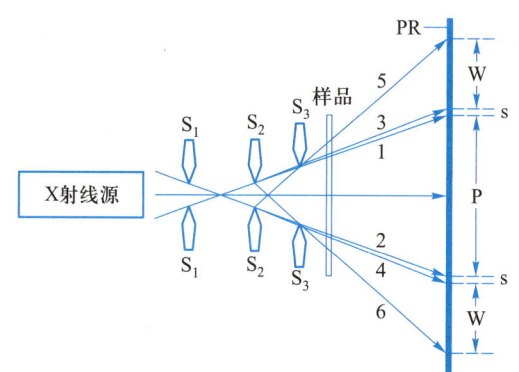

图 7-6　线形狭缝光学系统示意图

针孔狭缝光学系统中采用的是点光源,针孔狭缝具有可调节的孔径和位置,样品置于第二针孔狭缝后,最小可测角则可通过针孔狭缝的调节而变化(图 7-7)。根据需要选择

U、V、D 的距离,可获得最佳光路。针孔狭缝的小孔径可避免模糊效应,但会导致初束强度较低,不利于获得散射信息,因此需与功率高的 X 射线源结合使用。配有高功率 X 射线源和针孔狭缝光学系统的小角 X 射线散射仪,其最小可测角 $2\theta_{min}$ 理论上可达 0.2° 左右。

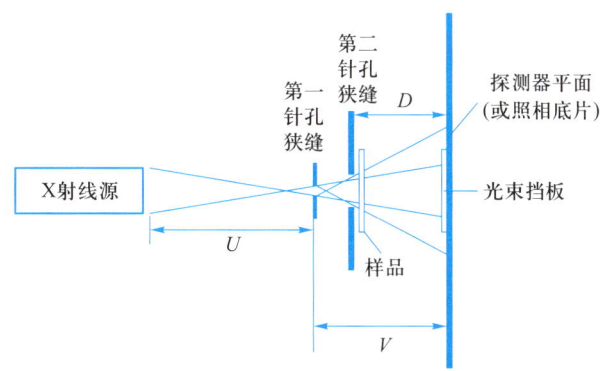

图 7-7　针孔狭缝光学系统示意图

锥形狭缝光学系统是一种可旋转的对称准直系统,图 7-8 中的锥形狭缝由实心锥体、空腔锥体和带刃边的圆柱体构成,其圆心均与旋转轴一致。初束通过实心锥体与空腔椎体间的微小缝隙,再辐射到样品上,产生的散射 X 射线则呈圆锥壳状,通过针孔狭缝后进入探测器。锥形狭缝光学系统记录散射信息的方法与传统的记录方法不同,系统中探测器不动,而样品移动,由图 7-8 中所示的虚线匀速缓慢地向探测器方向移动,散射角随之缓慢增大。该光学系统的优点是不存在模糊效应,且较针孔狭缝光学系统具有更大的散射强度。圆锥壳形的初束辐照在样品上,然后散射信息又以圆锥壳形会聚到探测器上,但各向异性的样品在圆锥壳形截面上的散射信息是不同的,因此其不适用于各向异性的样品。锥形狭缝光学系统因其结构的特殊性而分辨率较低,最小可测角 $2\theta_{min}$ 为 1.5°。

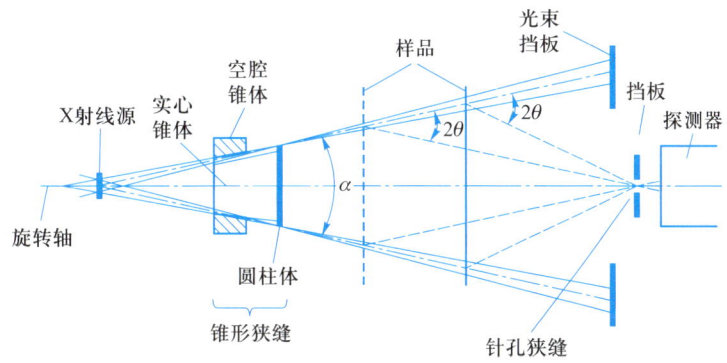

图 7-8　锥形狭缝光学系统示意图

为了提高分辨率,消除寄生散射,Kratky 设计了一种狭缝光学系统,被命名为 Kratky

光学系统,也称为 U 形狭缝系统(图 7-9)。该系统主要由 U 形块(M)及其上的刀口(E)和桥(B)构成。初束通过刀口与 U 形块之间的缝隙,由桥挡住寄生散射,透过样品后进入探测器。刀口固定在 U 形块上,刀口的缝隙大小决定初束截面大小。图中 P 为初束截面,PS 为光束挡板,PR 为探测器的测试面。该系统具有较线形狭缝光学系统更高的分辨率和散射强度,其最小可测角 $2\theta_{min}$ 可达 0.06°左右。但 Kratky 光学系统不能完全消除寄生散射,且狭缝的宽度和高度强度分布会产生模糊效应,需要对散射信息进行消模糊处理。

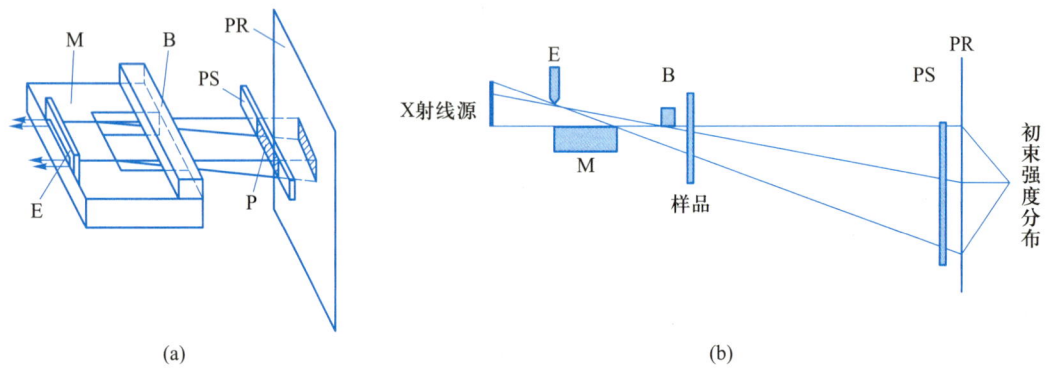

图 7-9   Kratky 光学系统(a)和光路图(b)

聚焦型光学系统在其他光学系统的基础上可有效地减少寄生散射。其主要以晶体槽对初束和散射 X 光束进行布拉格(Bragg)反射,并通过 Goebel 镜或聚焦多层膜镜等对初束进行准直,以得到增强的平行光束并消除寄生散射。图 7-10 为多重晶体反射型光学系统。初束经第一晶体槽,由 Bragg 反射后成为极其平行的光束,辐照样品后通过第二晶体槽进入探测器,使入射光束与散射光束完全平行。其仅检测散射角 2θ 时的散射平行束,具有高单色性、低寄生散射、高分辨率等优点。但这种装置还是线光束聚焦光学系统。

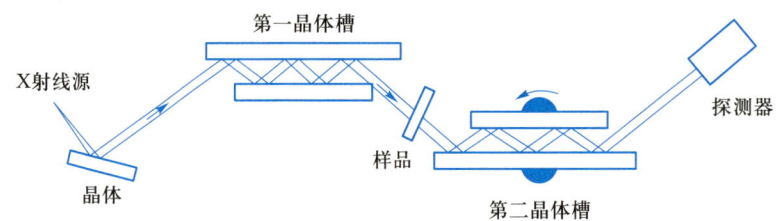

图 7-10   多次反射型光学系统平面图

图 7-11 的光学系统与图 7-10 相似,但在第一晶体槽和第二晶体槽之间插入了垂直的准直仪,可限制高度方向的入射光束和散射光束的发散,这是点光束聚焦系统。由此系统检测到的数据可以直接使用不必进行消模糊处理。

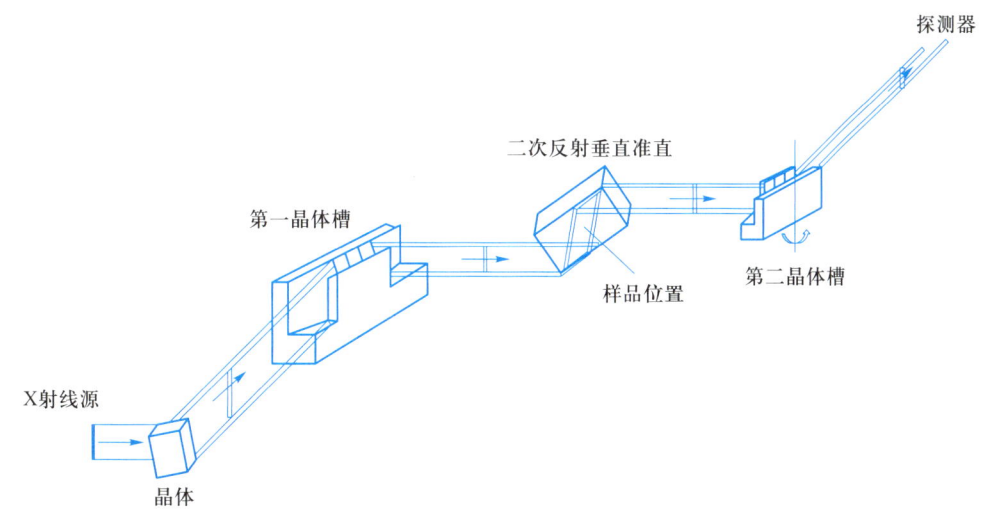

图 7-11   多次反射型光学系统立体图

7.2.3   探测器

探测器的主要作用是接收样品的散射信号,并将其转化为散射曲线或散射图像。随着小角 X 射线散射技术的发展,二维探测器已成为大部分 SAXS 仪的标准配置。其特点是可以同时获得样品在不同角度的散射强度,形成二维散射图像,同时通过对数据进行计算处理,也能得到不同方位角的一维散射曲线。二维探测器的应用极大地缩短了测试的时间,并且可以对样品的动态变化过程进行跟踪测试。目前常用的二维探测器有影像板、电感耦合探测器和位敏探测器。

影像板由涂有光激发磷光体的塑料薄膜制成,X 射线辐射到影像板上形成潜像,在可见光辐射曝光后,由光电倍增管探测得到 X 射线图谱。影像板的使用过程类似于照片的底片显影过程,其优点是可以重复使用,但曝光后潜像会逐渐消退,需即时显影。

电感耦合探测器是一种由金属氧化物的半导体电容构成的集成电路,辐射到探测器上的 X 射线散射光束以电荷的形式储存在电容中,而后经由转换器并通过计算机得到散射图谱。其优势在于无须显影,可直接获得散射图像。

位敏探测器是一类正比计数器,接收 X 射线散射后,其中气体游离放电并以脉冲信号的形式由阳极金属丝两端传出。脉冲信号的强弱和时间差分别对应散射强度和散射角,通过转换器和分析器可得到相应的散射图像。二维位敏探测器具有两根经纬方向排列的金属丝,脉冲信号可从四个端点传出,从而迅速地获得清晰的二维散射图像。

目前,配备聚焦型光学系统和两维探测器的小角散射仪是市场的发展趋势。

7.2.4　掠入射小角 X 射线散射

在小角 X 射线散射技术中,除了常规的透射式散射,还有掠入射式散射。入射 X 射线以接近全反射临界角的极小角度掠入射到样品表面,与其中电子相互作用而在反射束的小角度范围内发生的散射,称为掠入射小角 X 射线散射(grazing incidence small angle X-ray scattering,GISAXS)。GISAXS 主要用于表征薄膜样品表面及其内部纳米粒子分布和形貌特征等,可获得样品表面的面内结构、面间结构、表面晶格应变和成分组成等微结构信息,且通过改变入射角可探测样品不同深度的结构信息。与常规透射式散射相比,GISAXS 可大幅度增加散射强度以获得更多的散射信息,且具有无损测量、实验条件宽松等优点。GISAXS 目前主要研究的材料有介孔材料、嵌段共聚物薄膜、嵌入纳米金属离子的薄膜等,并且在薄膜生长、退火以及其他形貌改变等原位和动态观察实验中也起到了重要作用。

7.3　小角 X 射线散射的基本原理

小角 X 射线散射是由于物质内部电子密度起伏而在 X 射线辐射下产生的小角度漫散射现象,其物理实质在于散射体与周围介质之间电子云密度的差异。完全均匀的物质不会产生小角散射,散射强度为零。X 射线经一个电子散射后的强度在不同方向具有不同分布,其散射强度的公式为

$$I = I_0 \left(\frac{e^2}{mc^2} \right)^2 \frac{1}{R^2} \frac{1 + \cos^2 2\theta}{2} \tag{7-1}$$

式中:e 为电子电荷,m 为电子质量,c 为光速,式中 $\frac{e^2}{mc^2}$ 又称作经典电子半径 r_e,I_0 为入射 X 射线强度,R 为散射电子与检测点之间的距离,2θ 为散射角。由式(7-1)可得散射强度与散射角 2θ 有依赖关系,且与质量平方成反比,而一个原子中因原子核质量大,其散射强度非常小,可以看作仅有电子产生散射。

散射体的尺寸通常都远大于入射 X 射线波长,因此散射体中各个电子的散射波之间就会产生相位差。相位差为波长整数倍时产生相长干涉,若非整数倍则产生相消干涉,称为散射波的干涉现象。散射体与其散射现象在空间上存在着倒易关系,可通过傅里叶变换来进行计算,出现散射现象的空间称为倒易空间或傅里叶空间。散射体内不同散射点由于干涉现象而产生了具有不同结构振幅的散射波,且与散射点之间的相对位置存在依赖关系。

$$F(h) = \sum_k f_K e^{-i\varphi} \tag{7-2}$$

式中,$F(h)$ 为结构振幅,f_K 为散射点 K 的散射因子,即电子数,φ 为相位差。定义电子密

度分布函数 $\rho(r)$ 为体系中单位体积的电子数,在位矢为 r 的散射点中有 $\rho(r)\mathrm{d}V$ 个电子,
则 $f_K=\rho(r)\mathrm{d}V$。因此散射体的结构振幅可表示为

$$F(h)=\int_r \rho(r)\mathrm{e}^{-\mathrm{i}(h\cdot r)}\mathrm{d}r \tag{7-3}$$

$$h=\frac{4\pi\sin\theta}{\lambda} \tag{7-4}$$

式中,h 为散射矢量,垂直于入射 X 射线与散射 X 射线的夹角,其模为 $\dfrac{4\pi\sin\theta}{\lambda}$,$\lambda$ 为入射 X
射线的波长。通过测试散射体的结构振幅并由傅里叶变换可得出其电子密度分布为

$$\rho(r)=\int_r F(h)\mathrm{e}^{\mathrm{i}(h\cdot r)}\mathrm{d}h \tag{7-5}$$

通过散射体电子密度分布的自相关函数 $\widetilde{\rho}^2(r)$ 的傅里叶变换可求得散射强度的分布,
分析散射强度则可进一步研究散射体的结构。通过倒易关系可得,结构振幅与散射体长
度成反比,且散射体增大,散射分布则越趋近于小角。

7.3.1　稀疏体系的散射

在 X 射线散射中,通常根据散射体的浓度将其分为稀疏体系和稠密体系,其差异在
于是否考虑散射体间的相干散射。稀疏体系的特征是各个粒子孤立且无序地分布在空间
中,且粒子尺寸远小于粒子之间的距离。在这种体系中可以忽略粒子间的散射干涉,单个
粒子的散射强度加和即为总散射强度。对于稀疏分散、随机取向、尺寸形状一致,且所有
粒子内部电子密度均匀的体系,其散射强度为

$$I(h)=4I_e V^2\rho_0^2\phi^2(hR) \tag{7-6}$$

式中,I_e 为单电子的散射强度,ρ_0 为粒子的电子密度,V 为粒子的体积,R 为粒子半径,
$\phi(hR)$ 为散射函数,与粒子尺寸、形状及散射方向相关。

对于形状不规则粒子的体系,其散射强度不同,主要表现为散射函数 $\phi^2(hR)$ 的不同。
而各向同性的稀疏粒子体系和各向异性的粒子体系散射强度也不同。

Guinier 近似定律——当散射角趋向于 $0°$ 时,散射强度服从于 Guinier 定律,Guinier
公式仅仅适用于稀疏体系的散射,M 个不相干的粒子体系的散射强度为

$$I(h)=I_e Mn^2\exp\left(-\frac{h^2 R_g^2}{3}\right) \tag{7-7}$$

式中,n 为粒子的总电子数,R_g 为旋转半径,即粒子中各个电子与其质量重心的均方根距
离。对其两边取对数,并以 $\ln I(h)$ 对 h^2 作图,由其斜率可得出粒子的旋转半径 R_g。粒子
的几何形状与旋转半径之间存在着函数关系,由其变换公式可确定粒子的几何半径,圆球
形粒子旋转半径公式为

$$R_g=\sqrt{3/5}\,R \tag{7-8}$$

所以,Guinier 公式是用来计算分散体系中粒子旋转半径和几何尺寸的重要公式。

7.3.2   稠密体系的散射

在实际体系中,散射体一般是由许多聚集的粒子构成的稠密体系,其中粒子的间距与其自身尺寸相近或小于其自身尺寸。不同于稀疏体系,在稠密体系中除了粒子自身的散射,还要考虑粒子间的散射干涉。稠密体系的结构振幅是各粒子的结构振幅乘以其相位因子,再求和所得。体系的散射强度则由两部分构成,所有粒子的散射强度之和,以及与粒子间散射干涉有依赖关系的一部分,这一部分仅与粒子的相互位置相关。

如图 7-2 所示,该体系中,L 粒子与 M 粒子的中心与原点的位矢分别为 R_L 和 R_M,L 粒子中任意一点 k 相对其粒子中心的位矢为 r_{Lk},由式(7-3)可得,L 粒子的结构振幅为

$$F_L(h) = \int_r \rho(r_{Lk}) e^{-i(h \cdot r_{Lk})} dr_{Lk} \tag{7-9}$$

该体系的结构振幅 $F_t(h)$ 即为

$$F_t(h) = \sum_L F_L(h) e^{-i(h \cdot R_L)} \tag{7-10}$$

式中,$F_L(h)$ 是一个粒子的结构振幅,$e^{-i(h \cdot R_L)}$ 为粒子的相位因子,相位因子用来反映粒子间的相对位置。含有 N 个粒子的体系总散射强度为

$$I(h) = I_e \left\{ \sum_L^N |F_L(h)|^2 + \sum_{L \neq M}^N \sum^N F_L(h) F_M^*(h) e^{-i(h \cdot R_{LM})} \right\} \tag{7-11}$$

式中,R_{LM} 为 L 粒子中心与 M 粒子中心之间的位矢。其中右边第一部分为各粒子散射强度之和,由各个粒子的性质决定且仅与粒子内的散射干涉相关;第二部分则依赖与粒子的位置 R_{LM} 和空间取向 $F_L(h) F_M^*(h)$,且与各粒子间的散射干涉相关。因此,若体系中粒子的相对位置完全无规,则两个粒子散射波的相位 $h \cdot R_{LM}$ 也是无规的,其相位因子 $e^{-i(h \cdot R_{LM})}$ 应为零。体系中不存在粒子间的散射波干涉,总散射强度即为各粒子散射强度之和。

7.3.3   两相体系的散射

Porod 定律指出,当体系由具有明锐界面的两相构成时,其散射强度在无限长狭缝准直系统情况下满足

$$\lim_{h \to \infty} [h^3 I(h)] = K_P \tag{7-12}$$

式中,K_P 为 Porod 常数,也就是说,当 h 趋于极大值时,$h^3 I(h)$ 趋于一个常数,则表明粒子具有明锐的相界面。反之,当 h 趋于极大值时,若 $h^3 I(h)$ 不趋于一个常数,则表明粒子没有明锐的界面,即表现为 Porod 定理的偏离,如图 7-12 所示。

其中曲线发生正偏移,说明体系中除散射体外还存在电子密度不均匀区或者热密度起伏;曲线发生负偏移,说明两相间界面模糊,存在弥散的过渡层,因此由负偏离可以计算出界面层厚度 t。在长狭缝准直系统中出现负偏离时,会有

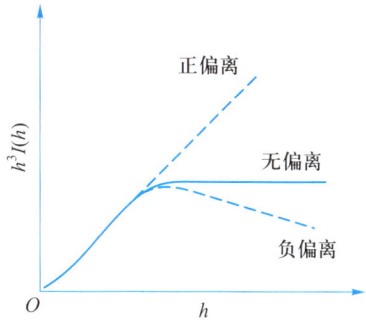

图 7-12   Porod 定律及其偏离

$$I(h) = K_\mathrm{P}/h_3\left(-\frac{2\pi^2 t^2 h^2}{3}\right) \tag{7-13}$$

由式(7-13)以 $hI(h)$ 对 $1/h^3$ 作图,就可得出两相间过渡区的厚度 t。Porod 定理主要提示了散射强度随散射角度变化的渐进行为,可用于判断散射体系的理想与否,以及计算不变量 Q 和比表面 S_p 等结构参数。

Debye 等人研究了含有各种形状和尺寸的空洞在空间无规则分布的多孔性物质,表明:该体系的散射强度符合指数形式的相关函数;在相关函数 $r=0$ 时的斜率与 S_sp 有关;在大角一侧的散射强度分布服从 Porod 定律。

7.4   小角 X 射线散射的实验技术

7.4.1   实验方法

小角 X 射线散射一般是对样品进行透射测试,在同样的测试条件下,其散射强度随样品厚度的增大而增强。但样品厚度增大则对初束的吸收也会增大,从而导致散射强度降低。由图 7-13 可以看到样品的最佳厚度 t_opt 应为 $t_\mathrm{opt}=\dfrac{1}{\mu(\lambda)}$,式中,$\mu$ 为线吸收系数。表 7-2 列出了常用材料样品使用铜靶和钼靶波长的最佳厚度。由表中可以看出,使用的波长越短,样品的最佳厚度越大。

通常,对于铜靶来说,含水或有机溶剂的样品厚度约 1 mm,含卤溶剂(如氯仿)的样品厚度约 70 μm,金属样品(如钢、黄铜)样品的厚度约为 10 μm。理论上样品被 X 射线辐照的面积和样品的最佳厚度决定所需样品最少的量,一般要求样品的尺寸大于初束的截面积。

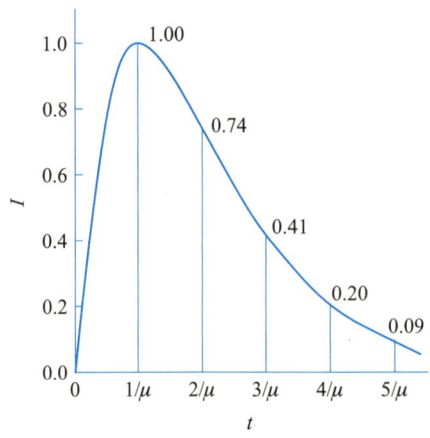

图 7-13   散射强度 I 与样品厚度 t 的关系

表 7-2   常用材料使用铜靶和钼靶的最佳厚度 t_{opt}

材料	Cu K_α($\lambda = 1.54$ Å)	Mo K_α($\lambda = 0.71$ Å)
Be	3584	18041
C（石墨）	966	7111
Mg	149	1398
Al	76.2	718
Fe	4.1	33.0
Ni	24.6	24.1
Cu	21.2	22.0
Zn	23.2	25.3
Pb	3.8	7.4
H_2O	976	8307
C_2H_5OH	1964	15249
SiO_2	109.5	1018

7.4.2   样品制备

研究样品有块状、片状、薄膜状、纤维状、粉末状、颗粒状以及液体等。这些不同类型的样品进行小角散射测试时，其厚度尽可能满足上述最佳厚度。样品的厚度可用测微计或显微镜直接测量。

1. 块状样品

块状样品因其太厚而导致初束无法通过,因此必须减薄。对于合金样品,从表 7−2 可以看出,金属的最佳厚度为几至几十微米。因此,使样品减薄而不改变样品内部的结构是必须重视的关键问题。

2. 薄膜样品

如薄膜样品厚度不够,可以用几片相同的试样叠加在一起测试。

3. 粉末样品

粉末样品应研磨成无颗粒感。测试时,需用载体支撑,比如均匀地粘在胶带上或装入毛细管中,或用非常薄的铝箔包住,也可把粉末均匀搅拌在火胶棉中,制成厚度合适的片状样品。

4. 纤维样品

对于纤维样品,应尽可能地剪碎,如同粉末样品进行制备。如果观察取向状态的结构变化,应把纤维梳理整齐,以伸直状态夹在样品架中,也可用火棉胶固定纤维的伸直状态。

5. 颗粒样品

对于无法碾磨的粗颗粒状样品是比较麻烦的,一种方法是将颗粒尽可能切割成相同厚度的薄片,然后整齐地平铺在胶带上;另一种方法是将颗粒熔融或溶解,制成片状样品,但前提是不能破坏样品原有的结构。

研究样品(如薄膜、纤维和橡胶等)在拉伸状态下的结构变化,需特制一种能对样品进行拉伸的样品架。值得强调的是,研究样品在取向状态时的结构变化必须用点光源或针孔形狭缝的光学系统进行测试。如结合照相机或影像板等,可得到散射的二维图像。如配备的是一维记录仪,需特制一种既能对样品进行拉伸又能沿着方位角转动的样品架,根据所需方位角测试结构取向的状况,但这样的测试非常费时。

6. 液体样品

溶液样品只能放在透明容器中才能测试。制备溶液时,要注意溶质在溶剂中完全溶解无沉淀,且溶质与溶剂的电子密度差应尽可能大。

容器管壁的吸收将影响样品的散射强度。从表 7−2 中可知,对于铜靶辐射而言,水或有机溶剂的高分子溶液,其最佳厚度为 1~2 mm。因此,应选择对 X 射线的吸收尽可能小的容器材料。容器的管壁须尽可能薄,并具有均匀的厚度、均一的直径。容器的吸收必须事先测定。

值得注意的是,凡是在测试中样品用到的载体也具有散射,因此必须在相同测试条件下对载体再测试一次。两者相减,扣除载体的散射,便得到样品本身的散射信息。研究样品的结构随温度、电场、磁场、应力、光等影响下的动态变化,其样品架须根据需要进行特制。

7.4.3　数据处理

与显微学手段(如电子显微镜、原子力显微镜等)相比,SAXS 实验实现起来相对简单,但 SAXS 数据是在倒易空间呈现的,远没有显微学实验获得的结果直观,并且实验测得的原始数据还需校正才能使用。在样品完成测试后,一般还须进行以下测试:测试空气或载体的散射,对其进行扣除;测试样品的吸收系数,对样品的散射强度进行修正;测试初束在水平和垂直方向的强度分布,进行狭缝修正,也就是消模糊;测试标准样品的散射强度,依此来将相对强度换算为绝对强度。此为小角散射数据的前处理,在前处理后才能准确地计算相关的结构参数。

首先,任何 SAXS 谱仪都不可避免会有背底散射,也就是在没有加载样品时也会有一定程度的散射信号可被探测器记录,这些背底散射来自光路中可能的窗口、气体分子及探测器的电子学噪声。因此,正确扣除这部分背底散射非常重要。目前主流的 SAXS 设备和同步辐射 SAXS 实验站都配备了标准的流程进行背底散射的扣除。这里需要注意的是正确计算加载样品之后的背底散射,考虑到样品对入射 X 射线的吸收,在加载样品后,通过样品后光路中的 X 射线总量减少,因此,在没加载样品条件下测得的背底散射数据实际上被高估了,需要进行样品吸收校正。背底散射扣除后的 SAXS 数据已经可以用于体系微观结构参数的计算,但其散射强度还只具有任意单位,需要进行进一步的数据处理才能获得绝对散射强度。绝对散射强度包含了体系微观结构的所有信息。通常可以利用已知绝对散射强度的样品(例如纯水)作为标准进行比对,获得所测样品的绝对散射强度分布。上述介绍的强度校正基本可以满足一般需求,但在精确的计算中还涉及更多信号校正,这里不再一一展开说明。

按照正确步骤得到散射曲线后就可以进行数据分析。SAXS 数据中散射强度与散射矢量之间一般具有幂率关系,也就是 $I(q) \sim (q^{-\nu})$(ν 是正自然数),因此,SAXS 曲线通常用双对数坐标表示以方便获得幂律关系,这就要求我们不能对散射强度进行加减操作,以免改变应有的幂律关系。有时为了使图示清晰,可对 SAXS 数据进行乘除常数的操作,获得曲线在双对数坐标下的上下平移,达到合适的视觉效果而不影响通过幂指数规律进行数据分析。

常用的 SAXS 数据处理软件有 Fit2d,GNOM,SASfit,SasView,Scatter,ATSAS,McSAS,BioXTAS RAW 等,可实现二维 SAXS 散射图到各类一维散射曲线的转换,并且部分软件兼具简单的数据拟合功能。各个软件有其特定的侧重点,需要根据自己的实际需求来选择。此外,也可使用 Matlab、Python 等程序语言,自行编辑所应用的公式及选择相应拟合模型,对体系进行个性化处理,但曲线拟合时须注意保证结果真实可靠。

7.4.4　实验数据误差

测试数据的误差来源有以下几种情况：

（1）管压和管流不稳定,引起入射 X 射线源不稳定,导致测试数据的起伏。

（2）探测器位置不稳定。

（3）光路的准直发生微小变化,则引起初束位置的偏移。

（4）空气散射随着散射角的增大而增大。

（5）散射强度随环境温度的升高而增大。温度每升高 1 ℃,固体样品的散射强度增加 1%,而对于装满水的毛细管其散射强度仅增加 0.15%。

（6）样品在 X 射线辐射下或由其他原因引起的化学变化。

为消除以上的影响所带来的误差,可采取的措施：

（1）满足放置小角 X 射线散射仪的实验室基本要求。

（2）当确定管压和管流后,稳定一段时间。

（3）对样品进行重复测试,求其平均值。

7.5　小角 X 射线散射的应用

7.5.1　聚合物

在研究结晶聚合物时,经常会将小角散射与广角衍射结合进行分析,用广角衍射观察晶体结构（0.1～1.5 nm）,例如晶型、晶粒尺寸、结晶度等。小角散射可以观察形态特征（大于 1.5 nm）,如晶体微区大小、形状、长周期、界面层等。

Vonk 用小角散射定量分析结晶聚合物的界面层厚度,其数据处理和计算方法是小角散射中的经典案例。图 7-14 中显示了聚丙烯薄膜的散射强度分布,其散射强度随散射角增大而减小,在 5° 以上开始增强,此为背景散射。Vonk 提出经验公式对尾部曲线进行拟合,然后扣除拟合曲线的背景散射部分。图 7-14 中的虚线为扣除一个常数值的背景散射,得到界面厚度 $t = 10.9$ Å。图中实线为扣除 Vonk 经验公式拟合的背景散射,得到界面厚度 $t = 9.7$ Å。

以各质量分数的半结晶聚环氧乙烷（PEO）和非晶聚乙酸乙烯酯（PVAc）组成的混合物在 50 ℃ 结晶 24 h,其 WAXD 曲线如图 7-15 所示,其中结晶的 PEO 链形成相似的晶胞结构,即单斜晶系。衍射峰随 PEO 含量的减少而降低,也就是结晶度随 PEO 含量的减少而减小。各质量分数组成混合物的 SAXS 如图 7-16 所示,由图可知,散射峰位随 PEO 含量的减少而向小角处偏移,表明随着 PVAc 含量的增加,长周期增大。

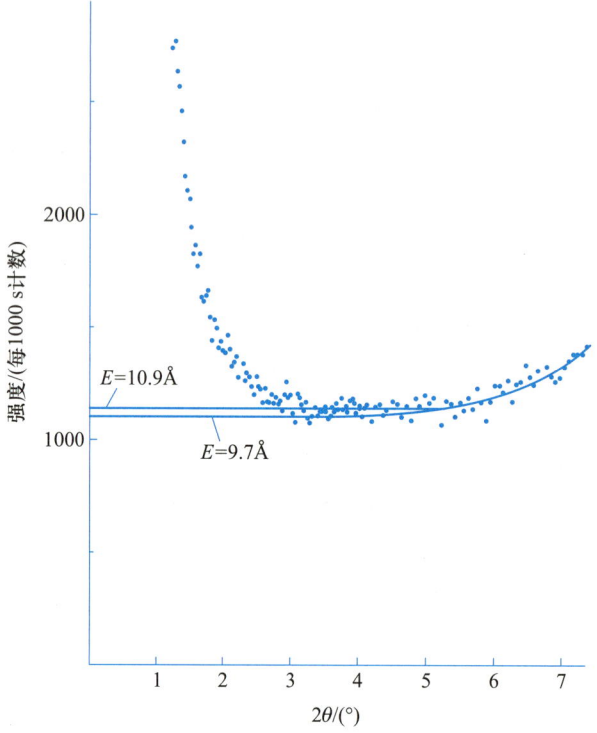

图 7-14   聚丙烯的散射强度分布

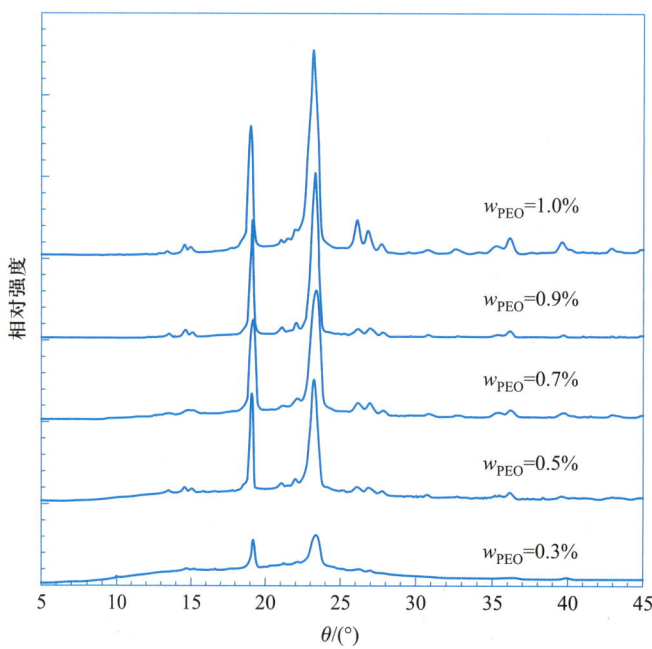

图 7-15   PEO 和 PVAc 混合物的 WAXD 曲线

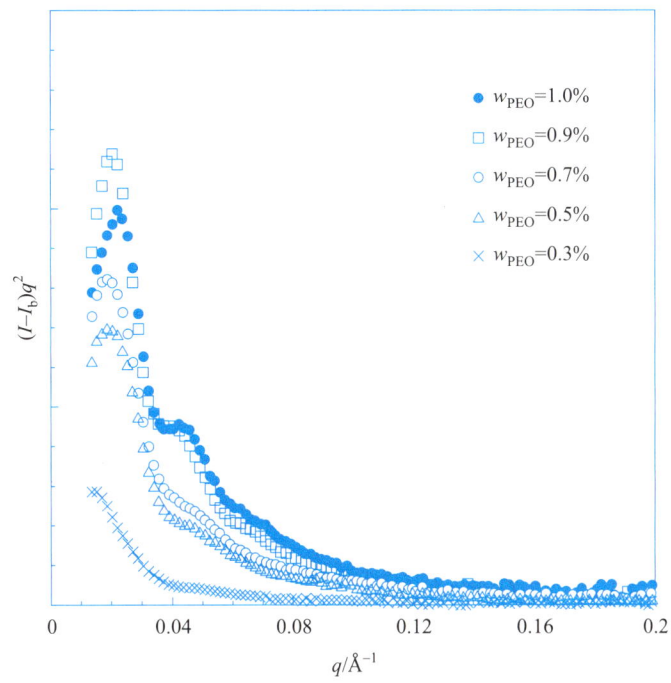

图 7-16　PEO 和 PVAc 混合物的一维相关函数

　　SAXS 也可以用来研究嵌段共聚物的微相分离,HASHIMOTO 等人用小角散射方法和电镜对苯乙烯和异戊二烯二嵌段共聚物的微相分离做了系统的研究。Hickey 等观测了聚苯乙烯-聚丁二烯嵌段共聚物/苯乙烯在反应过程中的实时相转变过程,如图 7-17(a)所示,其中(i)为样品在 25 ℃下初始散射信号,属于典型的片层结构的散射。反应开始后,(ii)显示由 25 ℃加热至 125 ℃时体系首先向无规状态转换;之后(iii)达到 125 ℃后 10 min,散射峰又变窄。随着反应的进行,图 7-17(b)中出现了比例为 1.14 的 2 个散射峰,但此时体系相结构仍难以确定。图 7-17(c)中出现了更高级的散射峰,峰位置之间的比例为 1.14 : 2 : 2.64。结合样品降温时的散射曲线以及振荡剪切动态力学谱的数据,最终得出聚苯乙烯-聚丁二烯嵌段共聚物/苯乙烯在整个过程中复杂的相结构转换,材料最初为片层结构,升温后有序结构被破坏,通过反应变为六方和片层复合结构。降温后材料会变为六方堆积结构,除去未反应的苯乙烯并将材料退火,这种六方堆积结构又可变为片层结构。

　　离聚体是指共聚物中含少量离子的聚合物,由于高分子链中存在离子化的侧基,可形成离子聚集体,此类聚合物具有独特的结构形态和性能。Eisenberg 提出离子聚集体的结构有两种模型,一种为多重离子对,另一种为离子簇。在离子含量低时,主要以多重离子对的形式存在,而在离子含量较高时,则主要以离子簇的形式存在并形成微区。通常,电镜是研究聚合物形态结构的最有效手段,但由于离聚体中的离子聚集体尺寸非常小,且其难以制备成非常薄的样品,因此使用电镜研究十分困难。一般采用 SAXS 测试来表征离

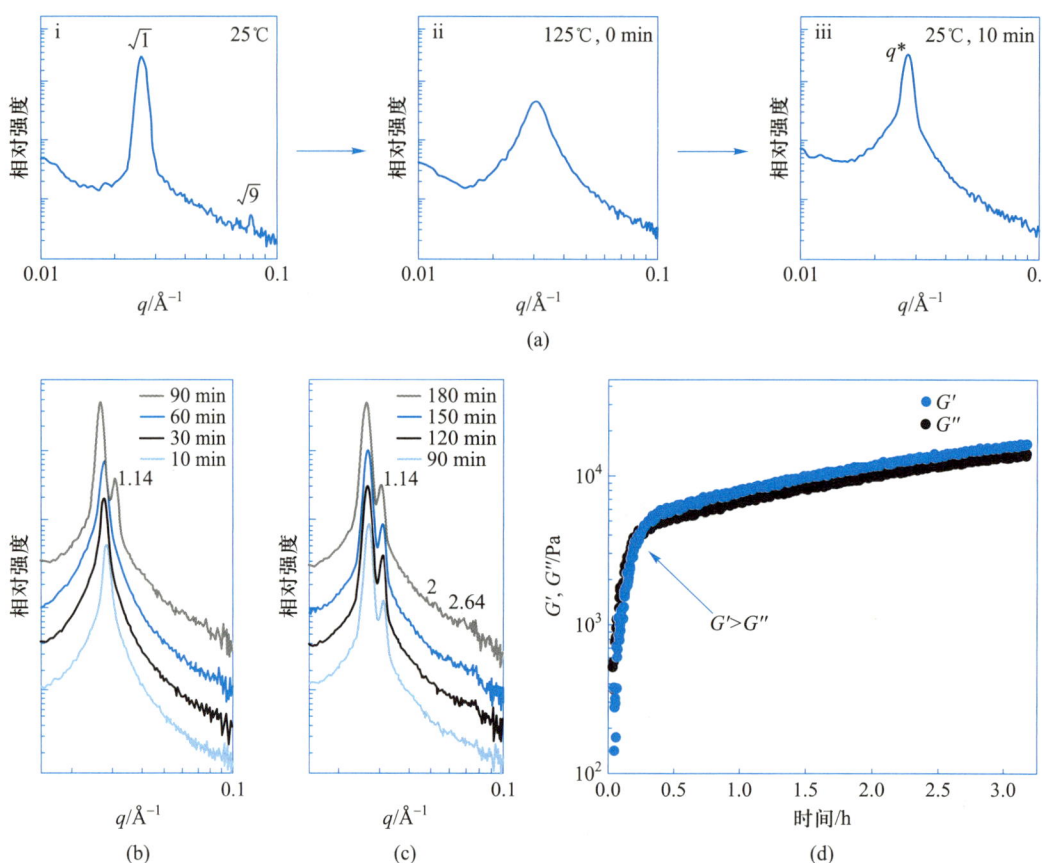

图 7-17   聚苯乙烯-聚丁二烯嵌段共聚物聚合的原位 SAXS 和振荡剪切 DMS 测试。（a）一维 SAXS 图（散射图案之间的红色箭头表示加热和聚合。蓝色曲线表示存在有序形态，而红色曲线表示无序）；（b）（c）不同聚合时间的 SAXS 强度图；（d）在 125 ℃下，振荡剪切 DMS 的等温时间扫描

聚体的形态结构信息。Longworth 等人利用 SAXS 研究乙烯-甲基丙烯酸钠离聚体时，首先观察到在 $2\theta = 4°$ 附近有一个散射峰，而不含钠离子时则无此峰。由此可知，峰与有序的离子聚集体散射相关，因而将其称为离子峰。对于离子峰有两个基本的解释，一是粒子间的散射干涉，二是粒子内的散射干涉。

此外，结合电镜分析，可利用 SAXS 研究苯乙烯和异戊二烯共聚物的形变机理，其结果表明随着样品的形变，聚苯乙烯球粒本身并没有发生形变，而是球粒之间的聚异戊二烯基体产生了形变，拉大了球粒之间的距离。另外，可以利用 SAXS 理论中描述的 Guiner 定律、Porod 定律及相关函数等定量表征银纹质的直径、尺寸分布及银纹质之间的距离等，以及研究银纹在不同应力、不同温度、不同溶剂时的微观结构和形态，以及银纹随时间生长的动力学过程。

7.5.2　无机物及生物大分子

SAXS 技术在无机物及生物大分子中也有相关的应用,早在 1938 年,Guinier 就已经利用 SAXS 研究了合金中的非均匀性,揭示了一些亚稳分解产物,现称作 Guinier-Preston 区(简称 GP 区)。SAXS 可以用来研究合金的分解、回复、内氧化及相组成等,SAXS 还可用来研究玻璃的玻璃态及其相分离等性质。然而,SAXS 在无机物中应用并不普遍,其主要原因是许多无机材料中含有稍重元素,会强烈地吸收 X 射线,导致散射强度降低。因此对于金属样品,要求其尽可能薄,以达到小角散射测试的最佳厚度。

生物学中研究生物大分子的结构与功能是非常重要的课题,获得其详细的三维结构是了解生物功能的关键。目前,X 射线衍射是分析生物大分子晶体结构的重要手段之一,其可以从原子水平上得到详尽的结构信息。但此方法对生物大分子要求高,且限制较多。小角 X 射线散射的优势在于其能够在生物条件下,任何要求的溶剂中进行测试,并可观察由于改变外部条件而发生的结构变化。通过 SAXS 测试可获得生物大分子的相关参数,如分子量、体积、水合度以及球状参数等。此外,蛋白质中存在由多肽链形成的规则二级结构区域、复杂的立体构象的三级结构、高复合的四级结构。生物功能通常取决于三级或四级结构的活性通过构象变化与其他分子相互作用。由 SAXS 则可得到生物大分子的二级、三级和四级结构信息。

习题

1. 如何理解小角 X 射线散射技术?
2. SAXS 仪中的光学系统由哪几部分组成?
3. 小角 X 射线散射的物理实质是什么?
4. SAXS 测试对样品的要求有哪些?
5. SAXS 的实验数据误差来源主要有哪些?

第 7 章参考文献

第三部分
其他结构分析技术

第 8 章
拉曼光谱分析技术

8.1 拉曼光谱分析概述

当一束光照射到介质上时，一部分光被介质吸收或透过，另一部分光偏离原来的传播方向而向各个方向传播。我们日常生活中见到的现象如蓝色的天空，夕阳西下时的霞光以及碧波荡漾的深蓝色海洋都是光散射的结果，称为瑞利散射。而当光通过不均匀的介质或悬浮尘埃时，会产生另外一种光散射现象，即丁铎尔（Tyndall）散射。这两种散射光的频率和入射光的频率相同，因此统称为弹性散射光，在此基础上，1923 年 A. Smekal 从理论预言，在光散射现象中还可能存在非弹性散射光，并指出这种非弹性散射的特征属于被照射样品物质的分子振动。1928 年，印度科学家拉曼（C. V. Raman）在观察苯和甲苯对光的散射实验时，发现当光穿过透明介质时，一部分分子散射光的频率变大，一部分分子散射光的频率变小，证实了非弹性散射光的存在，后来这种分子散射光频率变化的现象被称为拉曼效应，为此拉曼荣获 1930 年诺贝尔物理学奖。以拉曼效应为基础建立起来的光谱学称为拉曼光谱学，属于分子振动和转动的范畴。在红外光谱出现之前，拉曼光谱是研究分子结构的主要方法。20 世纪 30 年代，拉曼光谱仪主要以汞灯作为激发光源，拉曼信号非常微弱，难以得到高质量的图谱，其发展比较缓慢，应用受到限制；20 世纪 60 年代激光光源的出现，为拉曼光谱仪提供了理想的光源，使得传统的拉曼光谱仪得到了快速发展，拉曼光谱的应用不断拓宽；20 世纪 70 年代中期，激光拉曼探针的问世，为物质的微相分析奠定了基础；20 世纪 80 年代以来，随着科学技术的不断创新，激光拉曼光谱仪的性能日益完善，广泛应用于生物医学、化学、物理学、材料科学、分子光谱学、考古学等领域。

8.2 拉曼光谱的基本原理

8.2.1 拉曼效应及拉曼位移

拉曼光谱是一种基于分子振动的光谱,当频率 ν_0 为单色辐射光照射到样品时,大部分入射光透过物质或被物质吸收,只有一小部分光被样品分子散射,这些散射光会产生两种情况:一种是弹性碰撞,即入射光子与物质的分子没有能量交换,光子仅改变运动的方向,称为瑞利散射;另外一种情况是非弹性碰撞,入射光子不仅改变了运动方向,而且与物质分子发生能量交换,这就是"拉曼散射效应"。在散射光中除了与入射光频率相同的瑞利散射光外,还有一些强度比瑞利散射光弱得多(通常是瑞利光的 10^{-4},入射光的 10^{-8})的一系列不同频率并且对称分布在瑞利散射光两侧的散射光。如图 8-1 所示,其中频率比瑞利光频率小的拉曼散射光($\nu_0-\nu$)称为"斯托克斯(Stokes)线";频率比瑞利光频率大的拉曼散射光($\nu_0+\nu$)称之为"反斯托克斯(anti-Stokes)线"。

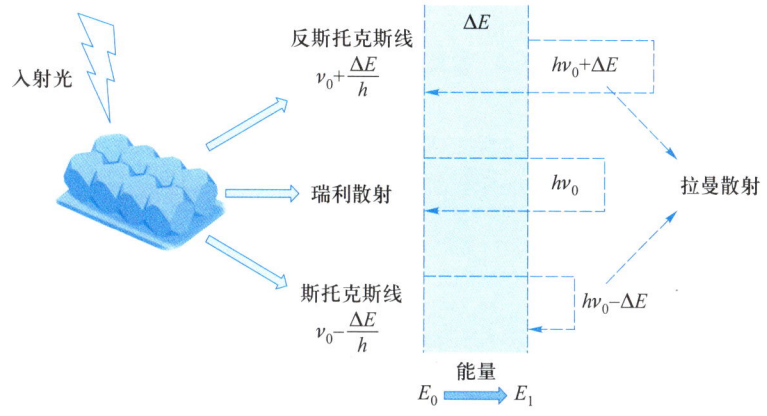

图 8-1 光散射过程

斯托克斯线和反斯托克斯线与入射光之间的频率差称之为"拉曼位移":

$$\nu = (\nu_0 + \nu) - \nu_0 = \nu_0 - (\nu_0 - \nu) = (G_1 - G_0)/h \qquad (8-1)$$

为了进一步说明拉曼散射的过程,假设物质分子最初处于电子基态,振动能级如图 8-2 的分子散射能级所示。最初处于基态 G_0 的分子受到入射光子能量为 $h\nu_0$ 的激发后,能够跃迁到受激虚态,但是受激虚态是不稳定的,分子很快地又回到基态 G_0,分子把吸收的能量 $h\nu_0$ 以光子的形式释放出来,在这一过程中,能量既没有发生交换,也没有损失,这就是所谓的弹性散射,或者称为瑞利散射;由于分子吸收光子发生能量跃迁时的过程是复杂的,因此跃迁到受激虚态的分子也可以回到电子的振动激发态 G_1,在这一过程,分子只

吸收了 $h\nu_0$ 部分能量,发生跃迁时释放出能量为 $h(\nu_0-\nu)$ 的光子,损失了部分能量,这就是所谓的非弹性碰撞,产生的散射光为"斯托克斯线"。另外一种假设是若分子原先就处于激发态 G_1,受能量为 $h\nu_0$ 的入射光子激发后跃迁至受激虚态,然后很快又回到 G_1,这也是弹性碰撞,释放出瑞利散射光;若处于受激虚态的分子不是回到 G_1,而是回到基态 G_0,这也称为非弹性碰撞,放出能量为 $h(\nu_0+\nu)$ 的光子,其散射光称为反斯托克斯线。由于常温下原先处于基态的分子占绝大多数,所以通常斯托克斯线比反斯托斯克斯线要强得多,因此在拉曼光谱的研究中,主要是以斯托克斯散射来研究物质的结构信息,如图 8-3 所示。

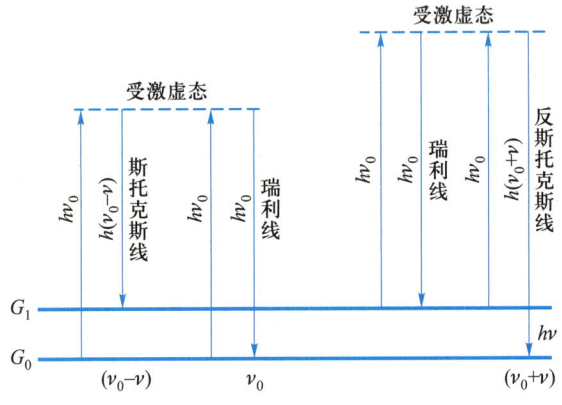

图 8-2   拉曼散射能级跃迁示意图

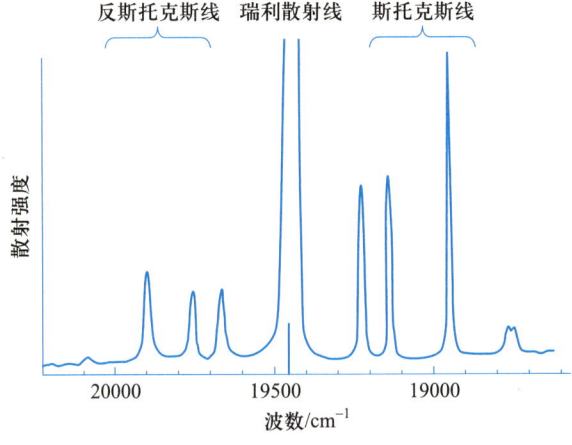

图 8-3 CCl_4 的斯托克斯线和反斯托克斯线

由此可知"拉曼位移"就是指拉曼散射光和瑞利散射光的频率之差,其与物质的转动和振动能级有关。不同物质具有不同的转动能级和振动能级,因而对应不同的拉曼位移。对于同一物质,若用不同频率的入射光照射,所产生的拉曼散射频率也不同,但是其拉曼位移始终是一个确定值,这就是拉曼光谱表征物质结构和定性鉴定的主要依据。

8.2.2 拉曼效应的特点

（1）每一种物质或分子都有自己固有的特征拉曼光谱，即同一物质，若用不同频率的入射光照射，所产生的拉曼散射频率也不同，但是其拉曼位移始终是一个确定值，拉曼频率位移与入射光的频率无关，这是拉曼光谱表征物质结构的基础。

（2）拉曼光谱与红外光谱相比，其谱线较窄，而且成对出现，即斯托克斯线和反斯托克斯线，一般以斯托克斯线研究物质的结构信息。

（3）同红外光谱一样，拉曼频率也是分子内部振动或转动频率，一些谱带的频率域红外光谱所得频率部分重合，波数范围也相同，拉曼位移的数值可以从几个波数到 4000 个波数。

（4）拉曼光谱线的强度和偏振性质，对于各条谱线是不同的。

（5）拉曼效应普遍存在于一切气体、液体和固体中。

8.2.3 拉曼散射经典理论简述

拉曼散射效应是光子撞击分子产生极化而造成的，这种极化是分子内核外电子云的变形所致。设入射光的电场强度为 E，由此而产生的诱导偶极矩 μ 可以表示为

$$\mu = \alpha E \tag{8-2}$$

式中，α 为分子的极化率，可以看出是由外部电场引起的受激分子电子云的变形程度。入射光电场 E 与时间的关系为

$$E = E_0 \cos 2\pi \nu_0 t \tag{8-3}$$

式中，E_0 为电场振幅；ν_0 为频率；t 为时间，将式（8-3）代入式（8-2）得

$$\mu = \alpha E_0 \cos 2\pi \nu_0 t \tag{8-4}$$

在频率很小时，极化率 α 随核间距的变化可以用泰勒级数展开，有

$$\alpha = \alpha_0 + \left(\frac{\partial \alpha}{\partial Q}\right)_0 Q_0 + 高次项 \tag{8-5}$$

式中，Q 为简正坐标，相当于振动位移坐标，α_0 是处于平衡位置的极化率。当分子以基频振动频率 ν_{vib} 作简谐振动时，有

$$Q = Q_0 \cos 2\pi \nu_{vib} t \tag{8-6}$$

则

$$\alpha = \alpha_0 + \left(\frac{\partial \alpha}{\partial Q}\right)_0 (Q_0 \cos 2\pi \nu_{vib} t) \tag{8-7}$$

$$\mu = \left[\alpha_0 + \left(\frac{\partial \alpha}{\partial Q}\right)_0 (Q_0 \cos 2\pi \nu_{vib} t)\right] E_0 \cos 2\pi \nu_0 t \tag{8-8}$$

$$= \alpha_0 E_0 \cos 2\pi \nu_0 t + \frac{1}{2}\left(\frac{\partial \alpha}{\partial Q}\right)_0 E_0 Q_0 [\cos 2\pi (\nu_0 - \nu_{vib}) t + \cos 2\pi (\nu_0 + \nu_{vib}) t] \tag{8-9}$$

从式(8-9)可以得出两种情况：

（1）$\nu = \nu_0$，$\alpha_0 E_0 \cos 2\pi \nu_0 t$ 为瑞利散射；

（2）$\nu = \nu_0 \pm \nu_{vib}$，$\dfrac{1}{2}\left(\dfrac{\partial \alpha}{\partial Q}\right)_0 E_0 Q_0 \left[\cos 2\pi (\nu_0 \pm \nu_{vib}) t\right]$ 为拉曼散射；其中 $\nu = \nu_0 - \nu_{vib}$ 为斯托克斯线，而 $\nu = \nu_0 + \nu_{vib}$ 为反斯托克斯线。诱导偶极矩随三个频率 ν_{vib}，$(\nu_0 - \nu_{vib})$ 和 $(\nu_0 + \nu_{vib})$ 的改变而变化，若振动未引起分子极化率改变，无诱导偶极矩，则没有拉曼散射产生，只有瑞利散射。

8.2.4　特征拉曼频率的规律

拉曼光谱中的振动频率是确定原子团和化学键的特性，这个振动频率称为特征拉曼频率。分子振动时键长和键角同时发生变形，若把某一个基团的振动看作孤立的振动，并不与邻近的基团发生辐合作用，则这个振动的频率和强度便是该基团的特征。但任何基团的振动不可能是完全孤立的，它必然受化学环境的影响而产生微小的频率位移，频率位移的大小和方向是基团的化学环境变化的证据，所以可以从特征频率及其位移来判断各种基团的存在与否，以及它的化学环境变化的情况。如有机化合物的特征拉曼频率主要表现为以下几个方面：

（1）非极性或弱极性基团具有强的拉曼谱带，而强极性基团具有强的红外谱带，因此拉曼光谱和红外光谱是相辅相成的研究方法。

（2）具有对称中心的分子产生的谱带在拉曼和红外光谱中其波数具有差异。

（3）烯烃和芳环的 C-H 伸缩振动在拉曼光谱中具有中等强度。

（4）脂肪族基团的 C-H 伸缩振动在拉曼光谱中很强，单单是弯曲振动很弱。

（5）炔烃的 C-H 伸缩谱带在拉曼光谱中是弱带。

（6）极性基团，如 O-H 的伸缩谱带在拉曼光谱中是弱带。

（7）C-C，N-N，S-N 和 C-S 等单键的伸缩振动在拉曼光谱中是强带，但是这基团的双键在拉曼光谱中是极其强的谱带。

（8）含环的化合物的拉曼光谱有一个强带，即环的呼吸振动频率，这频率取决于环的大小。

（9）倍频和合频谱带在拉曼光谱中很少见，但是在红外光谱中比较常见。

因此特征拉曼频率在拉曼光谱分析中是十分有用的，现已总结出各类化合物的特征拉曼频率表。

8.3　拉曼光谱仪

图 8-4 是现代拉曼光谱仪的基本构造。根据光学系统的不同，拉曼光谱仪可以分为

两大类:即色散型和傅里叶变换型激光拉曼光谱仪。普通色散型激光拉曼光谱仪主要采用氩离子激光器作为激发光源,由于其能量非常高,一些样品经照射后会产生荧光干扰,是这类拉曼光谱仪的一个主要缺陷。为了消除或减弱荧光的影响,人们开发出傅里叶变换近红外激光拉曼(FT-Raman)光谱仪,其主要特点是不仅可以消除物质的荧光干扰,而且具有快的扫描速度和高的分辨率。

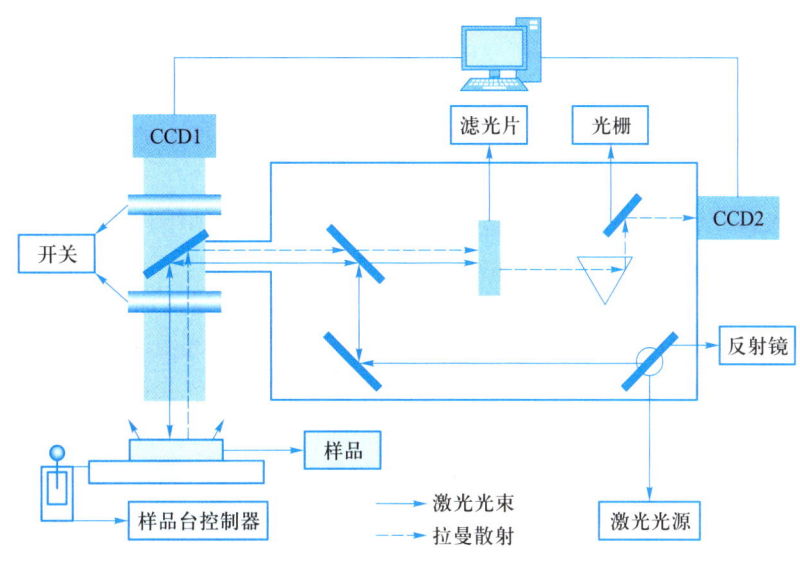

图 8-4 拉曼光谱仪的基本构造

这两类光谱仪的主要特点如表 8-1 所示。根据表中的数据,可以选用合适的拉曼光谱仪来进行研究相关问题。

表 8-1 色散型激光拉曼光谱仪和傅里叶变换近红外激光拉曼光谱仪的性能比较

仪器类型	激光光源	光学系统	检测器	低波数测定	扫描速度	其他
色散型激光拉曼光谱仪	Ar^+ 等	光栅	光电倍增管,CCD 等	好	慢	检测可至 1 μm^2
FT-Raman 光谱仪	NIR 1064 nm	干涉仪	Ge, AsGaIn 等	一般	快	可消除 70%荧光

色散型激光拉曼光谱仪主要由激光光源、样品室(显微平台)、色散系统、检测器和数据处理系统五大部分组成;傅里叶变换近红外激光拉曼光谱仪主要由激光光源、样品室、相干滤波器、干涉仪、检测器和计算机处理数据系统(进行傅里叶变换)六大部分组成。两种类型的光谱仪组成虽然不同,但是从原理来分主要包括激发光源、外光路系统、单色仪、检测和记录系统等。

8.3.1　光源

激光器是拉曼光谱仪最理想的光源,由于其单色性好,广泛用于各种拉曼光谱仪中,其优点主要表现在以下几个方面:

(1)激光具有极高的亮度。激光器的总输出功率不大,但是激光光束的能量高度集中在微小的样品区域内,此时样品所受的激光照射的强度能达到相当大的值,有利于提高拉曼散射的强度。

(2)激光具有极好的方向性。激光光束的能量能聚集到极小的体积上,从而导致测试样品的体积大大缩小,有利于样品微区的拉曼分析。

(3)激光具有极好的单色性。这是拉曼光谱分析物质精细结构的有力基础,提高了拉曼分析的灵敏性和选择性。

(4)激光具有极好的发散度。激光光束随着传输距离的增加而仍然保持高亮度,这一特性使得激光光源可以放在离样品很远的地方,从而消除了光源对样品的热效应。

虽然激光光源具有上述优点,但是作为激光拉曼光谱的激光光源必须符合三个条件:① 寿命长,使用时间应在 1000 小时以上;② 功率的稳定性好,功率的幅度变动不能大于 1 %;③ 单线输出功率一般为 20~1 000 MW;另外是激光器激发波长的选取,不同的激光光源其激发波长不一样,如常用的 Kr^+ 最常用的激发波长是 568 nm 和 647 nm;Ar^+ 激光器最常用的激发波长是 514 nm 和 488 nm。科技发展到现在已经开发出多种波长的激光光源,如紫外光谱区 325 nm、中波长的 532 nm、长波长的 785 nm 等。激光器波长对物质的检测具有重要意义,不是所有波长都能有效检测物质的光谱信息,如对于激发波长为 514 nm 的色散型拉曼光谱仪,若被检测物质具有较强的本征荧光(如聚酰亚胺),则无法用这一波长的激光器来检测,这是因为在 514 nm 的光波下能激发出物质的荧光,具有较强的荧光背景,得不到理想的光谱。因此用色散型拉曼光谱仪检测物质的光谱信息时,一定要先明确物质的性质,对于具有强荧光性的物质,要选择合适的激光器来检测。FT-Raman 光谱仪的激光光源主要采用掺钕的钇-铝石榴石激光器(Nd-YAG)和红宝石激光器等,其波长范围可以从 1064~1300 nm。

8.3.2　外光路系统

外光路系统是激光光源后面到单色仪前面的一切设备,包括聚焦透镜、多次反射镜、样品台及其退片器等;如图 8-5 所示。其光路过程主要可以表述为:

(1)前置单色器(图 8-5 中的 1,2,3 部分)使激光分光,消除激光光束中混有的其他波长的激光及其气体放电的谱线;

(2)纯化后的激光经棱镜作用,改变原有的光路,由透镜准确聚焦于测试样品上(如图 8-5 中的 4,5,6,7,8 过程);

(3)样品被激光激发的拉曼散射光经过聚焦透镜作用,准确聚焦成像在单色器的入射狭缝上(如图 8-5 中的 11,12,13,14,15 过程),从而完成整个光路过程,最后收集的拉曼散射光经过检测器和计算机设备转化成光谱信号。

其中多次反射镜的作用是将透过样品的激光及样品发出的散射光反射回来再次通过样品,以提高激光的利用率,提高拉曼散射光的强度。由上述可知,外光路系统的主要作用是提高光源强度的利用率,分离出所需要的激光波长,减少光化学反应及其杂散光,有效收集拉曼散射光。外光路系统的设计非常重要,尤其是样品台的设计,由于各种型号拉曼光谱仪的外光路系统设计不一样,其特点也各异,激光作用于样品台的方式主要有两种,$90°$ 的垂直方式和 $180°$ 的同轴方式,其中 $90°$ 方式可以准确地进行偏振测定,能改进瑞利散射和拉曼散射的比值,利用低频振动的测量;$180°$ 方式可以获得最大的激光效率,适用于微量样品的测量,一般仪器都采用 $90°$ 的垂直方式。

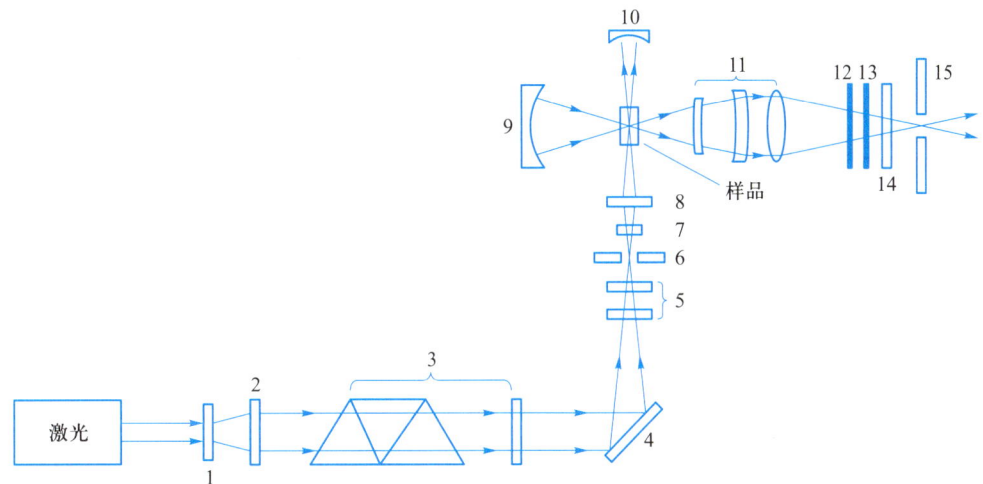

1—旋转偏振面的光学器件;2—加宽光束截面的光学元件;3—消除非激光线的棱镜;4—平面镜;5—滤光片;
6—狭缝;7—防护滤光片;8—聚光镜;9—显微镜物镜;10—凹面镜;11—聚焦散射光于单色器进口狭缝的物镜;
12—检偏振器;13—长波过滤器;14—消偏振镜;15—单色光进口狭缝

图 8-5　Spex Ramalop 光谱仪的外光路系统

8.3.3　单色器

激光照射到样品上以后,除了产生所需要的拉曼散射光外,还存在瑞利散射以及其他一些杂散光,由于瑞利散射光的强度非常大,远远大于拉曼散射光(约 10^3 倍),对拉曼光谱构成严重的干扰,因此在对拉曼散射光进行检测之前,需要瑞利散射光及其他杂散光除去。单色器的作用是把拉曼散射光进行分光处理,减弱瑞利散射及其杂散光。在色散型激光拉曼光谱仪中,为了使单色器的杂散光最小,通常使用双光栅或三光栅组合的单色器(如图 8-6 所示),多光栅的使用会导致光通量的降低,目前主要使用平面全息光栅。在 FT-Raman 光谱仪中,其单色器包括两个重要的部分,一是迈克尔孙干涉仪;二是滤去瑞利散射光的光学过滤器,其目的在于降低瑞利散射光的强度(降低 3~7 个数量级),否则无法检测到拉曼散射光。

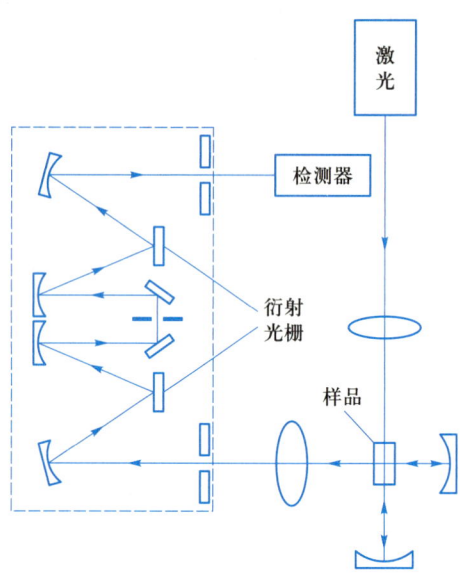

图 8-6　双光栅单色器示意图

8.3.4　检测和记录系统

在色散型拉曼光谱仪中主要使用光电倍增管和 CCD 检测器;在 FT-Raman 光谱仪中主要使用 Ge 和 AsGaIn 检测器。另外 FT-Raman 光谱仪采用的是傅里叶变换技术,对计算机的内存和速度有较高的要求,除了能进行基线校正、平滑、多次扫描平均和拉曼位移转换外,还能进行光谱减法、图谱检索、导数光谱、退卷积分、曲线拟合和因子分析等数据处理功能。

8.4　拉曼光谱的取样技术

拉曼实验用的样品主要是溶液(主要以水溶液为主)、固体和粉末,气体样品也可以测量,但必须要用相应的样品池。

对于气体样品,一般情况下,由于气体的浓度比较稀,这就导致气体样品的拉曼散射光更弱,因此,必须提高气体的浓度才能提高其拉曼信号强度,只要采用提高气体在样品池中的压力或采用多次反射的气体样品池;对于固体样品,如透明的薄膜、棒状样品和块状样品,可以将其置于样品台上进行直接测量;对于粉末样品可以用样品杯,将样品杯放在水平的样品台上,为了增加样品密度以提高散射截面,可将粉末压片;对于液体样品,可以用毛细管或多次反射槽进行测量,如图 8-7 所示。

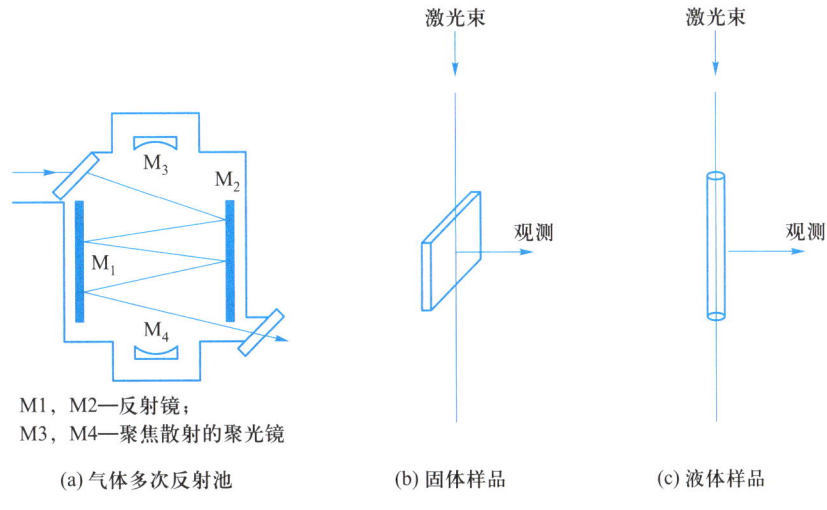

M1,M2—反射镜;
M3,M4—聚焦散射的聚光镜

(a)气体多次反射池　　　　(b)固体样品　　　　(c)液体样品

图 8-7　气体、固体和液体的样品测试方式示意图

8.5　拉曼光谱技术

8.5.1　表面增强拉曼光谱技术

1974 年,Fleischmann 等首次发现粗糙的银电极表面吡啶分子具有极大的拉曼散射效应现象,其表面的增强因子可达 10^{-6}。这一现象被称为表面增强拉曼散射,以此建立起来的方法被称为表面增强拉曼光谱技术(Surface Enhanced Raman Spectroscopy,SERS)。SERS 技术是近年来发展比较迅速的一种光谱方法,广泛应用于生物、化学和物理学领域。分子产生 SERS 的基础是需要一种金属基体,已发现能产生 SERS 的金属有 Ag、Au、Cu 和 Pt 等,其中 Ag 的 SERS 效应最佳,最为常用;金属表面粗糙化是产生 SERS 的必要条件,因此金属基体表面的形貌是研究 SERS 的关键,近年来许多研究工作者致力于开发高增强因子的 SERS 基体。现阶段 SERS 的增强机理主要有两种解释,一种是长程的电磁共振效应(物理作用),即粗糙的金属表面(5~100 nm)与入射光相互作用产生了表面等离子体共振,增加了金属表面的局部电磁场,同时分子的拉曼散射光对等离子的激发也增强了局域电磁场;另一种是短程的化学效应(化学作用),即拉曼散射增强是由分子的极化率(拉曼散射截面)的改变而引起的,原子级粗糙化金属表面存在的活性位置引起化合物分子与金属表面原子间的化学吸附,形成化合物或形成性的化学键,导致分子极化率的改变。SERS 是个复杂的过程,提出的各个模型只能在特定的场合下解释,存在局限性,产生 SERS 的原因可能包括物理作用或化学作用。SERS 作为一种新型的检测技术,具有良好的选择性和高灵敏度,是检测极少量物质的一种方法,人们已开始用这一方法研究单个分子、区分同分异构体、表面上吸附取向不同的同种分子和界面间分子的取向和构象结构等,是研究表面和界面的重要工具。

SERS 的主要特点表现在以下几个方面:

(1)许多分子都能产生 SERS 效应,但作为产生 SERS 效应的基体只有少数几种,如常见的 Ag,Cu,Au,Li,Na,K 等。其中 Ag 基体的效应最佳,另外一些半导体材料如 n-CdS 电极、过渡金属等也可以观察到 SERS 现象。

(2)金属表面的粗糙化是产生 SERS 的必要条件,分为两类,一是由于多晶结构或珊瑚结构产生的具有几十纳米至 100 nm 范围内的亚微观粗糙度;另外一类是原子级范围内的粗糙度,即吸收原子或原子群由于台阶、弯曲所产生的表面不均匀性,不同范围的表面粗糙化对应于不同的 SERS 增强机理。

(3)SERS 效应表现为长程的物理效应和短程的化学效应,前者是指分子离开平面几纳米至 10 nm 仍具有增强效应,后者只是离开表面 0.1~0.2 nm 增强效应就减弱。

(4)分子的振动类型不同,则增强因子也不相同。

(5)在 SERS 中,有时仅为红外活动的振动类型也会出现在 SERS 光谱中。

8.5.2　共焦显微拉曼光谱技术

1957 年人们提出共聚焦技术的原理,但是真正用于光学切片分析是在 1967 年,经过 10 年漫长的发展,1977 年共聚焦显微技术引入到了拉曼光谱学领域,直到 20 世纪 90 年代共焦显微拉曼光谱技术(CRM)才真正得到广泛的应用。研究得知当激光束聚焦得很好时,光斑的尺寸比较小,能获得好的横向空间率;而当激光束快速发散时,则可以获得较好的轴向分辨率,即深度方向的分辨率。其工作原理如图 8-8 所示。

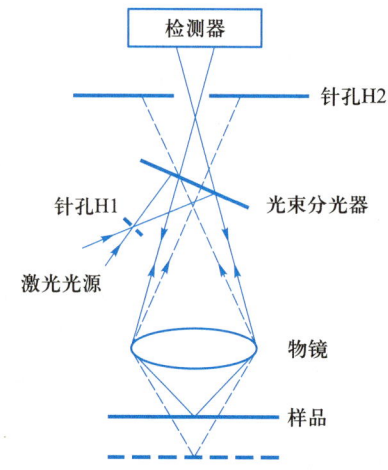

图 8-8　共焦显微镜拉曼光谱技术的光路示意图

当激光在样品表面呈现散焦模式时,样品的大部分信号被 H2 挡住(光路如虚线所示),无法通过针孔到达检测器;而当激光入射光经过入射针孔 H1 聚焦在样品表面时,被照射点可以在探测针孔 H2 处成像,其信号由在光路图中实线所示 H2 之后的检测器收集,此时将样品沿着入射光方向上下移动,就可以将激光聚焦于样品的不同层,所采集的拉曼信号也来自样品的不同层,从而实现样品的逐层分析或深度分析。

8.5.3　拉曼 Mapping 成像技术

研究物质表面形貌的直观方法有多种,常见的如透射电镜(TEM)、扫描电镜(SEM)、原子力显微镜(AFM)和光学显微镜等,由于仪器的原理和分辨率的差异,相应地可以获得分辨率和形貌结构不同的物相分析图,从而直观表征物质的结构形貌。随着科技的日新月异,新一代共焦显微拉曼光谱仪实现了在微米和亚微米尺度上样品的无损分析,其空间分辨率可达 1 μm,不仅可以得到物质的拉曼光谱信息,还可以快速精确地得到化学图像。其原理是通过精密的 XY 自动平台或激光在样品上快速扫描,从样品上的每一个点收集到完整的拉曼光谱,再通过专业的拉曼软件分析或相应的数学软件(如 Matlab 软件)处理,最终可以得到高精度的拉曼图像。这样所得到的拉曼图像不仅直观地表征出物相的结构图像信息,同时也得到物相各位点的特征拉曼光谱,使得物质的结构信息更为完整。因此拉曼 Mapping 成像技术可以广泛应用于物相结构分析。

8.5.4　针尖增强拉曼光谱技术

针尖增强拉曼光谱(tip-enhanced Raman spectroscopy,TERS)技术是近年来发展较快的一种新型拉曼光谱技术,其基本原理是在检测基体上引入一个金属尖端来激发邻近金属尖端和样品附近的局部表面等离子体,引起局部电磁场增强,导致被检测分子的拉曼信号增强。TERS 技术从本质上讲,是将 SERS 技术和扫描探针显微镜(scanning probe microscopy,SPM)结合一种新型用于检测分子的方法。例如原子力显微镜(atomic force microscopy,AFM)、扫描隧道显微镜(scanning tunneling microscopy,STM)和扫描近场光学显微镜(scanning near field optical microscopy,SNOM),其基本部件是拉曼光谱仪和带有金属尖端(TERS tip)的扫描探针显微镜。当被测分子置于金属尖端附近时,物质分子的拉曼散射光强度会随局部电磁场的增加而增强,从而表现出 TERS 效应。由于探针的尺寸非常小,其横向分辨率可达到 10 nm 以下,因此 TERS 技术不仅能提供痕量探针分子的光谱和结构信息,同时也能检测探针附近的单分子和精确的物相结构图像。虽然 TERS 技术有良好的检测效果,但是受高昂成本和专业知识的限制,仅仅只有少数实验室能熟练掌握这门技术。

8.5.5 共振散射拉曼光谱技术

在普通拉曼光谱实验中,使用的激发线波长一般远离物质的电子吸收光谱带,但是当激发频率接近或重合于分子的电子吸收带时,拉曼有效散射截面异常增大,使得有一个或几个特定的拉曼谱带强度急剧增加,并且出现正常拉曼光谱效应中所观察不到的,强度可与基频相比拟的泛频及组合振动,这称为"共振拉曼效应"(resonance Raman effect, RRE),它是电子态跃迁和振动态相耦合作用的结果,基于共振拉曼效应的方法叫作"共振拉曼光谱法"(resonance Raman spectroscope, RRS)。其原理可以用 Kramers-Heisenberg-Dirac 色散方程表示

$$(\alpha_{ij})_{mn} = \frac{1}{h_0} \sum \left[\frac{(M_j)_{me}(M_i)_{en}}{\nu_e - \nu_0 + i\Gamma_e} + \frac{(M_i)_{me}(M_j)_{en}}{\nu_e + \nu_s + i\Gamma_e} \right] \tag{8-10}$$

式中 i,j 与 x,y,z 有关;m 和 n 分别为分子初态和终态;e 为激发态;ν_0 是入射光的频率;ν_e 是电子基态和激发态之间的跃迁频率(即吸收光的频率);ν_s 是拉曼散射频率;$i\Gamma_e$ 是与 ν_s 的带宽有关的阻尼项。$(M_j)_{me}$ 和 $(M_i)_{en}$ 分别是从初态到激发态和激发态到终态沿 i,j 方向的偶极矩跃迁矩;h 是普朗克常量。由此可知,共振散射增强的大小正比于共振电子跃迁矩,反比于其宽度,因此可以预期,强度大而形状尖的电子吸收带有最大的共振效应。共振拉曼光谱具有灵敏度高的特点,可以获取分子振动和电子运动相互作用信息,检测低浓度和微量样品,通过拉曼偏振量得到分子对称性的信息和研究大分子聚集体的结构信息。值得注意的是,在共振拉曼光谱中,有生色团或生色团连接基团的振动才能被有选择性地增强,而与此无关的振动是不能增强的,所以被 RRE 增强的谱带数目一般要小于正常拉曼光谱的谱带数目,尽管如此,共振拉曼光谱可以得到在正常拉曼光谱中失去的光谱信息,这对分子结构信息的研究可能更重要。因此,RRS 技术可以应用到无机分子、离子,生物大分子和高分子学科领域。

8.6 拉曼光谱技术在光电化学材料中的应用

8.6.1 拉曼光谱在高分子材料中的应用

1. 分子链的构象

构象(conformation)指分子中的原子或基团通过单键内旋转作用产生的特定的空间排列。聚合物的构象是指高分子的 C—C 单键通过内旋转异构化,一个聚合物分子链包含许多个 C—C 单键,因此一个高分子链可以有多种可能存在的构象形态,每一个特定的构

象形态称为一个"构象异构体"（conformational isomer），即高分子主链中一个键的构象，这样的构象叫作"微构象"或"局部构象"；而高分子沿着主链的微构象序列，导致"宏构象"（macroconformation）或称为"分子构象"（molecular conformation）。由于高分子构象可以处于动态变化之中，对于微构象而言，高分子的构造和构型决定微构象的存在，但是高分子链中采取哪种类型的微构象还依赖于外界环境，如温度、压力以及受高分子同其周围环境的相互作用（包括高分子溶液中高分子和溶剂间的相互作用、高分子聚集态的分子间相互作用）。对于高分子的宏构象，外加力场是一个重要的影响因素，如聚偏氟乙烯分子在 50 ℃ 拉伸后分子呈现为平面锯齿构象，而在室温下则为螺旋构象。链构象反映聚合物所处的状态，直接关联聚合物链的松弛运动等物理问题，因此研究高分链的构象结构具有重要的意义。拉曼光谱中的 SERS 技术是研究聚合物薄膜的分子链结构和链取向的一种有效方法，主要表现在两个方面，一是 SERS 作为一种无损检测技术可以研究金属和聚合物之间的界面信息；二是根据 Moskovits 的"表面选择规则"（the surface selective rule）来测定吸附在 SERS 基体上的分子链构象和分子链取向。

　　Zhang 等利用 SERS 技术和反射-吸收红外光谱法（reflection-absorption infrared, RAIR）研究了本体无定形聚甲基丙烯酸甲酯（a-PMMA）薄膜（120 nm）旋涂在银基体上的聚合物分子链取向的异同点，研究发现本体聚合物链的分子链主轴微微倾向平行于银基体，而在薄膜和银基体界面间，其分子链的主轴完全定向平行于银基体，当聚合物和银基体界面置于高温退火时，分子链中的酯基由左右式构象（gauche conformer）转变成反式构象（trans conformer），这说明银基体对聚合物分子链的构象分布具有重要的影响，如图 8-9 所示。Xue 等利用硝酸腐蚀的银基体来研究聚苯并咪唑（polybenzimidazole）和聚左

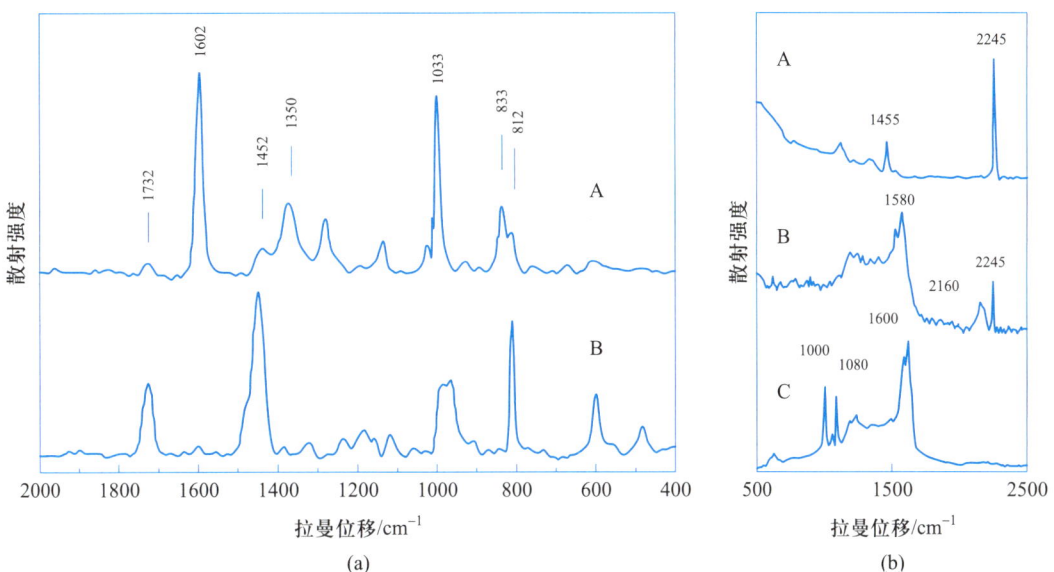

图 8-9　（a）a-PMMA 涂覆在 SERS 基体上的 SERS 光谱 A 和本体拉曼光谱 B；（b）PAN 在光滑银片上的拉曼光谱 A，PAN 在粗糙银膜上快速蒸发后的 SERS 光谱 B，PAN 在粗糙银膜上缓慢蒸发后的 SERS 光谱 C

旋组氨酸分子链在界面间的结构取向,发现制备聚苯并咪唑薄膜的方式不同,其分子链在界面间的取向不一样:当将聚合物溶液散落在银基体上并慢慢蒸发溶剂成膜时,其分子链的趋向平行于银基体表面;而将银基体置于一定温度的聚合物溶液中制成膜时,分子链则定向垂直于银基体表面,当对聚合物薄膜退火时,氮原子中的未共用的电子对通过 $\pi-\pi$ 结合成 N-N 结构而形成芳环结构;而对于聚左旋组氨酸,所用溶剂不同其分子链的侧链在银基表面的结构取向也不一样,如图 8-9(b)所示。

2. 聚合物玻璃化转变和结晶

高分子聚合物可以分为两大类,非晶性聚合物和结晶性聚合物。对于非晶性聚合物,玻璃化转变是一种普遍现象,在高聚物发生玻璃化转变时,许多物理性能发生了急剧的变化。如力学性能方面,在玻璃化转变温度前后,样品的模量发生剧烈变化,其物质形态从坚硬的固体状,转变成柔软的弹性体,这种形态的改变导致材料的使用性能完全改变。如作为塑料使用的高聚物,当温度升高至发生玻璃化转变温度以上时,便丧失了塑料原有的坚固性,变成了橡胶;而作为橡胶使用的材料,当温度降低至玻璃化转变温度以下时,便失去橡胶的高弹性,变成硬而脆的塑料。因此研究玻璃化转变现象有着重要的理论和实际意义。拉曼光谱作为一种新型的检测手段,也同样适合玻璃化转变的研究。LIEM 等利用共焦显微拉曼光谱和极化拉曼光谱研究了聚苯乙烯(PS)薄膜(50~180 nm)的玻璃化转变温度,研究表明当 PS 薄膜越薄,其玻璃化转变温度越低,当厚度超过 90 nm 时玻璃化转变温度与本体聚合物相一致,这一测量结果与布里渊散射(Brillouin scattering)法和椭圆偏光仪法一致,如图 8-10(a)所示。Vignaud 等将拉曼光谱技术与椭圆偏光技术结合,研究四个厚度不同的全同立构的聚甲基丙烯酸甲酯薄膜在 SiO_2/Si 基体上的玻璃化转变特征,研究发现当 SiO_2/Si 作为基体时,聚合物的拉曼光谱信号得以加强,当 $c<c^*$ 时能精确检测到 PMMA 薄膜有两个玻璃化转变温度,聚合物薄膜越薄(~20 nm),其玻璃化转变温度反而越高,这一结果符合具有高玻璃化转变的层状结构模型,如图 8-10(b)所示。Frick 等将拉曼光谱结合中子散射技术研究了 PS 和 PB 等聚合物在玻璃化转变温度以上和以下分子链的松弛运动(如 α、β 松弛)等。

对于结晶性聚合物来说,结晶能力和结晶度的大小对其本身的物理性能,包括力学性能、密度与光学性、热性能、耐溶剂性、耐渗透性及化学反应活性等方面,具有重要的影响。如在玻璃化温度以上,结晶度的增加使分子间的作用力增加,抗张强度提高,同时微晶体可以起物理交联作用,使链的滑移减小,可以使蠕变和应力松弛性能降低;但在玻璃化温度以下,高聚物随结晶度增加而变得很脆,抗张强度下降。与玻璃化转变温度一样,结晶的本质实际上是分子的热运动引起聚合物链构象的改变和链段的规整排列,因此拉曼光谱也是研究聚合物结晶过程及其动力学的适宜方法。如拉曼光谱法不仅证实了结晶性聚合物聚乙烯(PE)中的顺式结构(trans conformation,对应于结晶相)和左右式(gauche conformation,对应于无定形相)结构,还证实存在 PE 在结晶过程一个中间构象的存在,同时用 CH_2 的弯曲振动(1416 cm⁻¹)和 1303 cm⁻¹ 及 1080 cm⁻¹ 处拉曼频率的强度分别计算出 PE 的正交晶系和无定形态的相对含量;等规聚丙烯在结晶过程中分子链取向、不同条件

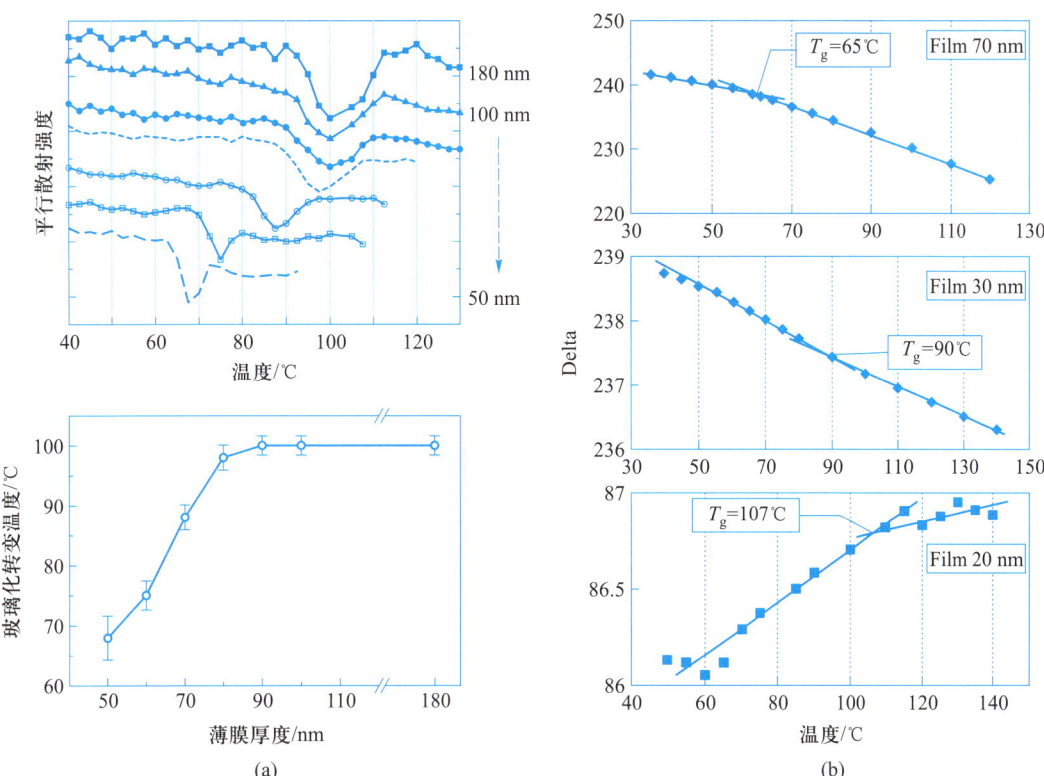

图 8-10 （a）聚苯乙烯薄膜的厚度与其玻璃化转变温度的关系；（b）聚甲基丙烯酸甲酯薄膜的厚度
与其玻璃化转变温度的关系

下的结晶度及其结晶动力学也可以通过拉曼光谱来证实和计算。

3. 聚合物共混体系的相结构

为了获得综合性能优异的聚合物材料，除了继续研制合成新型聚合物外，对已有聚合物进行共混已成为发展聚合物材料的一种卓有成效的途径。聚合物共混体系性能与加工条件、组分的性质、共混比例、两相界面的作用力等密切相关，从聚合物微观结构去分析，这些因素影响着对共混体系的相态结构，从而使得制品的性能也各有差异，因此研究聚合物共混体系的相态结构对聚合物加工和成型领域具有重要的指导意义。传统研究聚合物相态结构的方法主要依赖于电子显微镜和光学显微镜，近年来随着拉曼光谱技术的不断发展，也逐渐用于聚合物相态结构的分析。Morgan 等利用常规的拉曼 Mapping 成像技术研究了线性氘代聚乙烯（linear deuterated polyethylene，LDPE）和支化聚乙烯（branched polyethylene，BPE）共混体系原始的形态结构，拉曼 Mapping 成像和估算的扩散系数表明，在预期的混合时间里，共混体系呈均聚体系；当共混体系淬火之后，拉曼 Mapping 成像可以反映出共混体系的结晶变化，其结构形貌呈两相结构，如图 8-11（a）所示。Huan 等用共焦显微拉曼成像技术研究了不同比例的 PET/HDPE 共混体系及其增容体系的相态结构、

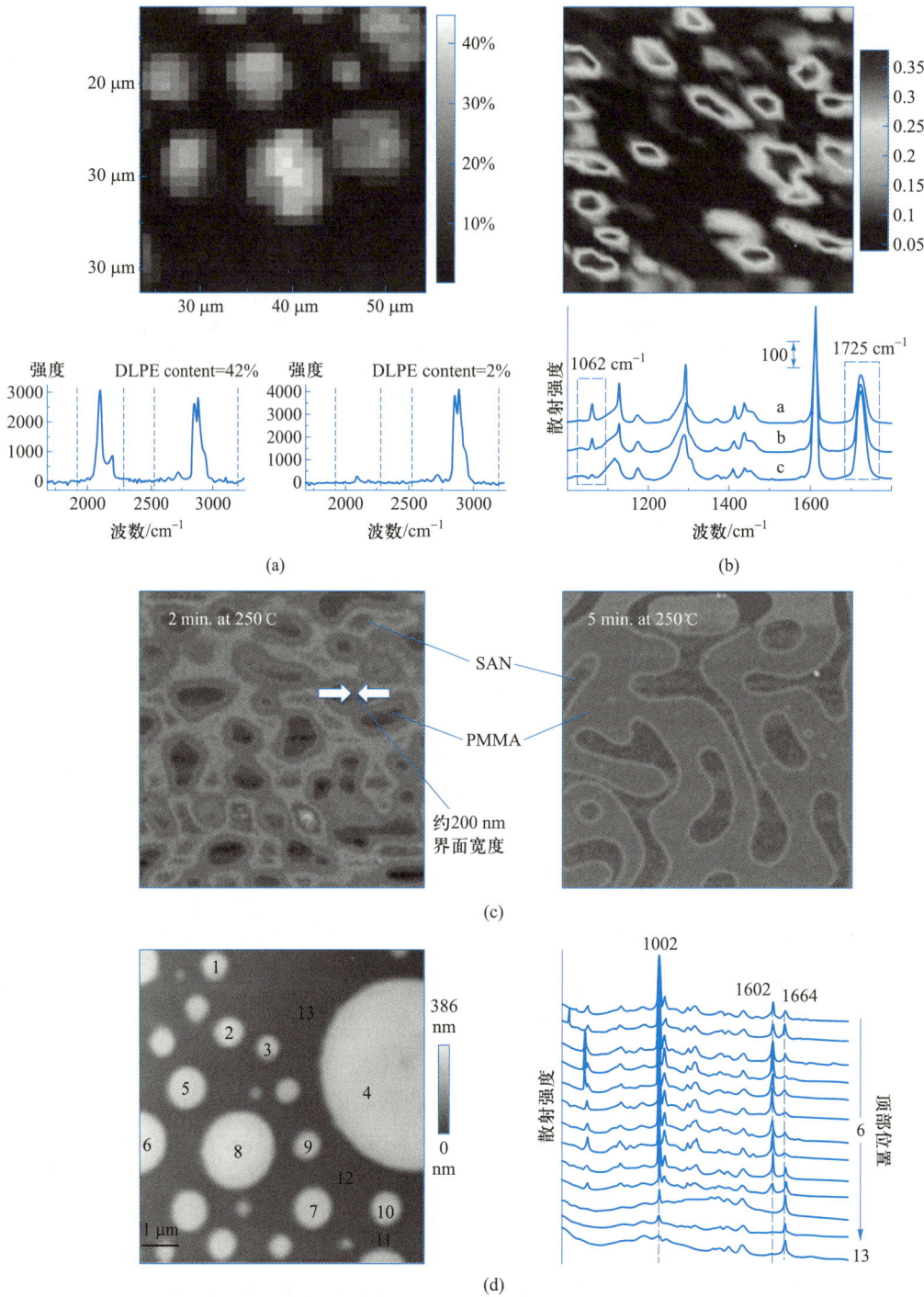

图 8-11 （a）LDPE 和 BPE 共混体系的相态结构图；（b）PET/HDPE = 80/20 共混体系的相态结构图，黑暗部分代表 PET 丰富区域，明亮部分代表 HDPE 丰富的地区；（c）尖端增强拉曼光谱高分辨率化学表征 SAN/PMMA 共混薄膜；（d）尖端增强拉曼光谱高分辨率化学表征 PI/PS 共混薄膜

化学组成的分布和相尺寸的大小,研究发现不相容体系(PET/HDPE)发生相分离导致化学结构组成呈非均一性,当体系加入顺丁烯二酸酐作为增溶剂之后,PET 和 HDPE 之间的黏性和分散性明显提高。实验结果表明:将比值法(ratioimage method)结合拉曼 Mapping 成像不仅可以提高化学结构相图的比衬度和可信度,同时还可以算出相容性体系的相容指数(compatibility numbers, N_c),如图 8-11(b)所示。Xue 等利用针尖拉曼成像技术(tip enhanced Raman mapping, TERM)研究了聚(苯乙烯-丙烯腈)/聚甲基丙烯酸甲酯(SAN$_{28}$/PMMA)薄膜体系的相分离过程,实验表明 TERM 在纳米尺度上具有高的化学识别分辨率,当共混体系在 250 ℃退火后,发生意想不到的相分离,其相分离过程主要依赖于共混体系的表面及其界面张力,如图 8-11(c)所示。Yeo 等首次利用 TERS 技术分别研究了聚异戊二烯(PI)和聚苯乙烯(PS)薄膜的表面和次表面(subsurface)结构特征,发现在聚合物薄膜的次表面存在纳米孔,这是由于 TERS 具有纳米尺度的空间分辨率,对表面结构分析具有超强的灵敏性,能精确分析聚合物的表面结构和次表面,这一研究对聚合物在生物和微电子领域具有重要的价值。

8.6.2　拉曼光谱在碳材料中的应用

碳材料拥有几种不同的同素异形体,如石墨、金刚石、富勒烯、碳纳米管、石墨烯等,如图 8-12 所示。从其导电性分类,覆盖范围从绝缘体、半导体到金属。从其结构分类,覆盖范围从三维、二维到一维材料。

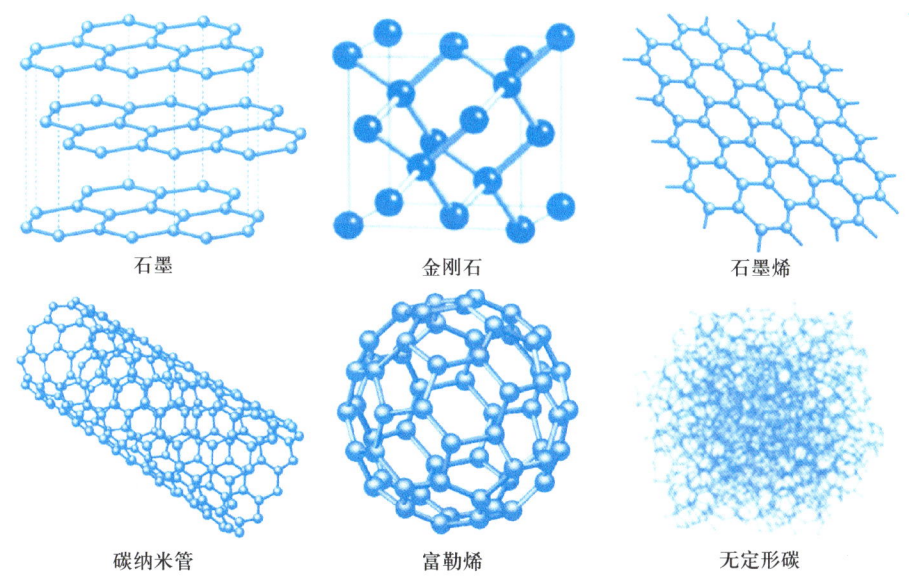

石墨　　　　金刚石　　　　石墨烯

碳纳米管　　　富勒烯　　　无定形碳

图 8-12　不同的同素异形体,如石墨、金刚石、石墨烯、碳纳米管、富勒烯和无定型碳的结构示意图

拉曼光谱是一种实验技术,通常用于表征从三维(3D)到零维(0D)的所有 sp^2 碳,例

如 3D 石墨、2D 石墨烯、1D 碳纳米管和 0D 富勒烯。sp^2 碳的拉曼光谱不仅提供了独特的振动和晶体学信息,还提供了与电子和声子相关的物理性质的独特信息。当拉曼过程与激发态的光吸收(或发射)相结合时,拉曼强度通过称为共振拉曼光谱的过程显著增强(强度大 1000 倍)。基于共振效应,甚至可以从单层石墨烯(1-LG)(即碳的六方晶格的原子层)或孤立的单壁碳纳米管(SWNT)观察到拉曼信号。对观察到的拉曼光谱和共振条件的分析与理论相结合,可提供有关 sp^2 碳纳米结构中电子态、声子能量色散和 el-ph 相互作用的精确信息。不同同素异形体碳材料的拉曼光谱如图 8-13 所示。

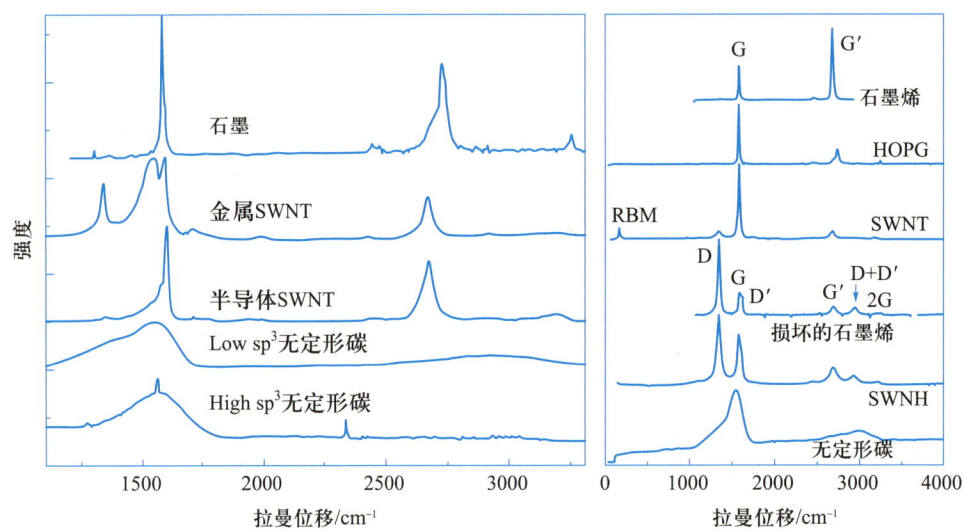

图 8-13　不同的同素异形体,如石墨、碳纳米管、石墨烯和无定形碳的拉曼光谱

1. 石墨的拉曼光谱

石墨(graphite)是一种结晶形碳,六方晶系,为铁墨色至深灰色。晶体属复六方双锥晶类,常见单形有平行双面、六方双锥、六方柱,但完好晶形少见,一般呈鳞状或板状。石墨是元素碳的一种同素异形体(其他同素异形体有金刚石、碳 60、碳纳米管和石墨烯),每个碳原子的周边连结着另外 3 个碳原子(排列方式呈蜂巢式的多个六边形)以共价键结合,构成共价分子。由于每个碳原子均会放出一个电子,那些电子能够自由移动,因此石墨属于导电体。鉴于石墨特殊的成键方式,不能单一地认为石墨是单晶体或者是多晶体,现在普遍认为石墨是一种混合晶体。图 8-14 是具有不同形态和结晶度石墨的拉曼光谱,从图中可知,① 石墨的结构不同,拉曼光谱不同;② G-band(~1580 cm^{-1})是由碳环或长链中的所有 sp^2 碳原子对的拉伸运动产生的;③ 缺陷和无序诱导 D-band (~1360 cm^{-1})的产生。一般我们用 D 峰与 G 峰的强度比来衡量碳材料的无序度,如对于高定向热解石墨(HOPG),由于其碳平面几乎完美地沿其垂直方向堆叠,尽管沿着石墨平面内晶粒仍然存在任意取向但非常小,使得其在 1580 cm^{-1} 处的拉曼散射峰的强度且峰形尖锐,而在 1360 cm^{-1} 处没有观察到拉曼散射峰,这就充分说明 HOPG 具有良好的结晶度。

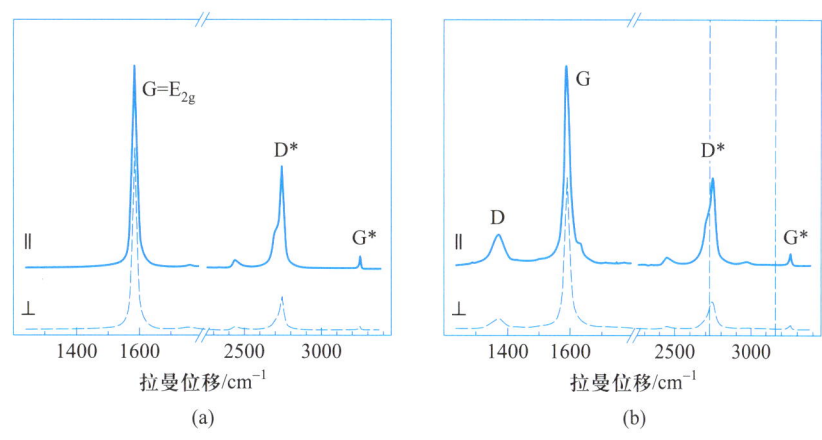

图 8-14　石墨的拉曼光谱

2. 石墨烯的拉曼光谱

石墨烯是 sp^2 碳原子紧密堆积形成的六边形蜂窝状结构的二维原子晶体,是构建其他 sp^2 杂化碳的同素异形体的基本组成部分,可以堆垛形成三维的石墨,卷曲形成一维的碳纳米管,也可以包裹形成零维的富勒烯。直到 2004 年,英国曼彻斯特大学的 Geim 和 Novoselov 等使用胶带剥离技术才首次成功地制备出了单层石墨烯,这一发现也推翻了科学家关于理想的二维晶体材料由于热力学不稳定性而不能在室温下存在的预言。作为一种理想的二维原子晶体,石墨烯具有超高的电导率和热导率、巨大的理论比表面积、极高的弹性模量和抗拉强度,可望在微纳电子器件、光电检测与转换材料、结构和功能增强复合材料及储能等广阔的领域得到应用。拉曼光谱在石墨烯的层数表征方面具有独特的优势,完美的单洛伦兹峰型的二阶拉曼峰(G′峰)是判定单层石墨烯简单而有效的方法,而多层石墨烯的电子能带结构发生裂分,使其 G′峰可以拟合为多个洛伦兹峰的叠加,G′峰与石墨烯的电子能带结构密切相关,因此石墨烯的电子结构可以用共振拉曼散射来测定。石墨烯电场效应下的拉曼光谱研究表明电子/空穴掺杂会影响石墨烯的电子-声子耦合,从而引起拉曼位移,因此,拉曼光谱也是测定石墨烯的掺杂类型和掺杂浓度的有效手段。

在入射激光作用下,石墨烯价带上的电子跃迁到导带上,电子与声子相互作用发生散射,因而可以产生不同的拉曼特征峰,如图 8-15 所示,G 峰产生于 sp^2 碳原子的面内振动,是与布里渊区中心双重简并的 iTO 和 iLO 光学声子相互作用产生的,具有 E_{2g} 对称性,是单层石墨烯中唯一的一个一阶拉曼散射过程。G′峰和 D 峰均为二阶双共振拉曼散射过程。G′峰是与 K 点附近的 iTO 光学声子发生两次谷间非弹性散射产生的,而 D 峰则涉及一个 iTO 声子与一个缺陷的谷间散射。G′峰拉曼位移约为 D 峰的两倍,因此通常表示为 2D 峰,但是 G′峰的产生与缺陷无关,并非 D 峰的倍频信号。D 峰和 G′峰均具有一定的能量色散性,其拉曼峰位均随着入射激光能量的增加向高波数线性位移,在一定的激光能量范围内,其色散斜率大约为 50 cm^{-1}/eV 和 100 cm^{-1}/eV,这也是双共振过程的特征。

G′峰和 D 峰均为谷间散射过程,而 D′峰则为谷内双共振过程,两次散射过程分别为与缺陷的谷内散射和与 K 点附近的 iLO 声子的非弹性谷内散射过程。

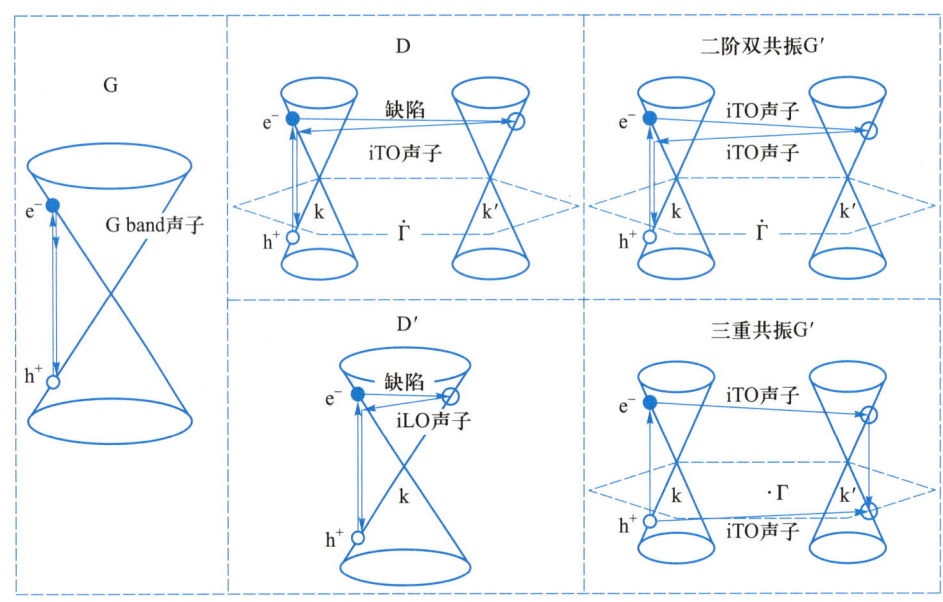

图 8-15   石墨烯的各个拉曼特征峰产生的过程

图 8-16 是 514.5 nm 激光激发下单层石墨烯的典型拉曼光谱图。单层石墨烯有两个典型的拉曼特征,分别为位于 1582 cm^{-1} 附近的 G 峰和位于 2700 cm^{-1} 左右的 G′峰,含有缺陷的石墨烯样品或者在石墨烯的边缘处,还会出现位于 1350 cm^{-1} 左右的缺陷 D 峰,以及位于 1620 cm^{-1} 附近的 D′峰。

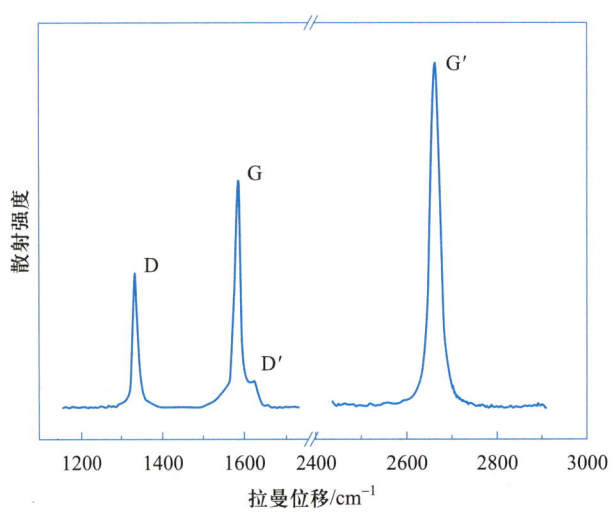

图 8-16   514.5 nm 激光激发下单层石墨烯的典型拉曼光谱

（1）拉曼光谱在石墨烯层数判定上的应用

对于石墨烯，随着石墨烯层数的改变，G 峰和 G′峰的位置、强度和半峰宽都发生了改变，根据这些变化就可以初步判定石墨烯的层数。G 峰的频率随着石墨烯层数的增加近似线性递增。单层石墨烯的 2D 峰具有完美的单洛伦兹峰型，随着样品层数的增加，G′峰的峰值向高频方向移动且半峰宽增大，当层数增加至约 10 层时，G′峰的形状与石墨的基本相同。图 8-17（a）所示为 SiO_2（300 nm）/Si 基底上 532 nm 激光激发下，1~4 层石墨烯的典型拉曼光谱图。从图中可以看出，单层石墨烯的 G′峰强度大于 G 峰，并具有完美的单洛伦兹峰型，随着层数的增加，G′峰半峰宽增大且向高波数位移（蓝移）。G′峰产生于一个双声子双共振过程，与石墨烯的能带结构紧密相关。对于 AB 堆垛的双层石墨烯，电子能带结构发生裂分，导带和价带均由两支抛物线组成，存在 4 种可能的双共振散射过程，因此双层石墨烯的 G′峰可以拟合为 4 个洛伦兹峰。同样地，三层石墨烯的 G′峰可以用 6 个洛伦兹峰来拟合，如图 8-17（b）所示。

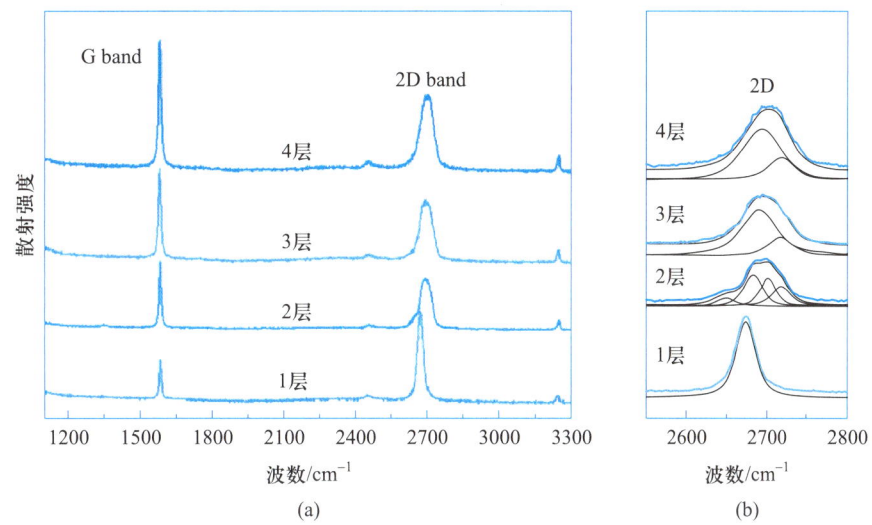

图 8-17 （a）SiO_2（300 nm）/Si 基底上 532 nm 激光激发下 1~4 层石墨烯的典型拉曼光谱图；

（b）不同层数石墨烯 G′峰的拟合

（2）拉曼光谱在堆垛方式判定上的应用

在石墨烯的研究中，除了常用的以 AB 堆垛方式堆垛的少层石墨烯晶体结构，还有一些以 ABA，ABC 堆垛方式存在的晶体。由于其声子能带结构的微小差异，ABC 堆垛方式的拉曼 G 峰相对于 ABA 堆垛的频率只发生了轻微的红移，且半峰宽变窄。ABC 堆垛方式的石墨烯相对于 ABA 堆垛的 G′峰更加不对称，肩峰更强，且半峰宽变大。由于 G′峰源于双共振过程中会受到电子性质的影响，G′峰可以更灵敏地反映出石墨烯的堆垛方式，如图 8-18 所示。

（3）拉曼光谱在掺杂程度判定上的应用

图 8-19 中比较了 3 个取自少层区域的原始石墨烯、N/C = 0.6% 的掺杂石墨烯和

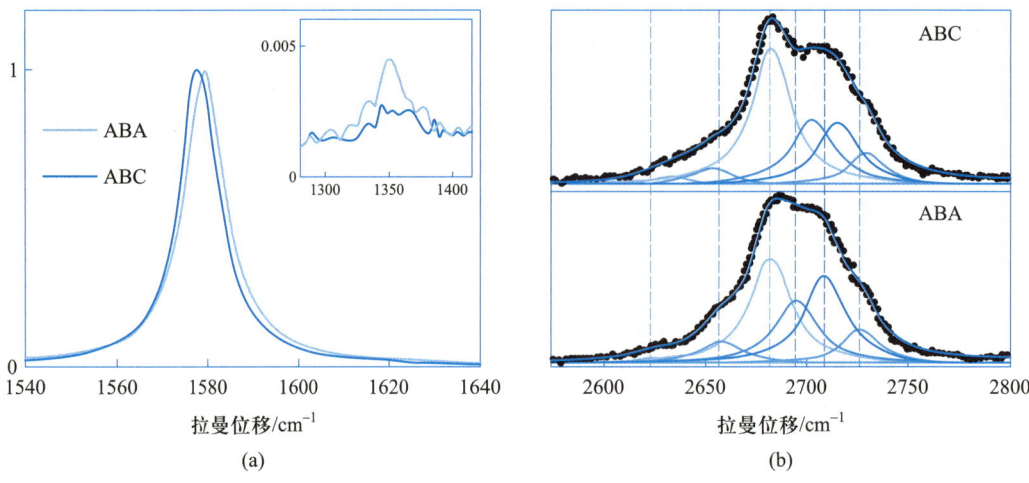

图 8-18　ABA 和 ABC 堆垛三层石墨烯的 G 峰(a)和 G′峰(b)拉曼光谱(插图为 D 峰)

N/C = 2.9%的掺杂石墨烯的拉曼光谱。在原始石墨烯的拉曼光谱中,D 峰几乎没有出现,表明原始石墨烯中没有缺陷。而掺杂后的石墨烯 D 峰出现,G 峰和 G′峰的峰值也发生了偏移,表明氮原子已经掺杂到石墨烯的网络结构中。与原始石墨烯相比,随着掺杂氮含量的增加,N/C = 0.6%的掺杂石墨烯中的 G 峰和 D 峰的峰值几乎没有变化,而 N/C = 2.9%的掺杂石墨烯中的 G 峰蓝移了大约 7 cm⁻¹,这意味着在狄拉克点处费米能级的略微转变,同时 G′峰也发生了明显的红移。掺杂后石墨烯的 G′峰、G 峰和 G′峰的半峰宽与原始石墨烯相比也都发生了展宽,这是由于掺杂引起了键合结构的改变和缺陷的出现,且掺杂程度的变化与半峰宽的展宽有一定的联系。

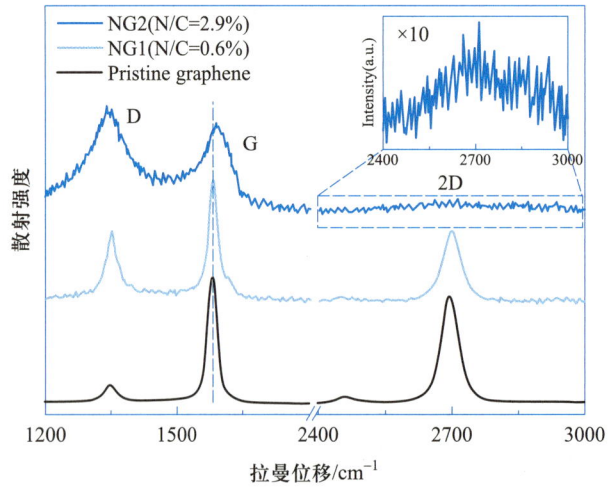

图 8-19　原始石墨烯、N/C = 0.6%的掺杂石墨烯和 N/C = 2.9%的掺杂石墨烯的拉曼光谱

（4）拉曼光谱在边缘手性类型判定上的应用

图 8-20 是石墨烯边缘的拉曼图像显示，G′峰的强度在锯齿形边缘较弱，而在扶手椅形边缘较强；G 峰的强度在锯齿形边缘较强，在扶手椅形边缘较弱。因此，拉曼光谱中的 G 峰和 G′峰可以用来判定石墨烯的边缘手性。

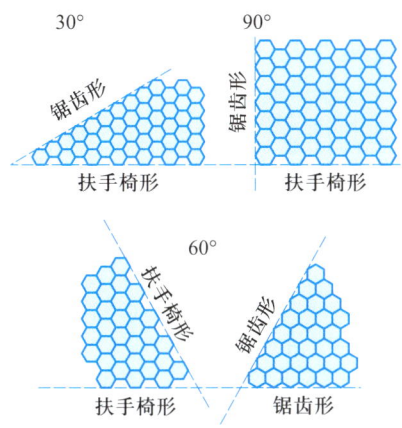

图 8-20　几种具有不同边缘手性类型石墨烯的结构示意图

8.6.3　拉曼光谱在生物医学中的应用

当光与生物组织相互作用时，发生反射、吸收、荧光、散射（弹性散射与非弹性散射）等光学效应和现象。当入射光子与分子发生非弹性碰撞时，光子与分子之间发生能量交换。不仅光子运动方向发生改变，同时光子转移一部分能量给散射分子，转变为分子振动或转动能量，或者从散射分子吸收一部分能量，导致光子波长/频率发生改变。拉曼频移是表征物质分子振动、转动能级特性的一个物理量，也是利用拉曼光谱进行物质分子结构分析的依据。拉曼光谱图中含有丰富的分子指纹信息，可以通过拉曼峰频移的位置分析物质的生化组成特性。通过对比正常与病变组织的拉曼光谱信息，在如实反映组织生化组成的基础上，不但可以用于探讨疾病发生与治疗机制，而且更易实现临床重大恶性疾病的早期量化诊断。选择合适波长的激光用于活体生物组织光谱激发，对于临床光谱分析测量尤其重要。紫外光照射会引起组织光化学损伤，可见光照射会激发强烈的组织自体荧光，因此，临床拉曼光谱分析装置常使用近红外光作为激发光。

1. 人体动脉

Baraga 及其同事利用拉曼光谱对人体动脉进行了定量组织化学分析。使用近红外激发，在不进行样品制备、样品降解或尼罗荧光干扰的情况下，对正常和动脉粥样硬化的人主动脉样品进行了研究。通过根据各种成分（包括蛋白质、胶原蛋白和弹性蛋白、胆固醇脂质和羟基磷灰石）对组织成分进行建模，测量动脉粥样硬化主动脉中生物成分的相对浓度。获得了正常组织和动脉粥样硬化组织的定量信息。正常动脉的光谱似乎以蛋白质带为主,尤其是 1658 cm⁻¹ 和 1252 cm⁻¹ 处的带,而动脉粥样硬化斑块在 1000 cm⁻¹ 以下表现出更多胆固醇型分子的特征,如图 8-21 所示。尽管在随后的研究中,光谱仪拉曼系统与 810 nm 处的 NIR 激发相结合,结合了降低荧光和快速光谱采集的优点,但 NIR 激发对于克服样品尼罗荧光是必要的。与 1064 nm 激发的 FT 拉曼光谱相比,光谱仪 CCD 系统的灵敏度也更高。810 nm 处的尼罗荧光发射没有过度降低信噪比。建议使用二极管激光器和光学远程探针进行体内临床研究。

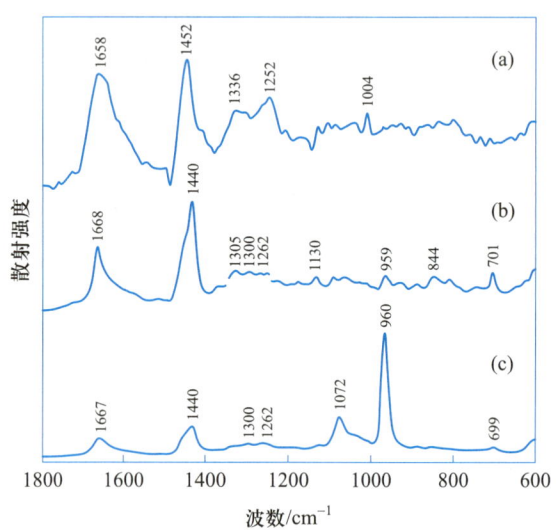

图 8-21　(a) 正常主动脉,(b) 动脉粥样硬化和(c) 钙化斑块的 FT-Raman 光谱

2. 癌症和肿瘤

使用拉曼光谱方法进行癌症诊断的可能性引起了许多团体的兴趣。1993 年,Alfano 等申请了使用拉曼光谱测定组织恶性肿瘤的概念专利。继 Frank 等和 Redd 等早期使用拉曼光谱对人类乳腺组织进行表征之后,他们的研究进一步深入到对正常和患病人类乳腺组织的研究。对组织学正常的人乳腺活检标本与浸润性导管癌(IDC)或微囊变的活检标本进行了比较。在正常组织和异常组织之间以及良性(微囊型)和恶性(IDC)组织之间观察到光谱差异。良性和恶性组织之间的光谱变化较小,但可重复。提出了在活体测量中实现与皮下注射针耦合的短视装置的可能性。在一份关于分离疾病和生物医学介质的潜在光学诊断技术的研究报告中,Lui 等使用傅里叶变换拉曼光谱研究了人类妇科道的正常、良性和癌症组织。对各种样本进行了调查,包括宫颈、子宫、子宫内膜和卵巢组织的恶性和非恶性(正常和良性)状态。癌组织光谱显示,与良性组织和正常组织相比,1657, 1445 cm⁻¹ 处的拉曼光谱强度比发生了显著变化,如图 8-22 所示。其他差异包括新谱带的存在、现有谱带的加宽和 d(CH 弯曲模式)位置的变化。

肿瘤生长可以监测,有助于结合拉曼光谱进行早期癌症检测用内窥镜。Mizuno 等人报道了对人类脑组织和肿瘤的 NIR FT-Raman 光谱研究。不同类型脑瘤之间的差异证明了该技术的诊断潜力。一些肿瘤具有特征性标记带,因此有可能监测组织的病理状态。

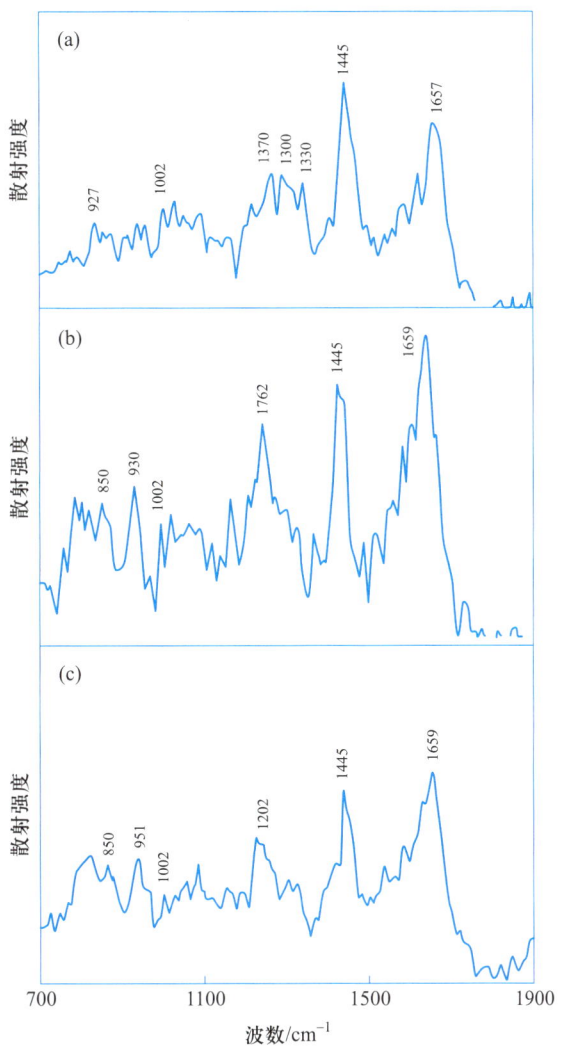

图 8-22　(a) 癌性宫颈,(b) 良性宫颈和(c) 正常宫颈的 FT-Raman 光谱图

3. 结石

胆结石(胆道结石)和肾结石(肾结石)是胆固醇(胆汁)或尿盐(肾)结晶时形成的不溶性结石。结石会随着时间延长,如果不清除,可能会引起剧烈疼痛和/或阻塞。胆石形成于胆汁进入十二指肠的点或其附近,肾结石可见于肾脏或泌尿道。Kodati 等利用可见光激发的拉曼光谱法对磷酸盐型肾结石进行了鉴定。通过将激光辐射聚焦在结石切割表面 514.5 nm 处,并将光谱与各种标准磷酸盐化合物进行比较,发现主要成分为羟基磷灰

石或刷石。由于样品的荧光,必须采用光漂白工艺。Byrne 等比较了振动光谱技术,以开发一种有效的方法来表征人体胆结石。通过对一系列胆石的研究,FT 拉曼光谱提供了除黑色区域外所有胆石的光谱数据。红外光声光谱被认为是最有用的技术,为整个石头提供光谱数据。

4. 头发和指甲

Williams 等首次记录并指定了头发和指甲样品的 FT 拉曼光谱。通过对头发根部的 FT Raman 研究,评估了该技术对未来研究毛囊疾病的可行性。人体指甲的体内 FT-拉曼光谱如图 8-23 所示。虽然所有光谱都是从一只手的指甲上记录的,但光谱中显示出显著的结构变化,这可能会阻碍未来的生物医学应用。Schrader 等报道了使用近红外傅里叶变换拉曼光谱对人体指甲进行的体内测量。指甲的成分通常可以传递有关代谢紊乱、药物中毒和药物摄入引起的色素沉着变化、局部感染和其他疾病的信息。

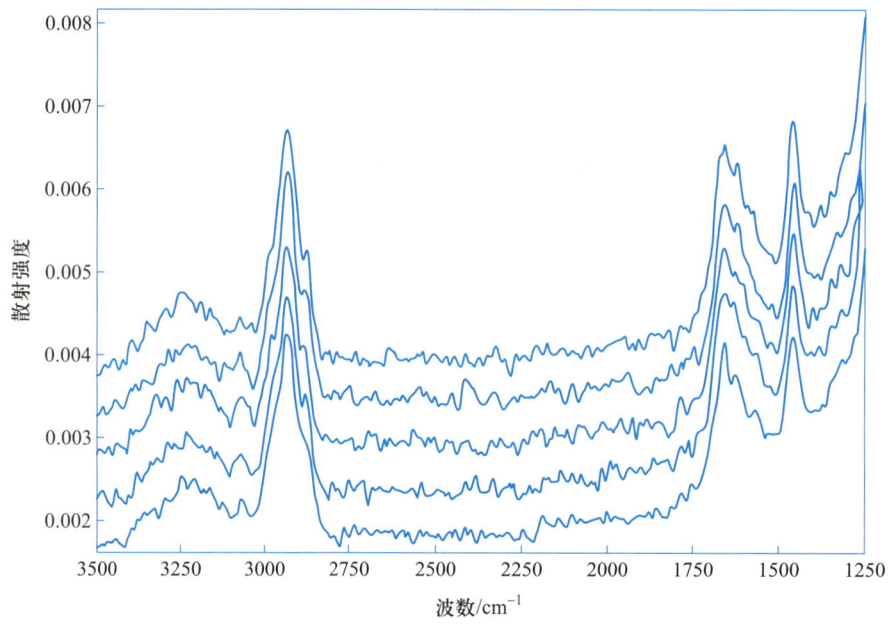

图 8-23　人指甲的 FT-拉曼光谱

5. 植入物和假体

Walters 等对羟基磷灰石的早期拉曼研究包括与牛股骨样品相比对生物羟基磷灰石的光谱研究。Rehman 等使用 FT-Raman 光谱对人和羊的骨骼进行了结构评估,并与人工羟基磷灰石(一种常用于植入的材料)进行了比较。对整个人类和绵羊皮质骨组织进行了比较,发现它们的 FT-Raman 光谱非常相似。为了比较真骨和合成羟基磷灰石,有必要通过脱蛋白程序分离骨的矿物相,以去除骨组织中的胶原蛋白。从光谱中,观察到真实样品和合成样品之间的一些共同特征。Bertoluzza 等使用拉曼光谱和红外光谱研究修复生物材料的生物相容性。对髋关节假体的不同成分进行了研究,包括聚甲基丙烯酸甲酯(PMMA)(骨水泥)、高密度聚乙烯(髋臼杯)、氧化铝(球茎)和羟基磷灰石(陶瓷涂层)。植入后研究了各种成分,以观察分子结构的任何变化,从而预测材料的生物相容性。移植的 PMMA 骨水泥通常在 601 cm^{-1}、968 cm^{-1}、985 cm^{-1} 处显示特征条带,表明聚合物以间规构象为主。与 968 cm^{-1} 相比,985 cm^{-1} 处的条带强度增加,条带位置从 601 cm^{-1} 移到 565 cm^{-1} 是 PMMA 等温构象的特征,表明骨水泥经历了构象变化,因此在植入后形成了不同的物理性质。Tudor 等使用 NIR FT 拉曼光谱分析生物医学羟基磷灰石粉末和金属医用植入物上的羟基磷灰石涂层。拉曼光谱也被用于研究骨科手术和钙化组织中使用的植入物,临床使用后,羟基磷灰石涂层牙科螺钉在恢复过程中观察到光谱变化。

6. 生物遗传物质的检测

核酸生物标志物,如 DNA、mRNA 和 microRNA(miRNA),长期以来被认为是监测各种疾病的诊断指标。对于体外核酸检测而言,一种无标记的基于 SERS 的逆分子前哨(iMS)技术,可用于溶液或芯片平台上的均相生物测定。这种传感机制是基于目标序列和 DNA 探针的杂交,导致 SERS 传感器与纳米平台的等离子体活性表面之间的距离发生变化。由于表面等离子体的场强随距离呈指数衰减,距离的变化反过来调节 SERS 信号强度,从而表明目标序列的存在和进行捕获。iMS 技术是一种单步检测方法,只需将样品溶液简单地输送到 DNA 功能化探针的纳米平台上,然后在探针孵育后测量 SERS 信号。另外,iMS 方法也适用于纳米芯片平台,该平台基于纳米球(MFON)阵列基板上的金属薄膜,这也是为 SERS 的首个分析应用而开发的。随后,MFON 型基板被进一步开发,并被称为"纳米波"芯片,并应用于呼吸道病毒感染和登革热病毒等传染病的宿主遗传生物标志物的多重检测和诊断。在这个分析实验当中,采用具有捕获探针和超亮的磁珠夹层杂交技术检测核酸目标的存在和具有报告探针的 SERS 编码纳米细菌。Chon 等也报道了一种基于 SERS 的芯片免疫分析方法,他们使用磁珠进行连续流动,但存在的问题是纳米粒子沉积在通道壁上引起的记忆效应影响了测量的重现性和灵敏度,为了解决这些问题,该团队通过用 SERS 来测量两相液/液分段流系统。

8.6.4　拉曼光谱在环境监测中的应用

1. 毒素的检测

基于相似分子的振动指纹特征,以及在水溶液中测量拉曼光谱的能力,SERS 在检测可能危害我们食物供应的毒素方面有很大的潜力。最近的一些文献中也证明了用 SERS 检测有毒细菌(如伤寒沙门氏菌和鼠疫耶尔森菌)、蛋白质(如蓖麻毒素)和小分子(如霉菌毒素、吡啶二羧酸)。然而目前存在的巨大挑战在于为了在毒素本身的 SERS 光谱中获得高信噪比,散射分子必须停留在距等离子体基底几纳米的范围内。因此,对于 SERS 传感器来说,关键在于亲和力剂、涂层和捕获机制的性质,这些性质将吸引目标分析物保持在等离子体表面附近。在某些情况下,根据毒素的分子特征,毒素本身会与等离子体表面有亲和力,可以直接使用 SERS 检测。Van Duyne 等报道了直接用 SERS 检测二吡啶甲酸,通过一种炭疽杆菌的生物标志物,在相关的水平上快速检测感染剂量。然而在大多数情况下,目标分子对能够进行 SERS 检测的等离子体基底没有表现出亲和力,因此,亲和力试剂被广泛用于毒素的 SERS 检测。选择亲和剂时要注意的最重要的因素在于亲和剂的长度(这决定了分析物与增强底物之间的距离)和亲和剂本身的拉曼散射特性(振动带会干扰来自目标的新信号)。

在传统检测方法中使用抗体亲和剂检测毒素的例子有很多。一般来说,抗体本身并不是很强的拉曼散射体,因此它们的光谱特征不是很强的干扰源。例如,Granger 等报道了一种抗体夹心法,可以检测炭疽芽孢杆菌的两种抗原蛋白标记物。类似的抗体激活的 SERS 免疫分析也被成功地用于检测神经毒素肉毒梭菌,并使用侧向流动的形式对葡萄球菌肠毒素 B 的抗体进行 SERS 检测。在某些情况下,抗体用于捕获目标毒素,但需要额外的捕获步骤来集中和探测捕获的目标。Faulds 等使用抗体修饰的 NPs 和凝集素修饰的 NPs 来促进对大肠杆菌、鼠伤寒沙门氏菌和耐甲氧西林金黄色葡萄球菌的 SERS 检测。

适配体是另一种亲和力试剂,在基于 SERS 的毒素检测中具有重要的潜力。这些 DNA 或 RNA 结构确实显示出一些拉曼散射特征,这些特征可能会干扰目标分析物的光谱,但这些波段是众所周知的,而且数量相对较少。在 SERS 检测毒素的背景下,适配体最常用来检测蓖麻蛋白或一些蛋白质的组成成分。有了这个适配体,就可以在食物和血液中检测相关浓度的蓖麻毒素。虽然抗体和适配体的特异性可能是有利的,但一些毒素传感应用将受益于低特异性的捕获方法,因为这样就可以同时检测到多个目标毒素。就像 Lyandres 等利用自组装的隔离层成功地集中和检测葡萄糖。然而,该方法尚未用于小分子毒素检测。有一种方法是用低特异性捕获层包覆共价附着的线性聚合物,这种方法有着很好的发展前景,因为基于聚合物重复单元官能团,特定类别的分子可以被靶向,如果使用受控聚合的方法,捕获层的厚度也可以被控制。

2. 非极性有机污染物的测定

尽管最常见的非极性有机污染物,如多环芳烃(PAHs)、多氯联苯(PCBs)或农药,具有较高的极化率,但使用 SERS 直接检测仍具有挑战性。一些物质缺乏对金属表面具有亲和力的官能团,如硫醇、胺或羧酸,因此有必要设计促进污染物与等离子体传感平台之间相互作用的方法,这对其 SERS 检测至关重要。这些持久性有机污染物(POPs)具有高毒性,即使浓度很低,也会对人类和动物的健康造成不利影响,这促进了超灵敏 SERS 传感器的发展,提高检测和捕获这些分子的能力。最早报道的检测多环芳烃和多氯联苯的方法之一是基于与烷基硫醇的等离子体表面功能化。创建一个自组装单层,该单层可以通过范德华力与疏水分子相互作用。Haynes 等研究表明,在银纳米球(AgFON)基底上用烷硫醇修饰银膜,可以在皮摩尔限内检测多环芳烃或多氯联苯。这些疏水性 AgFON 基底被用来区分混合物中两种不同的多环芳烃/多氯联苯污染物,并可在辛醇漂洗后重复使用。更有趣的是,在研究烷基链对 AgFON SERS 性能的影响时,发现正十硫醇单层膜比其他烷基硫醇单层膜效果更好,这是因为单层膜的层厚(链长)和结晶度起到了关键作用。

习题

1. 振动光谱有哪两种类型？多原子分子的价键或基团的振动有哪些类型？同一种基团哪种振动的频率较高？哪种振动的频率较低？

2. 比较拉曼光谱与红外光谱。

3. 红外与拉曼活性判断规律。指出下列分子的振动方式哪些具有红外活性、哪些具有拉曼活性？为什么？

（1）O_2、H_2；

（2）H_2O 的对称伸缩振动、反对称伸缩振动和弯曲振动。

第 8 章参考文献

第 9 章
和频振动光谱分析技术

和频振动光谱是一种针对材料表面与界面分子结构进行探测的非线性光谱技术。它基于二阶非线性光学过程中的特殊性质,可以免除体相分子对界面分子信息的干扰,选择性地探测材料表面与界面的分子与结构信息。二阶非线性光学过程可以产生二次谐波过程、和频过程以及差频过程等。而在和频过程中,如果其中一束光是波长与分子振动模式吻合的红外光,就可以让和频过程得到增强,进而产生较强的和频信号。利用和频信号在不同波长(或波数)下的增强,就可以获得展现分子结构的和频振动光谱。

本章将着重讨论和频振动光谱仪的工作原理、分析方法,以及它们在材料表面与界面分子结构研究中的典型应用。

9.1   和频振动光谱简介

9.1.1   和频振动光谱的发展历史

界面非线性光学的发展可以大致分为三个阶段:第一个阶段是 20 世纪 60 年代,那时候非线性光学实验初步开始,基本理论初步建立;第二个阶段是 20 世纪 70 年代,由于理论和实验的初步创立,大家对实验设计和分析不够准确,因此非线性光学手段用于界面研究的特性被忽略,很长一段时间非线性光学的界面研究没有进展;第三个阶段是,20 世纪80 年代至今,随着二阶非线性光学具有界面选择性被再次发现,并且界面非线性光学的理论和实验结果分析方法进一步细化和完善,和频光谱和二次谐波被广泛用于界面的研究。

非线性光学能够从光学分支出来并且发展成为今天这样一门重要的学科,其中的快速发展离不开激光技术的支持,因为激光具有较高的能量密度和较好的光束相干性,所以非线性光学才更容易发现和快速发展。非线性光学在界面的广泛应用是激光技术的发展以及非线性光学理论不断完善的共同结果。Franken 等人 1961 年首次发现存在于石英晶体中的二次谐波效应,并将实验手稿发给了在斯坦福大学期间读研时的好友 Wilcox。1961 年的时候 Wilcox 正在哈佛大学物理系教授 Bloembergen 课题组做博士后研究,当时 Bloembergen 教授看到 Franken 的手稿以后,马上意识到非线性光学存在着巨大的研究潜力。但是苦于当时实验室没有红宝石激光器,不能进行实验研究,因此立即组织哈佛所在的团队进行非线性光学的理论研究,讨论了光波在非线性介质的边界效应。Franken 等人 1962 年再次发现两束不同频率的光波在经过石英晶体以后发生了和频现象。从此以后,Bloembergen 等发表了一系列非线性光学的奠基性工作,并且初步建立了非线性光学的基本理论。Bloembergen 教授由于在非线性激光光谱研究领域做出的卓越贡献,于 1981 年获得诺贝尔物理学奖。

自从 Franken 等人在实验中发现二次谐波与和频现象以后,关于和频现象的实验陆续被报道,随后许多非线性晶体都被发现具有和频现象,结合非线性光学理论,当时就有很多激光晶体被设计出来,比如 KDP、KTP、LBO、BBO 和 DFG 等。但是当时却几乎没有人将非线性光谱学作为探测工具去做检测,或许是非线性效应刚被发现,大部分实验都集中在非线性效应本身,如非线性效应晶体的设计,非线性光学效应的理论建设等。1965 年 Brown 等在实验室检测到了金属银界面反射的二次谐波,并且将其归结为界面的自由电子贡献,1968 年 Bloembergen 等人细致分析总结了界面非线性光学现象,并且认为界面的二次非线性信号主要来源于电四极矩的贡献。但是,Brown 等人检测到洁净表面的金属银二次谐波信号强于吸附有分子的银表面,认为二次谐波信号来源里面含有电偶极的贡献,然而 Stern 等人在实验中却得出了相反的结果,检测到洁净表面的金属银二次谐波信号弱于吸附有分子的银表面,因此觉得界面的对称性破缺对二次谐波信号有贡献。虽然这些实验得出的结论不尽相同,但是二次谐波具有界面分子检测的能力已经显现出来。由于科学家对这个领域的认识不够,所以非线性光谱学在那一段时间并没有得到快速发展。

直到 1974 年,沈元壤教授等人在表面增强拉曼现象的启发下,做了一系列金属表面二次谐波的工作,并且在 Bloembergen 等人的实验基础上,对界面非线性光学的理论进行了合理改进,将界面层进行有效三层模型化,推导出了界面二次谐波公式,并详细阐述了界面有效极化率的概念,从而促进了二阶非线性光学方法成为界面有效表征工具。此后沈元壤教授等人还将非线性光学理论从二次谐波推广到可和频光谱,进而非线性光谱包括和频光谱和二次谐波进入了快速发展的阶段。

9.1.2　和频振动光谱的工作原理

在激光技术出现以前,我们所了解到光学都是线性光学。介质的电极化强度矢量 $\vec{P}$ 这个物理量与入射光波的电场强度 $\vec{E}$ 构成简单的线性关系。即

$$\vec{P} = \chi^{(1)} \cdot \vec{E} \tag{9-1}$$

式中,系数 $\chi^{(1)}$ 是一阶线性电极化率张量。

直到 1960 年激光技术的出现,让非线性光学走进了我们的世界。激光是一种单色性、相干性很好且能量集中的受激辐射光源,全称是受激辐射放大的光(light amplification by stimulated emission of radiation),在 1964 年钱学森的建议下,最后将受激辐射光改为激光,英文使用全称的首字母缩写 laser。在激光这种高能量、高光场强度($\sim 10^9$ V·m^{-1})的作用下,入射光源与介质之间的电极化强度将不再是简单的线性关系,将会诱导物质产生更高阶的光场响应,引起非线性效应:

$$\vec{P} = \vec{P}^{(0)} + \vec{P}^{(1)} + \vec{P}^{(2)} + \vec{P}^{(3)} + \vec{P}^{(4)} + \cdots$$

$$= \vec{P}^{(0)} + \chi^{(1)} \cdot \vec{E} + \chi^{(2)} : \vec{E}\vec{E} + \chi^{(3)} \vdots \vec{E}\vec{E}\vec{E} + \cdots \tag{9-2}$$

式中:$\vec{P}$ 是总的电极化强度矢量,$\vec{P}^{(0)}$ 是物质本身的固有电极化强度矢量,$\vec{P}^{(1)}$ 是物质的一阶电极化强度矢量,$\vec{P}^{(n)}$ 是物质的 n 阶电极化强度矢量,$\vec{E}$ 是光波的电场强度,$\chi^{(n)}$ 是物质的 n 阶极化率,当 $n+1$ 时,代表的是线性极化率;当 $n \geqslant 2$ 时,代表的是非线性极化率,是一个 $n+1$ 阶张量。

对于非线性光学响应来说,二阶非线性响应是介质中信号最强的,根据早期沈元壤教授关于液体界面吸附的单分子层检测中报道估算,在当时能量密度为 10 MW/cm^2 的纳秒脉冲激光作用下,单个脉冲可以产生约 5×10^4 个光子/cm^2,产生的这些光子数量,已经足够被探测器检测到。随着科学技术的不断发展,激光技术和探测技术也变得越来越先进,非线性光学将拥有更加美好的前景。

常见的非线性光学效应有,二阶非线性和三阶非线性,其中二阶非线性效应包括:二次谐波[second harmonic generation(SHG)]、和频过程[sum frequency generation (SFG)],如图 9-1 所示。

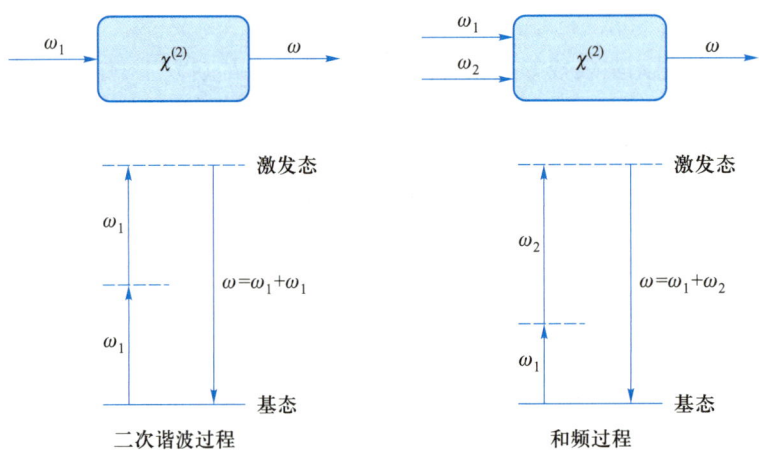

图 9-1   二次谐波与和频过程的产生及能级示意图

　　现今 $\omega = \omega_1 + \omega_2$ 的和频过程被广泛应用于界面分子的检测。从最初的皮秒扫描式和频光谱系统,到 1995 年出现的飞秒宽带和频光谱系统,再到 2013 年报道的超分辨和频光谱系统,和频光谱方法随着激光技术与光谱检测技术的不断进步,也经历了长足的发展。

9.1.3　和频振动光谱的分析方法

　　界面的二阶非线性光学检测有很多实验构型可以选择,比如:固液界面可以采用同向入射构型、气液界面可以采用同向或反向入射构型、固液界面可以采用全反射实验构型或者透射式的实验构型。下面介绍一种简单且常用的实验构型:同向入射检测光波并且反向出射信号光波的实验构型。本节中同向入射构型的公式推导和分析方法是在电偶极近似的前提下进行的。

　　图 9-2 为最常见的用于气液界面的反射式和频光谱构型,在和频光谱实验中通常是一束波长可调谐的红外光谱和一束固定波长的可见光谱同时入射到样品界面(两种样品相交的地方),然后经过空间重叠和相位的匹配之后会产生一束频率为红外和可见光频率之和的信号光,称之为和频信号。图 9-2 中 ω、ω_1、ω_2 分别代表的是和频信号的频率、可见光的频率和红外光谱的频率;β、β_1、β_2 分别代表的是和频信号光的出射角度、可见光谱的入射角度和红外光谱的入射角度;γ、γ_1、γ_2 分别代表的是和频信号的折射角度、可见光谱的折射角度和红外光谱的折射角度。其中入射角和折射角满足菲涅尔定理,$n_1(\omega_i)\sin\beta_i = n_2(\omega_i)\sin\gamma_i$。P 和 S 分别代表着光波振动方向平行和垂直于入射与出射光波构成的平面。界面层用坐标 xy 构成的平面表示,坐标 xz 构成的平面用来表示光波的入射和出射平面。和频过程是一个三光子过程,这个过程遵循能量守恒定律,也就是和

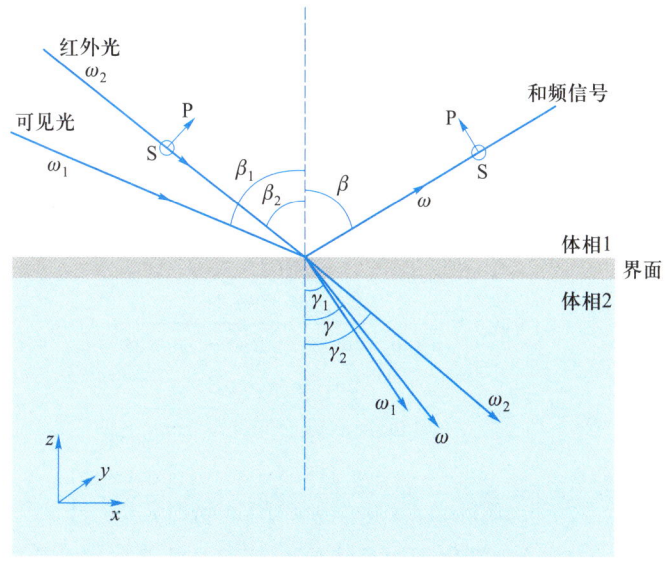

图 9-2　反射式构型的和频光谱实验检测装置示意图

频信号的能量等于两束入射光波能量之和 $h\omega = h\omega_1 + h\omega_2$，由此可得

$$\omega = \omega_1 + \omega_2 \tag{9-3}$$

二阶非线性光学过程也是一个光波相干的过程，这个过程满足动量守恒定律，如果将其在界面上进行分解（即在坐标平面 xy 上进行分解），则可以得到一个关于入射和反射角度的动量守恒关系式

$$\vec{k}\sin\beta = \vec{k_1}\sin\beta_1 + \vec{k_2}\sin\beta_2 \tag{9-4}$$

$$\omega\sin\beta = \omega_1\sin\beta_1 + \omega_2\sin\beta_2 \tag{9-5}$$

$$\beta = \arcsin\left(\frac{\omega_1\sin\beta_1 + \omega_2\sin\beta_2}{\omega}\right) \tag{9-6}$$

式中，光波矢量 $\vec{k} = \frac{2\pi}{\lambda}$，$\lambda = \frac{2\pi c}{\omega}$，其中 c 是光速，λ 代表波长，β 为和频信号光波的出射角度。

非线性光学跟线性光学一样，都是通过光与物质相互作用以后，得到一个输出的光波，区别是一个线性一个非线性。在适当的条件下通过联系麦克斯韦和边界条件，可以得出二阶非线性光学过程的输出信号强度表达式

$$I(\omega) = \frac{8\pi^3\omega^2\sec^2\beta}{c^3 n_1(\omega)n_1(\omega_1)n_1(\omega_2)}\left|\chi_{\text{eff}}^{(2)}\right|^2 I_1(\omega_1)I_2(\omega_2) \tag{9-7}$$

式中，$I(\omega)$、$I_1(\omega_1)$ 和 $I_2(\omega_2)$ 分别表示和频信号的强度、两束入射激光的强度，c 代表的是光速，$n_1(\omega_i)$ 代表在体相 1 中频率为 ω_i 的光波折射率，β 代表和频信号光的出射角度，$\chi_{\text{eff}}^{(2)}$ 代表界面有效二阶极化率，$x_{\text{eff}}^{(2)}$ 的大小跟和频信号强度 $I(\omega)$ 有着密切联系，是界面层分子的重要信息参数。其表达式可以写成如下形式

$$\chi_{\text{eff}}^{(2)} = \left[\vec{e}(\omega)\cdot L(\omega)\right]\cdot\chi_{ijk}^2:\left[\vec{e}(\omega_1)\cdot L(\omega_1)\right]\left[\vec{e}(\omega_2)\cdot L(\omega_2)\right] \tag{9-8}$$

式中，ω、ω_1、ω_2 分别代表的是出射的和频信号、可见光波的频率和红外光波的频率，$\vec{e}(\omega_i)$ 代表的是频率为 ω_i 的入射光波及出射光波在介质中产生的单位电场矢量，$L(\omega_i)$ 代表的是频率为 ω_i 的入射光波在经过界面层时的菲涅尔系数。$\chi_{ijk}^{(2)}$ 的下标中的 i、j、k 代表的是如图 9-2 中的坐标系中的坐标方向。其中菲涅尔系数 $L(\omega_i)$ 可以写成如下式子

$$L_{xx}(\omega_i) = \frac{2n_1(\omega_i)\cos\gamma_i}{n_1(\omega_i)\cos\gamma_i + n_2(\omega_i)\cos\beta_i} \tag{9-9}$$

$$L_{yy}(\omega_i) = \frac{2n_1(\omega_i)\cos\beta_i}{n_1(\omega_i)\cos\beta_i + n_2(\omega_i)\cos\gamma_i} \tag{9-10}$$

$$L_{zz}(\omega_i) = \frac{2n_2(\omega_i)\cos\beta_i}{n_1(\omega_i)\cos\gamma_i + n_2(\omega_i)\cos\beta_i}\left[\frac{n_1(\omega_i)}{n'(\omega_i)}\right] \tag{9-11}$$

式中，$n_1(\omega_i)$、$n_1(\omega_i)$、$n'(\omega_i)$ 分别代表的是体相 1、体相 2 和界面层介质的光波折射率，不同频率的光波在相同介质中的折射率也是不一样的。β_i 代表的是两束入射和一束反射信号光与法线的角度（如图 9-2 所示），γ_i 代表的是两束入射和一束出射信号光经过介质

以后的折射光线与法线的角度（即折射角，如图 9-2 所示）。$L_{zz}(\omega_i)$ 表达式中的 $n'(\omega_i)$ 表示的是界面层分子在外加电场情况下所受到的局域场环境的影响，是光谱计算过程中针对界面层分子的一个修正量，这个修正量在以往的文献中有所讨论，并且提出用洛伦兹模型进行修正计算：

$$(n')^2 = \frac{(n_2)^2 [(n_2)^2 + 5]}{4(n_2)^2 + 2} \tag{9-12}$$

尽管用洛伦兹模型进行了修正，但是在部分实验中发现，该取值似乎不太合理，因此为了解决这个问题，王鸿飞课题组采用二维晶格模型来表示微观局域场因子，较好地解决了该问题。

因此在电偶极矩近似下，具有中心对称结构的介质，如液体、气体和一些具有中心对称点群结构的固体内部，二阶及以上偶数阶非线性极化率为零。但是对于两相交接的界面层来说，其物理化学性质跟界面层两边的体相都不一样，此时就不在具有体相中的对称性，因而可以获得非零偶数阶的非线性极化率贡献。这就是二阶非线性学，如和频光谱和二次谐波具有界面选择性的原因。

9.1.4 和频振动光谱的偏振检测方法

通过前面我们知道，在电偶极近似下的中心对称结构无法产生二阶非线性光学响应，也就是说在具有中心对称结构介质的体相中，无法产生和频信号，但是在介质与介质之间交界处的界面层是不具有中心对称性的，因此界面层可以产生二阶非线性光学响应，从而产生和频信号。但是由于界面二阶极化率 $\chi^{(2)}_{ijk}$ 是一个三阶张量，下标中的 i,j,k 分别对应图 9-2 中的坐标轴 x,y,z，一共有 27 个分量。计算起来会十分复杂，我们可以通过二阶非线性光学中介质张量与介质所属空间点群之间的关系，找出非线性极化率张量元之间的关系式，减少 27 个分量中非独立张量元的数量。比如：在具有宏观对称性的界面中，对称性操作下 $\chi^{(2)}_{ijk}$ 的不变性可以用下面式子表示：

$$\chi^{(2)}_{ijk} = (S \cdot \vec{i}) \cdot \chi^{(2)} : (S \cdot \vec{j})(S \cdot \vec{k}) \tag{9-13}$$

式（9-13）为对称操作下的 $\chi^{(2)}_{ijk}$ 张量表达式，将其展开可以得到 $3\times3\times3 = 27$ 个分量。在气液界面等一些具有各向同性的 $C_{\infty v}$ 界面中，可以通过对称操作将二阶非线性极化率张量中的 27 个分量减少到 7 个非零分量：$\chi^{(2)}_{xxz}=\chi^{(2)}_{yyz}$、$\chi^{(2)}_{xzx}=\chi^{(2)}_{yzy}$、$\chi^{(2)}_{zxx}=\chi^{(2)}_{zyy}$、$\chi^{(2)}_{zzz}$。

对于具有 $C_{\infty v}$ 对称性的界面，将界面有效二阶极化率 $\chi^{(2)}_{eff}$ 中不为零的项都展开可以得到如下式子

$$\begin{aligned}
\chi^{(2)}_{eff} =\ & \sin\Omega\sin\Omega_1\cos\Omega_2 L_{yy}(\omega)L_{yy}(\omega_1)L_{zz}(\omega_2)\sin\beta_2\chi_{yyz} \\
& + \sin\Omega\cos\Omega_1\sin\Omega_2 L_{yy}(\omega)L_{zz}(\omega_1)L_{yy}(\omega_2)\sin\beta_1\chi_{yzy} \\
& + \cos\Omega\sin\Omega_1\sin\Omega_2 L_{zz}(\omega)L_{yy}(\omega_1)L_{yy}(\omega_2)\sin\beta_1\chi_{zyy} \\
& - \cos\Omega\cos\Omega_1\cos\Omega_2 L_{xx}(\omega)L_{xx}(\omega_1)L_{zz}(\omega_2)\cos\beta\cos\beta_1\sin\beta_2\chi_{xxz} \\
& - \cos\Omega\cos\Omega_1\cos\Omega_2 L_{xx}(\omega)L_{zz}(\omega_1)L_{xx}(\omega_2)\cos\beta\sin\beta_1\cos\beta_2\chi_{xzx}
\end{aligned}$$

$$+ \cos \Omega \cos \Omega_1 \cos \Omega_2 L_{zz}(\omega) L_{xx}(\omega_1) L_{xx}(\omega_2) \sin \beta \cos \beta_1 \cos \beta_2 \chi_{zxx}$$

$$+ \cos \Omega \cos \Omega_1 \cos \Omega_2 L_{zz}(\omega) L_{zz}(\omega_1) L_{zz}(\omega_2) \sin \beta \sin \beta_1 \sin \beta_2 \chi_{zzz} \tag{9-14}$$

式中，β、β_1、β_2 分别是频率为 ω、ω_1、ω_2 的出射和频信号角度、入射可见激光角度、入射红外激光角度；Ω、Ω_1、Ω_2 分别是和频信号、入射可见激光和入射红外激光偏振角度（以如图 9-2 中的入射激光为例，迎面观测激光时，顺时针方向为正方向，偏振角度为 0° 的偏振光称为 P 光，P 光的偏振方向垂直于入射激光，同时又在入射光与界面法线组成的平面内；偏振角度为 90° 的偏振光称为 S 光，S 光的偏振方向垂直于入射激光和发现组成的平面，其中 P 光和 S 光相互垂直）。当和频光谱中的三束偏振光转到特定角度的时候，如偏振角度为 0°（P 光）和 90°（S 光），这个时候三束偏振光一共有 $2 \times 2 \times 2 = 8$ 种偏振组合（PPP、PPS、PSP、PSS、SPP、SPS、SSP、SSS），这些偏振组合按照出射和频信号光、入射可见激光、入射红外激光的顺序排列（也可以认为是按照三束激光的频率由大到小的顺序排列，$\omega > \omega_1 > \omega_2$）。结合式（9-14）可以知道，只有在 SSP、PPP、SPS、PSS 这四种偏振组合下才能够测得有效二阶极化率 $\chi_{\text{eff}}^{(2)}$：

$$\chi_{\text{eff,SSP}}^{(2)} = L_{yy}(\omega) L_{yy}(\omega_1) L_{zz}(\omega_2) \sin \beta_2 \chi_{yyz} \tag{9-15}$$

$$\chi_{\text{eff,SPS}}^{(2)} = L_{yy}(\omega) L_{zz}(\omega_1) L_{yy}(\omega_2) \sin \beta_1 \chi_{yzy} \tag{9-16}$$

$$\chi_{\text{eff,PSS}}^{(2)} = L_{zz}(\omega) L_{yy}(\omega_1) L_{yy}(\omega_2) \sin \beta_1 \chi_{zyy} \tag{9-17}$$

$$\chi_{\text{eff,PSS}}^{(2)} = - L_{xx}(\omega) L_{xx}(\omega_1) L_{zz}(\omega_2) \cos \beta \cos \beta_1 \sin \beta_2 \chi_{xxz}$$

$$- L_{xx}(\omega) L_{zz}(\omega_1) L_{xx}(\omega_2) \cos \beta \sin \beta_1 \cos \beta_2 \chi_{xzx}$$

$$+ L_{zz}(\omega) L_{xx}(\omega_1) L_{xx}(\omega_2) \sin \beta \cos \beta_1 \cos \beta_2 \chi_{zxx}$$

$$+ L_{zz}(\omega) L_{zz}(\omega_1) L_{zz}(\omega_2) \sin \beta \sin \beta_1 \sin \beta_2 \chi_{zzz} \tag{9-18}$$

从以上公式可以看出，和频光谱信号的强度跟偏振的选取有很大关系，这个也是和频光谱的一大特点，在光谱分析及计算界面分子取向上有着重要的作用。在平常的光谱实验测量中，PPP 光谱的信号最强，包含的信息是最多的，其余的光谱偏振组合信号就会弱很多，但是通过合理组合，就能够测得界面分子取向信息以及作为定量分析的方式。以上公式都是在同向入射构型下得到的，关于同向和反向入射对和频及差频信号的影响，可以参考相关文献。

当入射红外激光的频率与被测样品分子的振动能级接近时，被测分子的二阶超极化率就会获得共振增强，红外激光频率与分子的二阶超极化率之间的关系可以用下面的公式来表示：

$$\beta^{(2)} = \beta_{\text{NR}}^{(2)} + \sum_q \frac{\beta_q^{(2)}}{\omega_{\text{IR}} - \omega_q - i\Gamma_q} \tag{9-19}$$

式中，$\beta_{\text{NR}}^{(2)}$ 代表的是分子二阶超极化率的非共振项，是介质本身的属性，一般不会随着入射红外激光的频率改变而改变；后面一部分是共振项，代表的是将所有样品分子振动模式的共振项进行加和；其中 $\beta_q^{(2)}$ 代表的是分子振动能级为 q 的和频振子强度（二阶超极化率的和频振子强度）；ω_{IR}、ω_q、Γ_q 代表的分别是入射红外激光的频率、样品分子的共振频率和分子的弛豫常数。通过分子超极化率和宏观极化率之间的关系可以知道，界面分子

基团统计平均相加,结合欧拉变换能够得到宏观二阶极化率 $\chi^{(2)}$ 随光谱频率变化的关系式

$$\chi_{ijk}^{(2)} = \chi_{NR,ijk}^{(2)} + \sum_{q} \frac{\chi_{q,ijk}^{(2)}}{\omega_2 - \omega_q - i\Gamma_q} \tag{9-20}$$

式中 $\chi_{NR,ijk}^{(2)}$ 代表的是宏观界面中二阶超极化率的非共振项,后面一部分代表的是共振项, $\chi_{q,ijk}^{2}$ 代表的是界面和频光谱的振子强度(二阶极化率)。其中 $\chi_{NR,ijk}^{(2)}$ 和 $\chi_{q,ijk}^{(2)}$ 的正负关系和数值的相对大小对测量光谱的形状有直接影响。那么可以通过对测量的光谱进行拟合然后得到对和频信号有贡献的振子强度 $\chi_{q,ijk}^{(2)}$,这样就可以得到关于界面分子基团的取向结构和对称性信息,如果被测样品中的界面分子基团取向结构和分布情况保持不变,那么被测和频信号的强度就与界面层分子或基团数量(或者密度)成正比。因此,在测量取向分布的同时也可以得到界面层分子基团的数量信息。在大多数非导电的液体界面中,或者是样品分子没有和频信号贡献的时候, $\beta_{NR}^{(2)}$ 和 $\chi_{NR,ijk}^{(2)}$ 往往是很小的实数,但是在测量金属或者半导体表面的时候, β_{NR}^{2} 和 $\chi_{NR,ijk}^{(2)}$ 将会是一个比较大的复数,在这种情况下需要仔细考虑非共振项的贡献。

光学手段检测本质上都是光与物质之间的相互作用,那么通过测量介质中能体现界面层性质的二阶有效非线性极化率 $\chi_{eff}^{(2)}$,就能够得到关于界面对称性等一些宏观信息。宏观极化率 $\chi_{eff}^{(2)}$ 里面包含界面微观超极化率 $\beta^{(2)}$ 响应,因此弄清楚它们之间的关系对于分析实验数据至关重要。如何通过宏观的极化率得到微观分子超极化率,以及从微观到宏观极化率,下面进行一些简单讨论。

对于不同的物体选择不同的参考系,才能更容易理解和解决针对该物体的问题,那么在实验中,对于界面分子而言,采用分子坐标系去理解分子层面的取向和结构是较为方便的,对于宏观体系而言,采用实验室坐标系是较为方便理解的。在不考虑分子之间相互作用导致的局域场效应前提下,界面分子层的宏观极化率 $\chi_{ijk}^{(2)}$ 可以通过界面上的分子微观极化率(微观分子超极化率) $\beta_{i'j'k'}^{(2)}$ 平均求和得到

$$\begin{aligned} \chi_{ijk}^{(2)} &= N_s \langle \beta_{i'j'k'}^{(2)} \rangle \\ &= N_s \langle R_{ijk}^{i'j'k'} \rangle \beta_{i'j'k'}^{(2)} \\ &= N_s \sum_{i'j'k'} \langle R_{ii'} R_{jj'} R_{kk'} \rangle \beta_{i'j'k'}^{(2)} \end{aligned} \tag{9-21}$$

式中, N_s 表示的是界面上二阶非线性光学响应的分子数, i, j, k 表示的是实验室坐标系, i', j', k' 表示的是分子坐标系。 $\langle \rangle$ 表示的是对分子或者分子基团进行平均取向, $R_{ijk}^{i'j'k'}$ 表示的是从分子坐标系到实验室坐标系的变换。如果将分子坐标系 i', j', k' 用 a, b, c 来表示,实验室坐标系 i, j, k 用 x, y, z 来表示,接下来通过分子坐标系 a, b, c 和实验室坐标系 x, y, z 之间的欧拉变换,表明它们之间的联系。此处的欧拉变换出三个欧拉角决定,其中包括 x 轴与 a 轴之间的夹角 ϕ ,称为分子方位角; z 轴与 c 轴之间的夹角 θ ,称为取向角; y 轴与 b 轴之间的夹角 ψ ,称为扭转角。

按照如图 9-3 所示的变换方式,变换矩阵可以写成

$$R = \begin{pmatrix} \cos\psi\cos\phi - \cos\theta\sin\phi\sin\psi & -\sin\psi\cos\phi - \cos\theta\sin\phi\cos\psi & \sin\theta\sin\phi \\ \cos\psi\sin\phi + \cos\theta\cos\phi\sin\psi & -\sin\psi\sin\phi + \cos\theta\cos\phi\cos\psi & -\sin\theta\cos\phi \\ \sin\theta\sin\psi & \sin\theta\cos\psi & \cos\theta \end{pmatrix}$$

$$(9-22)$$

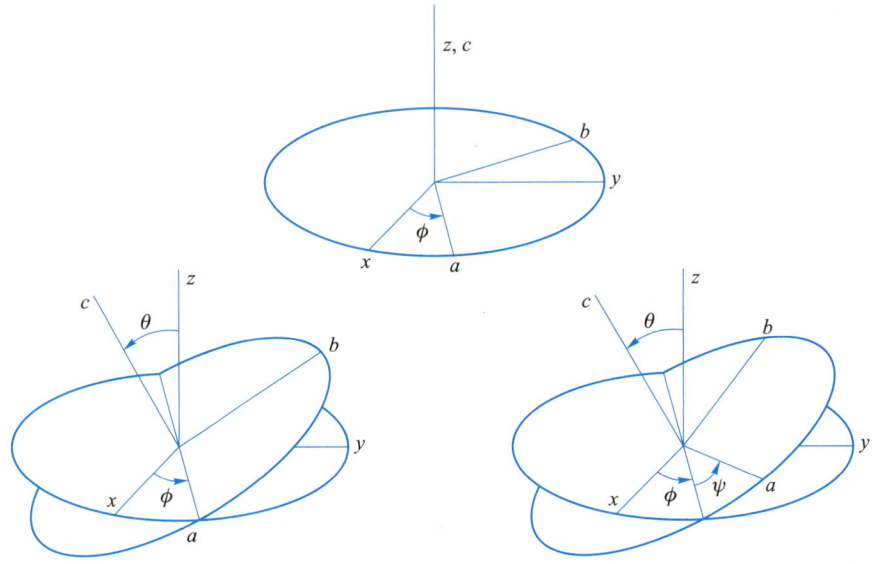

图 9-3   在欧拉角定义下的实验室坐标系 x, y, z 和分子坐标系 a, b, c 的变换,本图中宏观到微观的变换顺序为 $\phi \rightarrow \theta \rightarrow \psi$

图 9-3 中的变换角度取值范围分别是,分子方位角 ϕ 取值范围 $(0, 2\pi)$;取向角 θ 取值范围 $(0, \pi)$;扭转角 ψ 取值范围 $(0, 2\pi)$。如果分子的不同取向角分布函数为 $f(\theta, \phi, \psi)$,那么对所有分子进行平均取向的物理量 A 可以表示为 $\langle A \rangle$

$$\langle A \rangle = \frac{\int_0^\pi \int_0^{2\pi} \int_0^{2\pi} A(\theta, \phi, \psi) f(\theta, \phi, \psi) \sin\theta \mathrm{d}\theta \mathrm{d}\phi \mathrm{d}\psi}{\int_0^\pi \int_0^{2\pi} \int_0^{2\pi} f(\theta, \phi, \psi) \sin\theta \mathrm{d}\theta \mathrm{d}\phi \mathrm{d}\psi}$$

$$(9-23)$$

上面的关系式可以将宏观极化率和微观极化率联系起来,通过不同偏振组合下的和频信号计算和比较可以从测量到的有效二阶极化率中推测界面分子的取向和结构。

9.2   和频振动光谱实验方法

和频振动光谱的测量过程中可以利用多种激光系统(皮秒激光系统,飞秒激光系统)采取多种光路进行实验,针对多种界面(气液界面、固液界面、气固界面、液液界面等)进行检测。本章节内将简单介绍和频振动光谱实验的实现方式。

9.2.1 和频振动光谱系统简介

如图 9-4 所示,界面分子的振动能级与入射红外光谱能量相近时,界面分子产生的和频信号就可以得到增强。在和频振动光谱的实际测量过程中,一般需要让其中一束激光的波长固定,另一束红外激光的波长与特定的振动能级重叠。

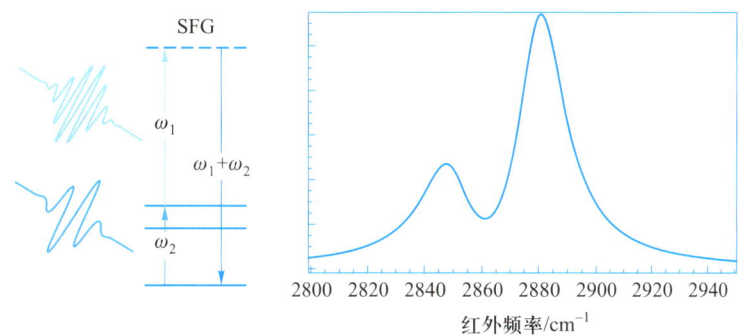

图 9-4 和频振动光谱的能级与光谱示意图

以皮秒激光系统为例,整个和频振动光谱系统主要分为五个部分:皮秒激光源系统、倍频单元系统、光参量产生系统、样品检测区域以及信号收集系统。皮秒激光源系统主要由振荡级(master oscillator)、再生放大级(regenerate amplifier)、次级放大级(secondary amplifier)组成。激光经过再生放大级以后分为两部分,一部分用于次级放大级中的 Nd:YAG 泵浦激光器再次放大,还有一部分直接输出,最后分别输出具有重复频率为 20 Hz,脉冲周期为 30 ps 的 1064 nm 泵浦光;其中 1064 nm 的泵浦光一部分经过倍频和三倍频以后产生 532 nm 和 355 nm 的泵浦光,一部分直接输出。皮秒激光源系统和倍频单元系统产生的 1064 nm、532 nm、355 nm 这三束激光,其中 532 nm 和 355 nm 的激光可以直接作为最后和频振动光谱检测过程中利用的固定波长光。其余的 1064 nm、532 nm 部分激光会进入光参量产生系统,经过光学参量振荡器(OPO)、光参量放大(OPA)、差频(DFG)过程以后产生连续可调的红外激光,可调范围在 2300~16000 nm,红外光在整个光谱段分辨率可以小于 2 cm^{-1}。

和频振动光谱测量系统中可以采取多种光路进行实验,以适应不同样品的检测要求。如图 9-5 所示,和频振动光谱可以针对气液界面与固液界面进行检测,红外激光和可见激光在检测台上的样品区域重叠以后产生和频信号,产生的和频信号经过格兰棱镜、透镜和偏振片等光学元件以后,进入单色仪进行频率筛选,光电倍增管收集转化,最终在配套的 Labview 程序显示和频信号强度随红外光波数的变化曲线。

和频振动光谱实验针对不同的界面或表面,样品的状态和制备方法也不一样,可以采集到的信号强度也不一样(详见图 9-6)。

在进行面下式检测时,激光在经过载玻片或棱镜以后发生折射,最后红外激光和可见

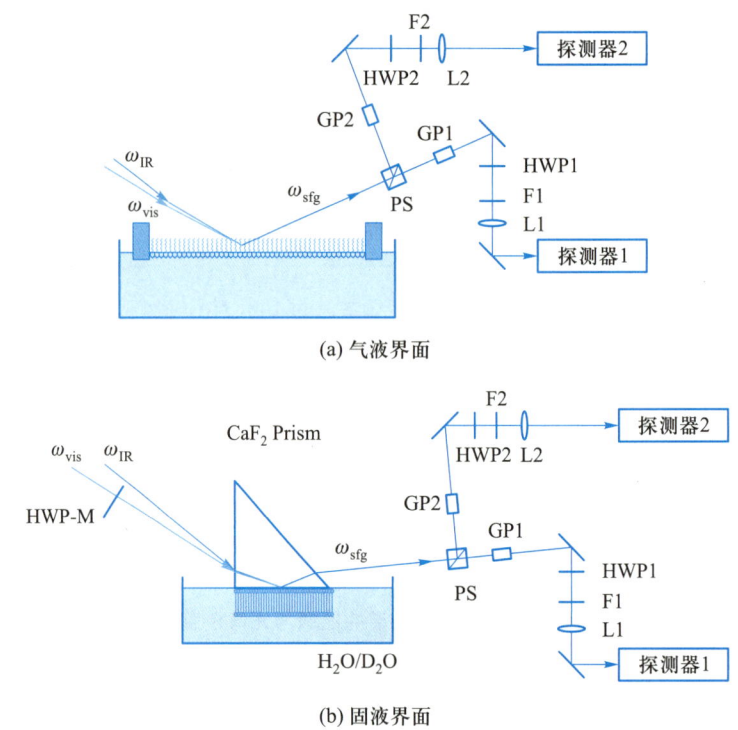

(a) 气液界面

(b) 固液界面

图 9-5　皮秒和频振动光谱实验中使用的光路设置。

PS—偏振分光镜；GP—格兰棱镜；HWP—半波片；F—滤光片；L—棱镜。

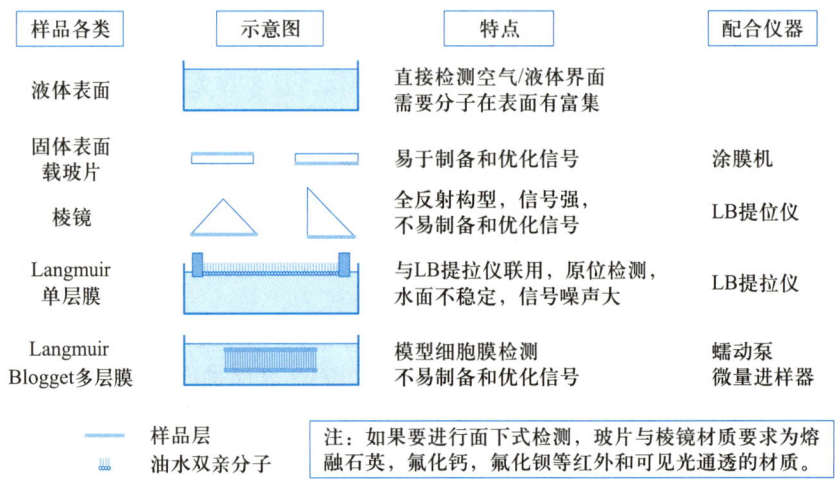

样品各类	示意图	特点	配合仪器
液体表面		直接检测空气/液体界面 需要分子在表面有富集	
固体表面 载玻片		易于制备和优化信号	涂膜机
棱镜		全反射构型，信号强， 不易制备和优化信号	LB提位仪
Langmuir 单层膜		与LB提拉仪联用，原位检测， 水面不稳定，信号噪声大	LB提拉仪
Langmuir Blogget多层膜		模型细胞膜检测 不易制备和优化信号	蠕动泵 微量进样器

—— 样品层

油水双亲分子

注：如果要进行面下式检测，玻片与棱镜材质要求为熔融石英，氟化钙，氟化钡等红外和可见光通透的材质。

图 9-6　和频振动光谱针对多种界面的示意图

激光到达界面时的入射角度也会发生相应的变化。比如载玻片中的入射角度变小，测量时获取的 PPP 光谱信号将相对较弱。而棱镜内反射的构型下，由于入射角度较大，同时接近氟化钙/水溶液界面的全反射角,因此在固/液界面的测量中可以让更多的和频信号发射至信号检测单元,提高光谱检测的信噪比。和频振动光谱方法在针对不同种类的样品体系进行检测时,可以根据实际情况选择不同的实验构型,配合不同的制样仪器,在不同基底上制备样品。在下面的章节中,将主要介绍如何利用 Langmuir-Blodgett 提拉仪在固体基底上实现 Langmuir 单层膜和双层膜的制备。

9.2.2 Langmuir 单层膜的制备

气液界面自组装体系是近年来的研究热点,也有非常广泛的应用前景。界面 Langmuir 单层膜作为自组装膜中最易成型、最可控的体系,也被深入地研究。可以通过调节 pH、金属离子浓度、温度、紫外光照等方式,来调控界面单层膜的分子结构和性质,实现自组装材料的功能调节。而其中盐离子响应材料在众多表面可控材料中最简单方便,也有最广泛的应用前景。近年来,国内外研究组制备出很多通过 pH 响应的方式来改变表面特性的新材料。但是,前人的研究大部分都集中在材料制备上,只有很少的文献从表面分子取向、动力学和内在驱动力的角度进行探讨和研究。通过在分子层面上了解 pH 响应反应的机制和驱动力,可以指导 pH 响应材料的合成,让 pH 响应材料的功能更加完善、可控性更强、有更好的应用价值。

LB(Langmuir-Blodgett)膜分析仪是一款在薄膜制备、薄膜表征和薄膜沉积领域有着广泛应用的仪器,如图 9-7(a)所示。LB 膜分析仪能够制备出超薄、均匀且排列高度有序的单分子层薄膜,这种方式制备出来的 Langmuir 单分子膜是研究细胞膜生物的理想模型,如图 9-7(b)所示。生物体中的细胞膜在生命体系中有着至关重要的作用,比如:生物体内发生的一系列生物化学反应、能量转换、物质运输和分子识别及信息传递等复杂变化都是在细胞膜内或者依靠细胞膜界面才能完成。由于生物体中的细胞膜结构很复杂,在进行研究的时候需要对其进行简化处理,然后一步步进行研究,这样才能弄清楚其具体的功能和作用。生物膜的基本结构一般被认为是两层高度有序的磷脂分子膜中间镶嵌着许多功能蛋白,其中的膜就好像是城墙,功能蛋白质就如同城门一样,它们各司其职,共同

(a)

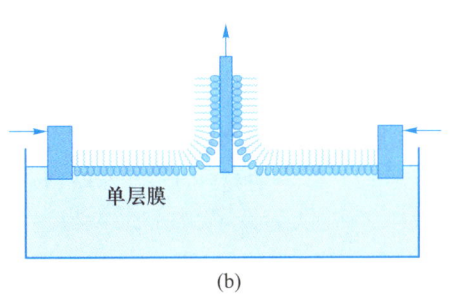

单层膜

(b)

图 9-7 (a)实验中使用的 LB 膜分析提拉仪;(b)Langmuir-Blodgett 膜沉积过程示意图

负责细胞内外各种信息和物质的传递,维持着生命系统的正常进行。如此,利用 Langmuir-Blodgett 方法制备可以模拟生物膜体系的模型细胞膜,这些模型细胞膜所提供的生物微环境与天然生物膜有着相似的特点,因而可以用其模拟生物膜中的一些特有功能,比如细胞膜对于生物化学反应速率的控制、产物构象的控制、生物催化剂的活性以及物质或者信息的传递、抗体等免疫系统与膜相互作用。

9.2.3   Langmuir 双层膜的制备

固体材料基底支撑的 Langmuir 双层膜可以作为模型细胞膜用于生物样品的相关研究。磷脂分子双层膜的制作分为两个部分,首先通过 Langmuir-Blodgett 方法在固体基底的直角面(氟化钙直角三棱镜,规格为 15 mm×15 mm×15 mm)提拉一层单层膜(膜压为 32 mN/m 的单分子膜,提拉速度为 1 mm/min),如图 9-8 所示。

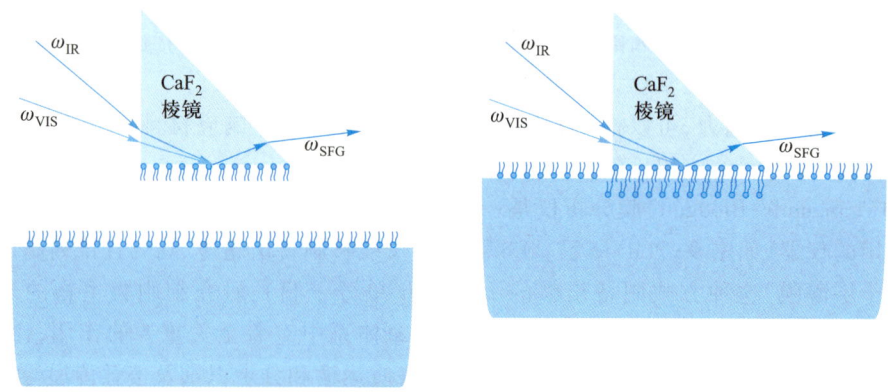

图 9-8   磷脂双分子层制备的示意图

实验中每次在使用三棱镜以前都需要经过以下清洗步骤:① 将使用以后的三棱镜用水和酒精清洗干净,然后用高纯度氮气(99.99%)吹掉三棱镜表面残留的液滴后再放入等离子清洗机中处理 5 min;② 将等离子机处理后的三棱镜放入甲苯溶液中超声 0.5 h,然后静置 12 h 以上;③ 将甲苯浸泡过后的三棱镜用酒精和水清洗干净,然后用氮气吹掉上面残留的液滴,再次放入等离子机中清洗 5 min;④ 等离子机清洗好以后,拿出来用去离子水再次冲洗一遍,然后用氮气吹掉上面残留的液滴,再次放入等离子机中清洗 5 min。

清洗 LB 膜提拉仪的槽体和滑杆(使用酒精和超纯水进行反复清洗,至少清洗两遍),清洗干净以后加入适当的超纯水(水面略微超过槽体表面 1~2 mm),然后将待镀膜的三棱镜浸入水中,接下来对水面进行清理,以去掉水面中可能存在的一些杂质,清洗好以后往水面滴加 45 μL 物质的量浓度为 1 mmol/L 的 DMTAP 磷脂溶液(用氯仿和甲醇 3∶1 的混合溶液配制),静置 10 min(静置的目的是让挥发性的溶剂完全挥发,以免溶剂分子影响膜压结果)以后开始移动滑杆,达到目标膜压(本次实验用的是 32 mN/m)以后等待膜压稳定,最后对三棱镜进行提拉(提拉速度为 1 mm/min)。使用之前静置一晚,等待三棱镜上面的磷脂分子膜水分蒸发,磷脂分子与棱镜表面紧密结合。

将准备好的三棱镜拿到和频光谱检测室进行光路的调整,接下来进行双层膜的制备。通过 Langmuir-Schaefer 的方法在水溶液中制备第二层。双层膜形成过程中,可以用和频光谱同步检测 OH 的振动光谱(一般在 3200 cm^{-1} 或者 3400 cm^{-1})随时间的变化,等到 OH 光谱稳定以后,说明磷脂双层膜已经形成且处于稳定状态。然后对 2800~3800 cm^{-1} 进行光谱扫描,如果 2800~3000 cm^{-1} 区域没有出现 CH 的振动峰,说明制备的磷脂分子双层膜对称性比较好。

9.3 和频振动光谱的应用实例

9.3.1 和频振动光谱在偶氮苯单分子膜中的应用

偶氮苯类化合物是设计与合成盐离子响应材料时最常用的分子部件。偶氮苯类分子在被羟基取代或氨基取代后可对 pH、金属离子、紫外光照等外界环境的变化产生响应,改变分子的结构、电荷分布和电子跃迁能级。这些性质的改变将有效地改变偶氮苯类分子的紫外可见吸收系数、非线性极化率和光转换效率等光学特性。所以偶氮苯类分子被用来合成聚合物、表面活性剂、荧光标记分子等,用于在细胞环境下和表面环境下,调控细胞生理功能或材料表面特性。

偶氮苯类分子都具有异构化的特性,其中醌腙-偶氮异构化和顺-反异构化是 pH 响应偶氮类分子的重要特征,这里面的异构化机理也是一个有争议的经典问题。

尽管已经有很多前人的文献对顺反异构化机理进行了探讨,但是这里面的分子机制仍然有待确定。现在,针对偶氮苯类分子的顺反异构化有两种不同的可能机理:一种是旋转机理,在这一种机理中,N═N 双键发生断裂,然后 C—N═N—C 二面角发生改变导致顺式偶氮苯分子和反式偶氮苯分子之间的结构转变。而在翻转机理中,N═N 两端的芳香环保持在同一个面上,N═N—C 的角度发生翻转,导致顺式和反式之间的结构转变。

在这一节里面将以 PARC18[5-octadecyloxy-2-(2-pyridylazo)phenol]为模型分子来研究偶氮苯类分子在气/液界面上的异构化机制和动力学特征。PACR18 是一个有羟基和长链烷基取代的偶氮苯吡啶双亲分子,可以在界面上形成规整的 Langmuir 单层膜。它有很好的 pH 响应和与金属离子结合的能力,是一个很好的金属离子探针和光记录分子,前人的文献认为它在光记录的过程中经历了顺-反异构化。这里通过和频振动光谱、膜压等温曲线的测量来表征 PARC18 单层膜在不同 pH 下的分子结构。实验数据如图 9-9 所示。

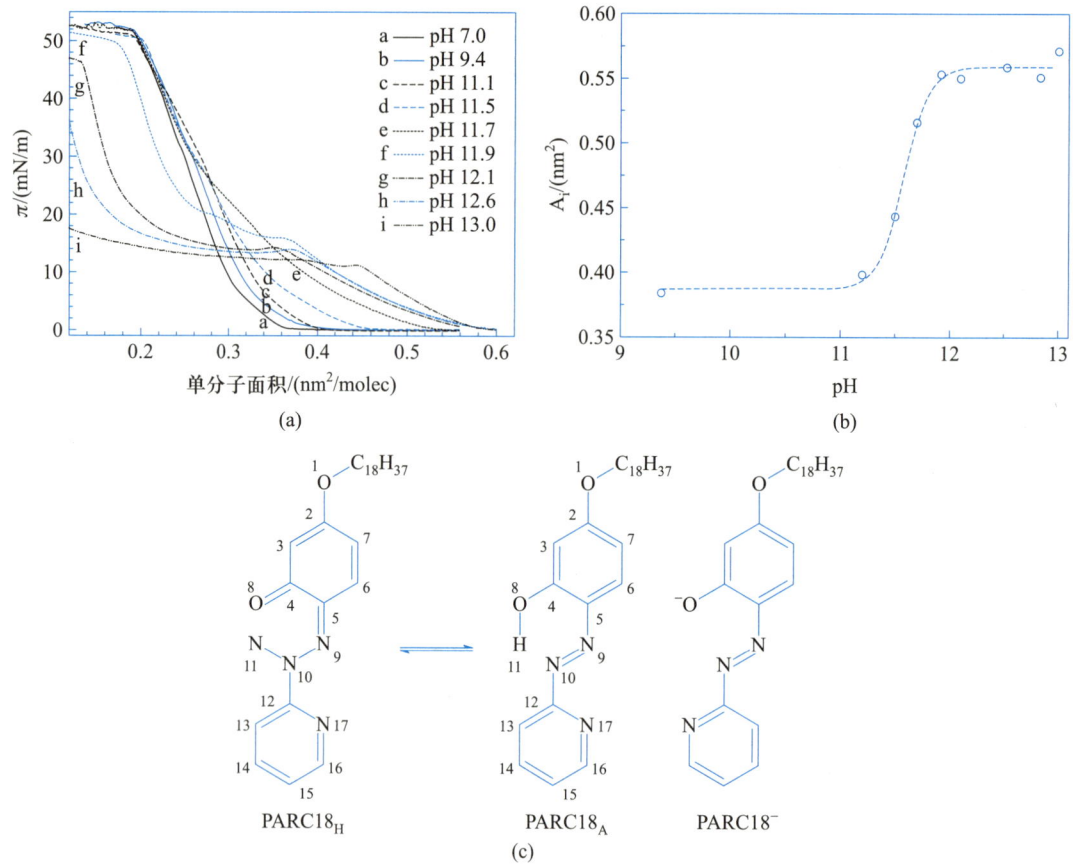

图 9-9 （a）不同 pH 下气液界面 PARC18 单层膜的膜压等温曲线；（b） PARC18 单层膜中有效单分子面积随 pH 的变化。图中的实线是曲线的 sigmoid 公式拟合结果，拟合参数为 $pK_a = 11.6 \pm 0.1$ 和 $k = 0.11 \pm 0.02$。（c） PARC18 分子在中性条件下的醌腙类构型（$PARC18_H$）和偶氮类构形（$PARC18_A$）以及在碱性条件下偶氮类构形（$PARC18^-$）

　　实验数据表明 PARC18 分子在 pH<11.7 时，采取的是反式平面型醌腙类构型，而在 pH>11.7 时，采取的是顺式非平面偶氮类构型。通过将 PARC18 单层膜膜压曲线中液态扩张相区域的曲线进行线性拟合和向膜压为零处延伸，可以获得 PARC18 分子在不同 pH 下的有效单分子面积。在 pH = 7.0 时，PARC18 的有效单分子面积约为 0.36 nm^2。而在 pH = 9.4 的 Na_2HPO_4 溶液里时，PARC18 的有效单分子面积由于 Hofmeister 效应的影响略有上升（0.38 nm^2）。随着 pH 的逐渐上升，有效单分子面积在 pH = 11.2 后快速上升，并在 pH = 11.7 后基本保持一致。前人的很多文献认为，所有与 pH 相关化学反应和分子结构特性都可以用 Sigmoid 公式来拟合。通过拟合可以获得气液界面 PARC18 分子的 pK_a = 11.6 ± 0.1 和 k = 0.11 ± 0.02。

　　图 9-10 中显示了不同 pH 时 PARC18 单层膜（28.5 ± 2.0 mN/m）在 1000～1700 cm^{-1}

的和频振动光谱。这个波段由于包含丰富的芳香环类分子的特征振动峰,被称作"指纹区"。从图中可以看到,PARC18 分子的在 1135 cm⁻¹,1200 cm⁻¹,1240 cm⁻¹,1285 cm⁻¹,1330 cm⁻¹,1395 cm⁻¹,1425 cm⁻¹,1440 cm⁻¹,1475 cm⁻¹,1540 cm⁻¹,1575 cm⁻¹,1605 cm⁻¹ 和 1635 cm⁻¹ 多个位置都有振动峰。在以往的拉曼、红外光谱研究中,已经有很多相应的归属,但是由于这类分子结构的复杂性,文献中的归属经常会相互矛盾。根据前人关于 4-(2-Pyridylazo)-resorcinol(PAR)分子和 4-(2-Pyridylazo)-naphthol(PAN)分子的振动峰归属确定了 PARC18 分子的光谱归属。1135 cm⁻¹ 和 1285 cm⁻¹ 的振动峰来自 C—N—N=C 基团的伸缩振动。1335 cm⁻¹ 的振动峰来自 N=N 振动和 N—N 振动的混合振动模。而 1635 cm⁻¹ 的振动峰来自 C=O 振动和 C—OH 振动的混合振动模式。这两个振动模式的存在表明在酸性和中性溶液的气液界面上的 PARC18 分子采取的是 PARC18$_H$ 醌腙类分子构型。而 1440 cm⁻¹ 和 1475 cm⁻¹ 这两个振动峰分别来自吡啶环的反对称振动(B₂)和对称振动(A₁)。

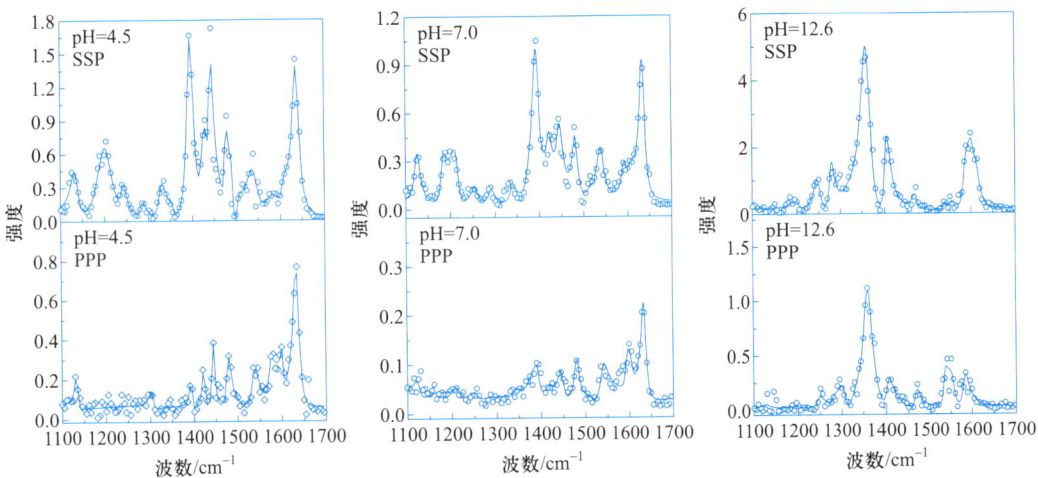

图 9-10 左:pH=4.5,中:pH=7.0,右:pH=12.6 时 PARC18 单层膜(28.5±2.0 mN/m)在 1000~1700 cm⁻¹ 的和频振动光谱

图 9-10 的右图中也显示了 pH=12.6 时 PARC18 单层膜(π=28.5±2.0 mN/m)在 1100~1700 cm⁻¹ 的和频振动光谱。由于 PARC18 分子在 pH 较大时将发生一定的构型转变,和频振动光谱中的大部分特征峰都发生了一定的位移。从图中可以看到,pH=12.6 时 PARC18 分子的振动峰在 1185 cm⁻¹,1250 cm⁻¹,1285 cm⁻¹,1355 cm⁻¹,1405 cm⁻¹,1470 cm⁻¹,1540 cm⁻¹ 和 1600 cm⁻¹。其中最强的 1355 cm⁻¹ 振动峰来自 N=N 伸缩振动。前人的文献显示,PAR 分子(PARC18 的芳香环主体分子)N=N 振动峰随着 pH 的上升,将从 pH=8.0 时的 1390 cm⁻¹ 逐渐移至 pH=14.0 时的 1340 cm⁻¹。1125 cm⁻¹ 和 1635 cm⁻¹ 振动峰的消失说明醌腙类构型的 PARC18$_H$ 分子在高 pH 时已经消失,取而代之的是去质子化后偶氮类构型的 PARC18 分子。来自吡啶环的两个振动峰,其中 1475 cm⁻¹ 处的对称振动(A1)强度基本保持不变,而 1440 cm⁻¹ 处的反对称振动(B2)的强

度基本消失。值得一提的是,以往的 Raman 光谱显示,在 pH>12.0 状态下的 PAR 和 PAN
分子的光谱和与金属离子螯合后的非平面结构的 PAR 和 PAN 分子的光谱非常接近。所
以从上述的膜压等温曲线、紫外可见吸收光谱与和频振动光谱的数据可以得出结论,
PARC18 分子在中性和酸性条件下采取的是反式平面型醌腙类构型,而在碱性条件下
(pH>11.7 时)采取的是顺式(类顺式)非平面偶氮类构型。

9.3.2   和频振动光谱在脑磷脂单层膜中的应用

磷脂分子是组成细胞膜的最小分子单元。由于头部的亲水基团与尾部的疏水基团,
磷脂分子在空气/水界面可以形成有序的 Langmuir 单层膜。脑磷脂分子(phosphatidyle-
thanolamine,PE)是人体中含量第二的磷脂分子。脑磷脂分子在神经突触细胞膜与线粒
体膜上的含量最高,它在细胞内膜系统活动中也占据了重要的地位。但是脑磷脂分子在
界面上的结构与动力学特征很少有人研究。本小节研究利用和频振动光谱、膜压等温曲
线、布鲁斯特角显微镜的测量来原位表征脑磷脂分子(DMPE 与 DPPE)单层膜在不同状
态下的分子结构如表 9-1 所示。

表 9-1   DMPE 与 DPPE 脑磷脂分子单层膜的布鲁斯特角图像以及对应的膜压与单
分子面积(Mean Molecular Area:MMA)

	DMPE			DPPE	
	MMA/Å^2	SP/(mN·m^{-1})		MMA/Å^2	SP/(mN·m^{-1})
Collapse	80	0.033	Collapse	82.0	0.022
LC	58.6	5.0	LC	61.0	0.19
LE-LC	52.7	8.6	LE	52.0	7.1
LE	33.2	28.2	Gas-LE	45.0	30.4
Gas	20.7	62.5	Gas	38.1	53.8

图 9-11 显示了 DMPE 与 DPPE 脑磷脂分子在空气/水界面上的膜压等温曲线与布
鲁斯特角图像。从图 9-11 中可以看出,DMPE 分子单层膜的膜压(surface pressure:SP)
在单分子面积(MMA)为 76 Å^2 处开始上升,经过了低膜压时的液相扩展区(liquid-
expanded:LE phase)。随着 MMA 的下降,膜压在 56 Å^2 处达到一个平台区(SP = 8.5 ~
10 mN·m^{-1})。这个平台区表明 DMPE 单层膜正在经历 LE-LC 相变过程。经过相变过
程的缓慢上升后,膜压在 MMA = 35 Å^2 时开始发生快速上升,说明 DMPE 单层膜进入了液
相聚集相(liquid condense:LC phase)。最后 DMPE 分子的膜压在 MMA = 28 Å^2 处到达了
第二个平台。膜压无法再上升,同时随时间的变化也变得非常不稳定,说明单层膜到达了
崩溃膜压。另一方面,DPPE 分子单层膜的膜压在 MMA = 58 Å^2 开始上升,直接经过 LE
相和 LC 相,然后在 MMA = 42 Å^2 处到达崩溃膜压。

从图 9-11 中布鲁斯特角图像可以看出,DMPE 分子与 DPPE 单层膜在崩溃压下和
LC 相时的图像几乎是一样的。但是它们在 LE-LC 相转换,LE 相,Gas-LE 相转换时的图

像有比较大的差别。Gas-LE 相转换时 DMPE 单层膜的状态比较像流体,有顺滑的边界,而 DPPE 单层膜的状态比较像固体,膜的边界比较尖锐。DPPE 单层膜的亮度也明显比 DMPE 单层膜的亮度更高,表示它的厚度更大。DMPE 单层膜在经历 LE-LC 相转变时显示出多处的蚕豆状微区,微区处的亮度与 DPPE 单层膜的亮度差不多,说明它们的厚度差不多。这说明 DMPE 单层膜在 LE-LC 相转变时厚度逐渐变大。而 DPPE 单层膜在经历 LE-LC 相转变时并未发生明显亮度的变化和微区的过渡,说明 DPPE 单层膜的厚度并未发生明显的变化。

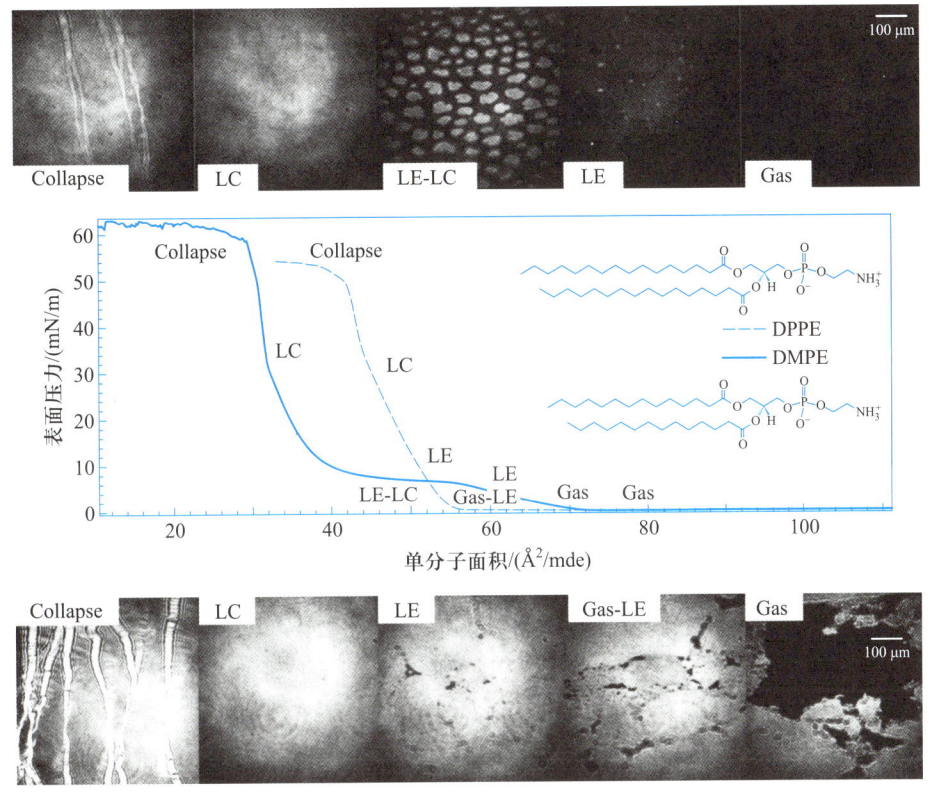

图 9-11　DMPE 与 DPPE 脑磷脂分子单层膜的布鲁斯特角图像和膜压等温曲线

图 9-12 显示的是 DMPE 与 DPPE 脑磷脂分子单层膜在不同膜压下(1 mN/m,5 mN/m,30 mN/m,50 mN/m)的和频光谱。这个波段范围显示主要是磷脂分子中各种 CH 基团的振动光谱:—CH$_2$—对称振动峰(~2840,~2905 cm^{-1}),弯曲碳链—CH$_2$—对称振动峰(~2850,~2925 cm^{-1}),CH$_3$—对称振动峰(~2880 cm^{-1}),CH$_3$—Fermi 振动峰(~2945 cm^{-1}),CH$_3$—反对称振动峰(~2970 cm^{-1}).从不同膜压下的光谱峰对比可以发现,DPPE 单层膜的光谱没有非常大的变化,而 DMPE 单层膜在 1 mN/m 和 5 mN/m 时的光谱与其他膜压差别较大。所有的 DPPE 单层膜都只显示非常低的—CH$_2$—对称振动峰(~2840 cm^{-1}),这说明 DPPE 单层膜的碳链即使在很低的膜压下也保持非常有序的状

态。而不同膜压下 DPPE 单层膜的光谱并未发生明显的变化,说明 DPPE 分子的结构并没有发生明显的变化,这些结果符合 DPPE 单层膜的膜压等温曲线中的变化趋势。而 DMPE 单层膜在 SP = 1 mN/m 与 5 mN/m 时,光谱就显示出明显的—CH₂—对称振动峰贡献。随着膜压的上升,—CH₂—对称振动峰贡献逐渐变低,说明 DMPE 分子的碳链逐渐从无序状态慢慢变化为有序状态。这些变化同样符合 DMPE 单层膜在膜压等温曲线中的变化趋势。通过光谱取向角的分析,可以获得在高膜压下 DMPE 与 DPPE 分子碳链的取向角度为(13.5±1.8)°。

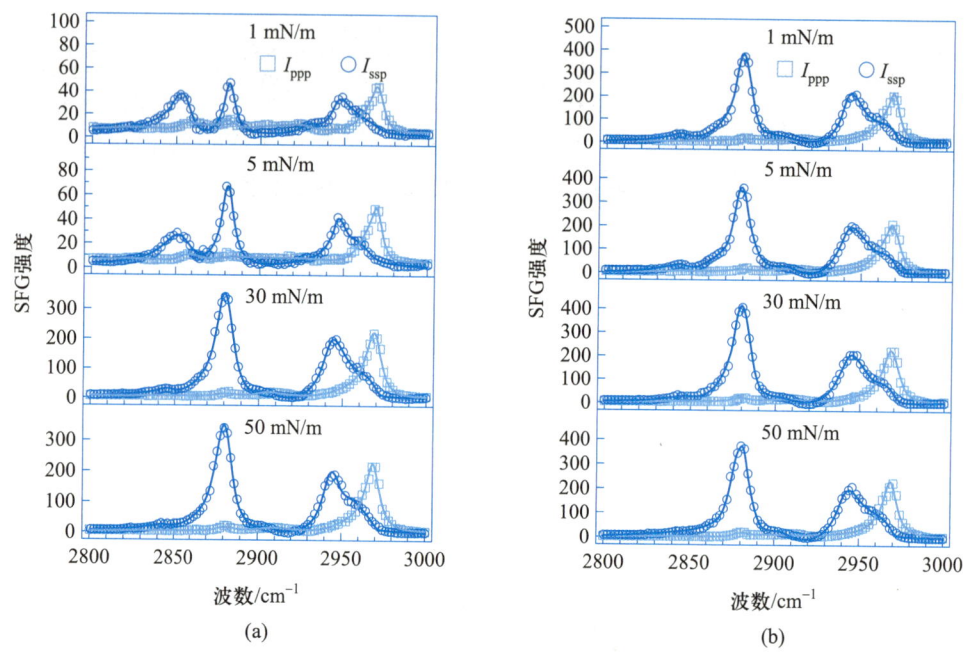

图 9-12　(a) DMPE 与(b) DPPE 脑磷脂分子单层膜的和频光谱

9.3.3　和频振动光谱在磷脂双层膜表面的应用

磷脂双层膜是用于构建细胞膜的主要分子。很多多肽分子、DNA/RNA 分子、药物分子在细胞膜相互作用时,对双层膜上磷脂分子的结构与表面水分子都有很大影响。通过和频振动光谱,可以对磷脂双层膜界面上的分子构象变化以及亲疏水状态变化进行实时检测,从而获得分子层次的信息。本小节将介绍利用和频振动光谱对药物分子 6-Keto-cholestanol 与磷脂分子双层膜的相互作用进行的研究。

图 9-13 显示的是氘代 DMPC 双层膜在与 6KC 分子相互作用之后发生的光谱变化。从图 9-13(a)中可以看出,氘代 DMPC 双层膜在加入 6-KC 分子之前,光谱峰分布在 3200 cm⁻¹ 与 3400 cm⁻¹,这些光谱峰分别被归属为"类冰"水结构与"类水"水结构。加入 3 μL 6-KC 分子之后,这两个光谱峰强度发生了明显的下降,同时 2800~3000 cm⁻¹ 也出现

了明显的光谱峰。从 3200 cm⁻¹ 光谱强度的变化趋势可以发现,下降过程分两步,第一步为快速大幅下降,第二步为缓慢小幅下降。通过加入 10 μL 的 6-KC 分子,可以发现第一步的快速下降幅度变大,而缓慢下降的趋势变得可以忽略不计。进一步增加 6-KC 分子的加入量(15 μL)之后,变化曲线并没有发生太大的变化。

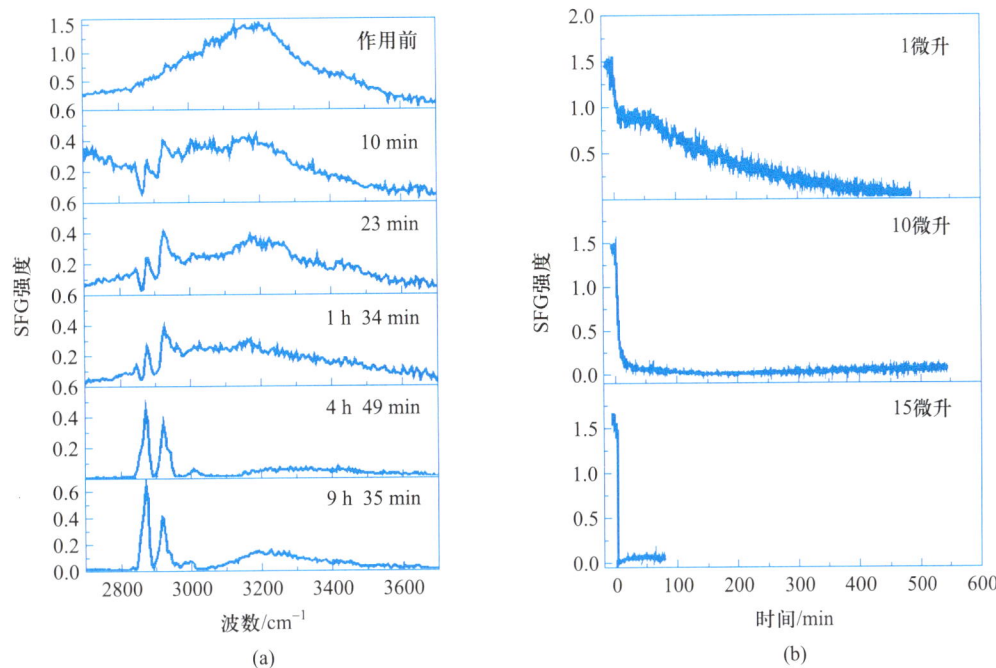

图 9-13 (a) d-DMPC 双层膜在加入 3 μL 6-ketocholestanol 溶液后在不同时间下的 I_{SSP} 光谱;(b) ~3200 波数的 I_{SSP} 光谱信号在 d-DMPC 双层膜在加入 3 μL 6-ketocholestanol 溶液后随时间的变化

图 9-14 显示的是 DMEPC 双层膜在与 6KC 分子相互作用之后发生的光谱变化。从图 9-14(a)中可以看出,DMEPC 双层膜在加入 6-KC 分子之前,光谱峰主要分布在 3200 cm⁻¹"类冰"水结构,与 3400 cm⁻¹"类水"水结构的光谱峰贡献比较小。加入 6-KC 分子之后,DMEPC 双层膜的光谱峰强度下降速度明显比 DMPC 双层膜(加入 10 μL)的下降速度慢很多。进一步增加 6-KC 分子的加入量(15 μL)之后,DMEPC 双层膜的信号变化速度并未有非常明显的变化。这些结果说明 DMEPC 双层膜表面水分子的结合强度明显高于 DMPC 双层膜表面水分子的结合强度。从图 9-14(b)中 3200 cm⁻¹ 光谱强度的变化趋势也可以看出,下降过程同样分为两步:第一步为快速大幅下降,第二步为缓慢小幅下降。进一步增加 6-KC 分子的加入量(15 μL)之后,变化曲线没有发生太大的变化。这些结果表明 DMEPC 双层膜上有一部分水分子与双层膜有非常强的相互作用,不容易被 6-KC 破坏。

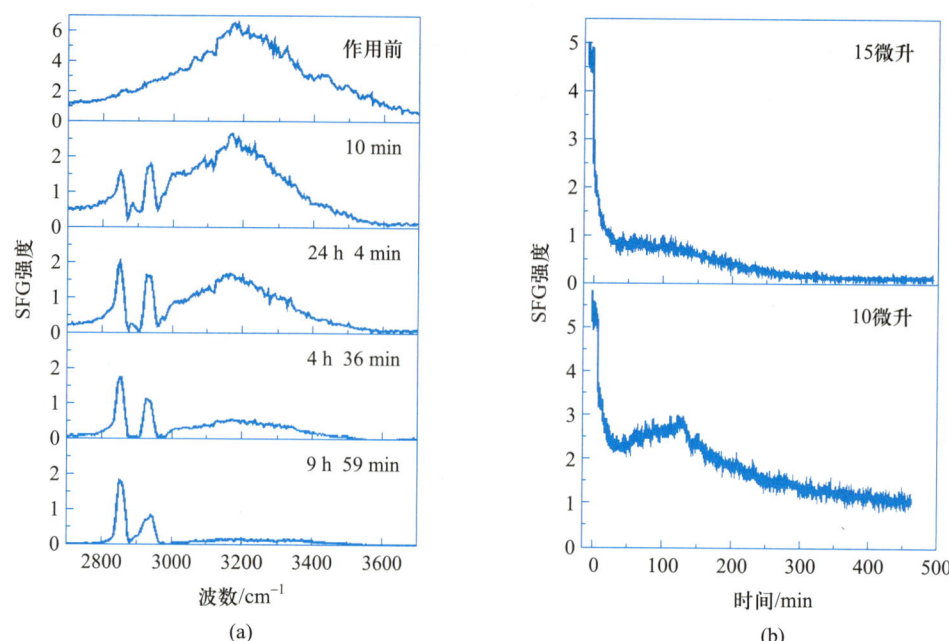

图 9-14　（a）DMEPC 双层膜在加入 3 μL 6-ketocholestanol 溶液后在不同时间下的 I_{ssp} 光谱；
（b）~3200 波数的 I_{ssp} 光谱信号在 d-DMPC 双层膜加入 3 μL 6-ketocholestanol 溶液后随时间的变化

9.3.4　和频振动光谱在蛋白质表面的应用

蛋白质是自然界以及生命体内广泛存在的组分。蛋白质与界面的相互作用是自然界中一种非常普遍但又十分复杂的现象,其在物理、生物技术、化学工程、药物、环境科学等诸多领域中发挥着极其重要的作用。蛋白质是维系细胞结构完整性不可或缺的成分,是生命体执行细胞膜上选择性物质传递和信号传导等特定生理功能的分子机器。而生理功能的实现主要依赖于细胞膜上内源性蛋白质分子结构与构象的变化,例如,离子通道蛋白质通过改变 α-螺旋片段与 3_{10} 螺旋片段的倾斜角与夹角来实现通道的打开与关闭;细胞膜上 GPRB 蛋白通过改变细胞膜内 G 蛋白亚基构象和释放信号分子来实现自身的激活。另一方面,生物膜界面蛋白质保持正常的结构与功能是维持生命过程的基础。它的错误折叠引起的基因变异和功能障碍与老年性痴呆症、帕金森病、糖尿病、疯牛病等许多疾病的发生和发展直接相关。同时,外源性蛋白质入侵细胞膜,可以破坏细胞膜对外界环境的隔离,导致细胞的病变,比如蜂毒素的入侵可诱导细胞膜破裂、离子外流、细胞凋亡等一系列反应。此外,现代医学中,很多用于免疫测试和可控药物运输的医疗器械与生物传感器也离不开界面蛋白质的参与和调控。原位实时精确地表征界面蛋白质分子构象变化与其动力学行为是揭示界面蛋白质功能的核心,在阐明神经退化型疾病的病理机制、调控细胞功能、开发新型生物相容性功能器件以及筛选药物分子中发挥非常重要的作用。

蛋白质分子是一个非常复杂的体系。蛋白质是以氨基酸为基本单元构成的生物高分子,氨基酸的排列顺序及由此而形成的立体构象造就了蛋白质结构的复杂性,进而造就了其功能的多样性。此外,细胞膜是一个具有一定流动性的复杂体系,其主要组成部分为厚度仅有几纳米的磷脂双分子层。细胞膜上的界面蛋白质体系尤为复杂。研究这一复杂体系不仅要求表征技术具有足够高的结构分辨度和时间分辨度,还须同时满足时间、空间、活体、非介入性等要求。

和频振动光谱技术则是同时满足这些要求的为数不多的技术之一。由于它独特的表、界面选择性和单分子层灵敏度,和频振动光谱目前已经广泛应用于各种界面环境下的蛋白质分子结构与动力学表征。例如,实时原位表征在界面上 IAPP、Prion 等淀粉状蛋白质的结构,解释其结构转变的具体过程与形成聚集体的机制;探测抗菌肽分子入侵细胞膜过程,从分子水平上揭示其与细胞膜相互作用的机理;监控生物膜上离子通道蛋白质模型丙甲甘肽在 pH 驱动下的通道开关过程,阐明通道开关机理。

一般而言,蛋白质不同二级结构具有不同的对称性和不同的氢键结构,从而产生具有不同频率的酰胺键骨架振动,如表 9-2 所示。表 9-2 列出了蛋白质不同二级结构的对称性、振动模式、已报道的和频光谱振动峰位置以及手性结构等信息。表 9-2 显示所有酰胺谱带都是结构敏感的,而且酰胺谱带受蛋白质二级结构的影响较大,而受侧链结构的影响较小。因而,如果要表征界面蛋白质的结构,需重点观察蛋白质酰胺键的振动。事实上,基于蛋白质酰胺键骨架振动的酰胺特征谱带与二级结构的关联性已经得到红外光谱和拉曼光谱数据的广泛支持。酰胺键骨架振动主要存在于三个能量区域:处于功能团振动区域($\geqslant 1600 \ cm^{-1}$)的酰胺 I 谱带,处于指纹区($<1600 \ cm^{-1}$)的酰胺 II 和酰胺 III 谱带(详见图 9-15)。

表 9-2　蛋白质不同二级结构的特征信息

二级结构	重复序列	对称性	振动模式	峰位/cm^{-1}				手性
				酰胺 A	酰胺 I	酰胺 II	酰胺 III	
无规则卷曲			A	NS	~1655	NR	1220~1250	无
α-螺旋	3.6	$C_{18/5}$	A, E_1	~3300	~1655	NR	~1300	无
3_{10}螺旋	3	C_{3v}	A, E_1	~3350	~1635	NR	NR	无
反对称 β-折叠	4	D_2	B_1	~3270	~1685	~1560	NR	有
			B_2	~2410 (In D_2O)	~1630	~1470 (In D_2O)		有
			B_3		~1720			有
对称 β-折叠	2	C_2	A	NS	~1620	NR	NR	有
			B		~1670			有

NS:无信号;NR:未有报道。

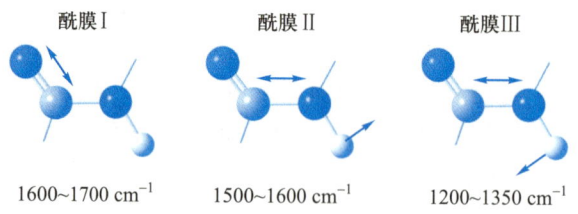

图 9-15   蛋白质酰胺键振动模式示意图

酰胺 I 谱带主要来自 C═O 伸缩振动和少量的 C—N 面外伸缩振动;酰胺 II 谱带主要来自 C—N 伸缩振动和 N—H 面外弯曲振动;酰胺 III 谱带则主要来自 C—N 伸缩振动和 N—H 面内弯曲振动。酰胺 II 和酰胺 III 信号本身很弱,到了界面则变得更弱了,常规方法很难测出来。目前,国内外学者主要通过测量酰胺 I 信号来表征界面蛋白质结构。

陈战等在 2005 年首次测出界面蛋白质/多肽分子的酰胺 I 谱带和频光谱信号。利用近全反射的实验构型,获得很强的界面蛋白质的酰胺 I 信号。从那以后,很多小组开始运用和频振动光谱来表征界面蛋白质的结构和取向信息。但是酰胺 I 信号存在三个弱点:一是振动峰位置与水分子弯曲振动位置重叠;二是蛋白质酰胺 I 谱带集中在 1600~1700 cm^{-1};三是因此具有不同分子结构的振动峰有可能重叠在一起,例如,α-螺旋与无规卷曲结构的振动峰均位于 1655 cm^{-1} 左右。如果要把这样的复杂结构区分开,需要发展新的研究理念和方法。最近叶树集小组成功解决了测量酰胺 II 和酰胺 III 弱信号这一技术难关。通过酰胺 I 和酰胺 III 信号的同时观测,成功解决了区分界面蛋白质 α-螺旋与无规卷曲结构这一界面表征难题。

根据酰胺键骨架的氢键结构不同,蛋白质二级结构可分为无规卷曲、α-螺旋、β-折叠、β-转折结构等。目前和频振动光谱已经成功地应用于这些二级结构的测量和结构取向分析。α-螺旋结构是蛋白质/多肽分子中最常见的二级结构。很多通道蛋白通过多个 α-螺旋来构建离子通道。

1. α-螺旋结构

α-螺旋结构是蛋白质/多肽分子中最常见的二级结构。很多通道蛋白通过多个 α-螺旋来构建离子通道。大部分的抗菌肽在细胞膜上也是通过形成 α-螺旋结构来完成插入并破坏细胞膜的操作。因此,和频振动光谱是一种能够在分子水平上进行生物膜上蛋白质与多肽结构及其动力学研究的有效手段。目前,已经被和频振动光频研究过的具有 α-螺旋结构的物质包括:LKα$_{14}$、ovispirin-1、mastoparan（MP）、cecropin P1（CP-1）、pardaxin、melittin 等。这些物质的研究已被部分总结在最近发表的综述上。这里以蜂毒素 MP 分子为例,通过对多肽分子 α-螺旋结构的取向分析,介绍如何利用和频振动光谱研究不同离子浓度和 pH 下蜂毒素在生物膜上的分子结构响应,进而获得 MP 分子与不同细胞膜的作用机理。

盐离子的独特效应无处不在。地球上海水含量占全球总水量的 95% 以上,海水中含有 3.5% 左右的无机盐。此外,人体内水含量超过了体重的三分之二,且体液包含着大量无机盐离子,浓度约为 0.15 mol·L^{-1}。这些无机盐离子的存在会对蛋白质与界面相互作用产生显著影响,直接关系到蛋白质在界面的吸附、稳定、折叠与凝聚途径。从分子水平上理解离子调控蛋白质与界面之间相互作用的机制是物理、化学与生物交叉学科中一个非常重要的前沿科学问题。针对这个问题,叶树集课题组利用和频振动光谱系统研究了盐离子如何影响蛋白质在不同电荷和不同亲疏水性质的固体支撑界面上的结构和动力学行为。叶树集课题组研究了疏水长度为 2.1 nm 的 MP 与疏水长度约为 2.3 nm 的带不同种电荷的磷脂分子双层膜的相互作用。

图 9-16(a)中,MP 分子与纯水环境下(c = 0 mmol/L)的 DMPG 双层膜作用时,只观测到一个位于 1665 cm^{-1} 左右的较弱宽峰。该特征峰说明 MP 在纯水环境的生物膜下只能形成无规则卷曲结构。随着磷酸缓冲溶液浓度的上升,MP 分子的光谱峰位移至 1655 cm^{-1} 左右,且光谱强度随离子强度的增加而增大,说明磷酸缓冲溶液的加入促进了 MP 分子 α-螺旋结构的形成,并有效促进 α-螺旋结构多肽分子与细胞膜的相互作用。

实验发现磷酸盐离子不仅能加速 MP 插入到带负电荷的 DMPG 和中性 DMPC 磷脂双层膜的进程,竟也能助其插入带正电荷的 DMEPC 磷脂膜中,见图 9-16(b)。通常而言,带正电荷的 MP 与带正电荷的 DMEPC 作用在能量上是不利的。为了理解该现象,研究人员对其他带正电荷的多肽分子(MP-X,melittin 和 LKα$_{14}$)与正电荷 DMEPC 生物膜的相互作用也进行了研究。结果表明,在磷酸盐离子溶液中,MP-X,melittin 和 LKα$_{14}$ 也能插入到带正电荷的 DMEPC 生物膜中。在此基础上,叶树集课题组还进一步研究了不同生物膜疏水长度,盐离子种类以及无磷酸基团的脂质分子膜对 MP 与生物膜相互作用的影响。结果表明,在磷酸盐离子中,MP 不仅能插入疏水长度较短的 DLPC(1.95nm)和 DMPC(2.3nm)双层膜中,同时也能插入疏水长度是 MP 两倍的 DPPC(3.6nm)和 DSPC(4.05nm)双层膜中(图 9-16(c))。通过改变溶液的离子种类,发现离子的水合化 Gibbs 自由能与插入 DMPC 双层膜的 MP 分子数量呈线性关系[图 9-16(d)],说明离子改变了体系的水合作用,从而驱动 MP 插入生物膜中。同时研究表明,MP 与生物膜上带正电荷的胆碱基团作用是 MP 插入生物膜过程中重要的一步。

2. 3$_{10}$ 螺旋结构

3$_{10}$ 螺旋虽然在自然界蛋白质中占比例较少,在已知的蛋白质晶体结构中仅占有 10% 左右,但其也是一种重要的蛋白质二级结构。3$_{10}$ 螺旋主要存在于临近 α-螺旋结构的位置。包含 α-氨基异丁酸的多肽片段较易形成 3$_{10}$ 螺旋,例如丙甲甘肽(alamethicin)。丙甲甘肽是一个含有 20 个氨基酸的多肽分子,晶体数据显示,它可以同时形成 3$_{10}$ 螺旋和 α-螺旋结构。丙甲甘肽由于其结构特殊,被广泛用作电压门控离子通道的模型蛋白分子。密歇根大学陈战教授小组利用和频光谱研究了在没有外加电场情况下丙甲甘肽分子在不同磷脂膜上构建的结构。

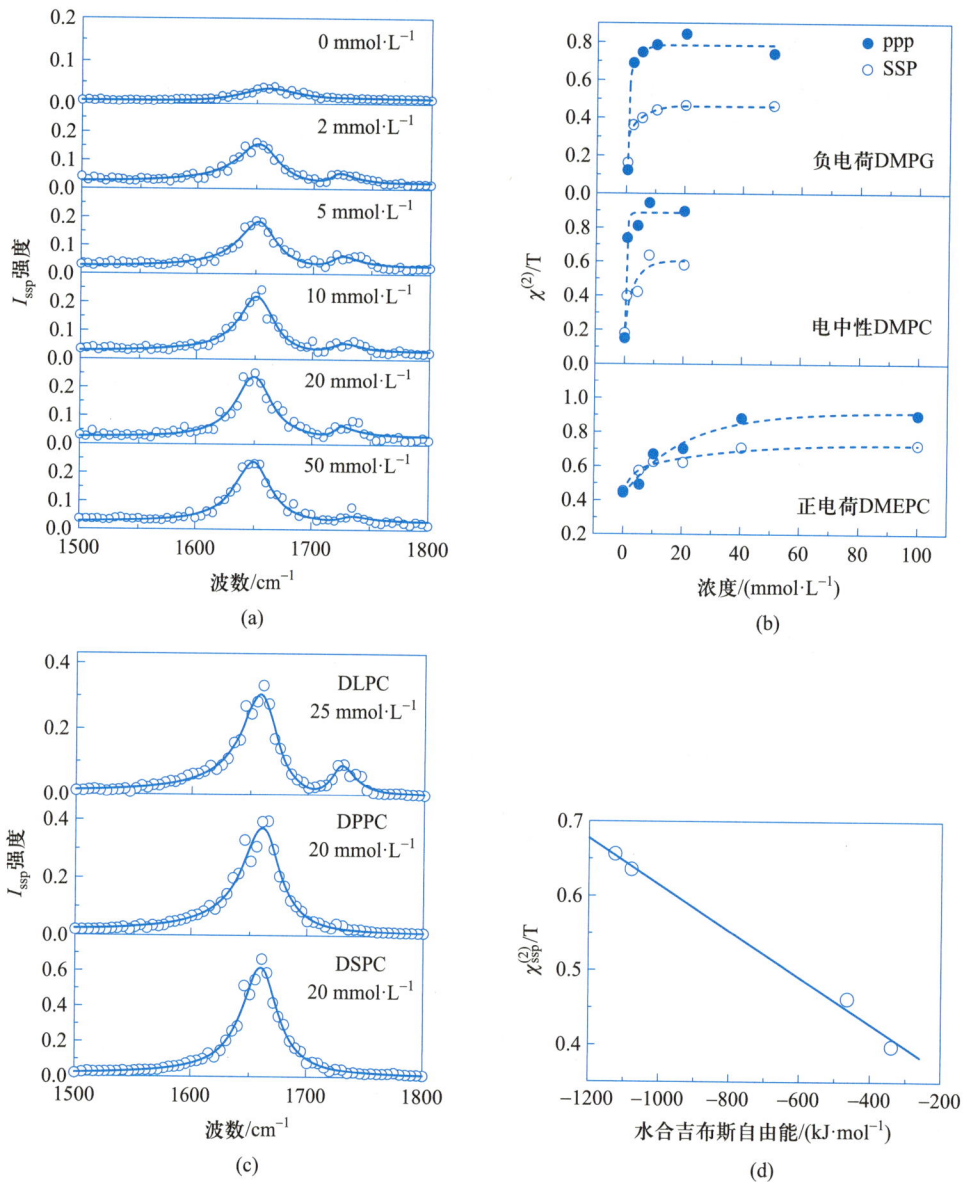

(a)

(b)

(c)

(d)

图 9-16 （a）DMPG 双层膜中 MP 分子的酰胺 I 段 I_{ssp} 光谱随磷酸缓冲溶液浓度的变化；（b）负电荷 DMPG、中性 DMPC 与正电荷 DMEPC 双层膜中 MP 分子的 PPP 光谱和 SSP 光谱的强度拟合结果随磷酸缓冲溶液浓度的变化；（c）磷酸缓冲溶液浓度下 MP 分子在 DLPC，DPPC 和 DSPC 双层膜的 SSP 和频光谱；（d）不同离子种类下和频光谱拟合强度与离子水合化吉布斯自由能的关联

如图 9-17 所示，当丙甲甘肽分子与流动相细胞膜（d-DMPC/DMPC 双层膜）作用时，光谱中有两个明显的特征峰，峰的中心分别在 1635 cm^{-1} 和 1670 cm^{-1}，这两个峰分别是 3_{10} 螺旋和 α-螺旋结构的特征峰。由于 3_{10} 螺旋的影响，丙甲甘肽 α-螺旋的特征峰位置相

比其他多肽 α-螺旋特征峰位置(1655 cm^{-1})出现了蓝移。通过对 3$_{10}$ 螺旋和 α-螺旋结构进行取向分析,可以知道两种二级结构的取向角分别为 43° 和 63°。当丙甲甘肽分子与凝聚相细胞膜(d-DPPC/DPPC 双层膜)作用时,只能躺在凝胶相磷脂双层膜表面并形成聚集态,结果酰胺 I 振动峰位移到了 1685 cm^{-1}(其中位于 1720 cm^{-1} 的振动峰来自磷脂分子的 C $=$O 基团)。此外,密歇根大学陈战教授小组还研究了盐溶液浓度与磷脂双层膜相转变过程对丙甲甘肽分子结构与构象的影响。

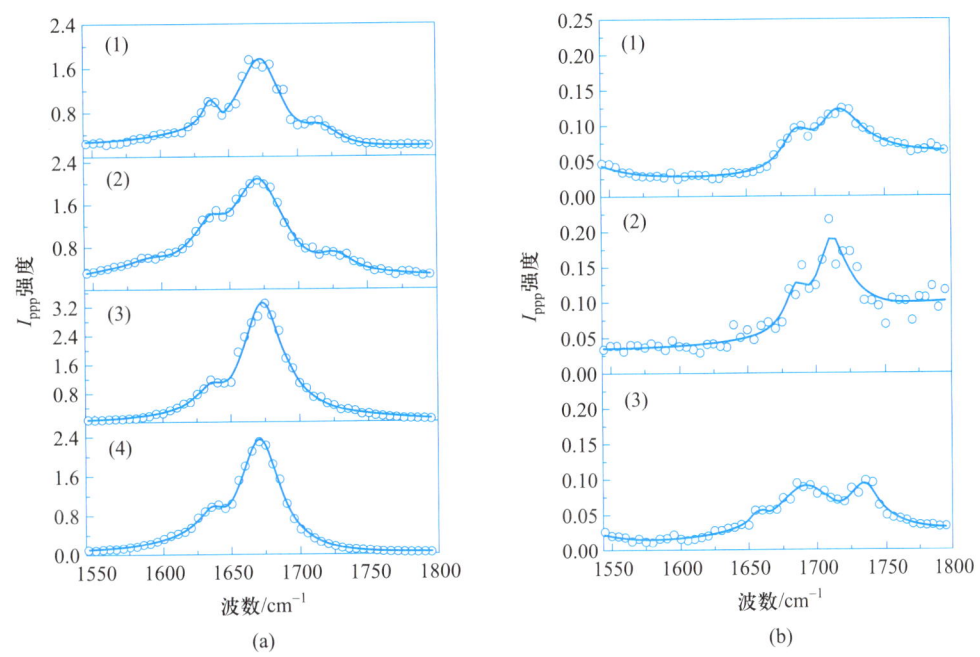

图 9-17 pH=6.7 时丙甲甘肽分子在不同细胞膜（a1）POPC/POPC；（a2）POPC/POPG；（a3）d-DMPC/DMPC；（a4）d-DMPC/d-DMPC；（b1）d-DPPC/DPPC；（b2）d-DPPG/DPPG；（b3）d-DSPC/DSPC 上的 I_{ppp} 光谱

9.3.5 和频振动光谱在核酸检测中的应用

核酸分子除了能够形成早已熟知的右手双螺旋结构以外,还存在大小沟槽等宽的 A-form 双螺旋结构 DNA 和左手双螺旋的 Z-form DNA,以及三链螺旋 DNA 和 G-四链体 DNA。双螺旋结构主要是通过 Watson-crick 碱基对配对形成,三链螺旋是通过两条 Watson-Crick 碱基对配对的双螺旋和一条 Hoogsteen 碱基配对共同形成的,G-四链体主要由富含鸟嘌呤的碱基序列分子通过 Hoogsteen 碱基配对形成。它们都是碱基分子形成的 DNA 二级结构,只是序列不同以及所处的环境差异导致了 DNA 分子折叠形成不同的二级结构。中低聚核苷酸材料拥有良好的生物相容性和可操作性,所以在医学和临床上的应用越来越多。具有不同序列的寡核苷酸根据其碱基对识别行为可以发挥多种生物、物理和化学功能,许多与脂质双分子层表面/界面结合的寡核苷酸可以对刺激(pH、电压、离子等)做出反应,并通过在异质相互作用中暴露/隐藏其识别域来改变其性能。一些寡核苷酸也被设计为锚定在脂质膜上,并像 SNARE 蛋白一样控制双分子层融合。通过指数富集(SELEX)的配体系统进化技术,也可以选择一种特定与癌症相关蛋白(称为适配体)结合的寡核苷酸。在脂质体上结合相关核酸适配体,还可以实现靶向基因转染和基因治疗。尽管这些核酸治疗手段显示出相当大的治疗前景,但有两个普遍存在的问题可能限制寡核苷酸类药物在体内的有效性。这两个关键问题是寡核苷酸对血清或细胞核酸酶降解的敏感性及其在细胞内的低效率和低活性。为了解决这些问题,最开始的尝试在核酸和主干或者糖基上进行化学修饰来增加分子的稳定性和体内细胞吸收不足的问题,但是增加化学修饰的同时也同样增加了分子药物的毒性和特异性。因此,使用化学修饰的方法去增加核酸分子在体内的稳定性是不太可取的。随后,发现富含 G-碱基的核酸序列,可以形成 G-四链体结构,并且形成的四链体结构在核酸酶抗性上有很好的表现。G 四链体结构除了在分子稳定性上有良好表现以外,在某些特定的细胞类型上(如癌细胞和免疫细胞)也显现出较好的结合能力。有研究表明,当核酸分子形成 G-四链体以后可以增强与靶向蛋白的结合性能,说明核酸分子折叠的二级结构类型对于是否能够很好靶向相关细胞是一个很关键的因素。本小节主要介绍和频振动光谱针对寡核苷酸分子在脂质双层膜界面的研究。这里用到的两个寡核苷酸分子分别为 $C_{12}TG14$ 与 $C_{12}Oxy28$,核酸序列结构分别为

$C_{12}TG14$:$C_{12}H_{25}$ 5′-TTGGTTGGTGTGGTTGG-3′

$C_{12}Oxy28$:$C_{12}H_{25}$ 5′-TGGGGTTTTGGGGTTTTGGGGTTTTGGGG-3′

图 9-18 显示了 $C_{12}TG14$ 和 $C_{12}Oxy28$ 分子在 DMTAP 双层膜上的和频振动光谱。光谱拟合的结果显示,在 1200~1800 cm^{-1} 的和频光谱有非常多的振动峰,可以用于核酸分子的结构分析。1490 cm^{-1} 光谱峰可以归属为鸟嘌呤基团(dG)的 N_7 环伸缩振动,1575 cm^{-1} 光谱峰可以归属为鸟嘌呤或胸腺嘧啶(dT)的 C_4N_3 环伸缩振动,1650 cm^{-1},1661 cm^{-1} 可以归属为 dT 基团的 $C_4{=}O/C_5{=}C_6$ 协同伸缩振动峰与非协同振动峰。通过与前人的拉曼光谱数据进行对比,可以发现 $C_{12}TG14$ 和 $C_{12}Oxy28$ 分子的光谱峰显示在高波数,说明这些分子中的鸟嘌呤或胸腺嘧啶基团主要是与溶液中的水分子形成较弱的氢键作用,而不是与 DMTAP 双层膜形成强氢键作用。所以很有可能是 $C_{12}TG14$ 和 $C_{12}Oxy28$ 分子中的磷酸根基团与脱氧核糖基团与 DMTAP 双层膜结合比较紧密,而鸟嘌呤或胸腺嘧啶基团朝向溶液相,形成较弱的氢键结构。

图 9-19 显示的是 $C_{12}TG14$ 和 $C_{12}Oxy28$ 分子在盐溶液 [(KCl(200 mmol/L)/Tris buffer(10 mmol/L)] 溶液中的和频振动光谱。文献中显示富鸟嘌呤的寡聚核酸分子容易在正离子的诱导下发生结构与构象变化,形成 G-四聚体结构。从图 9-19 可以看出,$C_{12}TG14$ 与 $C_{12}Oxy28$ 分子的和频光谱强度在加入钾离子之后降低了很多。通过与图 9-18 中的光谱强度对比可以发现,$C_{12}TG14$ 分子光谱强度的下降比例大于 $C_{12}Oxy28$ 分子光谱强度的下降比例。通过可发现 $C_{12}TG14$ 分子的和频光谱中,~1667 cm^{-1}(dT $C_4{=}O/C_5{=}C_6$)的振动峰基本消失了,而~1490 cm^{-1} 的(dG-N_7 ring stretching)变得非常弱。

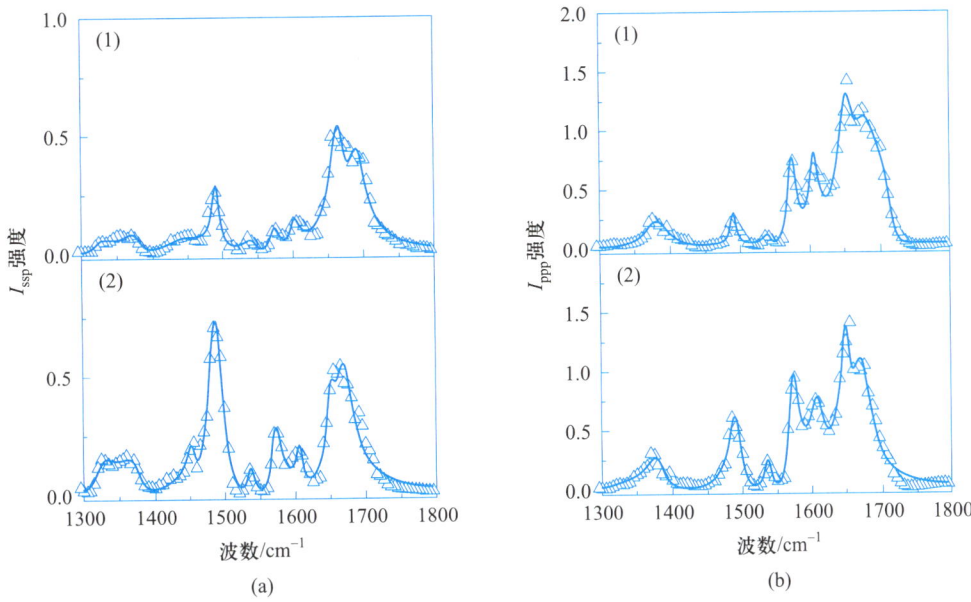

图 9-18 核酸适配体分子在 DMTAP 双层膜上的和频振动光谱。(a1) C$_{12}$TG14 的 I$_{SSP}$ 光谱，(a2) C$_{12}$Oxy28 的 I$_{SSP}$ 光谱，(b1) C$_{12}$TG14 的 I$_{PPP}$ 光谱，(b2) C$_{12}$Oxy28 的 I$_{PPP}$ 光谱

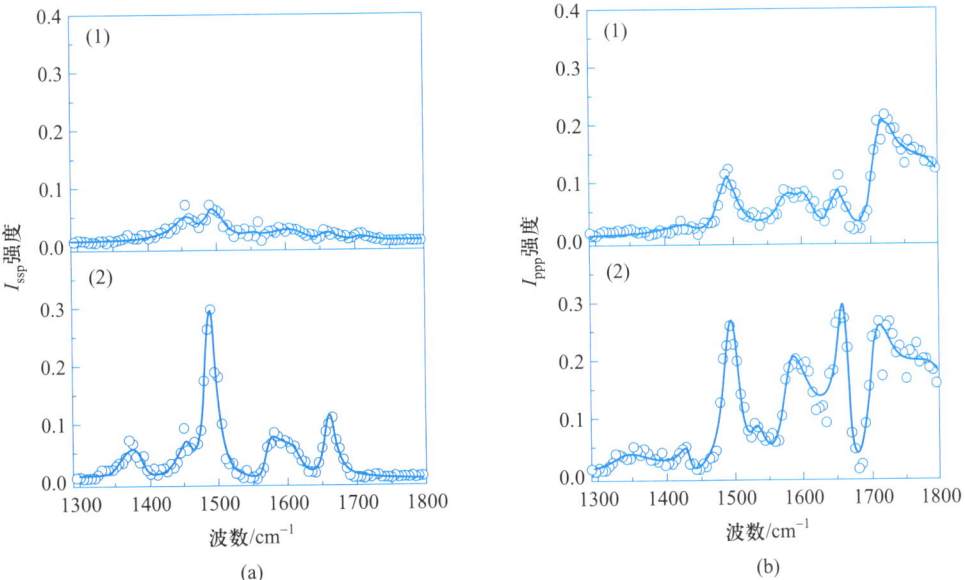

图 9-19 核酸适配体分子在盐溶液 [KCl(200 mmol/L)/Tris buffer(10 mmol/L)] 溶液中的和频振动光谱。(a1) C$_{12}$TG14 的 I$_{SSP}$ 光谱，(a2) C$_{12}$Oxy28 的 I$_{SSP}$ 光谱，(b1) C$_{12}$TG14 的 I$_{PPP}$ 光谱，(b2) C$_{12}$Oxy28 的 I$_{PPP}$ 光谱

为了进一步获取 $C_{12}TG14$ 和 $C_{12}Oxy28$ 在 DMTAP 双层膜上的结构信息,对 dG–N_7 ring stretching($1490\ cm^{-1}$)光谱峰进行了取向分析。通过光谱拟合与数值计算,获得了 $C_{12}TG14$ 和 $C_{12}Oxy28$ 分子中鸟嘌呤基团的取向角度分别 22.7° 和 25.2°。根据文献报道,在具有盐离子(KCl)存在的情况下,$C_{12}TG14$ 形成的反平行 G–四聚体结构,而 $C_{12}Oxy28$ 形成的有可能是平行 G–四聚体结构也有可能形成反平行 G–四聚体结构。通过利用 NMR 获取的晶体结构数据,获得了 $C_{12}TG14$ 的 G–四聚体结构的取向角度为 67.5°,而 C_{12} Oxy28 分子的取向角度并未获得有效解。很有可能 $C_{12}Oxy28$ 形成了平行 G–四聚体与反平行 G–四聚体的混合结构,导致无法获取有效的取向分析结果。

习题

1. 和频振动光谱的基本光学原理是什么?入射光子频率(ω_1,ω_2)和出射光子频率(ω)之间满足何种条件?入射光角度(β_1,β_2)和出射的和频光谱信号角度(β)之间满足何种条件?

2. 请简要描述和频振动光谱仪的基本构成模块及其功能。

3. 和频光谱测试样品需要满足怎样的基本要求?

4. 和频振动光谱研究手段有哪些特点和优势?

第 9 章参考文献

第 10 章

体积排除色谱技术

高分子是由很多结构重复单元连接而成的长链状分子,链结构十分复杂。除了少数生物大分子(如 DNA、蛋白质)具有单一分子量外,绝大多数天然和合成高分子都是由具有不同聚合度的分子组成的混合物,存在宽窄不一的分子量分布。分子量及其分布是决定高分子的物理性质和最终性能的关键因素。高分子的分子量常用其统计平均值来表示,如可由膜渗透法测定的数均分子量 M_n、由光散射法测定的重均分子量 M_w 和由黏度法测定的黏均分子量 M_η 等。体积排除色谱(SEC)的出现,使高分子的分子量分布和各种平均分子量的测定变成了一项简便易行的工作。现代 SEC 技术在高分子科学研究和工业生产领域得到了广泛应用,不仅成为测定聚合物分子量及其分布的常规仪器,而且是研究高分子链构象和溶液性质的有力工具。

本章首先介绍了 SEC 分离的基本原理,然后详细介绍 SEC 仪器的基本结构、实验中的一些注意事项及数据分析技巧,并给出了 SEC 在高分子表征中的一些应用实例。

10.1 体积排除色谱的基本原理

10.1.1 体积排除色谱分离机理

体积排除色谱(size exclusion chromatography,SEC)是利用多孔填料色谱柱将溶液中的高分子按照流体力学体积大小进行分离的一种液相色谱技术,源于 19 世纪 50 年代的液相色谱。早在 1953 年,Wheaton 和 Bauman 就尝试利用离子交换树脂按分子量大小分离多元醇等非离子化合物。1959 年,Porath 和 Flodin 首先利用葡聚糖凝胶 Sephadex 成功地将水溶性高分子按尺寸大小分离,称为凝胶过滤(gel filtration)。1964 年,Moore 利用适度交联的聚苯乙烯凝胶填充色谱柱,在有机相中分离不同分子量的聚苯乙烯,并推测其机理是按照不同尺寸的高分子在凝胶中的渗透性差异分离,由此诞生了凝胶渗透色谱(gel permeation chromatography,GPC),并立即在高分子领域得到广泛应用。后来,人们逐渐弄清了高分子在凝胶色谱柱中的主要分离机理,即由熵驱动的高分子在多孔填料内外分配达到平衡的体积排除机理,因此将这类方法统称为体积排除色谱。下面首先简要回顾这一机理。

如图 10-1 所示,高分子样品由流动相携带进入多孔填料色谱柱[图 10-1(a)],逐渐按照分子尺寸大小进行分离[图 10-1(b)]。色谱柱内溶剂所占的总体积 V_t 由两部分组成:

$$V_t = V_0 + V_i \tag{10-1}$$

式中,V_0 为填料间空隙的溶剂总体积,V_i 为填料内部孔洞的溶剂总体积[(图 10-1(c)]。高分子的流出体积 V_e 由其尺寸与孔洞的相对大小决定:如果高分子的体积比孔洞尺寸大,将不能进入任何孔洞,只能从填料间空隙流出,其淋出体积为 $V_e = V_0$;如果高分子的体积很小,远小于孔洞尺寸,将自由出入孔洞,其淋出体积为 $V_e = V_0 + V_i$;而中等体积的高分子可以进入较大的孔洞,而不能进入较小的孔洞,其淋出体积位于 V_0 和 $V_0 + V_i$ 之间,即

$$V_e = V_0 + K_{SEC} V_i \tag{10-2}$$

式中,K_{SEC} 为分配系数,即孔体积 V_i 中可以被高分子进入的部分与 V_i 的比值,显然 $0 \leqslant K_{SEC} \leqslant 1$。色谱柱的有效分离范围位于 V_0 和 $V_0 + V_i$ 之间。

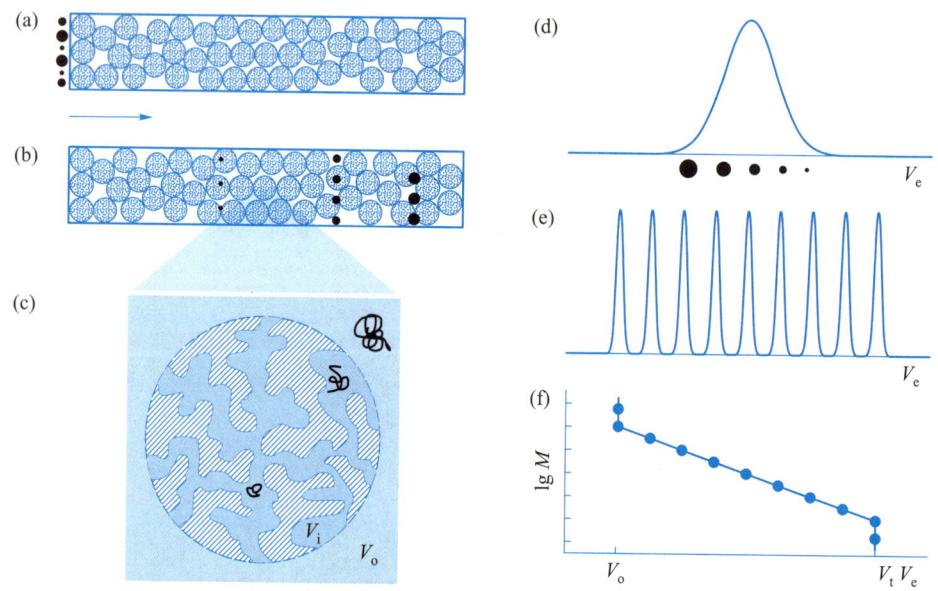

图 10-1   SEC 的分离机理:(a) 不同大小的高分子同时进入色谱柱;(b) 分子量大的高分子通过色谱柱的速度更快;(c) 高分子进入填料内部孔洞的程度与分子尺寸相关;(d) 宽分布样品的 SEC 色谱图;(e) 窄分布标样的 SEC 色谱图;(f) 由一组窄分布标样建立的 SEC 校准曲线

在分离过程中,高分子在固定相(即填料内部孔洞)和流动相(即填料间空隙)之间分

配并达到热力学平衡状态,平衡分配系数 $K = c_i/c_0$,其中 c_i 和 c_0 分别是固定相和流动相中的高分子浓度。当高分子进入固定相时,其焓变和熵变分别为 ΔH 和 ΔS,相应的吉布斯自由能变化 ΔG 为

$$\Delta G = \Delta H - T\Delta S \qquad (10-3)$$

ΔG 与平衡分配系数 K 之间的关系为

$$\Delta G = - RT\ln K \qquad (10-4)$$

式中,R 为摩尔气体常数,T 为热力学温度。

从式(10-3)和式(10-4)得到

$$K = \exp\left(\frac{\Delta S}{R} - \frac{\Delta H}{RT}\right) \qquad (10-5)$$

在理想的 SEC 中,高分子与填料表面之间仅存在硬球排斥势,不存在其他相互作用,即 $\Delta H = 0$,因此

$$K_{SEC} = \exp\left(\frac{\Delta S}{R}\right) \qquad (10-6)$$

高分子进入孔洞后构象熵减小,即 $\Delta S < 0$,所以 $0 \leqslant K_{SEC} \leqslant 1$。式(10-6)表明,高分子在 SEC 中的平衡分配系数 K_{SEC} 没有温度依赖性,这一点已经得到实验证实。平衡分配系数 K_{SEC} 由高分子链尺寸与孔洞的相对大小决定。Casassa 根据高分子链在溶液本体与不同形状模型孔洞中的平衡分配理论,计算得到的平衡分配系数 K_{SEC} 与 SEC 实验结果一致,表明 SEC 遵循热力学平衡状态下由熵驱动的体积排除机理。

值得指出的是,尽管高分子在 SEC 实验中一直在流动相中保持流动状态,其分离机理和相关分析都是基于高分子稀溶液处于热力学平衡状态下的静态性质。这一前提在绝大多数情况下都能得到满足。然而,当高分子的尺寸大到足以被色谱柱中的剪切和拉伸流场影响时(韦森堡数 $Wi > 1$),会发生从无规线团到伸展链的构象转变,导致色谱模式发生从 SEC 到障碍色谱(slalom chromatography,SC)的转变,进而影响分析结果。后面会对这一现象进行更详细的讨论。

10.1.2 体积排除色谱的校准

1. 相对分子量测量

传统的 SEC 实验,首先利用浓度检测器测定未知高分子样品经色谱柱分离后不同级分的含量,即可得到 SEC 淋出曲线[图 10-1(d)];再用与未知样品同类的一系列不同分子量的窄分布标准样品($M_w/M_n < 1.1$)对色谱柱进行标定[图 10-1(e)];利用建立的标样分子量与淋出体积之间的校准曲线[图 10-1(f)],就能将未知样品的淋出曲线转换成分子量分布,进而计算样品的各种平均分子量,如重均分子量 M_w、数均分子量 M_n 和分子量分布宽度指数 M_w/M_n。因此,传统的 SEC 是一种测定分子量的相对方法,必须利用标准样品对所用的色谱柱进行校准。理想情况下,在 SEC 色谱柱的有效分离范围内(即空隙

体积 V_0 和柱内总体积 V_t 之间），标样的分子量对数 $\lg M$ 与淋出体积 V_e 之间的关系呈线性

$$\lg M = A + BV_e \tag{10-7}$$

式中，A 和 B 为常数，可由一组已知分子量标样的峰位保留时间经线性拟合得到。色谱柱分离范围的上限称为排除极限（exclusion limit），分离范围的下限称为渗透极限（permeation limit），由填料孔洞大小与分布决定。

在实际工作中，常会遇到标样的分子量对数 $\lg M$ 与淋出体积 V_e 之间的关系并非简单的一次函数关系，而需要用多项式来描述，通常采用三次高阶函数拟合较为合适，一般不建议采用更高阶函数，以免过度拟合而使校准曲线失真。为了避免这一问题，在 SEC 实验中可尽量采用线性柱，即标样的分子量对数 $\lg M$ 与淋出体积 V_e 之间呈线性关系的色谱柱，可满足大多数样品的测试需求。稍后在关于色谱柱的部分再作详细介绍。

然而，仅有少数几种聚合物如聚苯乙烯（PS）、聚甲基丙烯酸甲酯（PMMA）、聚乙二醇（PEG）、聚氧化乙烯（PEO）等具有窄分布的标准样品。如果直接利用标样（如广泛使用的 PS 标样）来确定其他不同种类和形状聚合物的分子量，测得的是相对于标样的分子量，与其绝对分子量间通常存在较大误差。

2. 绝对分子量测量

为了解决 SEC 测试中样品种类与标样不一致带来的校准问题，Benoit 等首先提出了 SEC 的普适校准原则，即利用高分子的流体力学体积 V_h（正比于特性黏数 $[\eta]$ 与分子量 M 的乘积）作为校准变量。实验表明，在相同 SEC 保留体积下淋出的不同化学组成和拓扑结构的聚合物具有相同的流体力学体积。

根据爱因斯坦的黏度方程，高分子的特性黏数与其流体力学体积 V_h 和黏均半径 R_η 相关

$$[\eta] = 2.5 N_A \frac{V_h}{M} = \Phi_{\text{Einstein}} \frac{R_\eta^3}{M} \tag{10-8}$$

式中，N_A 为 Avogadro 常数，$\Phi_{\text{Einstein}} = \dfrac{10\pi}{3} N_A$。因此，$[\eta]M$ 与高分子的流体力学体积成正比，这正是普适校准背后的物理基础。

特性黏数与分子量之间的关系常用著名的 Mark-Houwink 方程表达：

$$[\eta] = K M^\alpha \tag{10-9}$$

式中，K 和 α 为常数，取决于高分子及溶剂的性质、温度、分子量范围等因素，可从文献或《聚合物手册》一书中查阅。

因此，只要知道标样和未知样品的 Mark-Houwink 方程常数，在 SEC 实验中就可利用普适校准，将标样的分子量转换为相同淋出体积下未知样品的分子量

$$\lg M_2 = \frac{1}{(1 + \alpha_2)} \lg \left(\frac{K_1}{K_2} \right) + \frac{(1 + \alpha_1)}{(1 + \alpha_2)} \lg M_1 \tag{10-10}$$

其中下标 1 和 2 分别代表标样和待测样品。这样，利用一组聚合物标样（如 PS），即可用

SEC 得到其他不同化学组成和形状聚合物的分子量分布,这一方法至今仍然在广泛使用之中。

随着 SEC 检测器技术的发展,将 SEC 与光散射、黏度等检测器联用,直接得到级分的分子量和特性黏数,无须再用标样校准,即可得到高分子的绝对分子量和分子尺寸信息,使得检测 SEC 技术成为一种测定分子量的绝对方法。同时,还可以方便地建立高分子的分子尺寸、特性黏数与分子量之间的标度关系,得到高分子在溶液中的链构象与形态信息。后文将对此详细介绍。

10.2 体积排除色谱的仪器构造、实验方法和技巧

10.2.1 仪器构造

SEC 仪器的主要部件包括溶剂贮存槽、脱气机、高压输液泵、进样器、色谱柱、检测器、废液贮存槽、用于数据收集和处理的计算机,图 10-2 所示为 SEC 仪器的结构示意图。下面对其中关键的流动相、色谱柱、检测器逐一介绍,并指出了样品制备与实验条件优化、数据处理中的一些注意事项和技巧。

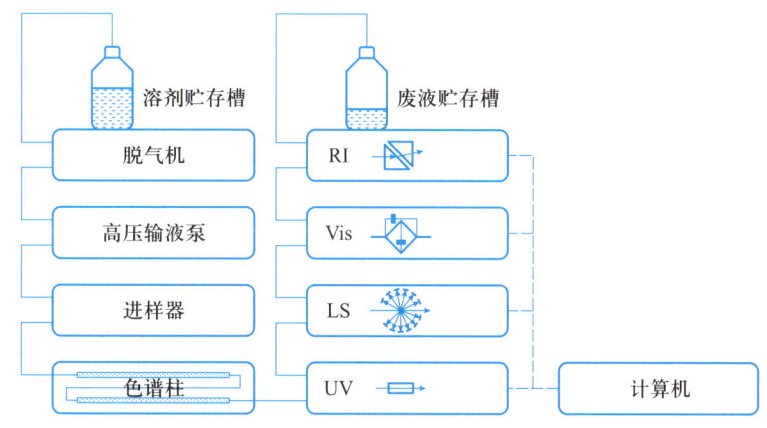

图 10-2 SEC 仪器的结构示意图

10.2.2 流动相

选择 SEC 的流动相时应考虑聚合物样品类型、色谱柱填料、检测器相容性、操作条件、便利性、安全性、纯度等因素。流动相应满足如下要求:① 能很好地溶解待测聚合物

并形成稳定的溶液体系,以避免聚合物在测试前或测试期间从溶液沉淀,不会造成样品降解,可参考聚合物和溶剂的溶度参数 δ;② 不腐蚀仪器,不破坏色谱柱填料,不会导致样品吸附,与检测器相匹配;③ 优先选择黏度较低的溶剂作为 SEC 的流动相,因为流动相黏度增加会影响聚合物的扩散,导致柱压升高以及分离效率降低;④ 流动相的沸点一般应比 SEC 测试温度高 25~50 ℃,这是因为测试温度与流动相的沸点接近时,可能导致气泡的形成,直接影响测试结果;⑤ 流动相应该具有高纯度,尽量选择 HPLC 级别的试剂,在使用前需使用孔径 0.5 μm 以下(常用 0.2 μm)的滤膜过滤以去除杂质;⑥ 尽量选择毒性较低的溶剂,做好安全防护。表 10-1 列出了一些常用的 SEC 流动相及其物理性质。

表 10-1　SEC 常用的流动相

| 溶剂 | 溶度参数 δ | 黏度(20 ℃) | 折光指数 n_D^{20} | 沸点/℃ |
	cal$^{1/2}$/cm$^{3/2}$	cP		
甲苯	8.9	0.59	1.4969	110.6
四氢呋喃	9.1	0.55	1.4072	66.0
氯仿	9.3	0.57	1.4458	61.2
1,2,4-三氯苯	10.0	1.89(25 ℃)	1.5717	213.5
邻二氯苯	10.0	1.32(25℃)	1.5514	180.5
间甲酚	10.2	12.8(25 ℃)	1.5398	202.2
二甲基乙酰胺	10.8	0.97	1.4384	166.1
二甲基亚砜	12.0	2.24	1.4783	189.0
二甲基甲酰胺	12.1	0.92	1.4305	153.0
六氟异丙醇	12.2	1.65	1.2750	58.2
水	23.2	1.00	1.3330	100.0

选择高分子样品的 SEC 流动相时需要综合考虑。首先要考虑的是样品的溶解性。例如最常用的四氢呋喃可以在室温下溶解很多高分子,如聚苯乙烯、聚氯乙烯、聚碳酸酯、聚丁二烯等,方便进行 SEC 实验。半结晶性聚乙烯、聚丙烯等聚烯烃样品只能在高温下溶解,通常选择 1,2,4-三氯苯或邻二氯苯作为流动相在 150 ℃下进行 SEC 测试。尼龙的 SEC 测试则需要在间甲酚或六氟异丙醇中进行溶解。其次,还需要考虑与检测器的匹配性,稍后在关于检测器的部分也会谈到这一点。例如聚二甲基硅氧烷在常用的四氢呋喃中的折光指数增量 dn/dc 接近于零,示差折光和光散射检测器信号都很弱,这时可选择用甲苯作为流动相。若 SEC 与紫外检测器或激光光散射检测器联用,则要求流动相在相应的波长处没有吸收。此外,为了改善聚合物的溶解性或抑制聚合物与色谱柱填料间的相互作用(包括偶极-偶极、π-π、氢键、疏水、静电相互作用等),有时可能需要添加不同种类的盐,如硝酸钠、溴化锂等,一些特殊情况可能还需要使用混合溶剂作为流动相来提高聚合物的溶解性。有些溶剂在使用时还需要添加适量的抑制剂,例如高温 SEC 常用的溶

剂 1,2,4-三氯苯在使用时需要加入抗氧剂。水作为流动相时,常需要调节其 pH,在长时间运行时,还需要添加质量分数为 0.02% 的叠氮化钠抑制微生物生长。

在与 SEC 色谱柱兼容的前提下,可以将一种流动相切换为另一种互溶的流动相,但在切换时必须注意流动相的黏度变化,避免系统压力过高。流动相的切换应在低流速下进行,如常用的内径为 7.5~8 mm 的 SEC 色谱柱,流速一般设为 0.1~0.2 mL/min。切换到高黏度溶剂,如 1,2,4-三氯苯或间甲酚时,还应适当提高柱温箱温度。流动相中含有盐或添加剂时,最好先切换到纯溶剂,以免盐或添加剂在色谱柱中析出,对色谱柱造成损害。为了避免频繁切换流动相带来的不便以及降低色谱柱的分离效果,建议准备多套分别保存于不同流动相的色谱柱,在切换流动相时先将充满当前流动相的色谱柱拆下,将 SEC 系统其余部分切换到新流动相后,再装上保存于新流动相的色谱柱。

10.2.3　色谱柱

色谱柱是 SEC 分离的核心,其分离效率和范围主要由色谱柱填料的尺寸和孔径决定。早期所用的葡聚糖凝胶和聚苯乙烯凝胶强度不高,只能在低压和低流速下工作,填料尺寸约为 100 μm,导致分离效率不高,需要连成几米长的色谱柱,完成一次 SEC 实验需要数小时。随着填料制备技术的发展,出现了 10 μm,甚至更小尺寸的高强度多孔填料,高压输液泵的使用大大提高了色谱柱的分离效率,SEC 进入了高效液相色谱(HPLC)时代。常见商用 SEC 色谱柱的性能及其典型应用可参考《SEC 色谱柱手册》一书。

常用分析型 SEC 色谱柱长度一般为 250 mm 或 300 mm,内径为 7.5 mm,7.8 mm 或 8 mm,10~30 min 即可完成一个聚合物样品的分离。色谱柱的外层一般为不锈钢,内部填料要根据流动相及待测样品类型选择。对于有机流动相,最常用的色谱柱填料是苯乙烯-二乙烯基苯共聚的聚苯乙烯凝胶,而对于水相,常用的色谱柱填料包括改性的二氧化硅、聚甲基丙烯酸酯类凝胶等。在色谱柱之前可以安装一根保护柱,它的长度通常为 50 mm,其内径及填料均与色谱柱相同,保护柱可以避免样品不可逆地吸附在色谱柱填料上而造成色谱柱的损坏,从而延长色谱柱的使用寿命,但它并不能改善色谱柱的分离效率。色谱柱的尺寸也会根据实际情况发生变化:制备型 SEC 色谱柱内径会增大到 21.5 mm 或 25 mm,以便将足够多的样品分离后收集级分;内径为 4.6 mm,甚至 2.1 mm 的细内径柱可以大大降低溶剂使用量,但色谱峰加宽效应会变得严重;尺寸为 150 mm×7.5 mm、100 mm×10 mm 的快速色谱柱可以在 3~5 min 内完成 SEC 分离,满足生产控制快速检测或高通量实验的需要。

每根色谱柱具有一定的分子量分离范围,由填料孔洞大小与分布决定,填料孔洞越大,能分离的聚合物分子量越高,但 lg M 与 V_e 呈线性关系的区域也会随之向高分子量方向移动。待测样品的分子量分布必须位于色谱柱的有效分离范围之内。可将多根具有不同孔径填料的色谱柱串联,以拓宽系统的分子量分离范围。混合填料色谱柱就是将具有不同孔径的填料按照一定比例混合装在同一根色谱柱内,具有很宽的分子量分离范围(如 $10^2 \sim 10^7$ g/mol),可满足通常情况的测试需求,使用起来颇为方便。

　　填料尺寸越小的色谱柱分离效率越高,近年来甚至出现了填料尺寸低于 2 μm 的超高效液相色谱(UPLC),但小尺寸填料并不适合分离高分子量的聚合物,而且易使聚合物发生剪切变形或降解。大多数聚合物的 SEC 测试优先选择 5~10 μm 的填料,低聚物的分离可选用 3 μm 的填料,超高分子量聚合物建议使用 20 μm 的填料。当使用填料尺寸较大的色谱柱分离聚合物时,需要适当增加色谱柱的数量,以达到较好的分离效果。

　　必须强调的是,色谱柱填料与待测样品间不应存在特殊相互作用,否则会导致 SEC 分离机理受到干扰。

10.2.4　检测器

1. 浓度检测器

　　浓度检测器是 SEC 最基本的检测器,可以连续测量各级分的含量,这也是光散射和黏度检测器数据处理不可缺少的。常用的浓度检测器有示差折光(RI)和紫外(UV)检测器。

　　示差折光检测器是最通用的浓度检测器,通过检测溶液折光指数的变化推算所含的高分子浓度,示差折光信号强度 I_{RI} 与浓度 c 呈线性关系

$$I_{RI} = k_{RI}(dn/dc)c \qquad (10-11)$$

式中:k_{RI} 为仪器常数,dn/dc 为高分子在流动相中的折光指数增量,其值可正可负,取决于高分子与流动相折光指数的相对大小,是用静态光散射测定高分子分子量不可缺少的常数。需要注意的是,高分子在 SEC 流动相中的 dn/dc 不能接近零,否则信号太低而难以准确定量,这时就需要另选其他流动相。示差折光检测池不耐受背压,在与其他检测器串联使用时应放在最后。

　　紫外检测器仅能检测有紫外吸收的样品,如含有双键、芳香基团的聚合物或蛋白质。紫外吸光度信号强度 I_{UV} 与浓度 c 呈线性关系

$$I_{UV} = \varepsilon L c \qquad (10-12)$$

式中:ε 为样品的摩尔吸收系数,L 为光程长。需要注意的是,流动相在检测高分子样品的波长时应没有吸收。

　　示差折光检测器通用性强,但易受环境温度波动的影响;紫外检测器信号稳定,灵敏度高,但仅适用于有紫外吸收的样品。因此,在实际应用中仍然以示差折光检测器为主。经过校准的示差折光检测器,假定高分子从 SEC 色谱柱中完全淋洗出来,则可用于在已知高分子准确 dn/dc 值时定量测定未知浓度高分子溶液的含量,也可在已知高分子溶液准确浓度时计算其 dn/dc 值。值得注意的是,高分子的 dn/dc 值随波长 λ 的增大而减小,通常与 λ^{-2} 呈线性关系:

$$(dn/dc)_{\lambda} = a + \frac{b}{\lambda^2} \qquad (10-13)$$

式中,a、b 为拟合常数。因此示差折光检测器波长最好与光散射检测器波长保持一致。

2. 静态光散射检测器

静态光散射(SLS)检测器的出现,使 SEC 无须用传统方法校准,成为测量聚合物分子量分布的绝对方法。早期的小角激光光散射(LALLS)只能得到各级分的分子量;后来出现的两角激光光散射(TALLS),尤其是近些年不断发展完善的多角激光光散射(MALLS)检测器,可以直接得到各级分的分子量 M 和回转半径 R_g,已经成为 SEC 最强有力的检测器。

以 MALLS 检测器为例,检测器同时在线检测级分在多个不同散射角 θ 的散射光强,并将其转换成瑞利因子 R_θ。高分子溶液的瑞利因子 R_θ 与其分子量 M、浓度 c 之间的关系为

$$\frac{Kc}{R_\theta} = \frac{1}{MP(\theta)} + 2A_2 c \tag{10-14}$$

式中,粒子散射函数 $P(\theta)$ 反映了散射光强的角度依赖性,A_2 是第二位力系数,K 是光学常数,$K = \frac{4\pi^2 n^2}{N_A \lambda^4}\left(\frac{dn}{dc}\right)^2$,其中 n 和 λ 分别是溶剂的折光指数和入射光在真空中的波长。

由于 SEC 淋出级分的浓度很低(最高为 $10^{-5} \sim 10^{-4}$ g/mL),可以忽略式(10-14)右边的浓度项,得到

$$\frac{Kc}{R_\theta} = \frac{1}{MP(\theta)} \tag{10-15}$$

粒子散射函数 $P(\theta)$ 与粒子的形状、大小和光波波长有关。例如常见的高斯链(无规线团状)的散射函数 $P(\theta)$ 为

$$P(\theta) = \frac{2}{x^2}(e^{-x} - 1 + x) \tag{10-16}$$

式中,$x = q^2 R_g^2$,散射矢量 $q = \frac{4\pi n}{\lambda}\sin\frac{\theta}{2}$,回转半径 R_g 是高分子的均方根回转半径 $<S^2>^{1/2}$ 的简称。

当 $x < 1$ 时,不同形状的粒子散射函数都可近似为

$$\frac{1}{P(\theta)} = 1 + \frac{1}{3}q^2 R_g^2 \tag{10-17}$$

从而得到

$$\frac{Kc}{R_\theta} = \frac{1}{M}\left(1 + \frac{16\pi^2 n^2}{3\lambda^2}R_g^2\sin^2\frac{\theta}{2}\right) \tag{10-18}$$

根据式(10-18),将高分子溶液的散射光强对角度作图,外推到零角度,即可从直线的截距和斜率得到高分子的分子量 M 和回转半径 R_g。这就是常用的 Zimm 拟合方法。

还可以采用类似的 Debye 或 Berry 拟合方法,根据式(10-19)和式(10-20),处理光散射实验数据

$$\frac{R_\theta}{Kc} = M\left(1 - \frac{16\pi^2 n^2}{3\lambda^2}R_g^2\sin^2\frac{\theta}{2}\right) \tag{10-19}$$

$$\sqrt{\frac{Kc}{R_\theta}} = \frac{1}{\sqrt{M}}\left(1 + \frac{8\pi^2 n^2}{3\lambda^2}R_g^2\sin^2\frac{\theta}{2}\right) \tag{10-20}$$

此外,也可假定分子的形状,利用理论的粒子散射函数进行拟合。以上这些拟合方法都包含在 MALLS 检测器的数据处理软件中,应根据高分子的尺寸大小选择使用,将在后文关于数据处理的部分详细介绍。MALLS 检测器的分子量 M 检测范围为 $10^3 \sim 10^9$ g/mol,回转半径 R_g 检测范围为 $10 \sim 500$ nm。

3. 动态光散射检测器

动态光散射(DLS)通过测量散射光强随时间的涨落得到粒子的扩散系数和流体力学半径等参数。其原理是:当单一频率(约 10^{15} Hz)的入射光被处于无规则布朗运动的粒子散射时,由于多普勒效应,散射光的频率会随着粒子朝向或者背向检测器的运动面出现极微小($10^5 \sim 10^7$ Hz)的增加或减少,使得散射光的频谱变宽。显然频率变宽的幅度(线宽 Γ)是同粒子运动的快慢(用扩散系数描述)联系在一起的。如果测得线宽,就可以得到粒子运动快慢的信息,然而与光速相比,粒子的布朗运动实在太慢,所引起的频率变宽仅为入射光频率的一亿分之一左右,即使是滤波能力最强的 Fabry-Perot 干涉仪也难以测出。然而,频率空间中无法直接测量的微小频率增宽可以利用快速光子相干仪在时间空间中通过时间相关函数来测得。动态光散射通过测量粒子的散射光强随时间的涨落,得到光强自相关函数 $G^{(2)}(\tau)$,经 Siegert 关系式转换为归一化电场自相关函数 $g^{(1)}(\tau)$,进而得到线宽及扩散系数等信息。

在与 SEC 联用的流动型动态光散射实验中,实验测定的是经过 SEC 色谱柱分离后接近单分散级分的散射光强随时间的涨落。对于单分散体系,$g^{(1)}(\tau)$ 可以用一个指数衰减函数来表示

$$g^{(1)}(\tau) = \exp(-\Gamma\tau) \tag{10-21}$$

式中,Γ 是线宽,它与平动扩散系数 D 的关系为

$$\Gamma = Dq^2(1 + k_d c)(1 + fq^2 R_g^2) \tag{10-22}$$

式中,D 是浓度和角度外推到零时的平动扩散系数,k_d 是平动扩散系数第二位力系数,f 是无量纲因子。

从平动扩散系数 D 即可得到高分子的流体力学半径 R_h:

$$R_h = \frac{k_B T}{6\pi\eta_0 D} \tag{10-23}$$

式中,k_B 为 Boltzmann 常数,T 为热力学温度,η_0 为溶剂黏度。

DLS 检测器一般与静态光散射检测器共用同一个检测池。样品经色谱柱分离后,按照顺序流经光散射检测器的时间很短(通常只有几分钟),因此不可能像传统的单机型 DLS 那样,长时间收集 DLS 数据。需要选择一个合适的收集时间,一方面时间必须足够长才能够得到一个准确的光强——光强自相关函数 $G^{(2)}(\tau)$,另一方面必须时间尽量短,使 DLS 检测器不至于检测到从色谱柱经过分离后尺寸相差太大的级分。通常选择一个折中的收集时间,如 10 s,也可根据实际情况进一步调整优化。流动型 DLS 检测器得到的

结果与停流状态下得到的结果是一致的。

4. 黏度检测器

流体在层流状态下流过毛细管时,两端的压力 P 与黏度 η 成正比,可由泊肃叶方程描述

$$P = \frac{8lQ\eta}{\pi r^4} \tag{10-24}$$

式中,l 和 r 分别为毛细管的长度和半径,Q 为流体流速。现在最常用的 SEC 黏度检测器是首先由 Haney 设计的,四根内径和长度均相同的毛细管按照惠斯顿电桥方式排列,在其中一侧的管路中设置一个大体积延迟柱,测量桥中点压力差 DP 以及进口与出口间的压力差 IP,即可求得高分子溶液的增比黏度 η_{sp}:

$$\eta_{sp} = \frac{4DP}{IP - 2DP} \tag{10-25}$$

结合浓度检测器测定的极低高分子浓度 $c \to 0$,即可得到各级分的特性黏数

$$[\eta] = \lim_{c \to 0} \frac{\eta_{sp}}{c} \tag{10-26}$$

也可利用程镕时建议的一点法求得特性黏数:

$$[\eta] = \frac{\sqrt{2(\eta_{sp} - ln\eta_r)}}{c} \tag{10-27}$$

式中,相对黏度 η_r 为高分子溶液黏度 η 与溶剂黏度 η_0 之比。

黏度检测器对聚合物样品没有特殊要求,适用于各种类型高分子的溶液性质和链构象研究,尤其是当所研究高分子在所用的光散射波长有吸收、分子量较低、dn/dc 较小,难以用光散射检测器检测时,黏度检测器是一个非常好的检测手段。

一般情况下,黏度检测器测得的是高分子的零剪切特性黏度。以毛细管直径为 0.25 mm 的黏度检测器为例,在流动相流速为 1.0 mL/min 时的剪切速率约为 5000 s^{-1}。当高分子的分子量较大时,应适当升高实验温度、降低流动相流速,以避免高分子溶液剪切变稀的影响。

现在最常用的多检测 SEC 系统是将 SEC 与多角激光光散射、动态光散射、黏度和示差折光检测器联用,可同时获得高分子经色谱柱分离后接近单分散的各级分的含量、分子量、回转半径、流体力学半径、特性黏数等参数,进而从各物理量之间的标度关系推断高分子在溶液中的形态和链构象。

10.2.5　样品制备与实验条件优化

针对所要分析的聚合物样品(尤其是一种新的样品),首先必须根据样品情况选择合适的色谱柱与溶剂,进而建立适当的 SEC 实验条件,包括流动相组成、进样量、流动相流速等。

　　SEC 测试前先制备待测聚合物的稀溶液,待测样品须完全溶解于流动相,且不能与色谱柱填料发生相互作用。高分子量样品需要较长的溶解时间,有时可能还需要借助振荡、升温等方式达到完全溶解状态。采用常规尺寸[300 mm×(7.5~8) mm]色谱柱的 SEC 实验,流速一般设为 1.0 mL/min,每根色谱柱的进样量为 50~100 μL。聚合物溶液的适宜测试浓度与其分子量相关,一般为 1 mg/mL,分子量较大时,需要降低浓度,否则浓度过高会导致溶液黏度增加而影响分离效果,浓度太低则会造成信噪比降低。聚合物溶液在测试前需要过滤,尤其是工业产品通常含有较多杂质,一般使用 0.2~0.45 μm 孔径的滤膜过滤除去杂质和不溶物等。

　　超高分子量的聚合物则需要使用更大孔径的滤膜过滤,防止堵塞色谱柱。与滤膜有吸附作用或过滤造成剪切降解的样品,也可采用短时离心的方法纯化样品。

　　对于聚电解质等分子链较为扩张的样品,流动相中必须加盐屏蔽聚电解质效应,其链尺寸可能仍然比中性高分子大很多,这时需要将样品浓度降至更低。

　　以碱性天然多糖壳聚糖为例,壳聚糖可溶解于稀酸变成阳离子聚电解质,因此在进行 SEC 实验时,溶液中还须加入适量盐,以屏蔽高分子链与填料之间的相互作用,常采用醋酸/醋酸铵(或醋酸钠)的缓冲溶液(pH 为 4.5)作为流动相。图 10-3 是一种脱乙酰度为 95% 的壳聚糖样品 CS 95-200($M_w = 1.97×10^5$ g/mol)在不同离子强度的醋酸/醋酸铵缓冲溶液中的 SEC 色谱图,分离采用 2 根 TSK GMPW$_{XL}$ 色谱柱(300 mm×7.8 mm)。从图中可以看到:在 50 mmol·L^{-1} 缓冲溶液中,壳聚糖样品与色谱柱填料仍有较强的相互作用,样品几乎完全吸附;在离子强度 100 mmol·L^{-1} 时,样品接近正常淋出;在离子强度 200 mmol·L^{-1} 以上,壳聚糖样品方可正常淋出。因此,高分子的 SEC 实验必须首先选择

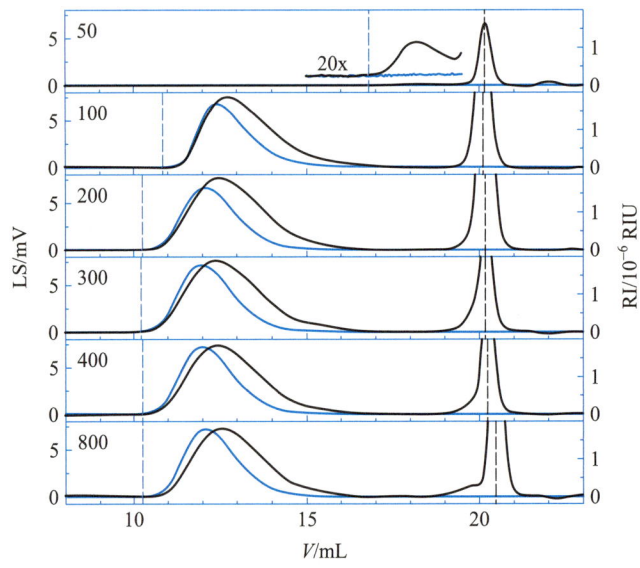

图 10-3　壳聚糖 CS 95-3000 在不同离子强度醋酸缓冲溶液中的 SEC 色谱图,从上到下依次为 50、100、200、300、400 和 800 mmol·L^{-1} 流动相,红色和黑色曲线分别是光散射检测器和示差折光检测器信号,色谱柱为 2 根 TSK GMPW$_{XL}$ 色谱柱(300 mm×7.8 mm),进样浓度为 0.125 mg/mL,体积为 200 μL

合适的色谱柱类型和流动相组成。

确定了流动相组成后,还要选择合适的高分子浓度。图 10-4 给出了分子量分别为 $6.05×10^4$,$1.97×10^5$ 和 $4.27×10^5$ g/mol 的 3 个壳聚糖样品在 200 mmol·L^{-1} 醋酸缓冲溶液(pH 为 4.5)中的 SEC 谱图。可以看到在较高浓度下,样品的色谱峰后移,甚至出现多个峰,表现出明显的超载现象,出现超载的浓度约为 1.0,0.5,0.25 mg/mL。进一步计算表明,发生超载的浓度正好位于样品的交叠浓度 $c^* = \dfrac{3M_w}{4\pi N_A R_g^3}$ 附近。在相同的进样量下,高浓度小体积进样比低浓度大体积进样导致的超载现象更加严重。以上结果表明,超载现象可能是由于浓度过高时高分子溶液的黏性指进(viscous fingering)现象造成的。因此 SEC 实验中的高分子样品浓度必须位于稀溶液区域。

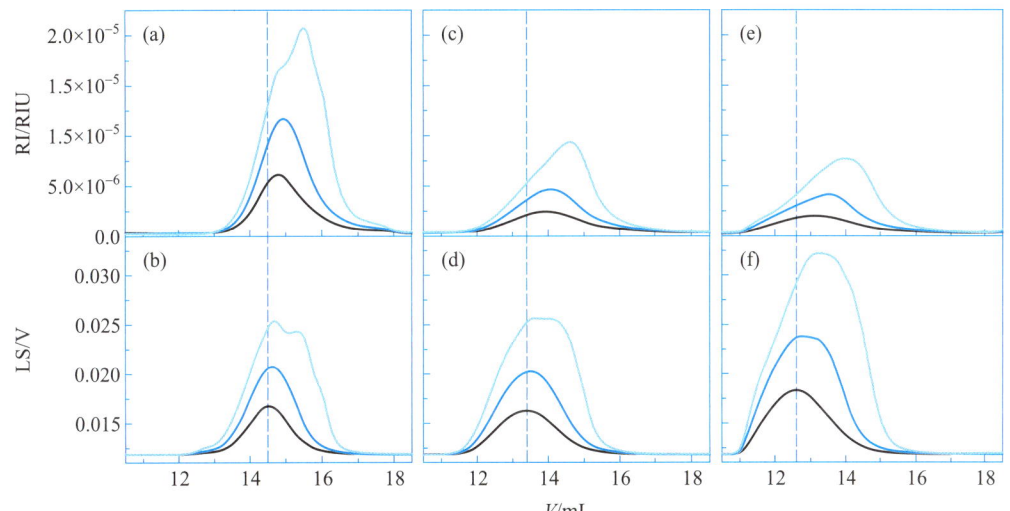

图 10-4　不同进样浓度的 3 个壳聚糖样品在 200 mM 醋酸缓冲溶液(pH 为 4.5)中的 SEC 谱图:CS 95-20(a)(b),CS 95-200(c)(d),CS 95-3000(e)(f),其中(a)(c)(e)为 RI 信号,(b)(d)(f)为光散射信号。实验所用色谱柱为 2 根 PL aquagel-OH Mixed-H 色谱柱(300 mm×7.5 mm)。CS 95-20 的浓度为 0.25,0.5,1.0 mg/mL,CS 95-200 和 CS 95-3000 的浓度为 0.125,0.25,0.5 mg/mL

配备常规尺寸色谱柱的 SEC 实验,通常将流动相流速固定为 1.0 mL/min,这一流速对一般的样品来说是没有问题的。但当样品的分子尺寸较大时,必须适当降低流速,避免高分子链变形甚至降解的影响。后文再对此给出更详细的讨论。

10.2.6　数据处理

1. 连接单一浓度检测器的 SEC

对于仅连接单一浓度检测器(以常用的 RI 检测器为例)的 SEC,数据处理非常简单。

实验得到的检测器信号与聚合物的含量有关,而淋出体积与聚合物的分子量相关。用窄分布标样标定色谱柱,得到分子量与保留体积之间的校准关系(待测样品与标样种类不同时可用普适校准),即可将待测样品的淋出谱图转变为分子量分布图,计算各种平均分子量。

使用 SEC 仪器的软件处理数据时,最重要的步骤是定义基线以及样品峰积分范围的确定。基线的起点为样品峰开始之前的位置,终点为溶剂峰结束之后的位置。如果基线比较稳定,则移动基线的起点与终点对测试结果不应造成明显影响。为了获得较为稳定的基线,SEC 系统在进样前需要冲洗数小时,并使色谱柱和检测器温度保持恒定。对于淋出峰存在拖尾现象的聚合物样品,淋出峰的终点位置选择对数均分子量 M_n 结果有较大影响。如果能排除非 SEC 分离机理的影响,出现 SEC 淋出峰拖尾现象很可能来源于样品中的低分子量组分(齐聚物或未反应的单体),确定终点位置时,可根据这些低分子量组分是否为实验关注的对象进行取舍;如果同系列的一组样品都出现类似的淋出峰拖尾现象,选取基线和积分范围时应保持一致以便比较。

将 RI 检测器用标准样品(如氯化钠溶液)校准后,还可从样品峰的积分面积计算出淋出样品的质量,与进样质量相比较,即可判断是否有样品吸附在色谱柱填料上。

2. 多检测 SEC 系统

对于 SEC 与 MALLS 和 RI 检测器联用系统,测试将直接得到各淋出级分的绝对分子量,不需要用窄分布标样建立色谱柱的校准曲线。但仪器必须定期用甲苯标定光散射检测器常数(90°),以将光散射信号转换成瑞利因子 R_θ。光散射标定常数并不随流动相改变而发生变化。

每次 SEC 实验都要用窄分布的高分子标样确定 MALLS 检测器的归一化系数,即将不同角度的光散射信号相对于 90°信号进行归一化,以便将其他所有角度的光散射信号转换成瑞利因子 R_θ。用于归一化标样的分子尺寸应小于 5 nm(几乎是各向同性的),以确保在不同角度的散射光强与 90°光强相差不大。有机溶剂流动相中一般选用分子量不超过 3×10^4 g/mol 的 PS,水相中常使用分子量不超过 2×10^4 g/mol 的 PEG、葡聚糖或分子量为 6.64×10^4 g/mol 的牛血清白蛋白(BSA)。改变流动相后需要重新确定 MALLS 检测器的归一化系数。

接下来需要确定 MALLS 检测器与浓度检测器(以常用的 RI 检测器为例)之间的间隔体积,即两个检测器之间的管路和接头的总体积。由于间隔体积的存在,在某一时间测得的 RI 检测器与同一时间测得的 MALLS 检测器信号并不匹配,RI 检测器信号总是滞后于 MALLS 检测器信号。在软件中用间隔体积修正后,这两个检测器的信号相匹配,每一淋出体积对应的是同一级分。用于测定间隔体积的样品必须是窄分布标样,如上述归一化实验中用到的样品。对于具有单一分子量的高分子样品,这两个检测器归一化后的信号将完全重叠。检测器之间的间隔体积是固定不变的,并不随流动相改变而变化,只有管路发生变动时才需要重新确定间隔体积。

在合适的实验条件下收集待测高分子样品的 SEC 谱图,就可以得到每一淋出体积的级分在不同角度的浓度 c 和瑞利因子 R_θ,事先查阅或测定高分子的 dn/dc 值,利用不同方法(如 *Zimm*、*Berry*、*Debye*、*Random coil* 等)拟合,即可得到各级分的分子量 M 和回转半径 R_g。值得指出的是,必须根据样品的尺寸选择适当的 MALLS 检测角度和拟合方法,方可得到正确的结果。关于这几种拟合方法的比较,文献中已经给出了具体的分析,限于篇幅,这里仅作简述。以水作为流动相、激光波长 658 nm 的情形为例,MALLS 检测器角度位于 13°~160°之间,散射矢量 q 为 0.0029~0.0249。当高分子尺寸较小($R_g < 40$ nm)时,所有散射角度的检测器均满足 $q^2 R_g^2 < 1$ 的条件,用 Zimm、Berry、Debye 方法拟合的结果几乎没有差异。但当高分子尺寸较大($R_g > 40$ nm)时,散射角度较大的检测器不再满足 $q^2 R_g^2 < 1$ 的前提条件,如果仅用 $q^2 R_g^2 < 1$ 的散射角度数据进行拟合,对于尺寸特别大的高分子,能用的散射角度太少,会影响拟合的准确性;如果将 $q^2 R_g^2 > 1$ 的散射角度数据也用于拟合,则不能采用线性而必须用多项式拟合(尤其是 Debye 方法必须采用高阶函数拟合),这会大大增加拟合的不确定性。实际上,式(10-18)~式(10-20)中的三种线性拟合与高斯链的理论散射函数[式(10-16)]偏离 1% 的位置分别位于 $q^2 R_g^2 = 0.338$(Debye)、0.685(Zimm)、2.743(Berry)处,因此 Berry 线性拟合方法适用的高分子尺寸范围最宽,应优先选择。此外,采用无规线团(Random coil)方法,用高斯链的理论散射函数[式(10-16)]拟合实验数据,对尺寸较大的高分子,可以克服 Debye、Zimm、Berry 方法用多项式拟合带来的不确定性,得到准确的结果;当分子尺寸较小时,Random coil 方法与 Zimm、Berry、Debye 方法并无差别,但有时会出现由于散射信号波动而无法拟合的情况。因此对常见的高分子样品来说,一般采用 Berry 线性拟合方法;但当高分子尺寸较大时,应采用 Random coil 方法拟合,并注意尽可能保留小角度的数据。

多检测 SEC 系统测定的是高分子样品经色谱柱分离后接近单分散的各级分的物理量,包括从 MALLS 检测器得到的分子量 M 和回转半径 R_g、从 DLS 检测器得到的流体力学半径 R_h 和从黏度检测器得到的特性黏数 $[\eta]$。因此,很容易就可以建立单分散高分子样品的分子尺寸(R_g、R_h)与分子量之间的标度关系($R_g \sim M^\nu$,$R_h \sim M^\nu$),特性黏数 $[\eta]$ 与分子量 M 之间的标度关系($[\eta] \sim M^\alpha$),以及回转半径与流体力学半径之比 ρ($= R_g / R_h$),进而推断高分子在溶液中的形态和链构象。表 10-2 列出了常见的无规线团、球状与棒状高分子的 ν、α、ρ 值。以往需要经过数月之久的样品分级、光散射和黏度实验,才能得到高分子在溶液中的形态和链构象信息,现在借助多检测 SEC 系统,很快能得到这些信息。此外,蠕虫状链高分子的持续长度、支化高分子的支化程度等丰富的信息,都可由多检测 SEC 实验得到。稍后给出具体的例子。

表 10-2　不同形状高分子的标度关系指数和结构参数

	ν	α	ρ
无规线团(θ溶剂)	0.5	0.5	1.50
无规线团(良溶剂)	0.6	0.7~0.8	1.78
球状	1/3	0	0.775
棒状	1	>1	2.36

10.2.7　其他注意事项

在日常的 SEC 测试中,通常需将同一个样品进行 2~3 次实验,以考察实验结果的准确度和可重复性。在 SEC 实验中,一定要避免高分子与色谱柱填料间的相互作用,防止出现非 SEC 分离机理的影响。如果出现测试结果的重复性较差、样品回收率偏低、样品产生严重拖尾峰等情况,表明样品与填料之间有特殊相互作用,需要继续优化分离条件。通常可采用更换色谱柱填料类型或在流动相中加入不同添加剂来抑制高分子与填料的相互作用。此外,还可以采用无须固定相的非对称流场流分离作为一种替代 SEC 的分离技术,以解决样品在 SEC 色谱柱中吸附的难题。在色谱柱填料表面吸附的高分子,在适当的条件下会缓慢解吸附。研究表明,高分子从填料表面的解吸附动力学是一个非指数衰减的过程。

10.3　应用案例

10.3.1　高分子的定量分析

两种水溶性高分子(如葡聚糖和聚乙二醇)的水溶液在浓度 c 超过某一临界值 c_{cr} 时会自发形成互不相容的两相体系,即双水相系统(ATPS)。ATPS 具有温和的水环境、极低的界面张力,因此广泛用于生物大分子的萃取分离和纯化。弄清两相中高分子各组分的分子量分布和含量,对 ATPS 在萃取分离中的应用具有重要的指导意义。

利用定量 SEC 方法研究了葡聚糖-聚乙二醇双水相系统相分离后高分子在两相之间的分配,得到了体系的系线,并测定了相分离后两相中这两种高分子的分子量和分子量分布的变化。当初始高分子浓度超过临界点浓度时,葡聚糖-聚乙二醇混合水溶液发生相分离,得到较轻的聚乙二醇富集相和较重的葡聚糖富集相[图 10-5(a)],两相分别稀释至合适浓度后进行 SEC 测试。图 10-5(b)和图 10-5(c)分别给出了葡聚糖-聚乙二醇混合溶液相分离后得到的葡聚糖富集相和聚乙二醇富集相的 SEC 色谱图,两相溶液需用水稀释到合适浓度,样品的初始高分子归一化浓度 $\varepsilon \equiv c/c_{cr} - 1 = 0.030, 0.200, 0.982, 2.087$。可以看到,当初始高分子浓度离相分离临界浓度较近时,葡聚糖富集相和聚乙二醇富集相均包含两个基线分离的淋出峰,分别对应先流出的分子量较大的葡聚糖[图 10-5(d)]和后流出的分子量较小的聚乙二醇组分[图 10-5(e)]。随着初始高分子浓度的增加,葡聚糖富集相中的葡聚糖含量逐渐增多,而聚乙二醇含量逐渐减少;与此同时,聚乙二醇富集相中的聚乙二醇含量越来越多,而葡聚糖含量越来越少。当初始高分子浓度远高于相分离临界浓度时,两种高分子在各自贫相中的含量趋近于零。

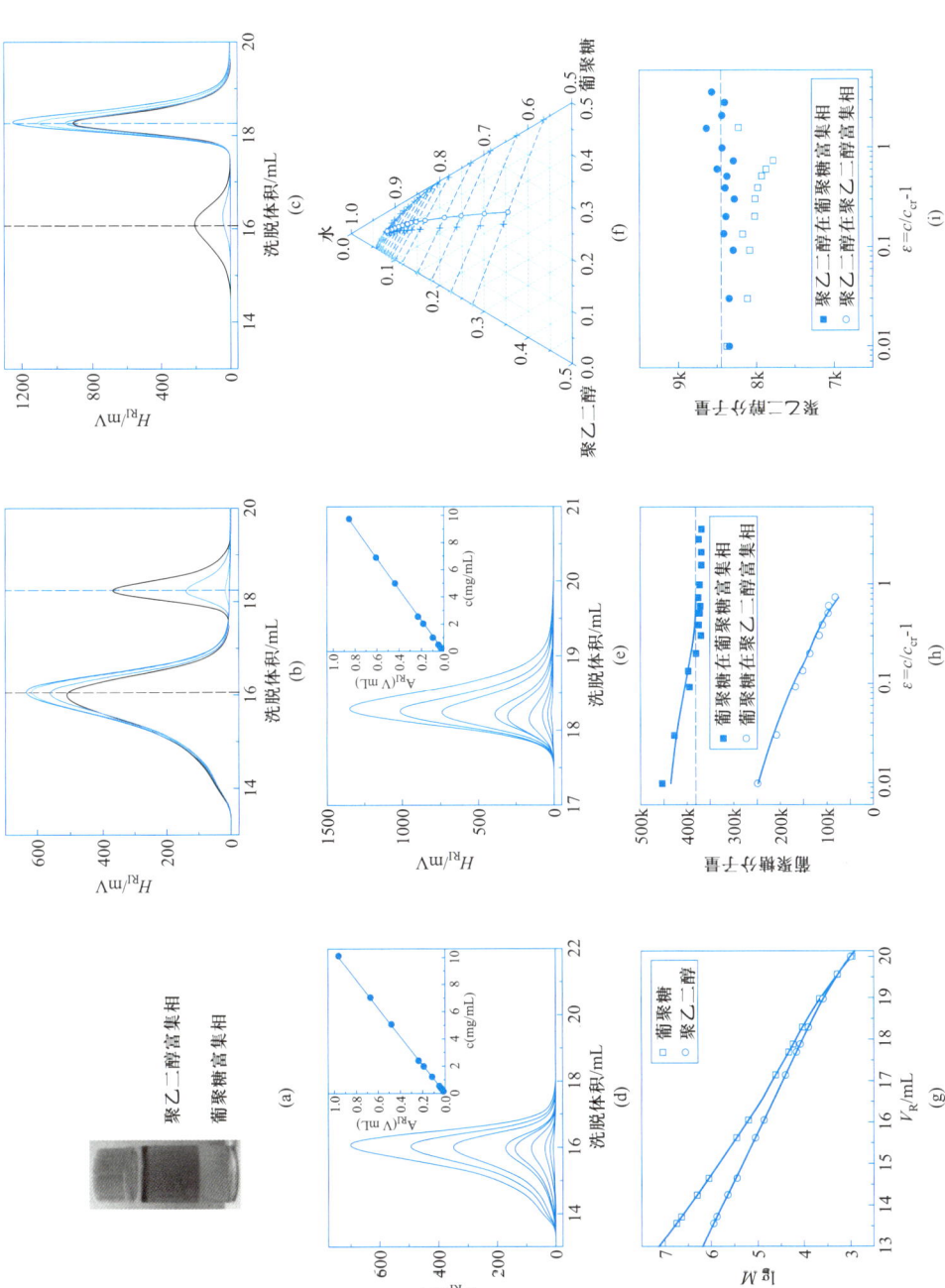

图 10-5 （a）葡聚糖-聚乙二醇双水相系统相分离后得到较轻相的聚乙二醇富集相和较重相的葡聚糖富集相，溶液中加入少量金纳米粒子以增强对比；（b）和（c）为高分子归一化浓度 $\varepsilon = 0.030, 0.200, 0.982, 2.087$ 的葡聚糖-聚乙二醇混合溶液得到分离富集相的葡聚糖富集相和聚乙二醇富集相的 SEC 谱图；（d）不同浓度葡聚糖的 SEC 谱图，插图为淋出峰面积 A_{RI} 与进样浓度 c_{inj} 间的定量关系；（e）不同浓度聚乙二醇的 SEC 谱图，插图为淋出峰面积 A_{RI} 与进样浓度 c_{inj} 间的定量关系；（g）色谱柱标定曲线：PEG/PEO（圆点），葡聚糖（方形）；（h）和（i）分别给出葡聚糖和聚乙二醇在两相中的重均分子量随高分子浓度的变化

为了从 SEC 谱图得到葡聚糖和聚乙二醇的含量,必须首先建立葡聚糖和聚乙二醇的色谱峰面积与进样浓度之间的定量关系。SEC 的示差检测器信号 I_{RI} 与高分子溶液的折光指数增量(dn/dc)、浓度 c 成正比,即 $I_{RI} = k_{RI}(dn/dc)c$。在整个样品峰的淋洗体积范围内积分,得到示差检测响应峰的总面积 A_{RI} 为

$$A_{RI} = \int I_{RI} dV = k_{RI}(dn/dc)\int c dV = k_{RI}(dn/dc)c_{inj}V_{inj} \qquad (10-28)$$

式中,$\int c dV = c_{inj}V_{inj}$ 为注入色谱柱的样品质量,c_{inj} 和 V_{inj} 分别为进样浓度和进样体积。

图 10-5(d)给出了进样浓度为 0.1~10 mg/mL 的葡聚糖溶液的淋洗谱图,插图为示差检测响应峰面积 A_{RI} 与进样浓度 c_{inj} 的依赖关系。聚乙二醇溶液的淋洗谱图以及聚乙二醇样品峰面积与进样浓度之间的关系见图 10-5(e)。可以看出,在测试的浓度范围内,两种高分子样品的峰面积与进样浓度之间都有良好的线性关系,从拟合得到的斜率可以计算出葡聚糖和聚乙二醇在水中的折光指数增量,分别为 0.149 mL/g 和 0.136 mL/g,与文献报道值一致,表明葡聚糖和聚乙二醇样品都从色谱柱中完全淋洗出来。利用图 10-5(d)和 10-5(e)建立的葡聚糖和聚乙二醇峰面积与进样浓度之间的校准关系,即可从未知浓度样品的 SEC 谱图[图 10-5(b)和 10-5(c)]计算出该样品中的高分子含量,进而得到相分离后所得两相中葡聚糖和聚乙二醇的浓度,建立两相体系的系线[图 10-5(f)],所得结果与浊点曲线吻合,也与之前用密度法得到的结果一致。

与此同时,利用一组窄分布的 PEG/PEO 标样标定色谱柱[图 10-5(g)],还可得到聚乙二醇和葡聚糖这两种组分在两相中的分子量及分子量分布。这里葡聚糖的分子量采用普适校准得到,与用光散射检测器联用得到的结果一致。葡聚糖原样的分子量 $M_w = 3.8 \times 10^5$ g/mol,分子量分布较宽($M_w/M_n = 2.19$),聚乙二醇原样的分子量 $M_w = 8450$ g/mol,分子量分布较窄($M_w/M_n = 1.11$)。葡聚糖组分在相分离后两相中的分子量和分子量分布有较大差异[图 10-5(h)]。初始高分子浓度在临界点附近时,在葡聚糖富集相中的葡聚糖组分的 $M_w = 4.54 \times 10^5$ g/mol,$M_w/M_n = 2.35$,而在聚乙二醇富集相中的葡聚糖组分的 $M_w = 2.49 \times 10^5$ g/mol,$M_w/M_n = 1.63$,即高分子量的葡聚糖倾向于留在葡聚糖富集相。随着初始高分子浓度的增加,葡聚糖富集相中葡聚糖组分的分子量逐渐降低,直至与原样分子量相当,而在聚乙二醇富集相中的葡聚糖组分的分子量则持续减小。这是因为相分离后高分子量的葡聚糖更加倾向于留在葡聚糖富集相中,而低分子量的葡聚糖更易进入聚乙二醇富集相中。也就是说,葡聚糖-聚乙二醇双水相系统在相分离时,分子量分布较宽的葡聚糖会发生分子量分级现象。葡聚糖分子在两相的分配系数与分子链长呈指数衰减关系,与高分子相分离的 Flory-Huggins 平均场理论的预测一致。随着初始高分子浓度的增大,葡聚糖分子量分级的效果越加显著,导致聚乙二醇富集相中葡聚糖组分的含量越来越少,分子量越来越小,然而,分子量分布较窄的 PEG 在两相中的分子量及分子量分布则基本保持不变,且与原样的分子量和分子量分布都很接近[图 10-5(i)]。

以上结果表明,定量 SEC 方法可以准确测定多组分高分子体系中各组分的含量和分子量分布。

10.3.2　高分子的链构象与柔顺性

壳聚糖是一种来源极其丰富的天然碱性多糖,具有优异的生物相容性、生物降解性和多种生物功能,已被广泛应用于生物医用工程领域。在酸性溶液中,壳聚糖分子链上的氨基质子化后成为可溶于水的阳离子型聚电解质,而壳聚糖在中性条件下的溶解性较差,在很大程度上限制了其应用。对壳聚糖进行化学改性得到的 N,N,N-三甲基壳聚糖(TMC)具有优异的水溶性和抗菌性能,已被广泛研究。

由脱乙酰度为 95% 的壳聚糖(CS),经两步法制备 N,N-二甲基壳聚糖(DMC)和TMC,红外光谱和核磁共振波谱表明甲基成功接到壳聚糖的氨基上,DMC 和 TMC 的甲基化程度分别可达 90% 和 80%。采用 SEC-MALLS 研究了所得产物的分子量和链构象。图 10-6(a)~(c)分别是 CS、DMC、TMC 95-200 样品的 SEC-MALLS 的色谱图。从图中可以看出,从 CS 到 DMC 和 TMC,样品的 SEC 淋出峰形类似,均为对称的高斯分布,但整体向高淋出体积方向移动,并伴随着光散射检测器信号的显著降低,这似乎预示着样品在反应过程中,分子链发生了严重降解。从 MALLS 检测器直接得到各级分的绝对分子量[图 10-6(e)]和回转半径[图 10-6(f)]表明,TMC 与 DMC 和 CS 样品淋出曲线的差异是由壳聚糖的分子量低和分子链的柔顺性增加这两个因素所致。CS、DMC、TMC 95-200 样品的重均聚合度分别为 1210,1140 和 590,表明在两步法制备 TMC 过程中,壳聚糖样品在第一步反应并未发生明显降解,而在第二步反应则发生了显著的分子链降解。

图 10-6(f)给出了 CS、DMC、TMC 95-200 样品的 R_g-M 构象图,两者之间的标度指数为 0.52,表明 CS、DMC、TMC 95-200 样品在所用的 200 mmol·L^{-1} 醋酸缓冲溶液(pH = 4.5)中均呈无规线团构象。进一步利用无扰状态下蠕虫状链的 Kratky-Porod 模型拟合,得到 CS、DMC、TMC 的持续长度 L_p 分别为 10 nm,5.7 nm 和 3.2 nm,表明将壳聚糖上的氨基进行甲基化改性后产物的柔顺性增大。值得指出的是,壳聚糖的固有持续长度约为 $L_{p,0}$ = 7.7 nm,为典型的半刚性链,主要源于分子链内的氢键。壳聚糖氨基上甲基的引入,增大了侧基体积,破坏了壳聚糖分子链内的氢键,使分子链的柔顺性增加。

10.3.3　高分子的构象转变

利用 SEC-MALLS 联用表征一系列不同分子量壳聚糖样品的分子量及分子量分布时,发现对于分子量较高的壳聚糖样品,流动相流速不能超过某一临界值,才能获得准确的分子量和分子量分布。对于采用同一种 8 μm 填料填充的不同尺寸色谱柱,高分子量壳聚糖样品在常规尺寸色谱柱(300 mm×7.5 mm)中流动相流速不能超过 0.5 mL/min,而在细内径色谱柱(250 mm×4.6 mm)中流动相流速不能超过 0.2 mL/min。当流速过高时,高分子量壳聚糖样品中所含的最高分子量组分滞后淋出,导致色谱图和得到的分子量分布曲线发生变形。

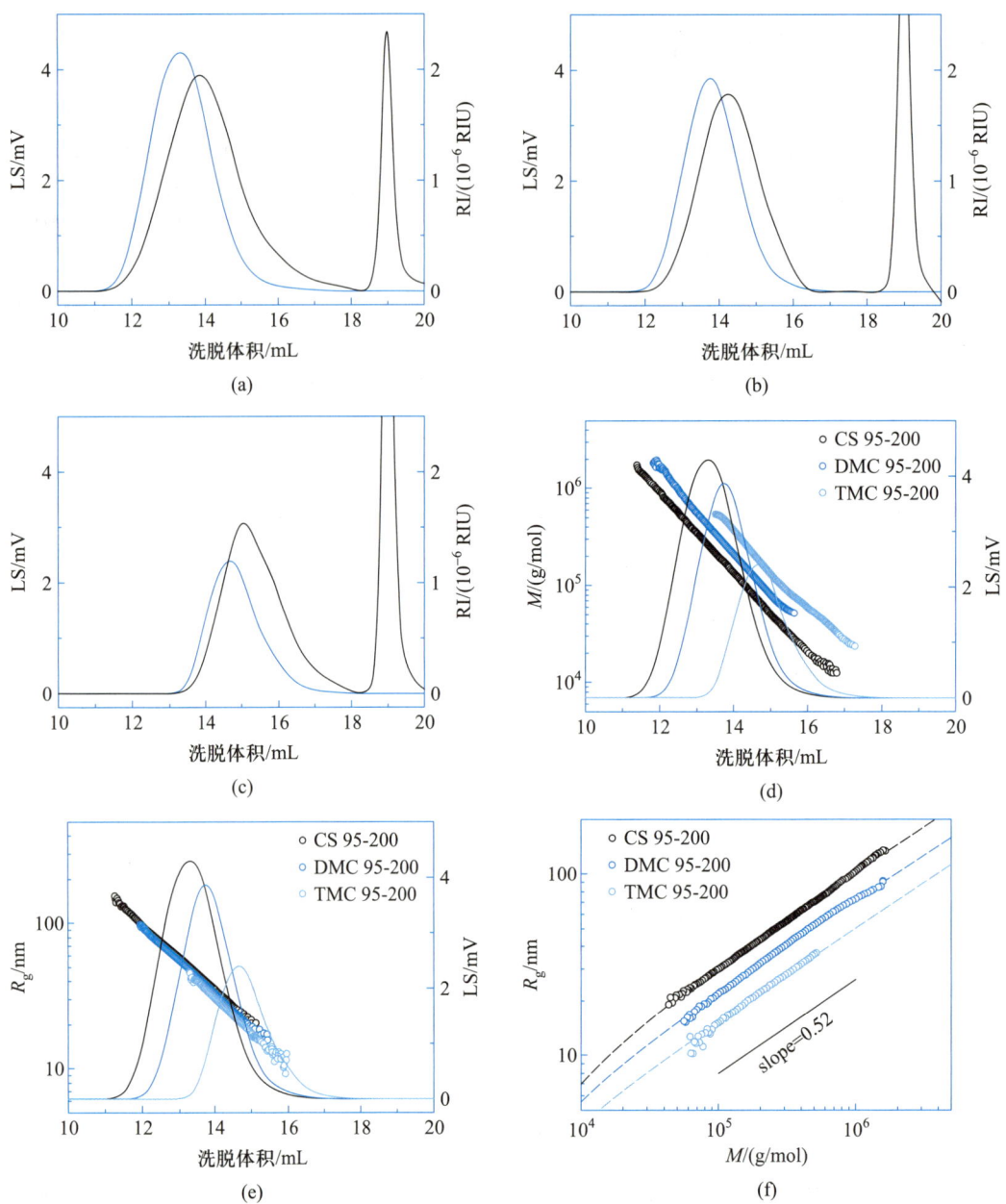

图 10-6 （a）~（c）分别为 CS 95-200、DMC 95-200 和 TMC 95-200 的 SEC-MALLS 色谱图，实验所用色谱柱为 2 根 PL aquagel-OH Mixed-H 色谱柱（300 mm×7.5 mm）；（d）和（e）分别为样品各淋出级分的分子量和回转半径随淋出体积的变化；（f） CS 95-200、DMC 95-200 和 TMC 95-200 的 R_g-M 构象图

图 10-7 所示为 CS 95-3000 样品以 0.1~1.5 mL/min 不同流动相流速通过 2 根细内

径色谱柱(250 mm×4.6 mm)得到的 SEC-MALLS 色谱图和各级分的 R_g 值与淋出体积 V 之间的关系。只有在 0.1 mL/min 和 0.2 mL/min 的低流动相流速下,在淋出体积为 3.58 mL 时,才能观察到样品中 $R_g = 200$ nm 的最大级分,lg R_g-V 图中 R_g 在 27~200 nm 内呈现良好的线性关系。流动相流速的进一步增加导致最先淋出级分的淋出体积显著增加,即从 0.3 mL/min 时的 3.63 mL 增加到 1.5 mL/min 时的 3.86 mL。与流动相流速在 0.1 mL/min 和 0.2 mL/min 下的淋出体积相比,R_g-V 图向更高的淋出体积移动。在最高流动相流速时,最后流出级分的 lg R_g-V 变得严重偏离低流速下的线性关系,并且尾部出现了一个平台值 R_g~40 nm。值得注意的是,最大级分端在某一 R_g 值处截止,且随着流动相流速的增加而减小,即从 0.3 mL/min 时的 175 nm 减小到 1.5 mL/min 时的 115 nm。

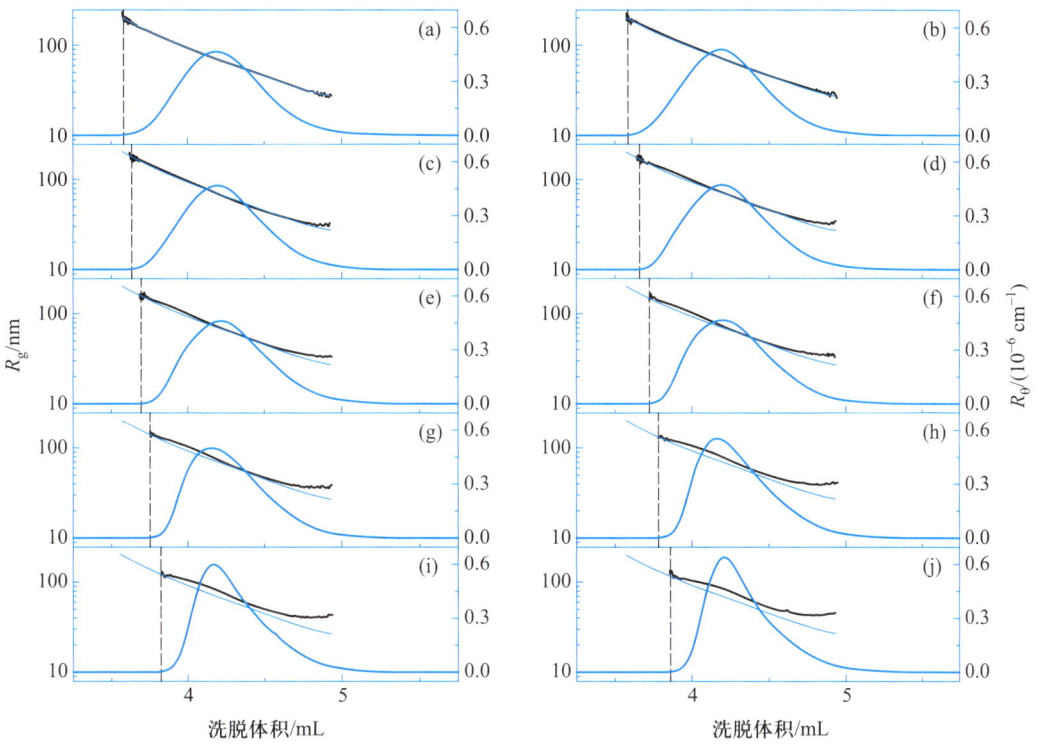

图 10-7　(a)~(j)分别为重均分子量为 $4.27×10^5$ g/mol 的壳聚糖样品不同流动相流速的色谱图:0.1 (a),0.2 (b),0.3 (c),0.4 (d),0.5 (e),0.6 (f),0.8 (g),1.0 (h),1.2 (i),1.5 mL/min (j)。实验所用色谱柱为 2 根 PL aquagel-OH Mixed-H 细内径色谱柱(250 mm×4.6 mm)。蓝色曲线为光散射检测器信号,黑色曲线为样品各淋出级分的回转半径随淋出体积的变化,红色曲线为 0.1 mL/min 流速下所得回转半径的拟合线

　　用 SEC 分离高分子是基于其在溶液中的流体力学尺寸,较大尺寸的分子更早洗脱出来,较小尺寸的分子稍后洗脱出来。高分子量壳聚糖的色谱图在流动相流速较高时,向更高淋洗体积方向移动,表明高分子链在通过色谱柱时可能发生了链降解或变形。检查高分子链在高流动相流速下通过色谱柱时是否发生降解最直接的方法是重复进样实验。简

单地说,将以高流动相流速通过色谱柱的高分子样品用样品瓶收集起来,并以低流动相流速重新进样到色谱柱,将得到的色谱图与原始样品以相同低流动相流速得到的色谱图进行比较(原始样品事先没有通过色谱柱)。如果重新进样的样品流出行为与原始样品不同,则可以得出在高流动相流速下高分子发生降解的结论。图 10-8 比较了在 0.2 mL/min 的低流动相流速下得到 CS 95-3000 原始样品和重新进样样品的色谱图,重新进样的样品是以 1.5 mL/min 的高流动相流速通过色谱柱收集得到的,在相同进样量的条件下,重新进样得到的色谱图与原始样品完全一致。这一结果表明,在最高流动相流速 1.5 mL/min 时,CS 95-3000 样品在经过 SEC 色谱柱的过程中并没有发生高分子链降解。因此,在高流动相流速下,最大尺寸壳聚糖级分异常的延迟淋出行为不是由于高分子链降解,而是由于链变形导致的色谱模式发生从 SEC 到 SC 的转变所引起的。

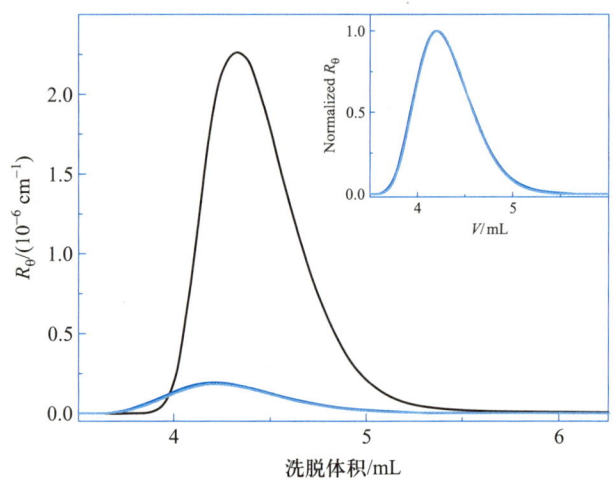

图 10-8   在流动相流速为 **0.2 mL/min** 下原始样品和重新进样所得 **CS95-3000** 的 SEC 色谱图,色谱柱为 **2** 根 **PL aquagel-OH Mixed-H** 细内径色谱柱(**250 mm×4.6 mm**),进样浓度为 **0.0125 mg/mL**,体积为 **200 μL**。二次进样的样品是在流动相流速为 **1.5 mL/min** 下将 **200 μL** 浓度为 **0.125 mg/mL** 的样品进样后收集淋出体积 **3.8~5.8 mL** 的级分得到的

　　SEC 是基于高分子处于平衡态的分子尺寸进行分离,通常来说这是合理的,因为高分子的松弛时间很短,不受色谱柱中流场的影响。但当高分子的尺寸较大时,其松弛时间会大到足以被色谱柱中的剪切和拉伸流场影响(韦森堡数 $Wi>1$),此时高分子在色谱柱中会发生从无规线团到伸展链的构象转变,导致其色谱模式发生从 SEC 到 SC 的转变。在障碍色谱中,高分子链因拉伸流场作用而变得伸展,需要不断绕过填料粒子形成的障碍而从粒子间的空隙中穿过,较长的分子比较短的分子运动更慢而后淋出,因此淋出顺序与 SEC 正好相反。

　　在 SEC 色谱柱中存在拉伸流场,其拉伸速率为

$$\dot{\varepsilon} = k_1 \frac{\bar{v}}{d_{\mathrm{p}}} \tag{10-29}$$

式中,k_1 是与色谱柱填充结构有关的常数,对于无规填充的色谱柱 $k_1 = 21.68$;色谱柱内表观流速 $\bar{v} = Q/\pi r^2$,其中 Q 为流动相的体积流速,r 为色谱柱半径;d_p 为色谱柱填料直径。

高分子链在稀溶液中的最长松弛时间为

$$\tau = \frac{C\eta_0 R_g^3}{k_B T} \tag{10-30}$$

式中,常数 $C \approx 1$,η_0 为溶剂黏度,k_B 为 Boltzmann 常数,T 为热力学温度。

当流场的拉伸速率大于高分子链的松弛速率($1/\tau$)时,高分子链会发生从无规线团到伸展链的构象转变,转变点发生在韦森堡数 $Wi = \dot{\varepsilon}\tau \sim 1$ 处。高分子在拉伸流场中的线团-伸展转变(coil-stretch transition)最早是由 De Gennes 在理论上预测的,后来被 Chu 等的单分子实验验证,Hoagland 等在与色谱柱内相似的流场中也观察到了这一构象转变。

天然和合成聚合物样品通常存在较宽的分子量分布。当用 SEC 在某一流速分离一个宽分布聚合物样品时,总是存在一个处于线团-伸展转变点的临界尺寸 $R_{g,c}$,其韦森堡数 $Wi = 1$。如果聚合物样品中所有级分的尺寸均小于 $R_{g,c}$,则聚合物分子链都保持无规线团构象,色谱模式全为 SEC,聚合物按照尺寸大小顺序正常淋出。如果聚合物样品中有部分级分的尺寸超过 $R_{g,c}$,那么这部分较大的分子链将发生线团-伸展转变,色谱模式转变为 SC,按照从小到大的顺序淋出;而尺寸小于 $R_{g,c}$ 的级分仍为无规线团构象,按照从大到小的 SEC 模式淋出。因此,首先淋出色谱柱的是具有临界尺寸 $R_{g,c}$ 的级分。将在不同流速测得的 $R_{g,c}$ 对色谱柱中的拉伸速率 $\dot{\varepsilon}$ 作图(图 10-9),与理论预测一致。

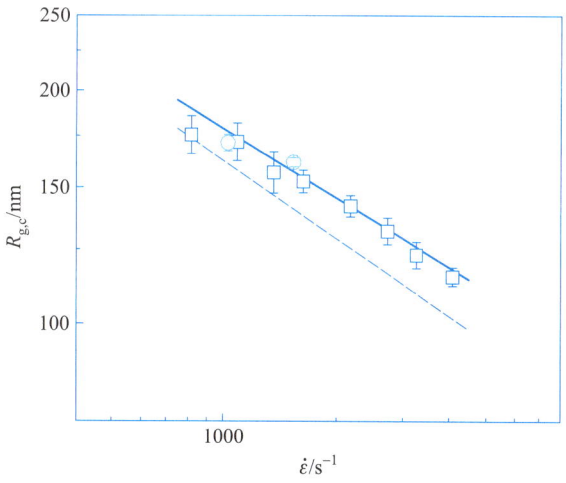

图 10-9 从 SEC 到 SC 色谱模式转变的临界尺寸 $R_{g,c}$ 与色谱柱中拉伸速率的关系。所用色谱柱填料尺寸为 8 μm,色谱柱直径分别为 7.5 mm(圆点)和 4.6 mm(方形),虚线所示为 $Wi = 1$

为了避免在 SEC 分离中发生由 SEC 到 SC 的色谱模式转变,在分析高分子量聚合物时,必须降低色谱柱中的拉伸速率,避免高分子链发生从无规线团到伸展链的构象转变。通常可以通过升高实验温度、降低流动相流速、增大色谱柱直径、增加填料尺寸等方法来实现。

许多天然多糖都是聚电解质,在溶液中呈现较为扩展的构象,在利用 SEC 分离这类聚合物时,尤其要注意分子链的变形甚至降解。选择合理的测试条件包括实验温度、流动相流速、色谱柱和填料尺寸以避免色谱模式由 SEC 转变为 SC,这对于获得准确的分子量分布数据是至关重要的。

很多实际应用如高分子的液相色谱、高分子的超滤分离、聚合物驱采油等过程都涉及高分子在多孔介质中的流动行为。这些问题的关键都在于理解高分子在多孔介质中的动力学行为。研究高分子在由微米级填料填充的色谱柱中的色谱模式转变,为研究高分子链在多孔介质中的构象和动力学提供了一种新方法。

本章从 SEC 的基本原理出发,阐述了 SEC 的分离机理,主要是由熵驱动的高分子在多孔填料内外分配达到平衡的体积排除机理。在实验中可能导致 SEC 分离机理失效的因素主要包括:① 样品与色谱柱填料发生相互作用导致的样品吸附与解吸附;② 样品浓度过高导致的色谱柱超载;③ 流动相流速过快导致的色谱模式转变。这些都是在 SEC 实验中必须避免的。

与光散射、黏度、示差折光、紫外等检测器联用的多检测 SEC 技术是测定聚合物的分子量分布、研究高分子在溶液中的形态和链构象的强大工具,只要使用得当,必将在工业生产领域和高分子科学研究中得到更加广泛的应用。

必须指出的是,聚合物的链结构是非常复杂的,除了分子量分布,还有化学组成分布、官能团分布、拓扑结构分布等。为了阐明聚合物的这些复杂链结构,必须采用基于不同分离机理的液相色谱技术,例如由焓驱动的液相吸附色谱(LAC)、熵与焓正好达到平衡的临界条件液相色谱(LCCC)等新技术。将 SEC 与其他分离手段联用建立二维液相色谱技术(2D LC),将为复杂聚合物的全面表征带来新的机遇。

习题

1. 体积排除色谱法是如何将聚合物分级的?影响色谱柱分级效率的因素有哪些?

2. 体积排除色谱法测得的分子量是相对分子量还是绝对分子量?为什么?

3. 相同分子量的两个聚合物样品,支化链结构与线型链结构的淋出体积相比有什么变化?

第 10 章参考文献

第四部分
性能分析技术

第11章
热重-红外光谱联用分析技术

热重分析(thermogravimetric analysis,TG 或者 TGA)是指在程序控温条件下测量样品的质量与温度变化的一种热分析技术,可以用来研究材料的热稳定性和组分。红外光谱(IR)分析是利用物质对不同波长红外辐射的吸收特性,对分子结构和化学组成进行分析。热重-红外光谱联用技术(TGA-FTIR)是将热重分析仪和红外光谱仪(IR)分析串联起来,在程序升温过程中,对样品的质量变化、样品失重过程中逸出的气体组分进行同步表征。

本章先分别介绍 TGA 和 FTIR 的基本原理和仪器结构,在此基础上对 TGA-FTIR 联用技术的原理和应用进行说明。

11.1 热重分析

11.1.1 热重分析基本原理

热重分析仪主要由天平、炉子、气氛控制系统、程序控温系统、记录系统等几个部分构成。测试原理如图 11-1 所示。

将样品置于特定的炉体中,在程序控制下,炉体以一定的速率升温、降温,或保持恒温。炉内可通入不同的动态气氛(如 N_2、Ar、He 等保护性气氛,O_2、空气等氧化性气氛及其他特殊气氛等),在真空或静态气氛下进行测试。在测试过程中,样品支架下部连接的高精度天平可随时感知样品的质量,并同步传送到计算机,由计算机记录样品质量对温度或时间的变化曲线(TGA 曲线)。若样品发生质量变化(其原因包括分解、氧化、还原、吸附与解吸附等),在 TGA 曲线上出现失重(或增重)台阶,由此可以得知失/增重过程所发生的温度/时间区域,并定量计算失/增重比例。若对 TGA 曲线进行一次微分计算,得到

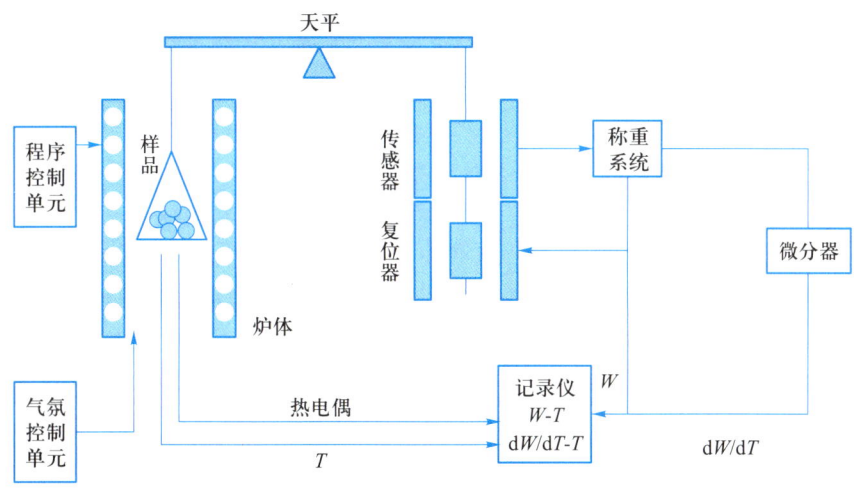

图 11-1　TGA 测试原理示意图

热重微分曲线(DTG 曲线),可以进一步得到样品的质量变化速率。

质量测试系统是 TGA 的核心部件,图 11-2 为称重系统的工作原理。位于天平左边炉中的样品因受热产生质量变化时,天平横梁连同光栅则向上或向下摆动,导致光电倍增管接收到的光强发生变化,其输出的电信号随之变化。变化的电信号送给测重单元,经放大后再送给磁铁外线圈,磁铁产生与质量变化相反的作用力,使天平恢复到平衡状态。

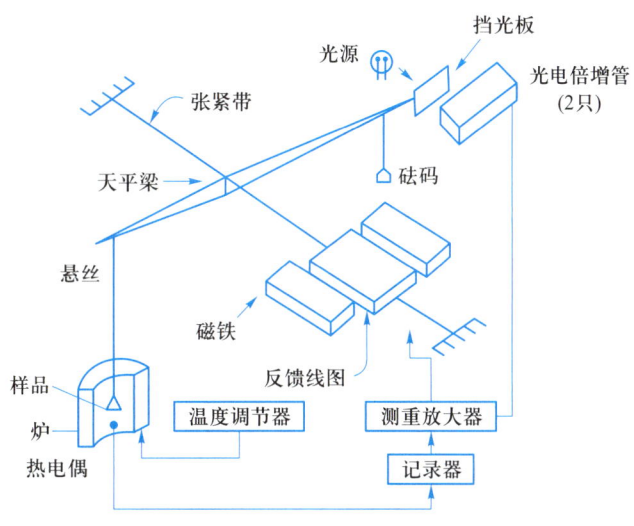

图 11-2　TGA 称重原理示意图

假设样品质量为 m,所受重力为 $F_1 = mg$,线圈电流(I)在磁场作用下对磁铁的作用力为 $F_2 = nBI$(n 为线圈匝数,B 为磁场强度)。天平平衡时 $F_1 = F_2$,则电流和质量满足以下关系:

$$I = \frac{g}{nB}m \quad 或 \quad I = km \qquad\qquad (11-1)$$

若将电流输送给记录仪,样品的质量可通过式(11-1)计算出来。

11.1.2　热重分析仪的操作

热重分析过程中,炉内通常通入惰性气体,如 N_2、Ar、He 等,防止样品或热电偶在加热的过程中被氧化,同时也避免样品热分解过程中所产生的有毒或腐蚀性气体对天平及热电偶产生损害。测试过程中,样品细度、质量、升温速率、气氛对测试结果均有影响。通常情况下,惰性气体的输出压力设置为 0.05 MPa,气体流速为 20~100 ml/min。样品质量为 5~10 mg,质量精度为 0.001~0.0001 mg。高分子样品的升温速率为 10 ℃/min,无机物样品的升温速率为 20 ℃/min。

11.1.3　热重分析结果分析

TG 曲线(如图 11-3 所示)上纵坐标由质量或剩余质量百分数表示,为该温度下的质量与起始质量的百分比。横坐标为温度,用热力学温度或摄氏温度表示。

DTG 曲线上的峰与 TG 曲线上两台阶间质量发生变化的部分相对应,峰的数目对应 TG 曲线上的台阶数,即失重的次数。

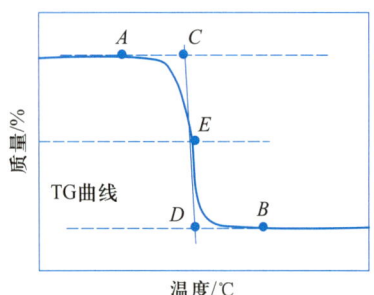

| T_A: 起始失重温度; |
| T_C: 外延起始失重温度; |
| T_B: 失重终止温度; |
| T_E: 失重50%温度; |
| T_D: 外延终止温度。 |

图 11-3　TG 曲线示意图

图 11-3 为典型的 TG 曲线,包含一步失重过程,即曲线的 A 点和 B 点区间。研究材料的稳定性和分解过程所关注的温度点包括:起始失重温度(T_A),图 11-3 中的 A 点。T_A 可在失重 1 %~5 % 选取,例如可将失重 1 % 所对应的温度($T_{1\%}$)作为 T_A 值。也可选失重 2 %($T_{2\%}$)或 5 %($T_{5\%}$)对应的温度作为 T_A 值。C 点为外延起始失重温度及上下两基线间垂直线与下降段曲线切线(斜率绝对值最大的,CD 线)之间的交点。E 点对应的温度为失重 50 % 的温度(T_E),也称为半寿温度。B 点为失重终止温度,D 点为外延失重终止温度,取值方法与 C 点相同,即 CD 线与基线交点。

将 TG 曲线上各点对时间(或温度)进行一次微分,即 dm/dt 或 dm/dT 可得到热重微分曲线(DTG 曲线),DTG 表征质量随时间或温度变化的速率,单位为%/min 或%/℃。热重分析过程的 TG 和 DTG 曲线可以同步得到,如图 11-4 所示。DTG 曲线中,在起始失重(A)和失重结束时刻(B),失重速率均为零。C 点为最大失重速率。

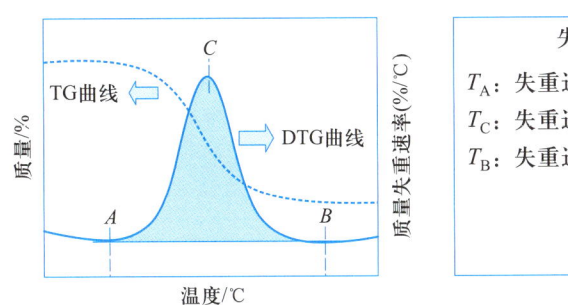

图 11-4 TG 曲线及对应 DTG 的曲线

DTG 曲线上出现的峰与 TG 曲线上两台阶间质量发生变化的部分相对应,峰的面积与试验对应的质量变化成正比,峰顶与最大失重变化速率相对应。如果物质有多重失重过程,则 DTG 曲线上会对应多重峰。峰的数目对应于 TG 曲线上的台阶数,即失重的次数。如图 11-5 所示,与 TG 曲线相比,DTG 曲线可更精确地界定相邻热失重过程。

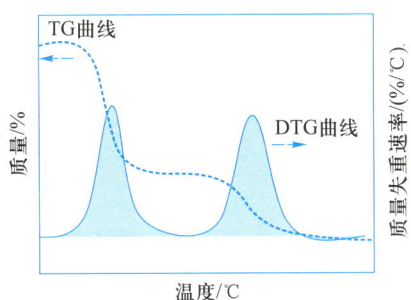

图 11-5 多重失重的 TG-DTG 曲线

11.1.4 热重分析应用案例

样品:甲基乙基次膦酸铝,结构为

$$\left[\begin{array}{c} CH_3 \\ | \\ CH_3CH_2-P-O^- \\ \| \\ O \end{array} \right]_3 Al^{3+}$$

实验目的:掌握热重分析仪表征物质热稳定性的方法。

仪器:综合热重分析仪,Discovery TGA(美国 TA 公司)。

样品制备和测试条件:样品装入三氧化二铝坩埚中,精确称取质量,样品质量为 5~8 mg。N_2 气氛,气体流速为 40 mL/min,以 20 ℃/min 的速率从 30 ℃升温至 700 ℃。

谱图及数据分析:测试结果如图 11-6 所示。用切线法得到的甲基乙基次膦酸铝的起始分解温度为 334.4 ℃。升温过程中出现了两个失重阶段,第一阶段质量损失22.85 %,最大热分解温度和速率分别为 360.87 ℃和−0.75 %/℃。第二阶段为质量损失10.79 %,最大热分解温度和速率分别为 558.44 ℃和−0.19 %/℃。

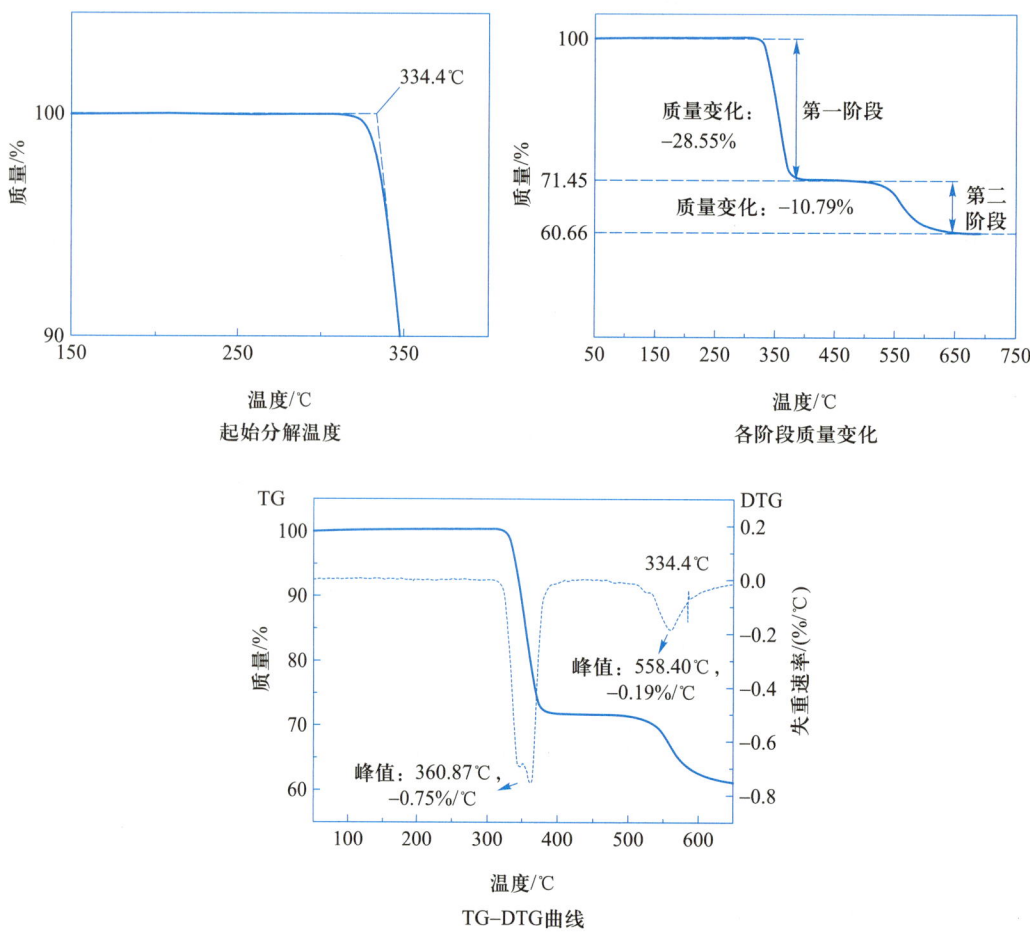

图 11-6   甲基乙基次膦酸铝的 TG–DTG 曲线

11.2 红外吸收光谱

11.2.1 红外吸收光谱的基本原理

红外线是一种电磁波。其波长为 0.75 ~ 1000 μm, 频率(ν)为 3×10^{11} ~ 3×10^{14} Hz, 红外光谱学用波数来表示, 波长的倒数就是波数($\bar{\nu}$), 相当于真空 1 m 长的路程包含的波长的数值。$\bar{\nu} = \dfrac{1}{\lambda}$, 单位为 m^{-1}。由波数和频率($\nu$)的关系 $\bar{\nu} = \dfrac{\nu}{c}$ 可知, 波数的大小同样反映频率的高低。红外光的波数为 12.5 ~ 1.25×10^4 cm^{-1}。红外光的能量还以光量子的形式存在, 一个光子的能量为

$$E_L = h\nu_L = hc\tilde{\nu}_L \tag{11-2}$$

如果用电子伏特(eV)来表示, 红外光谱的光子能量为 1.24×10^{-3} ~ 1.65 eV。根据其波长, 红外光谱可分为三部分: 近红外光, 波长为 12500 ~ 4000 cm^{-1}; 中红外光, 波长为 4000 ~ 200 cm^{-1}; 远红外光, 波长为 200 ~ 12.5 cm^{-1}。

任何物质的分子都是由原子通过化学键联结起来的。分子中的原子与化学键都处于不断的运动中。它们的运动, 除了原子外层价电子跃迁以外, 还有分子中原子的振动和分子本身的转动。分子中原子的振动运动可近似地看成一些用弹簧连接着的小球的运动。以双原子分子为例, 若把两原子间的化学键看成质量可以忽略不计的弹簧, 长度为 r(键长), 假设原子为球形, 质量分别为 m_1、m_2。则它们之间的伸缩振动(stretching)可以近似地看成沿轴线方向的简谐振动, 如图 11-7 所示。

图 11-7　原子振动示意图

体系的振动频率 $\bar{\nu}$(以波速表示)由胡克定律导出

$$\bar{\nu} = \frac{1}{2\pi c}\sqrt{\frac{k}{\mu}} \tag{11-3}$$

式中: c 为光速(3×10^8 m·s^{-1}), k 为化学键的力常数(单位为 N·m^{-1}), μ 为折合质量(单位为 kg)。

$$\mu = \frac{m_1 m_2}{m_1 + m_2} \tag{11-4}$$

若力常数 k 以 $N \cdot m^{-1}$ 为单位,折合质量 μ 以原子质量为单位,则式(11-3)可简化为

$$\bar{\nu} = 130.2\sqrt{\frac{k}{\mu}} \tag{11-5}$$

由式(11-5)可知,双原子分子的振动频率取决于化学键的力学常数和原子的质量。化学键越强(k 值越大),相对原子质量越小,振动频率越高。

在常温下,分子处于较低的振动能级位置,化学键振动能量可以用简谐振动模型描述

$$E_{振动} = \left(\frac{1}{2} + V\right) h\nu \tag{11-6}$$

式中:V 是振动量子数$(0,1,2,3,\cdots)$,h 是普朗克常量$(6.63\times10^{-34} \, J \cdot s)$,$\nu$ 是振动频率。分子振动能级的能量变化是量子化的,两个振动能级之间的能量差为

$$\Delta E_{振动} = E_{激} - E_{基} = \Delta V h\nu \tag{11-7}$$

当分子吸收的光能 E_L 恰好等于两个振动能级之间的能量差 $E_{振动}$ 时,将引起振动能级之间的跃迁,具有这种能量的光一般位于电磁波的红外光区,所产生的吸收光谱称为红外吸收光谱。

多原子分子基本振动类型可分为两类:伸缩振动和弯曲振动。前者用 ν 表示,后者用 δ 表示。两种振动的共同特点是分子质心在振动过程中保持不变,整体不转动,所有原子都是同相运动,即在同一瞬间通过各自的平衡位置,并在同一时间达到最大(或最小)值。每种振动方式都有其特征吸收频率,并且产生相应的红外吸收峰。

伸缩振动是原子沿着键轴方向伸缩,键长发生周期性变化的振动。伸缩振动的力常数比弯曲振动的力常数大,因而同一基团的伸缩振动在高频端出现,原子数大于 3 的基团还可分为对称伸缩振动和不对称伸缩振动。通常不对称伸缩振动比对称伸缩振动的频率高。

弯曲振动又叫变形或变角振动。一般是指基团键角发生周期变化的振动或分子中原子团对其余部分做相对运动。弯曲振动的力常数比伸缩振动的小,因此同一基团的弯曲振动在低频端出现。图 11-8 以亚甲基 CH_2 为例,说明各种振动形式的实现方式。

分子的振动能级发生跃迁时,需要一定的能量,这个能量通常由辐射体系的红外光来供给。由于振动能级是量子化的,因此分子振动将只能吸收一定的能量,即吸收与分子振动能级间隔 $E_{振动}$ 的能量相应波长的光线。如果光量子的能量为 $E_L = h\nu_L = hc\widetilde{\nu}_L$($\nu_L$ 和 $\widetilde{\nu}_L$ 是红外辐射频率和波数),当发生振动能级跃迁时,必须满足

$$\Delta E_{振动} = E_L \tag{11-8}$$

将式(11-7)代入式(11-8),得

$$\nu_L = \Delta V \cdot \nu_{振动} \tag{11-9}$$

式中:ΔV 是振动光谱的跃迁选律,$\Delta V = \pm1, \pm2, \pm3, \cdots$,除了由 $V=0 \rightarrow V=1$,或 $V=0 \rightarrow V=2$,$\cdots$,以外,$V=1 \rightarrow V=2$,$V=2 \rightarrow V=3$ 等跃迁也是有可能的。式(11-9)说明只有当红外辐射频率等于振动量子数的差值与振动频率的乘积时,才能吸收红外线,产生红外光谱。

红外吸收光谱产生的第二个条件是分子在振动过程中必须有瞬间偶极矩的改变。这

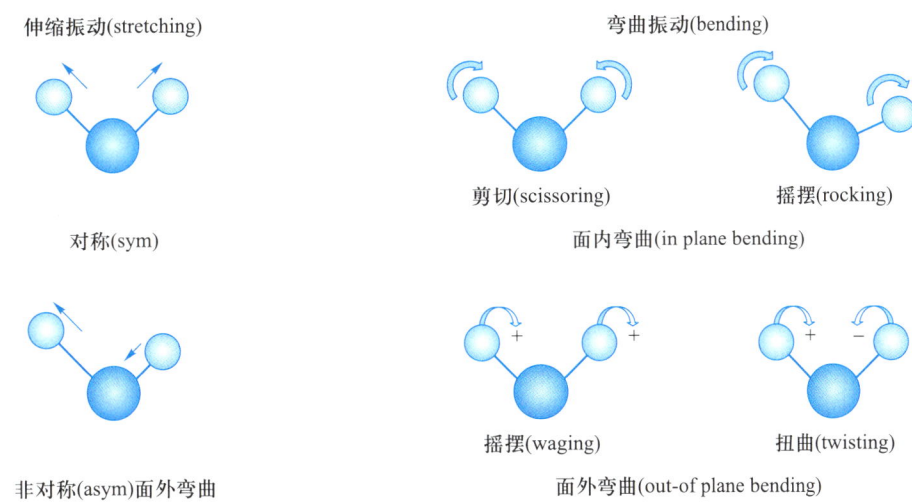

图 11-8 亚甲基 CH₂ 的各种振动形式

种振动方式称为红外活性振动。如 CO_2 分子的不对称伸缩振动,虽然 CO_2 的永久偶极矩为零,但在振动过程中,在一个氧原子移向碳原子的同时,另一个氧原子却背离碳原子的运动。因此,CO_2 分子中电荷分布将发生周期性的净变化,使正负电荷不重合,产生了瞬间偶极矩,在 2349 cm⁻¹ 处发生了吸收。而 CO_2 分子的对称伸缩振动是两个氧原子同时离开或移向中心碳原子,两个键产生的瞬间偶极矩方向相反、大小相等,分子的正负电荷重合,对于整体而言,偶极矩没有变化,始终为零,所以该振动不产生红外吸收。

11.2.2 红外吸收光谱仪简介

红外光谱仪的核心是干涉仪。其工作原理如图 11-9 所示。He-Ne 激发器产生的红外光(IR 光源)经过分光镜后,分两束通过固定反射镜(M₁)和可移动反射镜(M₂),两路

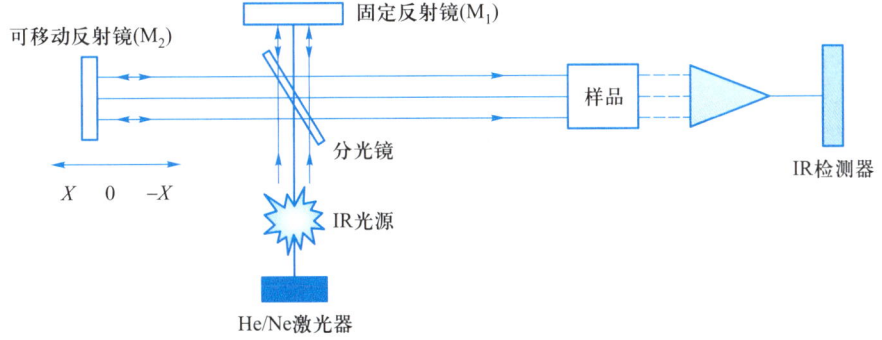

图 11-9 红外光谱仪的基本原理与结构

光反射回后产生干涉。由于动镜 M_2 的不断运动,两束光的光程差随动镜的移动距离呈现周期性变化。IR 检测器所接收到的光强度与两路光的光程差相关,即随动镜 M_2 的移动距离呈周期性的变化,如图 11–9 所示。如光源发出的是多色光,干涉光强度是各色光的叠加,如图 11–10 所示。

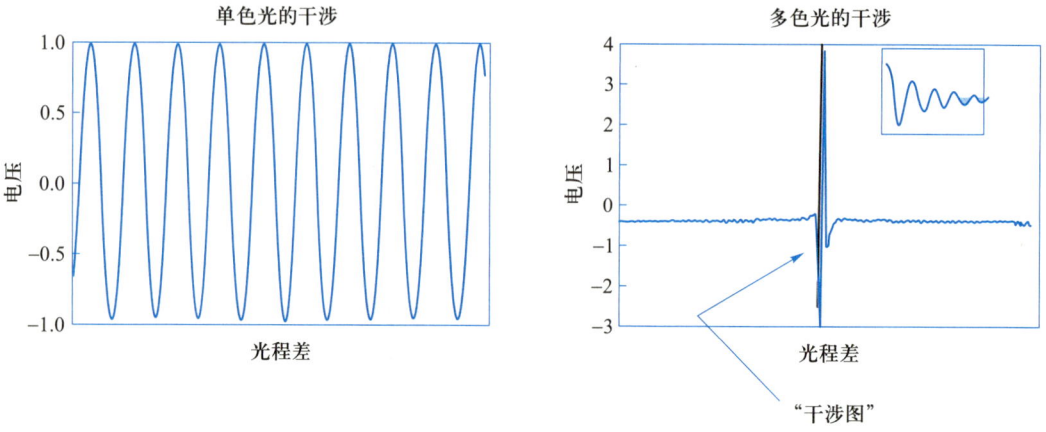

图 11–10   红外干涉仪工作原理示意图

当样品吸收了一定频率的红外辐射后,分子的振动能级发生跃迁,透过的光束中相应频率的光被减弱,造成参比光路与样品光路相应辐射的强度差,从而得到所测样品的红外光谱,如图 11–11 所示。

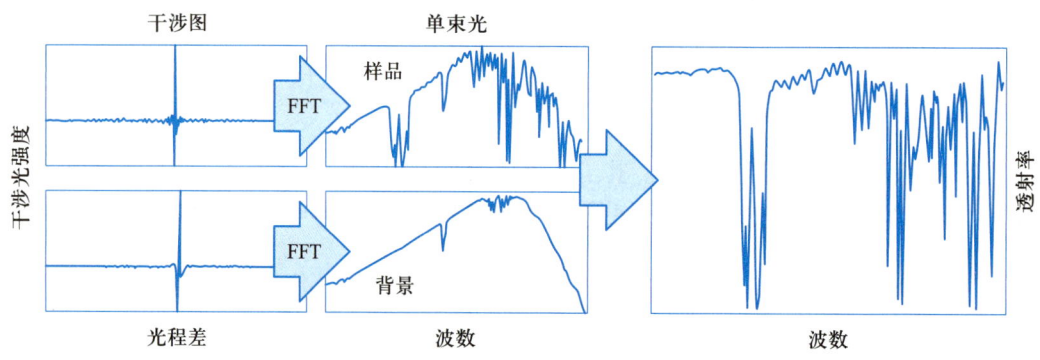

图 11–11   傅里叶红外光谱（FTIR）产生过程示意图

11.2.3 红外吸收光谱的解析

分子振动时,偶极矩的变化不仅决定了该分子能否吸收红外光而产生红外光谱,而且还关系到吸收峰的强度。根据量子理论,红外吸收峰的强度与分子振动时偶极矩变化的平方成正比。因此,振动时偶极矩变化越大,吸收强度越强。

红外光谱中吸收峰的强度可以用吸光度(A)或透射率 T 表示。吸光度遵守 Lambert-Beer 定律,与透射率关系为

$$A = \lg\left(\frac{1}{T}\right) \tag{11-10}$$

所以在红外光谱中"峰谷"越深(T 小),吸光度越大,吸收强度越强,如图 11-12 所示。

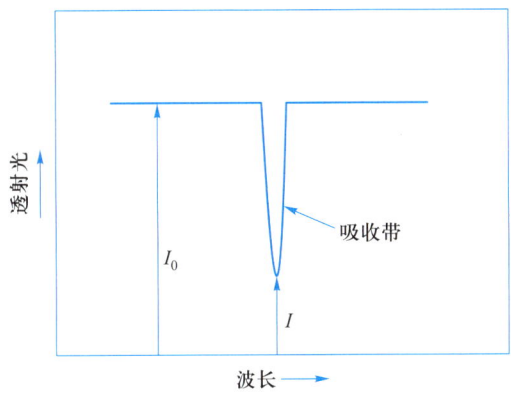

图 11-12　IR 吸收强度示意图

特征峰的峰面积或者峰高与固体样品的厚度或液体样品的浓度成正比,依据 Lambert-Beer 定律,用内标法或外标法可对样品中组分含量进行定量分析。吸光度曲线中的峰面积或者峰高对应的就是 Lambert-Beer 定律中的吸光度。由于峰面积受样品和仪器的影响小于峰高,因此,使用峰面积进行定量计算比使用峰高更准确。

1. 峰面积的计算

以图 11-13 为例,首先选取特征峰计算范围(图中阴影部分),再定基线。基线确定

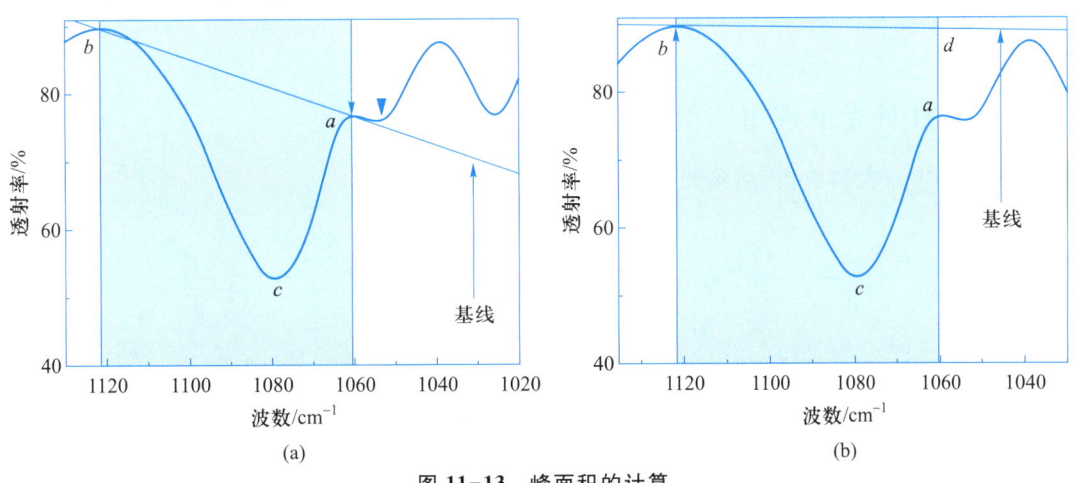

(a)　　　　　　　　　　　　(b)

图 11-13　峰面积的计算

有两种方法：一是以特征峰两端最低点的连线作为基线，二是以特征峰一侧最低点的水平切线作为基线。前者计算的峰面积区域为图 11-13(a)中 a,c,b 所包围的面积，称为校正峰面积；后者计算的峰面积区域为图 11-13(b)中 a,c,b,d 所包围的面积，称为非校正峰面积。这两种方法均可使用，但在同一个体系中，须使用同种计算方法，得出的结果才具有可对比性。

2. 峰高的计算

以图 11-14 为例，首先选取特征峰计算范围，再定基线，基线选取方法与峰面积的计算相同。图 11-14(a)中 a 点到 b 点的距离称为校正峰高；图 11-14(b)中 a 点到 b 点的距离称为非校正峰高。B 点均为从 a 点向 x 轴引出的垂线与基线的交点。

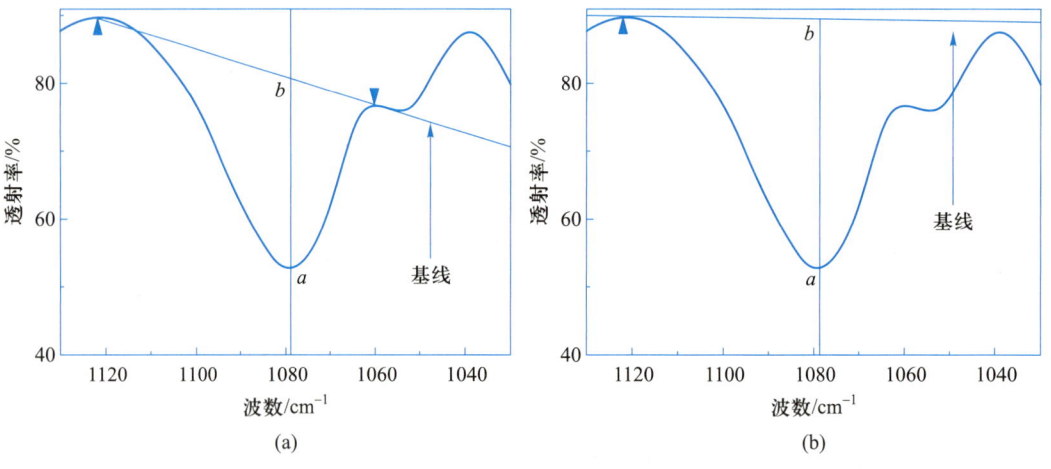

图 11-14　峰高的计算

红外谱图解析步骤：先特征，后指纹；先强峰，后次强峰；寻找一组相关峰→佐证。先识别特征区的第一强峰，找出其相关峰，进行归属。

11.2.4　红外光谱应用案例

样品：甲基次膦酸铝，结构如下：

$$\left[\begin{array}{c} CH_3 \\ H\!-\!\!P\!-\!O \\ \| \\ O \end{array} \right]_3^{-1} Al^{3+}$$

红外光谱仪：赛默飞世尔科技(中国)有限公司，型号为 NICOLET 6700。

参数设置：溴化钾压片，透射模式，扫描次数为 16 次。

谱图与数据分析：

图 11-15 中，2380 cm^{-1}处为 P—H 键伸缩吸收峰，1285 cm^{-1}处为 P—CH$_3$ 伸缩振动峰。1080 cm^{-1} 和 848 cm^{-1}分别为 P—O 非对称和对称伸缩振动红外吸收峰，1167 cm^{-1} 为 P =O 伸缩振动峰。747 cm^{-1}为 P—O—Al 伸缩振动。

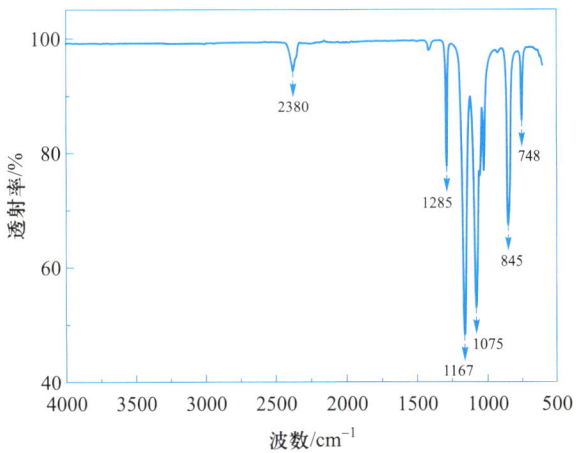

图 11-15 甲基次膦酸铝盐的红外光谱图

11.3　热重-红外光谱联用技术

11.3.1　热重-红外光谱联用分析测试基本原理

热重分析只能给出试样的质量及质量变化速率。解释曲线常常是困难的，特别是对多组分试样得到的热分析曲线尤其困难。若将热分析与其他仪器串接或间歇联用，如气相色谱（GC）、质谱（MS）、红外光谱、X 射线衍射仪等对逸出气体和固体残留物进行连续或间断、在线或离线分析，可以进一步解析化学反应过程和反应机理。本章重点介绍热重和红外光谱的联用技术。

11.3.2　热重-红外光谱联用分析仪简介

图 11-16 为热重-红外光谱联用仪检测示意图。从热重分析仪中逸出的气体化合物通过传输管道，进入红外光谱分析仪室，红外光谱仪的检测器以一定的速度（如每秒 1 次）对不同时刻或温度下产生的气体检测，给出红外光谱图。传输管路和红外气体室保持高温（大于 200 ℃），以防止气体在管路和气体室内凝结。气体传输过程中要控制适当的载气流速和流量，保证逸出气体能够及时到达红外检测室，缩短在传输管路中的行程时

间,提高测试精确度。

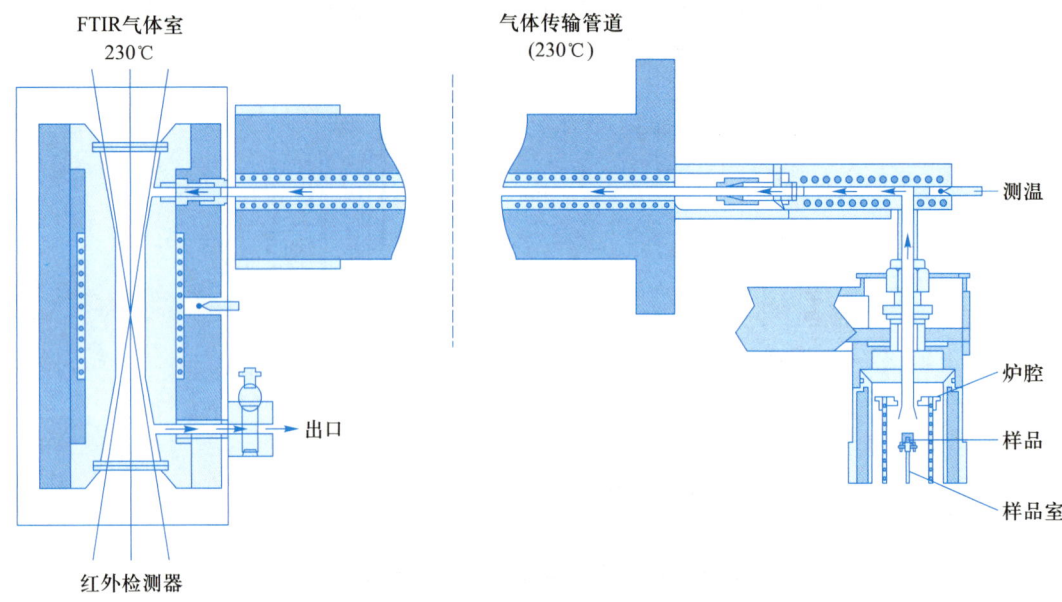

图 11-16   热重-红外光谱联用仪检测示意图

11.3.3   热重-红外光谱联用分析仪的应用

1. 气体红外光谱图

TG 分解过程中,进入到 IR 检测室中的气体成分和含量是随温度(或时间)而变化的,红外光谱仪的检测器以一定的速度(如每秒 1 次)对不同时刻或温度下产生的气体进行分析,因此时间/温度-混合气体波数-吸收强度的 3D 图谱可记录下来,如图 11-17(a)所示。也可以记录特定时间/温度下,混合气体波数-吸收强度关系的 2D 红外谱图,如图 11-17(b)所示。

2. Gram-Schmidt 曲线

在 2D-IR 光谱中,IR 曲线下的面积相当于总的红外强度。如果将一个单独的 IR 光谱吸收总强度对时间或温度作图,得到逸出气体浓度随时间的变化曲线,即 Gram-Schmidt(GS)曲线,如图 11-18 所示。GS 曲线可定量测量析出气体总红外吸收强度随时间的变化。GS 曲线的形状与 DTG 曲线相似,通常被称为 DTG 曲线的镜像。这是因为 DTG 曲线中峰值表示物质最大值失重速率,相应的气体释放量也达到最大,即 GS 中的最大峰。

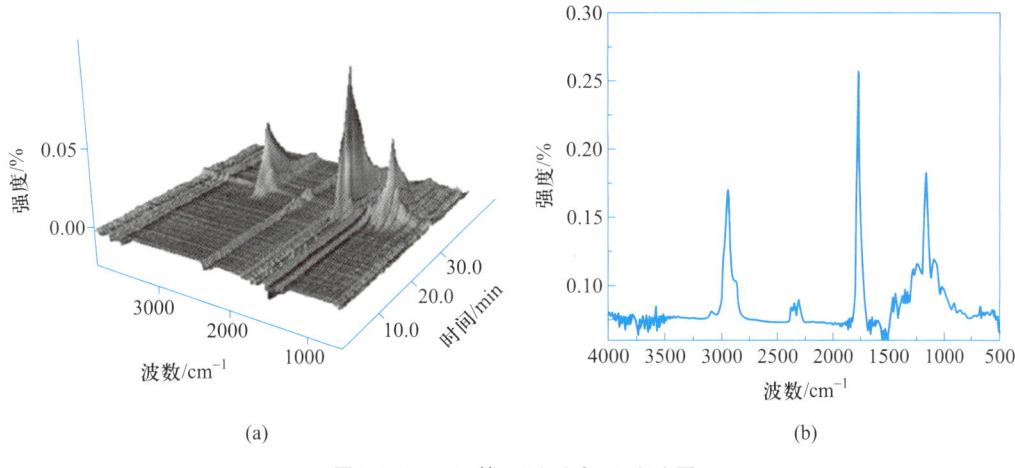

(a)   (b)

图 11-17 IR 的 3D(a)和 2D(b)图

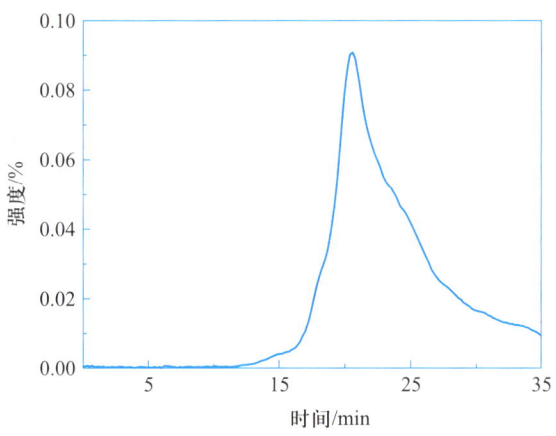

图 11-18 总气体释放的 Gram−Schmidt 曲线

3. 官能团−温度(或时间)曲线图

在 TG-IR 分析过程中,还可以选取特定光谱区域上的红外光谱数据,描述具有某一官能团的物质在不同温度或时间下产生量的变化,如图 11-19 所示,热分解释放出 CO_2 在 2350 cm^{-1} 处有特征吸收,记录 2350 cm^{-1} 处吸收强度随时间的变化曲线,得到 CO_2 浓度随时间的变化信息。

TG 测试时,气相中常见化合物红外吸收波段可参见图 11-20,气相中常见化合物主要官能团的红外吸收特征峰波数可参见表 11-1。

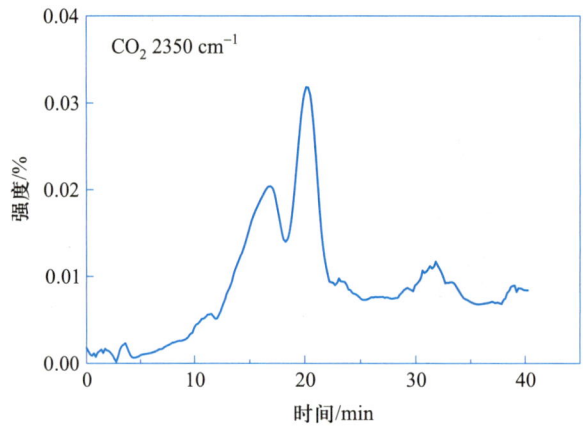

图 11-19　CO_2 气体 IR 吸收强度与时间关系

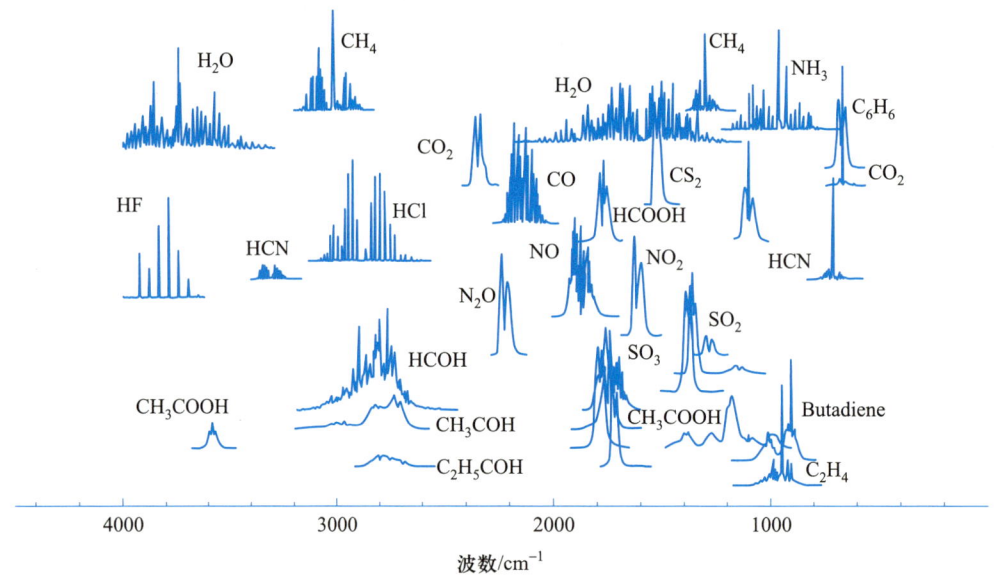

图 11-20　常见气体的红外吸收位置

表 11-1　气相中常见化合物主要官能团的红外吸收特征峰

类别	波数/cm^{-1}	振动类型
烷烃	3000~2850（强）	C—H（伸缩）
	1470~1450（强）	CH$_2$, CH$_3$（弯曲）
	1380~1370（强）	
	725~720（中）	
	1385,1365（中,弱）	—C(CH$_3$)$_3$（伸缩）

续表

类别	波数/cm^{-1}	振动类型
烯烃		
RCH$=$CH$_2$	3140~3080（中）	C—H（伸缩）
	1645（中）	C$=$C（伸缩）
	990,910（强）	C—H（面外弯曲）
R$_2$C$=$CH$_2$	3140~3080（中）	C—H（伸缩）
	1650（中）	C$=$C（伸缩）
	890（强）	C—H（面外弯曲）
cis-RCH$=$CHR（顺式）	3020（弱）	C—H（伸缩）
	1660（弱）	C$=$C（伸缩）
	725~675（中）	C—H（面外弯曲）
trans-RCH$=$CHR（反式）	3020（弱）	C—H（伸缩）
	1675（弱）	C$=$C（伸缩）
	970（强）	C—H（面外弯曲）
R$_2$C$=$CHR	3020（弱）	C—H（伸缩）
	1675（弱）	C$=$C（伸缩）
R$_2$C$=$CR$_2$	1670（弱）	C$=$C（伸缩）
芳香环	3090~3075（中）	C—H（伸缩）
	1600,1500,1460（弱）	C$=$C（伸缩）
	2870~2860	C—H（泛弯曲）
单取代	770~710（强）	C—H（面外弯曲）
邻位	810~750（强）	C—H（面外弯曲）
间位	770~735（强）	C—H（面外弯曲）
对位	860~790（强）	C—H（面外弯曲）
炔烃		
RC$\equiv$CH	3380~3250（强）	C—H（伸缩）
	2140~2100（中）	C$\equiv$C（伸缩），C$=$C（伸缩）
	990,910（强）	C—H（面外弯曲）
	700~600（强）	C—H（弯曲）
RC$\equiv$CR	2260~2190（弱）	C$\equiv$C（伸缩）

续表

类别	波数/cm^{-1}	振动类型
醇	3600（强,宽）	自由 O—H（伸缩）
	3400（强）	键合 O—H（伸缩）
	1400~1300,700~600	O—H（弯曲）
RCH$_2$OH	1050~1000（强）	C—O（伸缩）
R^{2}CHOH	1150~1075（强）	C—O（伸缩）
R^{3}COH	1200~1100（强）	C—O（伸缩）
酚	1260~1200（强）	C—O（伸缩）
羧酸	1730~1680（强）	C＝O（伸缩）
	1320~1210	C—O（伸缩）
	3500~2500（宽）	O—H（伸缩）
	960~900	O—H（面外弯曲）
醛	1725（强）	C＝O（伸缩）
	2820,2720（中）	C—H（伸缩）
	1400~1380	C—H（弯曲）
酮	1725~1640（强）	C＝O（伸缩）
醚	1150~1070（强）	C—O（不对称伸缩）
	890~820	C—O（对称伸缩）
酯	1750~1715（强）	C＝O（伸缩）
胺		
伯胺	3380~3280（中）	N—H（伸缩）
	1250~1020（中）	C—N（伸缩）
	1650~1580（中）	N—H（弯曲）
	850~750	N—H（面外弯曲）
仲胺	3320~3280	N—H（伸缩）
	1180~1130（中）	C—N（伸缩）
	750~700	N—H（弯曲）
酰胺		
伯酰胺/仲酰胺	3370,3170	N—H（伸缩）
	1680~1630	C＝O（伸缩）
伯酰胺	1430~1390	C—N（伸缩）

续表

类别	波数/cm^{-1}	振动类型
仲酰胺	1310~1230	C—N（伸缩）
	750~680（宽）	N—H（面外弯曲）
腈	2260~2220（弱）	C≡N（伸缩）
硝基	1550~1530	NO$_2$（伸缩）
烷卤		
C—F	1330~1000（强）	C—X（伸缩）
C—Cl	800~600（强）	C—X（伸缩）
C—Br	650~550（强）	C—X（伸缩）
C—I	570~500（强）	C—X（伸缩）

11.3.4　热重-红外联用应用案例

样品:聚氧化乙烯（PEO）,结构如图 11-21（a）所示。

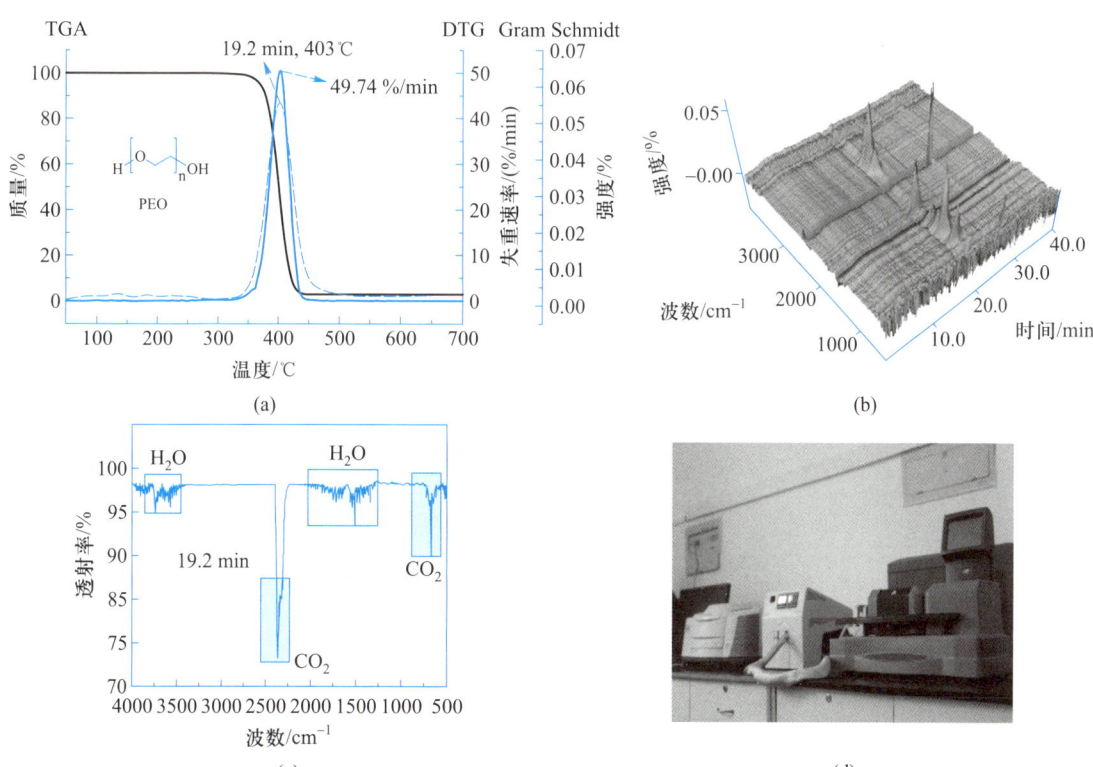

图 11-21　（a）PEO 的 TG-DTG-GS 图;（b）PEO 热分解气体 3 D FTIR;（c）PEO 热分解
19.2 min 释放气体 FTIR;（d）TG-IR 仪器

热重分析仪:TA 公司(美国)生产,型号为 Discovery TGA。

红外光谱仪:赛默飞世尔科技(中国)有限公司生产,型号为 NICOLET 6700。

样品制备:精确称重 PEO,装入三氧化二铝坩埚中,质量控制在 5~8 mg 为宜。

程序设定:① 热重分析仪程序设定为空气气氛,气体流速为 40 mL/min,以 20 ℃/min 升温至 800 ℃;② 红外光谱程序设定为分辨率为 4 cm^{-1},扫描次数为 8。

PEO 的 TG-DTG 曲线如图 11-21(a)所示,黑色曲线是 TG 曲线,红色曲线是 DTG 曲线。PEO 有一个失重区间,外推法得到的起始失重温度为 403.19 ℃,失重 76.63 %,最大失重速率为 49.74 %,对应的温度为 413.7 ℃。Gram Schmidt 曲线显示最大气体释放和最大热分解速率都处在同一个温度点。通过 3D 和 2D FTIR 图,结合 PEO 的分子式链热断裂机理和图 20 峰位置图,可知 19.2 min 时 PEO 的分解产物主要是水和 CO_2。

习题

1. 请描述自己在试验中对实验原理、实验操作过程的理解,对实验结果准确程度的判断,自己的体会以及对该实验的经验积累,总结该类型实验中应该注意的问题,如何改进提高?

2. 如果热分解产物不是单一产物,是否需要在热重分析仪和红外光谱分析仪中间加入分离设备?如果需要加入,请问针对聚合物材料应该加入哪种设备?

3. 请设计实验,确定不同气体和流速下,红外光谱分析仪检测热分解产物的延迟时间。

4. 分析实验过程中每个热分解过程中释放出了哪些产物,并计算释放量。

第 11 章参考文献

第 12 章
椭圆偏振分析技术

椭圆偏振技术(简称椭偏技术,ellipsometry)是一种以偏振光测量为基础的光谱技术,它通过测量偏振光入射样品前后偏振特性的改变来分析提取样品的物理性质。通过椭偏测试,可以获得材料的折射率、消光系数和介电函数等性质,还可以进一步计算得到包括材料反射率、吸收率、透射率、光学带隙等在内的相关光学特性。同时,椭偏技术还可用于获取材料的周期性结构、特征能量状态和粗糙度等综合信息。椭偏测量具有非接触、高灵敏度、非破坏性等优势,广泛应用于物理、化学、材料科学和微电子学等方面,是一种重要的光学测量手段。

本章将重点讨论椭偏技术的测量原理、代表性椭偏仪的结构以及其在光电材料领域的典型应用。

12.1　椭偏测量原理

平面光波是横向电磁波,其光矢量的振动方向与传播方向相互垂直。在垂直传播方向的平面内,光振动方向相对于光传播方向是不对称的,这种不对称性导致了光波随振动方向的不同而发生变化。光振动方向相对于传播方向不对称的性质被称为光波的偏振特性。一般而言,偏振光可分为线偏振光、圆偏振光和椭圆偏振光。设光波沿 z 方向传播,电场矢量为

$$E = E_0\cos(\omega t - kz + \varphi_0) \tag{12-1}$$

式中,E_0 为光波的振幅,ω 为角频率,φ_0 为初始相位,k 取整数。为表征该光波的偏振特性,可将其表示为沿 x、y 轴方向振动的两个独立分量的线性组合。即

$$E = iE_x + jE_y \tag{12-2}$$

其中,

$$E_x = E_{0,x}\cos(\omega t - kz + \varphi_x) \tag{12-3}$$

$$E_y = E_{0,y}\cos(\omega t - kz + \varphi_y) \tag{12-4}$$

消去参变量 t 可得

$$\left(\frac{E_x}{E_{0,x}}\right)^2 + \left(\frac{E_y}{E_{0,y}}\right)^2 - 2\left(\frac{E_x}{E_{0,x}}\right)\left(\frac{E_y}{E_{0,y}}\right)\cos\varphi = \sin^2\varphi \tag{12-5}$$

式中，$\varphi = \varphi_x - \varphi_y$。这个二元二次方程在多数情况下表示的几何图形是椭圆。相位差 φ 和振幅比 E_y/E_x 的不同决定了椭圆形状和空间取向的不同，从而决定了光的不同偏振态。当相位差 $\varphi = m\pi\,(m = \pm 1, \pm 2, \cdots)$ 时，椭圆退化为一条直线，称为线偏振光。当 $E_{0,x} = E_{0,y}$，相位差 $\varphi = m\pi/2\,(m = \pm 1, \pm 3, \cdots)$ 时，椭圆方程退化为

$$E_x^2 + E_y^2 = E_0^2 \tag{12-6}$$

该光称为圆偏振光。用复数表示时，有

$$\frac{E_y}{E_x} = \mathrm{e}^{\pm i\frac{\pi}{2}} = \pm i \tag{12-7}$$

式中，"+"号对应右旋圆偏振光，"−"号对应左旋圆偏振光。

在一般情况下，光矢量在垂直传播方向的平面内大小和方向都改变，它的末端轨迹是由式 (12-5) 所决定的椭圆，故称为椭圆偏振光。如图 12-1(a) 所示，在某一特定时刻，传播方向上各点所对应的光矢量末端分布在具有椭圆截面的螺线上。椭圆的长短半轴和取向由 E_x、E_y 和相位差 φ 决定。如已知入射光的偏振态，偏振光与样品作用后，测量得到光的偏振态，就可计算或拟合出材料的属性。

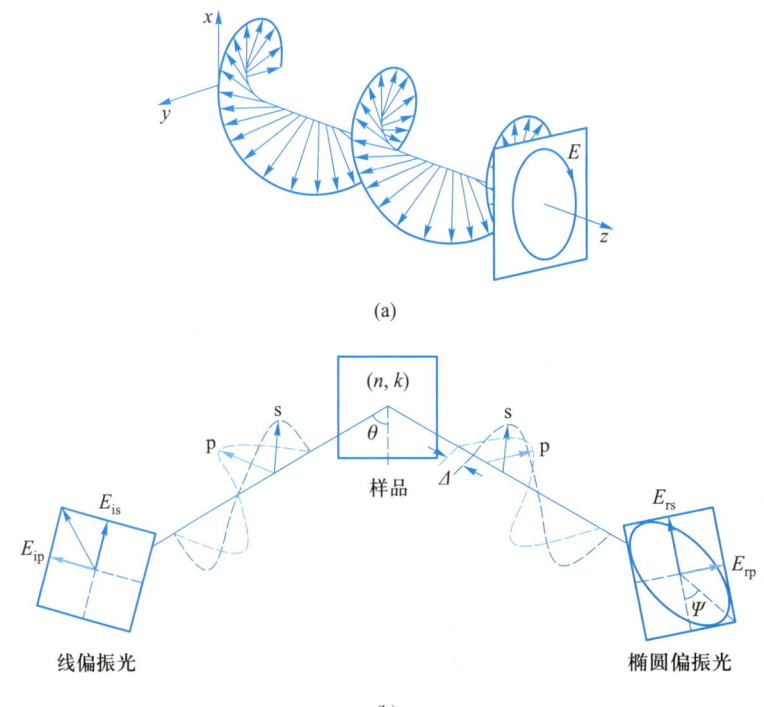

(a)

(b)

图 12-1　(a) 光矢量传播示意图；(b) 椭圆偏振测量原理

椭偏仪是测量偏振光与材料相互作用后光的相对振幅与相位改变量的仪器。通过处理测量到的椭偏参数,可以获得材料的物理性质。根据测量方式的不同,椭偏仪可以分为反射式、透射式和散射式椭偏仪。由于反射式椭偏测量应用最为广泛,本章以反射式椭偏测量技术为例进行介绍。

图 12-1(b)展示了反射式椭偏测试的基本原理。一束已知偏振态(通常为线偏振光)的探测光以特定角度 θ 入射到样品表面,光与样品发生相互作用,反射光的偏振态改变为椭圆偏振态,其测量结果具有很高的精度以及可重复性。椭偏测量可以得到椭偏参数 Ψ 和 Δ,其中 $\tan\Psi$ 和 Δ 分别表示振动矢量在入射面内的 p 偏振光和振动矢量垂直于入射面的 s 偏振光反射率的比值和相位差。通常用一个包含强度和相位信息的复数 ρ 来描述椭偏参数,即

$$\rho = \tan\Psi e^{i\Delta} = \frac{r_p}{r_s} \tag{12-8}$$

式中,r_p 和 r_s 分别为 p 光和 s 光的复反射率。

椭偏仪需要产生并测量光的偏振态,如图 12-2 所示,光波入射到样品之前产生已知偏振态光的部件,称为偏振起偏器(PSG),光波经过样品反射后,探测反射光偏振态的部件称为偏振检测器(PSD)。椭偏仪作为一项近年来发展十分迅速的技术,有着巨大的优势:① 测量精度高,椭偏参数对厚度的敏感度可达 0.001 nm;② 非接触式测量,整个测量过程只需一束光照射样品即可,对样品不会造成破坏;③ 椭偏测量速度快,因此还可用于在线实时测量。

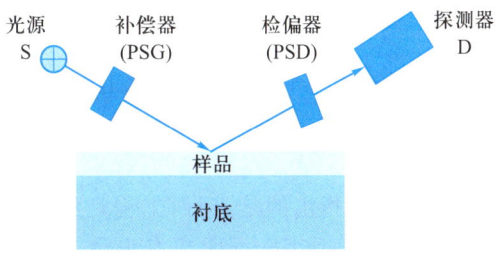

图 12-2 椭偏仪的基本组成

12.2 椭偏测量数据分析方法

由 12.1 节可知,椭偏测量获取的原始数据是椭偏参数 Ψ 和 Δ,而并非样品的本征信息,这说明椭偏测量本质上是一种间接式测量方法。为了实现从椭偏参数到材料物性参数的转化,需对原始数据进行数据建模分析。在已有的数据分析方法中,色散模型分析法、B 样条拟合法和点对点分析法较为常见。下面对这几种方法进行简要介绍。

12.2.1　色散模型分析法

描述材料色散关系的方程被称为色散模型。色散模型法在拟合过程中拟合参数较少,但是需要对材料的基本光电性质有较深的了解。标准的介电模型是一种被广泛采用的模型,可以用来描述材料的光电性质与入射波长 λ（或频率）之间的函数关系。复介电函数 ε 的表达式如式(12-9)所示:

$$\varepsilon = \varepsilon_1 + \mathrm{i}\varepsilon_2 \tag{12-9}$$

式中,ε_1 表示材料对电磁波相位的调制作用,即色散;ε_2 表示材料对电磁波振幅调制,即损耗/增益。在对光波有吸收的材料中,ε_2 可以表征材料对电磁波的吸收作用。ε_1 与 ε_2 由 K-K(Kramer-Kronig)关系相互关联。两者其中之一发生变化,另一个随之改变。材料的光学常数 N 与复介电函数之间的关系可由式(12-10)给出。

$$N = n + \mathrm{i}k = \sqrt{\varepsilon} \tag{12-10}$$

式中,n 和 k 分别是材料的折射率和消光系数。在椭偏测量中,式(12-10)是计算材料光学性质的基础。下面介绍几种具体的描述某些特定材料色散关系的方程。

1. 柯西(Cauchy)方程

柯西方程是一种描述透明材料折射率和波长之间关系的方程,此方程由数学家柯西于 1836 年提出,最常见的形式如式(12-11)所示。

$$n(\lambda) = B + \frac{C}{\lambda^2} + \frac{D}{\lambda^4} + \cdots \tag{12-11}$$

式中,B,C,D 是方程系数,当材料有吸收时,其消光系数用式(12-12)表示。

$$k(\lambda) = \frac{E}{\lambda} + \frac{F}{\lambda^3} + \frac{G}{\lambda^5} + \cdots \tag{12-12}$$

同样,E,F,G 是方程系数。需要特别指出的是,柯西方程是经验方程,其方程中的各项系数并没有明确的物理意义。柯西模型适用于透明或有少量吸收的材料的分析,当材料吸收明显时,该模型将不再适用。

2. 洛伦兹(Lorentz)方程

物理学家洛伦兹在处理电介质的介电常数和波长之间的关系时,将固体看作一些在光辐射作用下做受迫振动的振子的总和。基于此模型,他推导出了材料介电常数的实部和虚部与波长之间的关系式:

$$\varepsilon_1 = \frac{A \cdot \lambda^2 \cdot (\lambda^2 - L_0^2)^2}{(\lambda^2 - L_0^2)^2 + \gamma^2 \cdot \lambda^2} \tag{12-13}$$

$$\varepsilon_2 = \frac{A \cdot \lambda^3 \cdot \gamma}{(\lambda^2 - L_0^2)^2 + \gamma^2 \cdot \lambda^2} \tag{12-14}$$

式中,A 为强度,L_0 为中心波长,γ 为峰宽。洛伦兹模型适用于晶态半导体材料。

3. 德鲁德(Drude)方程

德鲁德(Drude)方程本质上是一种金属自由电子模型,常用来描述金属材料和半导体材料中的载流子吸收等行为。式(12-15)和12-16)描述的是基于德鲁德方程的介电函数与波长的关系

$$\varepsilon_1 = A - \frac{C^2 \times \lambda^2}{1 + (\lambda \times B)^2} \tag{12-15}$$

$$\varepsilon_2 = \frac{B \times C^2 \times \lambda^3}{1 + (\lambda \times B)^2} \tag{12-16}$$

在实际的测量过程中,需要选择合适的模型来描述待测材料。由于模型中光学常数或者介电函数都是波长的函数,所以需要确定方程中各个参数的值。这个寻找最优参数的过程,就是数据拟合。在建立了材料结构模型和光学色散模型的基础上,就可以通过理论计算得到理论上的椭偏变量。通过椭偏参数测量值与理论值的比较,就可以找到使二者差值最小的方程参数和物理结构信息。椭偏测量数据分析的一般流程如图12-3所示。

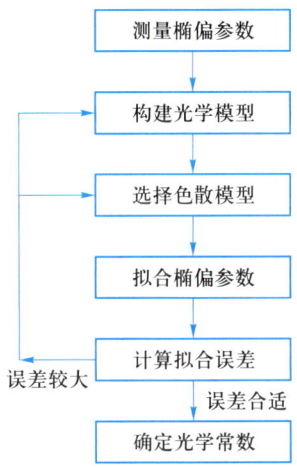

图 12-3 椭偏测量数据分析流程图

12.2.2 B 样条拟合法

在数值分析中,样条是一种由多项式分段定义的特殊函数。由于样条函数在插值问题中可以保持较好的连续性,样条插值通常比多项式插值好用。B 样条(B-spline)是贝塞尔曲线的一般化,可以用于构造精确的模型。Johs 和 Hale 最早提出采用 B 样条拟合法描述材料的介电函数,将介电函数的虚部 ε_2 用 B 样条曲线来描述,介电函数的实部 ε_1 通过 K-K 关系来推导。ε_2 表达式如下:

$$\varepsilon_2(\omega) = \sum_{i=1}^{n} c_i B_i^k(\omega) \tag{12-17}$$

B 样条的基函数 $B_i^k(\omega)$ 定义如下

$$B_i^0(\omega) = \begin{cases} 1, & t_i \leq \omega \leq t_{i+1} \\ 0, & \text{其他} \end{cases} \tag{12-18}$$

$$B_i^k(\omega) = \left(\frac{\omega - t_i}{t_{i+k} - t_i}\right) B_i^{k+1}(\omega) + \left(\frac{t_{i+k+1} - \omega}{t_{i+k+1} - t_{i+1}}\right) B_{i+1}^{k-1}(\omega) \tag{12-19}$$

B 样条建立模型时,无须预先掌握待测薄膜的物理性质或深入理解薄膜与光的相互作用过程就可以在纯数值上精确地确定薄膜的介电函数。但是,B 样条节点数量的选择依靠经验,具有一定的主观性。过多的节点数量会导致对测量数据的过度拟合,影响测量结果的准确性;过少的节点数量又可能会造成拟合不充分,无法描述材料的所有特征峰。在 B 样条拟合中,需要使用拟合算法,因此接近真值的初值更有可能获得正确解。B 样条拟合可以使光学常数的实部和虚部满足 K-K 关系,但是 B 样条拟合结果仍可能不合理,不一定符合材料实际的物理意义。

12.2.3　点对点分析法

点对点分析法的基本思想是将不同波长的测量结果当作相互独立的数据看待。这意味着在描述材料光学性质的时候,不通过色散方程而是将材料不同波长的光学常数独立地求解。

考虑到色散分析法有其不足之处,即需要对材料的物理性质(电学、光学性质等)有较深入的理解,在此基础上才能建立比较符合真实情况的色散模型。而对于点对点分析方法来说,只要对测量数据直接分析即可,这是点对点分析的主要优点。但其不足之处是由于不同波长之间的数据是相对独立的分析,将导致最终得到的光学常数随波长的变化是不平滑甚至是不符合物理规律的。一个解决的办法是在得到光学常数之后,利用 K-K 关系或者其他手段,对其加以验证或修正。

12.3　几种典型的椭偏仪介绍

按照测试原理的不同,可以将椭偏仪分为消光式和光度式两类。在消光式椭偏仪中,经样品反射后的线偏振光偏振方向与检偏器偏振方向垂直,因此出射光强为零,处于消光状态。此类椭偏仪主要采用 PCSA 结构(即起偏器 P、补偿器 C 和检偏器 A),测量偏振参数 Δ、Ψ 值的准确度高,但测量速度慢。光度椭偏仪的原理是对探测器接收到的光强进行傅里叶分析,再从傅里叶系数推导得出椭偏参量。光度式椭偏仪常含有旋转元件,具有测量速度快的优点,但是旋转部件容易造成系统不稳定和方位角偏差,因此其测量精度没有消光式椭偏仪高。

12.3.1 PCSA 型消光式椭偏仪

PCSA 型消光式椭偏仪的结构如图 12-4 所示,它主要由光源、起偏器、补偿器、检偏器和探测器 5 部分构成。由起偏器产生线偏振光 L_1,通过补偿器后偏振态变为圆偏振光,调整补偿器的角度,使经样品反射的光正好变为线偏振光 L_2,L_2 的偏振方向与检偏器的偏振方向垂直,此时出射光强为零,处于消光状态。其中补偿器只作用于特定波长的光,所以此时仅仅使用单波长的光进行测试。消光式椭偏仪是通过改变起偏器和检偏器的角度,使入射到探测器上的光强最小(理想状态为消光),由这样一组起偏器和检偏器方位角的数值,就可以求得样品的椭偏参数。由此可见,消光式椭偏仪实际上测量的是角度而不是光通量,这使得光源的稳定性和探测器的非线性所导致的误差较小。同时,其测量精度也主要由偏振器角度定位的精度决定,有效地减小了系统误差带来的影响,测量比较准确,消光式椭偏仪主要适用于对测试速度要求不太高的场合。

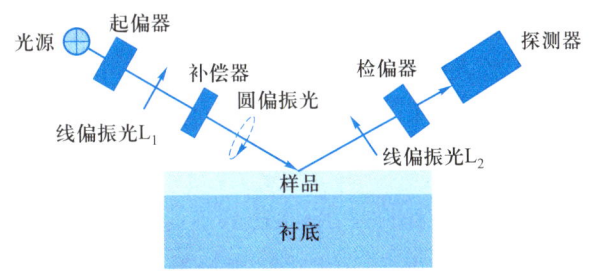

图 12-4 PCSA 型消光式椭偏仪结构示意图

12.3.2 光度式椭偏仪

不同于消光式椭偏仪,光度式椭偏仪更适用于宽光谱的椭偏测试,极大地增加了测量获得的信息量。光度式椭偏仪的优势在于:椭偏参数的获取是直接对探测器接收到的光强信号进行傅里叶分析,而不需要测量偏振器的方位角,所以测量速度明显快于消光式椭偏仪,特别适用于在线检测和实时测量等工业领域。但由于探测器存在非线性效应以及光源不稳定,光度式椭偏仪的系统误差可能会因此而增大。

旋转偏振器件型椭偏仪是最具代表性的光度式椭偏仪,这种椭偏仪包括多种结构:旋转检偏器型(RAE)、旋转起偏器型(RPE)、同时旋转检偏器和起偏器型(RAP)和旋转补偿器型(RCE)。在最早的椭偏仪中,由于操作简便和成本较低,RAE 或 RPE 型椭偏仪是主导,这两种椭偏仪通过在不同时间获得光强与不同检偏器(或起偏器)角度之间的变化关系来获取并分析样品数据。之后出现的同时旋转检偏器和起偏器型椭偏仪(RAP)都是通过偏振器的机械旋转来完成数据的采集。RAE 型椭偏仪的结构示意图如图 12-5

所示。

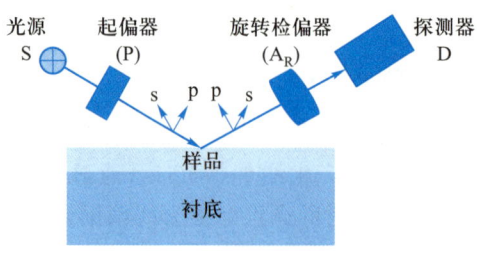

图 12-5   RAE 型椭偏仪示意图

RPE、RAP 与 RAE 的光学元件配置完全相同,只是在测试时旋转的偏振器件不同。这种结构构造简单、技术成熟并且少了 1/4λ 波片的限制后,更适合于光谱的测量。但是这 3 种椭偏仪在椭偏参数 Δ 等于 0° 和 180° 处具有较大的误差,必须加入相应波长的补偿器才能消除。虽然 RAE 的测量精度较高,但通常易受环境光的影响,要求在暗室进行测试,采用光源调制器和锁相放大器可以解决这一问题。RAP 不会受光电流中直流分量的影响,同时可以自动定标,但测试较复杂且光路校正困难,一旦出现光路问题,会导致入射光斑在样品表面移动,产生较大的误差。

为了进一步提高测试的准确度,1975 年 P.S.Hauge 和 F.H.Dill 设计出旋转补偿器型椭偏仪(RCE)。经典 RCE 型椭偏仪的结构如图 12-6 所示。

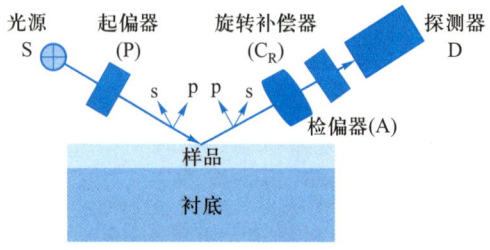

图 12-6   RCE 型椭偏仪示意图

RCE 在固定起偏器和检偏器的情况下,旋转补偿器可以测量得到 Stokes 矢量的 4 个分量,消除了 RAE、RPE、RAP 在椭偏参数 Δ 等于 0° 和 180° 处的误差。如果采用双补偿器旋转,可以测试到 Mueller 矩阵的所有分量。这种 RCE 椭偏仪理论上可以检测任意偏振态(包括完全偏振态和部分偏振态),而且能够测试的样品类型非常广泛,包括各向异性样品或者粗糙表面的样品。但是由于使用的补偿器是 1/4λ 波片,只对单波长有效,使它在多光谱领域中的应用受到限制。

12.3.3   多波长椭偏仪

椭偏仪可用于测试多层薄膜的光学性质。考虑到材料的色散性质,即其光学常数随入射光波长的变化而变化,多层薄膜中各层光学参数无法直接从一组椭偏参数中求解,因此需要得到该多层膜结构的多组椭偏参数,这促使多波长椭偏仪得以发展。基于 RAE 结构的多波长光谱椭偏仪结构如图 12-7 所示。

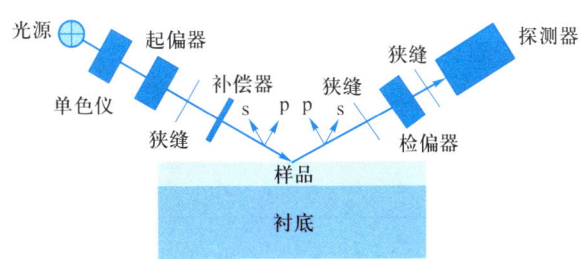

图 12-7　基于 RAE 结构的多波长光谱椭偏仪结构示意图

在多波长光谱椭偏仪中,利用单色仪进行分光,然后通过波长扫描的方法拓宽椭偏测量的光谱范围,与此同时,可以测量多组椭偏参量,膜厚的测量精度高,数据采集周期短。在此基础上,红外椭偏光谱仪被广泛应用于半导体行业中异质结构多层膜相关参量的测量中。

12.3.4　成像椭偏仪

椭偏仪在集成电路领域有着较高的应用价值,但是由于集成电路的特征尺寸小,而传统椭偏仪的光斑面积较大(光斑直径在通常情况下约为 1 mm),导致了椭偏仪在集成电路领域中的应用受限。1988 年,D. Beaglehole 在传统椭偏仪的基础上加入了成像系统,研制出了成像椭偏仪。两者相结合,有效地提高了椭偏仪的空间分辨率。成像椭偏仪利用 CCD 采集椭偏图像,可以进一步得到样品表面的三维形貌及薄膜厚度分布,从而提供样品的细节信息。相比之下,传统椭偏仪只能测量光斑内薄膜的平均厚度。但是成像椭偏仪中样品反射光的偏振态会受到 CCD 器件的干扰,同时 CCD 器件有很强的本底信号,使得成像椭偏仪的系统误差增加,使用前必须仔细校准。

12.4　椭偏技术的典型应用

12.4.1　薄膜光学常数及厚度测量

前已述及,椭偏测量技术可以得到振动矢量在入射面内的 p 偏振光和振动矢量垂直于入射面的 s 偏振光的强度比值,这是因为薄膜样品对入射偏振光中 p 分量与 s 分量有不同的反射及透射系数。基于此原理,对测得的椭偏参数 Δ、Ψ 值进行反演分析后可以获取薄膜的厚度及光学常数(包含复介电常数)等重要信息。

　　在实际测试过程中,薄膜的结构是极为复杂的,为了便于获取有效数据,在分析椭偏数据时常采用理想的单层模型对椭偏参数进行拟合计算。图 12-8 为入射光波在待测薄膜(介质 2)表面的反射与折射情形。其中介质 1 为周围环境,通常为空气,介质 3 为光学常数已知的衬底材料,n_1 和 n_3 为两边介质折射率,n_2 为样品薄膜折射率。

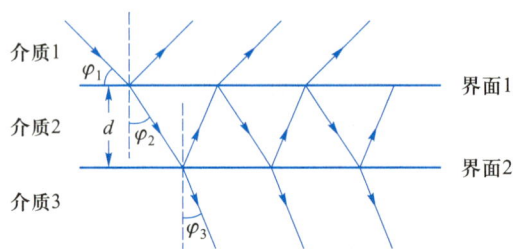

图 12-8　光波在薄膜上的反射与透射

　　由麦克斯韦方程,界面上的连续性条件以及菲涅尔(Fresnel)定律,可以得出 p 偏振光在界面 1(r_{1p})和界面 2(r_{2p})处及 s 偏振光在界面 1(r_{1s})和界面 2(r_{2s})处的反射系数分别为

$$r_{1p} = \frac{n_2\cos\varphi_1 - n_1\cos\varphi_2}{n_2\cos\varphi_1 + n_1\cos\varphi_2} \tag{12-20}$$

$$r_{2p} = \frac{n_3\cos\varphi_2 - n_2\cos\varphi_3}{n_3\cos\varphi_2 + n_2\cos\varphi_3} \tag{12-21}$$

$$r_{1s} = \frac{n_1\cos\varphi_1 - n_2\cos\varphi_2}{n_1\cos\varphi_1 + n_2\cos\varphi_2} \tag{12-22}$$

$$r_{2s} = \frac{n_2\cos\varphi_2 - n_3\cos\varphi_3}{n_2\cos\varphi_2 + n_3\cos\varphi_3} \tag{12-23}$$

式中,φ_1 和 φ_2 为入射波在两界面处的入射角。假设 λ 为入射光波长,d 为薄膜厚度,2δ 为相邻两反射光波相位差,根据斯涅耳(Snell)折射定律[式(12-24)]及反射光相位差[式(12-25)]

$$n_1\sin\varphi_1 = n_2\sin\varphi_2 = n_3\sin\varphi_3 \tag{12-24}$$

$$2\delta = (4\pi d n_2\cos\varphi_2)/\lambda \tag{12-25}$$

可知,反射系数比 ρ 是 $n_1, n_2, n_3, d, \lambda$ 和 φ_1 的函数。根据反射系数比 $\rho = \tan\psi e^{i\Delta} = \dfrac{r_p}{r_s}$,可将 Δ、Ψ 表示为式(12-26)及式(12-27):

$$\Psi = \arctan\left| f(n_1, n_2, n_3, d, \lambda, \varphi_1) \right| \tag{12-26}$$

$$\Delta = \arg\left| f(n_1, n_2, n_3, d, \lambda, \varphi_1) \right| \tag{12-27}$$

　　由于介质 1 和介质 3 的 n_1 和 n_3 已知,入射角 φ_1、波长 λ 由系统设定,利用椭偏仪测

量得到参数 Δ、Ψ 后,就可以确定薄膜的复折射率 n_2 及其厚度 d。需要指出的是,这里的 n_2 为复折射率,对其进行实数运算后即可得到薄膜材料的 n,k 值。

A. Rothen 利用这种方法于 1945 年对硬脂酸钡薄膜样品的光学常数和厚度进行了测量。结果表明这种方法具有非常高的准确度,且其灵敏度相较传统的光波干涉方法要高十倍以上。经过数十年的发展,椭圆偏振技术在薄膜材料光学常数表征方面运用越来越广泛。

2015 年,澳大利亚昆士兰大学的 Paul Meredith 等人在研究窄通可见光探测器时,利用光谱椭偏仪精确测量了罗丹明 B(Rhodamine B)-CH₃NH₃PbI₂Br 复合薄膜的光学常数,结果如图 12-9 所示。利用测量得到的结果,结合经典的光学传输矩阵模型,他们成功模拟了光探测器中的光电场分布,为了解器件的工作机理提供了有益参考。

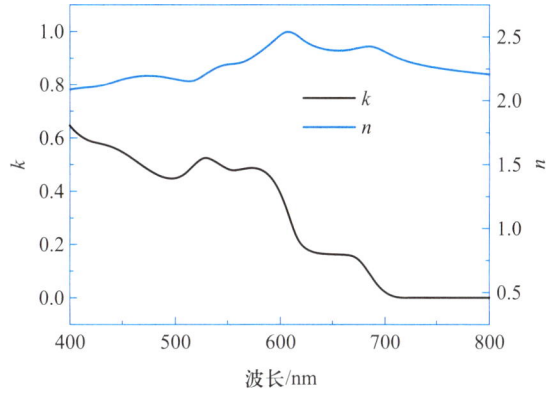

图 12-9　NiO$_X$,PEDOT:PSS 和体异质结太阳电池材料的 n,k 值

2015 年 Philipp Loper 等人运用变角度椭偏仪(VASE),并使用 Oscillator 模型首次在 300~2000 nm 范围内拟合得到了 CH₃NH₃PbI₃ 钙钛矿薄膜的准确光学常数,如图 12-10

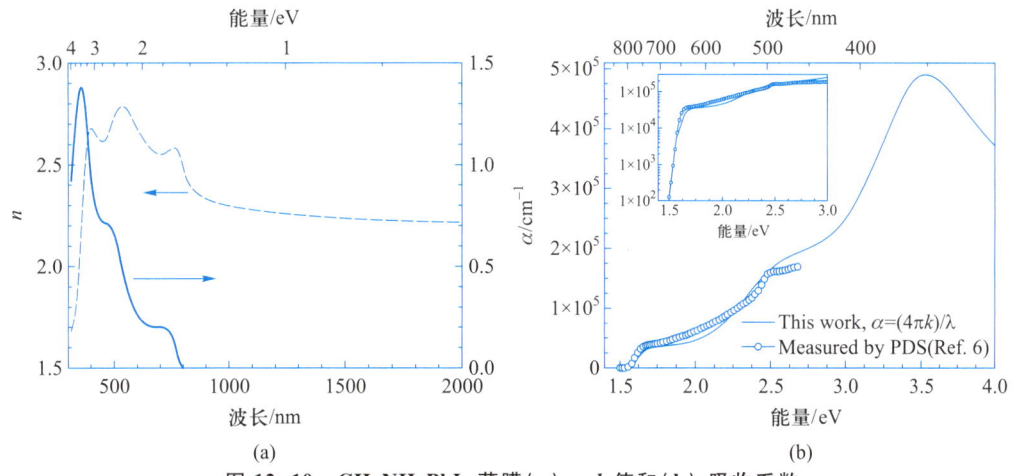

图 12-10　CH$_3$NH$_3$PbI$_3$ 薄膜(a) n,k 值和(b)吸收系数

所示。其测量结果表明 $CH_3NH_3PbI_3/Si$ 串联太阳电池是一种非常具有希望的新型太阳电池。该项研究同时为基于钙钛矿材料的光伏器件的设计和制备提供了思路。

12.4.2   高分子材料的玻璃化转变温度测量

玻璃化转变是一种发生在具有非晶态或无定形态结构的高分子材料中,由橡胶状态转变为玻璃状态的现象。玻璃化转变温度 T_g 正是描述这一转变过程的温度,但 T_g 并不是一个具体数值的点,而是一个温度范围。高分子材料常用于有机光电器件中,材料的玻璃化转变温度决定了材料微观结构的稳定性极限和材料的一些物理属性,如热膨胀、刚度模量等,这些都影响着光电器件的最佳工作温度范围或工作温度的极值,因此测量高分子材料的玻璃化转变温度具有重要意义。当材料发生玻璃化转变时,往往伴随着材料物理性质的改变,根据这一性质,可以采用椭偏法测量高分子材料的玻璃化转变温度。

椭偏法测量高分子材料的玻璃化转变温度实际上是一种依赖于温度的测试,如图 12-11 所示,当材料处于玻璃态或橡胶态时,其线性热膨胀系数 α 与温度的关系是一条直线,但在玻璃化转变过程中,材料的线性热膨胀系数会出现突变。椭偏法测量 T_g 正是基于这一性质对材料进行测量分析。其中,与温度相关的线性热膨胀系数的拟合函数为

$$\alpha(T) = \frac{M-G}{2} \frac{[A(T-T_g)-1]e^{\left(-\frac{T-T_g}{W}\right)} + [B(T-T_g)+1]e^{\left(\frac{T-T_g}{W}\right)}}{e^{\left(-\frac{T-T_g}{W}\right)} + e^{\left(\frac{T-T_g}{W}\right)}} + \frac{M+G}{2}$$

$$(12-28)$$

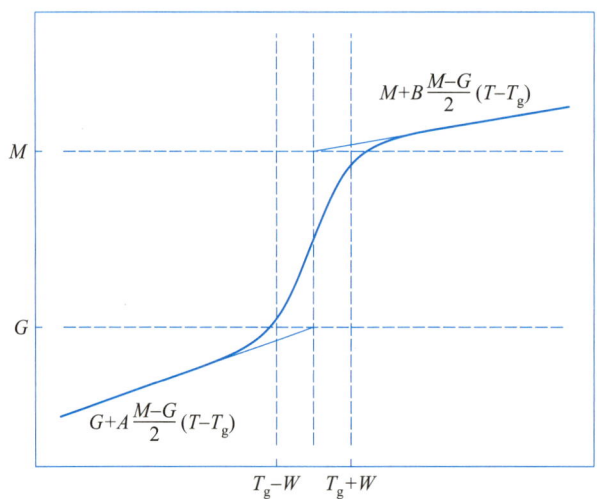

图 12-11   线性热膨胀系数 α 与温度的函数关系

在变温测试过程中,Ψ 和 Δ 与温度的函数关系通常会表现出非线性,通过这一性质可得到材料的玻璃化转变温度 T_g。Martin Tress 等人采用这种方法测量得到了氧化硅基

底上厚度为 76 nm，$M_w = 319000$ g/mol 的聚苯乙烯 PS 薄膜的 T_g。如图 12-12 所示，Ψ 和 Δ 与温度的函数关系可拟合成两段斜率不同的直线，两条直线的交点即为 PS 薄膜的 T_g。但有时可能从 Ψ 和 Δ 与温度的函数关系中不容易获得材料的玻璃化转变温度，这时为提高精确性，可从 $\dfrac{d\Psi}{dT}, \dfrac{d\Delta}{dT}, \dfrac{\alpha^2\Psi}{\alpha T^2}, \dfrac{\alpha^2\Delta}{\alpha T^2}$ 和温度的函数关系中获得材料的 T_g。如图 12-12 中的插图所示，在 $\dfrac{\alpha^2\Psi}{\alpha T^2}$ 和 $\dfrac{\alpha^2\Delta}{\alpha T^2}$ 与温度的函数关系中，曲线峰值所对应的温度即为材料的玻璃化转变温度 T_g.

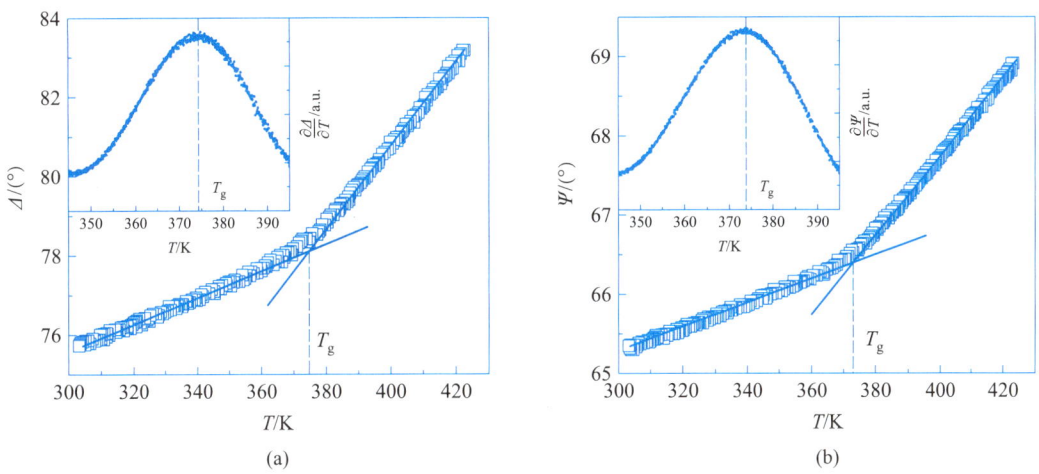

图 12-12　聚苯乙烯 PS 薄膜测量得到的 ψ 和 Δ 与温度的函数关系

除此之外，M. Campoy-Quiles 等人通过 $\tan\Psi$ 与温度 T 的函数关系获得两种共轭聚合物 PFO 和 F8BT 的玻璃化转变温度，选定的 PFO 的波长为 550 nm，F8BT 的波长为 600 nm，其结果如图 12-13 所示。以 111 nm 的 PFO 纳米薄膜为例，$\tan\Psi$ 与温度 T 的函

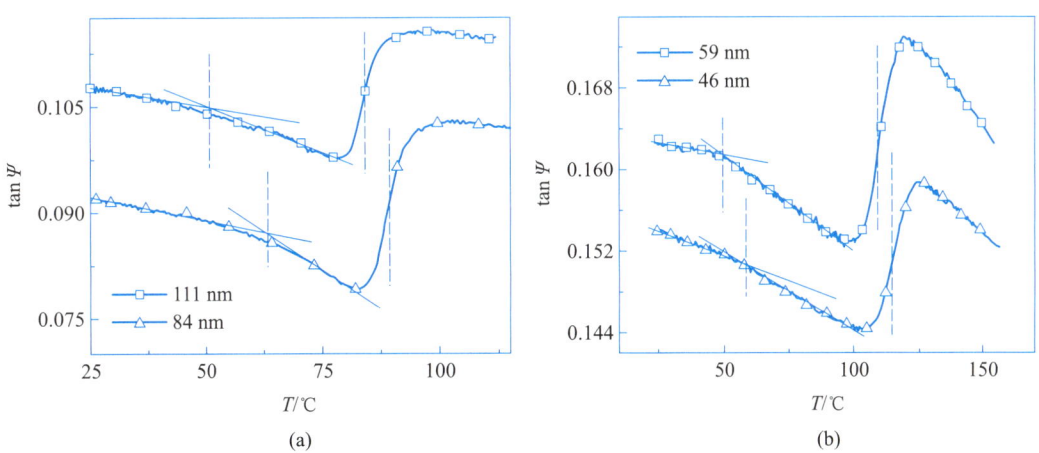

图 12-13　(a) PFO 薄膜和 (b) F8BT 薄膜的 $\tan\Psi$ 与温度的函数关系

数曲线在 50 ℃ 附近出现了转折,用两条不同斜率的直线进行拟合,两条直线的交点即为材料的玻璃化转变温度 T_g。

椭偏参数 Ψ 和 Δ 是由椭偏仪直接测量就可以得到的材料光学参数,除了通过 Ψ 和 Δ 与温度的函数关系来确定 T_g 之外,也可建立合适的模型,首先拟合计算得到材料的厚度 d 和折射率 n,然后由 d 和 n 与温度的函数关系来确定 T_g。如图 12-14 所示,Eva Bittrich 等人测量了聚酰亚胺薄膜在不同固化温度下的玻璃化转变温度。同 Ψ 和 Δ 与温度的函数关系类似,材料的厚度 d 和折射率 n 与温度的函数曲线也存在非线性,这个转折所对应的温度即为材料的玻璃化转变温度 T_g。

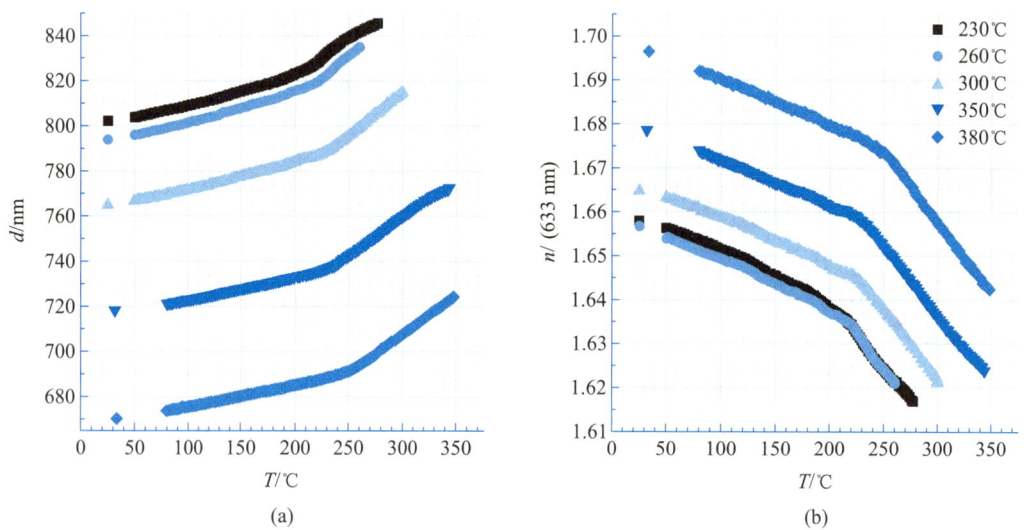

图 12-14　不同固化温度下聚酰亚胺薄膜的 (a) $d(T)$ 和 (b) $n(T)$ 图

12.4.3　薄膜中分子的取向度测量

光电薄膜中分子的取向排列会导致光学各向异性,影响光电器件的性能。因此,为了调控光电材料的性能、优化其器件结构和提升器件的效率,需要对材料的分子取向进行精确测量表征。多入射角椭偏测量法是一种被广泛采用的分子取向表征方法,它可以无损地测量薄膜的光学性质及其各向异性,进而通过各向异性光学常数表征分子的取向特征。

薄膜光学常数的各向异性与分子取向有关,消光系数 k 与吸收系数 α 之间的关系为 $k = \left(\dfrac{\lambda}{4\pi} \right) \alpha$,消光系数可以表示光的吸收,分子的跃迁偶极矩直接影响消光系数。因此,可以通过薄膜消光系数的各向异性和分子跃迁偶极矩的方向来确定分子在薄膜中的取向。具体来说,Hermans 取向函数与二向色性的公式为

$$S = \frac{3\cos^2\theta - 1}{2} = \frac{2\cot^2\alpha + 2}{2\cot^2\alpha - 1} \cdot \frac{D-1}{D+2} \tag{12-29}$$

式中,S 是 Hermans 取向参数,表示分子的平均取向,α 代表跃迁偶极矩与分子长轴所成的角度,D 为二向色参数,表示偏振光在水平方向上和垂直方向上的吸收比。在假定跃迁偶极矩平行于分子链($\alpha=0$)的前提下,取向参数可以用各向异性消光系数表示为

$$S = \frac{3\cos^2\theta - 1}{2} = \frac{k_e^{max} - k_o^{max}}{k_e^{max} + 2k_o^{max}} \tag{12-30}$$

式中,k_e^{max} 和 k_o^{max} 分别代表垂直方向和水平方向消光系数的最大值,θ 表示跃迁偶极矩矢量和垂直于衬底的法向量之间夹角的平均值。各向异性与分子取向如图 12-15 所示,$S=-0.5$ 表示完全水平取向,$S=0$ 表示随机取向(即各向同性),$S=1$ 表示为完全垂直取向。

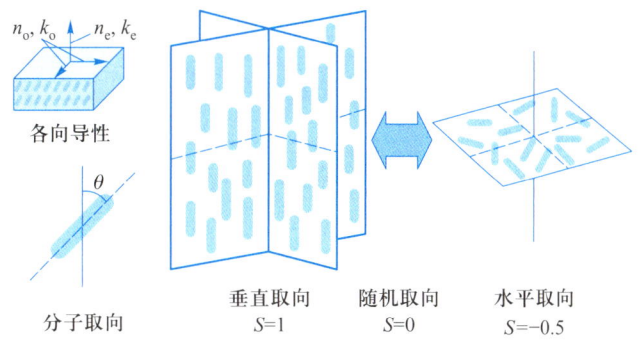

图 12-15 光学各向异性和分子取向结构示意图

2010 年,Daisuke 等人在真空沉积有机薄膜的同时,对其进行了原位椭偏光谱测量。在沉积过程中,用简单的模型对 3 种材料超过 20000 个值的椭偏参数同时拟合,结果表明分子取向具有普遍性。此外,他们的研究表明,可以通过控制衬底的温度来调控分子的取向,如图 12-16 所示。

2015 年 Zhao 等人对多角度椭偏光谱和角度依赖性光致发光进行研究时发现,有机分子发射跃迁偶极矩的水平取向可以使有机发光二极管(OLEDs)中光耦合效率有所提高,其中制备的蓝色 OLED 器件外部量子效率可达 5.3%,如图 12-17 所示。

12.4.4 微纳结构及粗糙度表征

微观几何特征和表面粗糙度等参数是微纳加工领域内十分重要的信息,对这些参数进行实时、迅速、低成本,且无损的精准测量具有重大意义。目前,纳米级关键尺寸的测量主要依赖于扫描电镜(SEM)及原子力显微镜(AFM)。虽然这两种技术能够保证测量微纳结构尺寸特性的准确度,但其速度慢、成本高,且与生产工艺线集成难度极大。相较而言,椭偏光谱技术在获取微纳结构方面具有很大优势。Mueller 矩阵椭偏仪因具有矩阵参

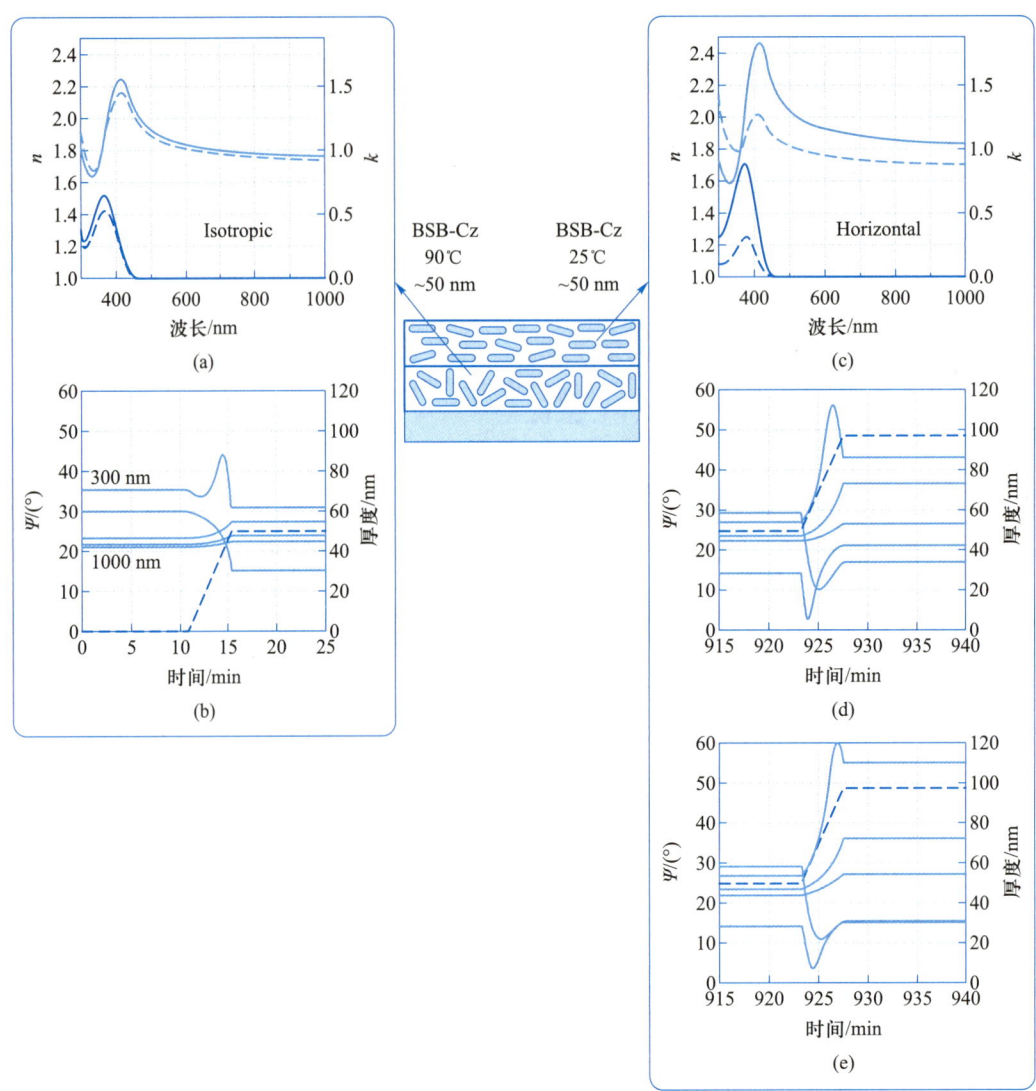

图 12-16　"多层结构"的原位分析

数多、包含信息量大的特点,在微纳结构表征方面具有较大优势。其测量原理如图 12-18
所示。在具有微纳结构(一般为周期性结构)的样品表面上,投射一束已知波长和入射角
的偏振光,通过收集每一入射角、每一波长下零级衍射光的 Jones 矩阵,可以获得 4×4 阶
的 Mueller 矩阵,能够得到偏振光的参数 Δ、Ψ,再与光学模型拟合计算出的 Δ、Ψ 相比较,
进一步反演推算就能够提取出微纳结构的关键尺寸参数。

　　为了控制纳米压印光刻工艺以实现良好的保真度,纳米压印抗蚀剂图案的结构参数
需要精确地表征。2014 年,Xiuguo Chen 等人成功采用 Mueller 矩阵椭偏仪表征了纳米压
印抗蚀剂的图案。将 Mueller 矩阵椭偏仪在不同条件下测量拟合计算得到的结构尺寸信

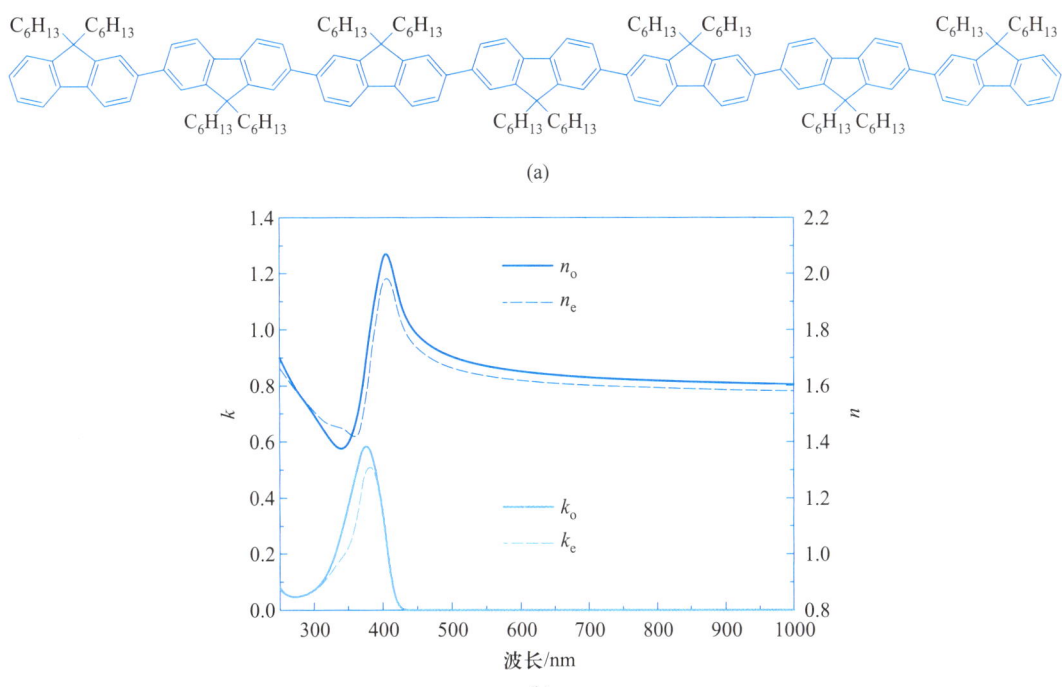

(a)

(b)

图 12-17 （a）七芴分子结构式；（b）通过椭偏仪测量的七芴纯薄膜的各向异性光学常数

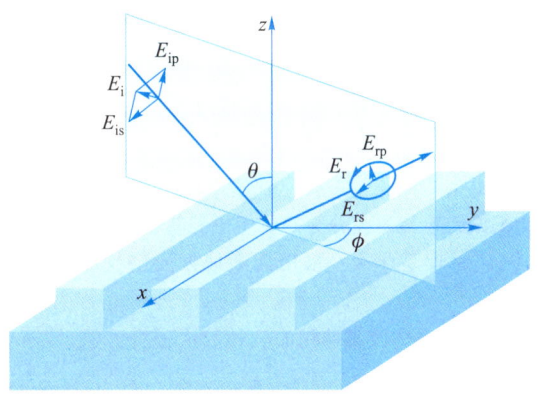

图 12-18 Mueller 矩阵椭偏仪的微纳结构测量原理示意图

息与扫描电镜（SEM）结果进行对比发现，当在最佳配置中执行测量，并且同时将去偏振效应结合到光学模型中时，可以实现纳米压印抗蚀剂图案的线宽、线高度、侧壁角度和剩余层厚度的精确量化。

　　Mueller 矩阵椭偏仪除了可以测量纳米压印抗蚀图案，还可以用于电子束图案化光栅结构的表征、蚀刻沟槽纳米结构的测量等一系列微纳结构的表征，如图 12-19 所示。

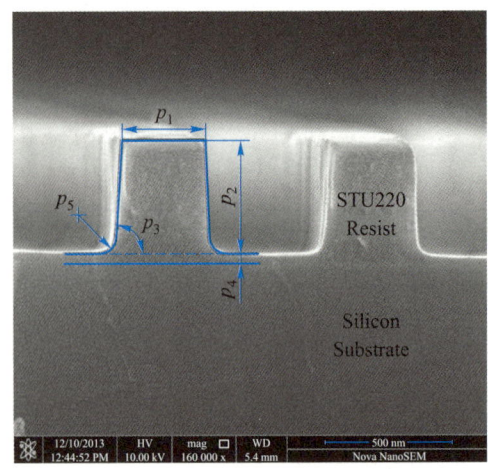

图 12-19 纳米压印光栅样品的 SEM 图

除此之外,将实验测得的 16 个 Mueller 矩阵元素与数值拟合计算得到的非退偏矩阵元素进行比较,也能获取样品表面粗糙信息。早在 1992 年,Bruce 等人就通过一种等效近似法在特定的粗糙样品表面得到了其 Mueller 矩阵元素。除此之外,Nee 等人于 1996 年运用 Mueller 矩阵椭偏仪对随机粗糙表面的偏振特性进行研究。2018 年哈尔滨工业大学的黄美娇利用等效介质理论对随机粗糙表面建模,分析了相对粗糙度 $\frac{\sigma}{\lambda}$、自相关长度 τ 和入射角 θ 对 Mueller 矩阵元素的影响,探索出反演表面粗糙度和准确光学常数的方法。

习题

1. 简述偏振光的定义,偏振光包括哪些种类? 如何得到线偏振光?

2. 椭圆偏振光谱仪的测试原理是什么? 采用椭圆偏振光谱仪测量得到的材料光学常数有什么特点?

3. B 样条拟合法是椭圆偏振测量中经常使用的一种数值拟合方法,请简要描述这种处理方法的优缺点。

第 12 章参考文献

第 13 章
纳米压痕仪测试技术

力学性能是材料的热、力、磁、光、声、电六大本质属性之一,是材料在承受外加载荷时所表现出的抵抗变形、抵抗断裂的宏观性能。大尺寸样品采用材料试验机、硬度计测试它们的力学特性,而纳米压痕仪分析薄膜力学性能的仪器设备。纳米压痕仪的测试深度为纳米、微米级,通过微区损伤测试获得薄膜的力学性能参数,它促进了薄膜技术的发展,新的测试需求也推动了这一技术的进步与推广。

13.1 经典材料力学测试方法

13.1.1 材料力学基础

我们日常接触的固体功能材料,主要分为金属材料、陶瓷材料和高分子材料 3 大类,每一类材料都有其各自的力学特性。这里,我们以金属材料低碳钢的"拉伸应力-应变"曲线为例,简单地介绍材料的力学特性。随着应变的逐渐变大,低碳钢将经历弹性形变和塑性形变,其中塑性形变包括屈服阶段、强化阶段和颈缩阶段,典型材料的应力-应变曲线如图 13-1 所示。

在弹性形变阶段,材料应变与所受应力呈线性关系,外力去除后应变消失。这一现象由英国物理学家胡克(Robert Hooke,1635—1703,早期译为"虎克")发现,他于 1678 年报道了应变与应力呈线性关系的胡克方程。其中,应力与应变的比值被称为材料的弹性模量,反映了材料抵抗弹性变形的能力,弹性模量越大,越不容易发生形变。根据固体物理学知识,材料平衡的原因是原子之间存在着相互平衡的力。弹性形变下,应力作用改变了质点间距,产生相应的变形,建立了新的平衡,应力消失后,原子返回到原来的平衡位置。理论上,完美晶体的弹性形变能够达到晶胞的 10^{-1} 量级,而实验测得的宏观弹性应变量级

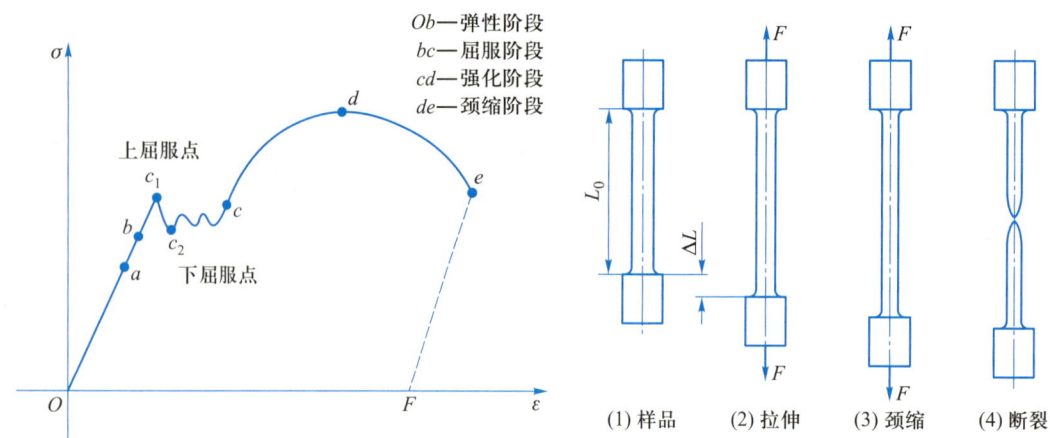

图 13-1 典型材料的应力-应变曲线

往往不超过 10^{-4}。有一点需要注意,理想的弹性是不存在的,实际应用中使用实用弹性的概念,即允许弹性变形和可逆性有一定的偏离。

当外加载荷超过弹性极限后,材料进入塑性形变阶段。此时,应力和应变不成线性关系,除去外力后物体亦不能够恢复到初始状态,加载前的体积同卸载后的体积基本保持不变,遵守塑性变形体积不变定律。此时,除了产生弹性变形外,还产生部分塑性变形。塑性力学的开端归功于法国人屈雷斯卡(Henri Édouard Tresca,1814—1885),他于 1864 年指出金属材料在最大剪应力达到某一值时会发生塑性流动。塑性形变下,晶粒内产生了原子层间相对滑移、孪晶和晶界变形等缺陷,材料内部建立了新的平衡。应力消除后,弹性变形迅速复原,塑性形变在一定程度上恢复,但产生的位错缺陷不能自发复原,材料无法恢复到初始状态,可以看作部分塑性变形保留了下来。

低碳钢发生塑性变形会经历 3 个显著不同的阶段,下面简要介绍这个过程。

(1)屈服区间。当进入塑性形变区后,应力仅在一个微小的范围内波动,而形变急剧增加,这种现象称为屈服。这一阶段的最大应力和最小应力分别称为上屈服点和下屈服点。下屈服点的数值较为稳定,因此以它作为材料抗力的指标,称为屈服点或屈服强度。当材料的屈服点不明显时,行业定义形变达到原材料长度的 0.2 % 时的应力为该材料的屈服强度。

(2)强化阶段。在形变达到一定程度后,即屈服区间之后,低碳钢抵抗变形的能力显著增强,继续增加形变需要使用更大的应力,这一阶段称为强化阶段。

(3)颈缩阶段。当突破最大应力后,材料抵抗形变的能力变弱,通常会在某个位置变细,这一现象称为颈缩,普遍认为这是大量缺陷堆积造成的,材料容易在此处发生断裂。

绝大多数金属材料的力学特性与低碳钢相似,具有较大的塑性区间,材料延展性好,这是由金属键特性决定的。陶瓷和高分子材料的力学行为与金属显著不同,也与它们的微观价键结构密切相关。大部分陶瓷材料的分子键刚性极大,晶格不易变形,弹性形变、塑性形变区可忽略不计,可认为直接断裂。高分子的键长具有一定的柔性,力学响应时间较长,力学行为最大特征就是变形随时间发展,即黏性变形,包括弹性形变和塑性形变。

13.1.2 关键力学参数

力学参数能够反映出各类材料的基本力学特性,是非常重要的材料本质属性,本节将介绍一些应用广泛的力学技术参数。

弹性模量:在材料的弹性形变区域内,单向应力状态下,应力(σ)与该方向应变(ε)的比值为常数,就是弹性模量。不同形变状态下的模量有不同的名称,拉伸形变时的模量称为拉伸模量(即杨氏模量,E),剪切形变时的模量称为剪切模量(G),压缩形变时的模量称为压缩模量(K)。式(13-1)是线弹性模量计算公式。模量的单位是 Pa,即 N·m^{-2},表示发生单位比例应变时,垂直于应力方向的横截面上单位面积所受的力,它是描述固体材料抵抗形变能力的物理量,由材料本身的性质决定。

$$E = \sigma / \varepsilon \tag{13-1}$$

杨氏模量:又称为拉伸模量、线弹性模量,是应用最广的弹性模量参数,用 E 表示,因英国物理学家托马斯·杨(Thomas Young,1773—1829)在此方面的贡献而命名。具体的表述为:当一条长度为 L、横截面积为 S 的棒状材料在外力 F 拉伸下伸长 ΔL 时,F/S(即 σ)是应力,代表材料单位截面积所承受的力,$\Delta L/L$ 是应变,代表材料单位长度所对应的伸长量。杨氏模量的测试方法主要为拉伸法。

抗拉强度:材料在拉伸过程中最大可以承受的应力,它反映了材料的断裂抗力。它的测试方法主要是拉伸法,在应力-应变曲线中,应力最大值对应就是该材料的抗拉强度。它的 SI 单位为 Pa,是固体材料能够承受的最大应力。

硬度:表示材料局部抵抗物体压入其表面的能力,一般硬度越高,耐磨性越好。硬度的评估方法主要采用压入法进行测试,将固定尺寸的硬质材料压头以固定载荷压入测试样品表面,载荷(P)与压痕面积(S)的比值就是硬度(H),如式(13-2)所示。硬度反映的是塑性力学行为,单位是 kgf·mm^{-2},SI 单位为 Pa。因为测试中载荷、压头是固定的,也可以直接根据压痕深度评估材料的硬度,所得到的值无量纲。

$$H = P / S \tag{13-2}$$

断裂韧性:材料在断裂前所能吸收的能量与体积的比值,表示材料在塑性变形和破裂过程中吸收能量的能力,可以理解为材料抵抗断裂、抵抗裂纹扩展的能力,是材料韧性的一个定量指标。断裂韧性数值越大,则发生脆性断裂的可能性越小。压痕法是测量断裂韧性的典型方法,计算公式与压头特性密切相关。以 10 kgf 负载将维氏压头(正四棱锥)压入抛光表面产生一压痕,并在压痕的四个顶点产生预制裂纹,如图 13-2 所示,其中压痕中心至裂纹顶端的距离称为压痕裂纹扩展长度,用 c 表示。根据压痕载荷(P)和压痕裂纹扩展长度(c)计算出断裂韧性数值(K_{IC}),计算公式如式(13-3)所示。

$$K_{IC} = 0.004985 (E/H_v)^{1/2} \cdot (P/c^{3/2}) \tag{13-3}$$

式中,E 为测试样品的杨氏模量,H_v 为维氏显微硬度。

泊松比:在弹性形变范围内,加载单向拉应力或压应力时,由均匀分布的纵向应力所

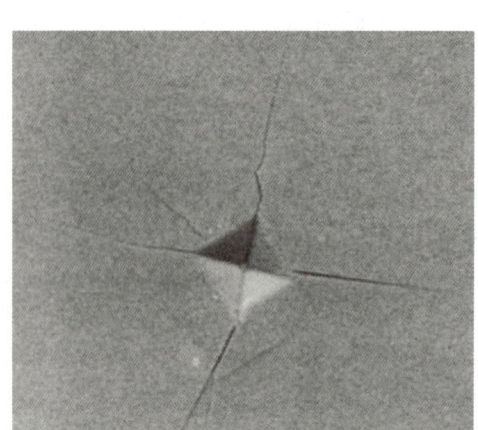

图 13-2   断裂韧性示意图

引起的横向应变(ε_x)与相应的纵向应变(ε_y)之比的绝对值,即$-\varepsilon_y/\varepsilon_x$,称为泊松比,用 ν 表示,以法国数学家泊松(Simeom Denis Poisson,1781—1840)命名。

这些力学参数能够清晰地描述材料的力学特性,是商品材料的重要力学技术指标,很多材料的力学参数已经制成表格,以备查用。

13.1.3   硬度计

材料力学测试设备主要分为材料试验机和硬度计。材料试验机的加载方式为拉伸、压缩和扭转等,能够测量包括杨氏模量、剪切模量、拉伸强度等多种力学参数。硬度计(hardness tester)的加载方式主要为压入法,主要用于测试材料的硬度。纳米压痕仪与硬度计有很大相似之处,尤其是压头。为了更好地理解纳米压痕仪测试技术,本节将概要介绍硬度计的测试方法和分析方法。

硬度计是为了比较各种固体材料的软硬而发展出的压痕硬度试验方法,静态压入法应用广泛,具体包括布氏硬度法、洛氏硬度法、维氏硬度法、努氏硬度法等。如式 13-2 所示,硬度值就是载荷(P)和压痕面积(S)之间的比值。硬度测试时,施加的载荷是确定的,压头与材料的接触面积(又称压痕面积)由压入深度与压头几何形状确定,其中压头的几何形状也是确定的,只有压痕深度是需要测量的变量。

1. 布氏硬度

布氏硬度(H_B)由瑞典人布纳瑞(J. A. Brinell,1849—1925)于 1900 年提出,是应用最广泛的材料硬度测试方法之一。具体测试方法是,以一定的载荷(一般为 3000 kg)把一定大小(一般为 $\Phi = 10$ mm)的淬硬钢球压入材料表面,保持一段时间后卸载,载荷与其压痕面积之比就是布氏硬度,单位是 $\text{kgf} \cdot \text{mm}^{-2}$,每平方毫米的公斤力,本质是 Pa。经验上,黑色金属的压入时间为 10~15 s,有色金属为 30 s,$H_B < 35$ 的样品为 60 s。布氏硬度测

试的压痕面积是球冠,如图 13-3 所示,压入深度可以通过压头直径与压痕直径计算得到,如式(13-4)所示,可以通过测量压痕直径得到接触面积,获得硬度,如式(13-5)所示。

$$h = D/2 - (D^2 - d^2)^{0.5}/2 \qquad (13-4)$$

$$H_B = F/S = F/\pi Dh = F/\pi D [D/2 - (D^2 - d^2)^{0.5}/2] \qquad (13-5)$$

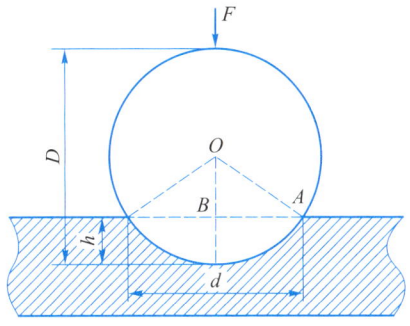

D—钢球直径,mm;
d—压痕直径,mm;
F—加在钢球上的实验力,N;
h—压痕深度,mm

图 13-3 布氏硬度测试方法

2. 洛氏硬度

洛氏硬度(H_R)由美国人 H. M. 洛克威尔(H. M. Rockwell,1890—1957)和 S. P. 洛克威尔(S. P. Rockwell,1886—1940)于 1921 年提出,也是应用广泛的表征材料硬度的方法之一。布氏硬度法的压头为球形,不适合测试 $H_B > 450$ 的样品,可以采用洛氏硬度测试。具体测试方法是,以一个顶角为 120° 的金刚石圆锥体或直径为 1.5875 mm 的钢球为压头,在一定载荷下(60 kg,100 kg,150 kg)压入被测材料表面,保持一定时间后(一般为 5 s,可调整)卸载,由压痕深度计算出材料的硬度,如图 13-4 所示。计算公式如式(13-6)

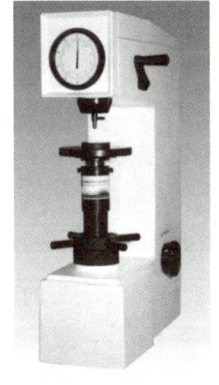

H_R洛氏硬度计

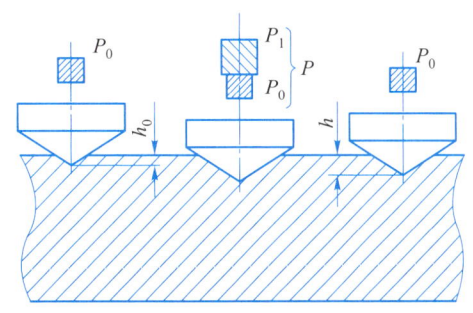

测试过程

图 13-4 静态洛氏硬度计和测试原理

所示,洛氏硬度是无量纲量。

$$H_R = (k - h)/c \qquad (13-6)$$

式中,k 为常数,金刚石压头为 0.2 mm,淬火钢球压头为 0.26 mm;h 为压痕深度;c 也为常数,一般测试为 0.002 mm,表面洛氏硬度是 0.001 mm。

洛氏硬度最常用的 3 种方式为 H_{RA}、H_{RB}、H_{RC}。H_{RA} 是采用 60 kg 载荷和 120°金刚石圆锥头压入样品求得的硬度,用于硬度较高的材料;H_{RB} 是采用 100 kg 载荷和直径 1.5875 mm 淬硬的钢球求得的硬度,用于硬度较低的材料;H_{RC} 是采用 150 kg 载荷和 120°金刚石圆锥头压入求得的硬度,H_{RC} 是使用较多的硬度表征方式,计算公式如式(13-7)所示。

$$H_{RC} = 100 - 500h \qquad (13-7)$$

3. 维氏硬度

维氏硬度法由英国的史密斯(R. Smith)和塞德兰德(G. Sandland)在 1925 年发表。维氏硬度(H_V)使用顶角为 136°的金刚石正棱锥体作为压头,载荷为 10~1200 N(1~120 kgf)可调整。维氏硬度压头非常尖锐,适合高硬度样品的分析测试。

将压头以选择的载荷压入材料表面,保持一定时间后(通常为 10~15 s)卸载,载荷与材料压痕凹坑表面积之比即为维氏硬度,用 H_V 表示,单位是 kgf·mm^{-2}。接触面积是正四棱锥体四个面的表面积,如图 13-5。维氏硬度的计算公式如式(13-8)所示。

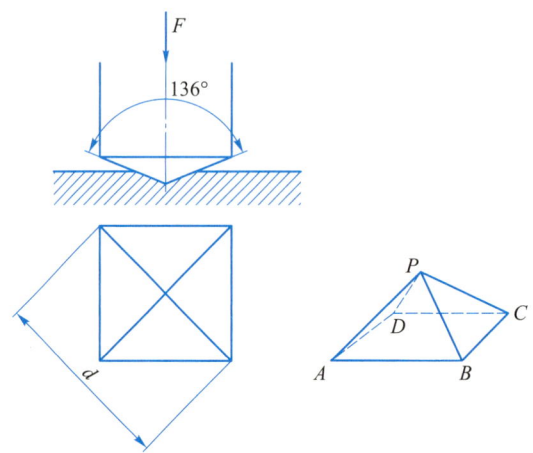

图 13-5   维氏硬度的压头和接触面积

$$H_V = F/S = 2F\sin(\alpha/2)/d^2 = 1.854 \times F/d^2 \qquad (13-8)$$

式中,F 为载荷,单位是 kgf;S 为压痕表面积,单位是 mm^2;$\alpha = 136°$,压头的相对面夹角;d 是压痕两个对角线长度的平均值,单位是 mm。

目前使用的维氏硬度计载荷单位多为牛顿,需要将牛顿变换为千克力,计算公式变更为式(13-9)。另外,在实际测量中,根据所测 d 值和施加的载荷,直接进行查表得到所测样品的硬度,并不需要进行计算。

$$H_V = 0.102 \times F/S = 0.204 \times 2F\sin(\alpha/2)/d^2 = 0.1891 \times F/d^2 \qquad (13-9)$$

4. 其他硬度测试方法

除上述 3 种常用的硬度测试方式外,目前使用的还有努式硬度计、玻氏硬度计、肖氏硬度计、里氏硬度计、显微硬度计等,主要区别在于选择了不同几何形状和材料的压头和不同的载荷,适用于不同硬度、尺寸的材料体系。硬度测试中,努式硬度测试方法能够测试的最小深度为 $\sim0.3\ \mu m$,是硬度法能够测试的极限压痕深度。对于分析厚度更小的薄膜雷样品或进行高分辨率的测试分析,需要使用纳米压痕仪技术。

13.2 纳米压痕仪技术

13.2.1 纳米压痕仪概述

纳米压痕仪属于仪器化压入仪,按照测试尺度划分,仪器化压入仪分为纳观、微观和宏观。2002 年,国际标准 ISO 14577-1 颁布,按压入的深度 h 和载荷 F 将测量范围划分为:纳米范围,$h \leqslant 200\ nm$;显微范围,$F < 2\ N, h > 200\ nm$;宏观范围,$1\ N \leqslant F \leqslant 30\ kN$。我国国家标准 GB/T 22458—2008 将压入深度范围在纳米级并可扩展至几微米的压入仪器定义为纳米压痕仪,如表 13-1 所示。

表 13-1　压入测试的 3 种尺度测量范围

尺度范围	纳米	显微	宏观
测试深度	≤200 nm	>200 nm	/
施加压力		< 2 N	最大 kN 量级
设备	纳米压痕仪		宏观压入仪
测试精度	1 mN,0.02 nm		/

纳米压痕仪是通过微区损伤测试材料力学参数的仪器设备,整个测试过程由计算机自动控制,在线测量载荷与相应的压头位移,通过载荷(P)-压入深度位移(h)两者之间的相应关系(即 P-h 曲线),获得测试样品的力学参数。与硬度计相比,纳米压痕仪的载荷更小,压痕深度更浅,力学原理是弹塑性力学,特别适合于薄膜样品材料,包括 PVD 薄膜、CVD 薄膜、PECVD 薄膜、感光薄膜、彩绘釉漆、光学薄膜、微电子镀膜、保护性薄膜、装饰性薄膜等。相对于纳米压痕仪,宏观压入仪的技术也很成熟,但受限于应用场景,商业化应用比较罕见。

13.2.2　纳米压痕仪分析原理

纳米压痕仪测试技术是通过分析卸载曲线的载荷-压入深度位移两者之间的相应关系(即 $P-h$ 曲线)获得力学参数的。这种分析方法可以追溯到 1961 年,Stillwell 等提出了利用压力弹性恢复测定力学性能;1975 年,Bulychev 等报道了利用"载荷-深度"曲线卸载部分可以计算出压头与样品之间的接触面积;1982 年,Pethica 等首次报道了使用这种方法研究改性金属的表面力学特性;1992 年,美国橡树岭国家实验室 W. C. Oliver 和美国莱斯大学 G. M. Pharr 将卸载曲线上半部的处理方法由线性拟合改为幂次拟合,得出的数据更加准确,这是赫赫有名的"Oliver-Phar"模型的基础模型,是纳米压入分析的基础;随后,中科院力学所郑哲敏院士(1924—2021)与美国通用汽车研究中心的 Yang-Tse Cheng 将量纲分析法和最小二乘法引入到纳米压痕力学研究中,被称为 Cheng-Cheng 方法,即借助数学方法进行更复杂的力学行为研究。量纲分析法是力学研究中重要的分析工具,将在本章第四节单独介绍,感兴趣的读者可以参阅。

图 13-6 是典型的纳米压痕仪测试曲线,即 $P-h$ 曲线。在压入阶段,施加的力随时间线性增加,材料发生弹塑性变形,达到设定时间后不再增加载荷,此时载荷达到最大,以 P_{max} 表示;以最大载荷保持一段时间后进行卸载,在卸载之前的压痕深度最深,以 h_{max} 表示;在卸载开始阶段,$P-h$ 曲线非常接近线性,对应材料弹性变形的快速恢复,这个斜率(dP/dh)是接触刚度,用 S 表示,如果仅发生弹性形变,整个卸载段 $P-h$ 曲线都是线性的;卸载结束后,绝大部分测试都会在样品表面留下压痕,其深度为残余压痕深度,以 h_f 表示。

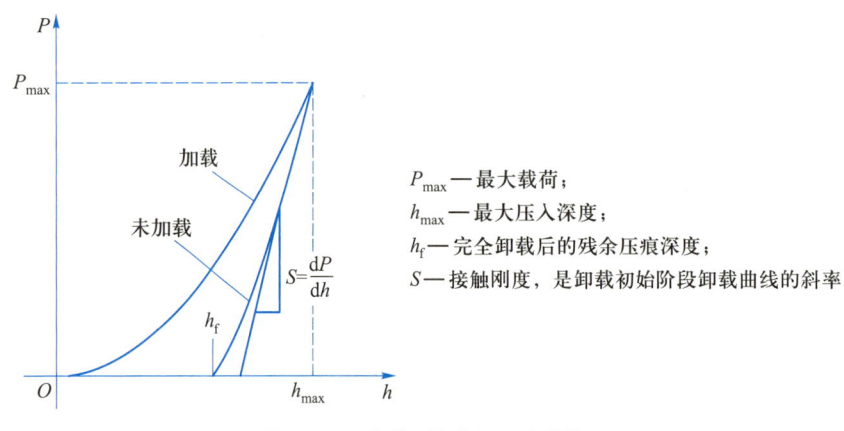

P_{max} ——最大载荷;
h_{max} ——最大压入深度;
h_f ——完全卸载后的残余压痕深度;
S ——接触刚度,是卸载初始阶段卸载曲线的斜率

图 13-6　载荷-位移($P-h$)曲线

1. Oliver-Pharr 模型

Oliver-Pharr 模型是针对 $P-h$ 曲线的卸载段压入深度 h 提出的指数函数拟合模型,

卸载段的 P 与 h 曲线近似满足式(13-10)的关系。这是目前广泛使用的确认卸载段的压痕深度的拟合方法,可以获得更接近真实值的材料力学特性常数。

$$P = \alpha \, (h - h_{f})^{m} \qquad\qquad (13-10)$$

式中,α 为拟合系数,m 为拟合指数,他们都与材料性质密切相关。

虽然 Oliver-Pharr 模型应用比较广泛,但本身有一些假设还是理想化,如材料在卸载阶段仅有弹性变形恢复、刚性压头周围的材料仅发生凹陷变形、不考虑与时间有关的变形等,这些假设在材料测试中会带来误差。因此,在 1992 年提出的 Oliver-Pharr 模型的基础上,科研工作者进行了一些修正模型,进一步提高了纳米压痕技术测试力学参数的精度。

2. 求解接触刚度(S)

在 Oliver-Pharr 模型下,接触刚度的计算公式变为式(13-11),计算选择的点一般都在卸载的初期,在 20 %~50 % 的区间内。求出拟合参数后,就可以获得接触刚度。

$$S = \mathrm{d}P/\mathrm{d}h \, \big|_{\, h = hn} = \alpha \, (h_{n} - h_{f})^{m-1} \qquad\qquad (13-11)$$

接触刚度的测试方法分为单一接触刚度测试法和连续刚度测试法,由测试载荷施加方式决定。如果测试载荷加载方式是准静态加载,即载荷线性变化,每次测试只能测出一个刚度值,这种方法叫作单一接触刚度测试法;如果在准静态加载方式上再叠加一个可调简谐载荷,简谐振幅控制在 1~2 nm,这种加载方式是动态加载方式,一次压入测试可以获得多个接触刚度的数据,得到压入深度与接触刚度之间的对应关系,这种测试方法叫作连续刚度测量技术。

3. 求解接触深度(h_{c})

接触面积(A)是进行压入式力学测试的关键参数,因为压头形状已经确定,所以接触面积与压头压入最大深度有确切的数学函数关系,在纳米压痕仪测试中,压头的压入最大深度称为接触深度,用 h_{c} 表示。

需要明确,接触深度(h_{c})并非探针的最大位移量(h_{max}),因为探针与测试样品接触后,压头周围的材料会发生堆积或下沉,这个下沉量称为表面接触位移,用 h_{s} 表示,他们之间的关系如图 13-7 所示。

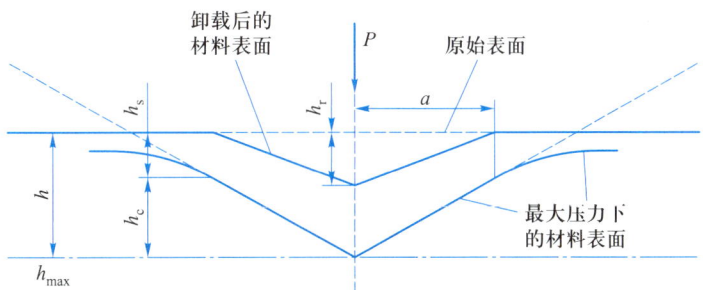

图 13-7　压头压入材料和卸载过程示意图

表面接触位移一般采用 Sneddon 方程进行求解,计算方程如式(13-12)所示。

$$h_s = \varepsilon P_{max}/S \qquad (13-12)$$

式中,ε 是和压头几何参数相关的常数,如圆锥形是 0.72。

在卸载过程中,压头和材料在表面接触位移这段距离上是没有接触的,接触深度 h_c 为最大压入深度 h_{max} 与表面接触位移 h_s 之差,如式(13-13)所示。

$$h_c = h_{max} - h_s = h_{max} - \varepsilon P_{max}/S \qquad (13-13)$$

4. 求解硬度(H)

硬度 H 的值是最大载荷与接触面积的比值,计算公式与硬度计一致。最大载荷在测试时直接获得,接触面积 A 由接触深度 h_c 和压头几何形状决定。如果压头是规则锥头,接触面积可以通过几何方法获得,如洛氏的圆锥锥头,接触面积就是圆锥的表面积;如果锥头不是规则的几何结构,需要采用多项式拟合的方式求解接触面积。因此,在获得 h_c 后,可以直接求出测试样品的硬度值。

5. 求解弹性模量 E

接触刚度(S)与等效弹性模量(E_r)存在式(13-14)的数学关系,而等效弹性模量与测试样品的弹性模量(E_{IT})满足式(13-15)的数学关系,因此可以通过接触刚度(S)计算出测试样品的弹性模量。

$$S = 1.128\beta\ E_{eff}A^{0.5} \qquad (13-14)$$

$$1/E_r = (1 - \nu^2)/E_{IT} + (1 - \nu_i^2)/E_i \qquad (13-15)$$

式中,β 是压头几何形状决定的常数,玻氏压头为 1.034;A 为接触面积;ν 为测试样品的泊松比;ν_i 为压头的泊松比,金刚石压头:$\nu_i = 0.07$,$E_i = 1140$ GPa。

6. 断裂韧性(K_{IC})

断裂韧性的具体计算方法与压头形状密切相关。当使用维氏压头时,在压痕的四个顶点会产生扩展的径向裂纹,c 为试样表面裂纹尖端到压痕中心线的距离,a 为压痕中心至压痕顶点的距离,l 为压痕顶点至表面裂纹尖端的距离。根据压痕载荷 F_m 和压痕裂纹扩展长度 c 计算出断裂韧性(K_{IC}),计算公式如式(13-16)所示。

$$K_{IC} = \delta^L (a/l)^{1/2} (E_{IT}/H_{IT})^{2/3} \cdot (F_m/c^{3/2}) \qquad (13-16)$$

式中,E_{IT} 为测试样品的模量;H_{IT} 为测试样品的硬度;F_m 为施加的压痕载荷;δ^L 为与压头相关的常数,约为 0.016。

7. 压入能量标度关系(W_u/W_t)

测试过程的卸载功 W_u 和压入总功 W_t 也是能够直接获得的信息,它们之间的比值(W_u/W_t)能够反映出材料的力学属性,由郑哲敏院士与 Yang-Tse Cheng 于 1998 年首次报道。按照 W_u/W_t 的数值大小,材料大致分为 3 类:$0 < W_u/W_t < 0.3$,主要为金属材料及合

金;$0.3 < W_u/W_t < 0.5$,主要为金属玻璃材料和陶瓷材料;$0.5 < W_u/W_t < 0.7$,主要为陶瓷材料。

W_u/W_t 与压入硬度 H_{IT}、等效弹性模量 E_r 的比值成近似线性关系,数学关系如式(13-17)所示。

$$H_{IT}/E_r = \kappa(W_u/W_t) \tag{13-17}$$

式中,κ 是与压头相关的参数,如压头为圆锥压头,半锥角的角度 α 为 $60° \sim 80°$ 时,$\kappa = 1/[\lambda(1+\gamma)]$,$\lambda = 1.50\tan \alpha + 0.237$,$\gamma = 0.27$。

显然,W_u/W_t 的引入,能够简化数学推导过程,回避了某些中间参数的复杂求解过程,这也是量纲分析法的最大优势。而常数 κ 既可以通过实验测试解析获得,也可以通过有限元模拟仿真获得。

8. 其他力学常数

除硬度和弹性模量外,纳米压痕仪还可以测试屈服应变、幂硬化指数、蠕变柔量等力学参数,感兴趣的读者可以参考相关专业书籍了解相应的力学模型和纳米压入技术的分析模型,在此不展开介绍。

13.2.3 纳米压痕仪设备

纳米压痕仪设备由加载单元、压头、检测单元、位移调节单元、控制单元和观测单元6部分组成,如图 13-8 所示。

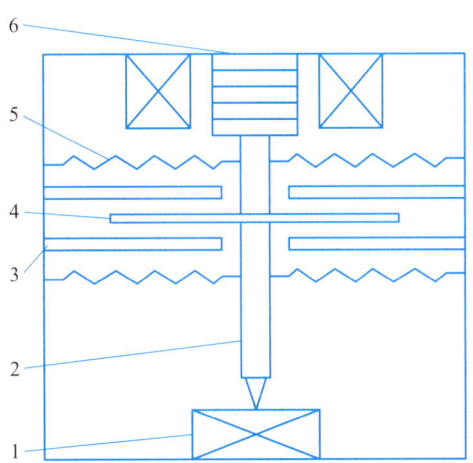

1—样品和平移台;2—压杆和压头,严格限制沿一维方向运动;3—机架,用于固定驱动和位移测量;4—平板电容传感器,用于位移测量;5—柔性支撑弹簧,确保压杆压头沿一维方向运动;6—加载单元,为压杆压头一维方向运动提供动力

图 13-8 纳米压痕仪结构示意图

加载单元是为压头压入提供动力的组件,主要作用是提供精密控制的加载力,是提供压入载荷 P 的单元,加载方式包括电磁驱动、静电力驱动和压电驱动。电磁驱动原理是

通过加载线圈电流时的变化和支撑弹簧限制压杆在水平方向的移动,实现可控输出压力,但受限于楞次定律,测试精度受限;静电力驱动原理是利用静动极板间静电作用力作用施压驱动,是目前载荷分辨力最高的驱动方法,最高可达 1 nN,但此方法无法实现超过 30 mN 以上的载荷输出;压电驱动是基于逆压电效应提供驱动力,更适合于小型仪器化纳米压入测试系统,基于这一原理的商品化设备最大压入载荷为 500 mN。

　　压头是测试过程中直接压入测试样品、表面产生残余压痕的工具头。压头通常由两部分组成,前端选择高硬度材料,多为金刚石,用于压入试样;后部多为钢质材料加工成规定形状的基托,用于固定压头前部和连接仪器压杆,如图 13-9 所示。根据不同的测试目的和加载环境,会选择特定形状的压头,包括玻氏(正三棱锥)、立方角(正三棱锥)、维氏(正四棱锥)、圆锥和球头等。与样品接触时,不同形状的压头接触面积不同,具体情况如表 13-2 所示。求解接触面积,即压入深度,是解析测试样品力学性能的关键参数。

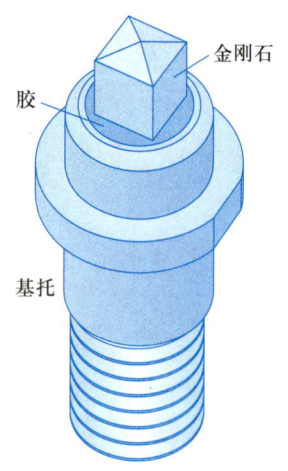

图 13-9　纳米压痕仪压头

表 13-2　纳米压痕仪常见压头技术参数

几何量或关系	玻氏	立方角	维氏	圆锥	球形
锥头形状	正三棱锥	正三棱锥	正四棱锥	圆锥	球形
中心线与棱面夹角/(°)	65.3	35.2644	68		
边长/深度(l/h)	7.5315	2.4491	4.9502		
投影面积 $A_p(h)$	24.56 h^2	2.5981 h^2	24.504 h^2	πa^2	πa^2
投影/表面面积 (A_p/A_s)	0.908	0.5774	0.927		
等效半锥角(α)/(°)	70.32	42.28	70.2996	α	
接触半径(a)				$H * \tan\alpha$	$(2Rh-h^2)^{1/2}$

　　检测单元的主要职责是实时记录压头位移变化量,是准确测量压头压入深度 h 的装

置。位移调节单元是二轴或三轴运动平台,保证压头与测试样品表面作用区域的位置关系。控制单元是装有控制软件的计算机,用于输出压入过程的指令,实时高速采集、记录压入载荷/位移信号,同时对记录的数据进行分析处理;观测单元通常是不同放大倍数的物镜,用于作用区域成像。

目前,纳米压痕仪商业化水平已经非常成熟,集成了多种测试模块。以 Bruker TI 980 TriboIndenter 为例,如图 13-10 所示,该设备采用静电力驱动,能够进行纳米压痕、纳米划痕、纳米磨损、动态纳米力学、SPM 快速压痕、SPM 原位扫描探针显微镜等测试模块。在纳米压痕测试方面,最大纵向载荷为 10 mN,载荷分辨率为 30 nN,Z 轴最大位移为 50 mm,Z 轴位移精度 3 nm,扫描探针显微镜定位精度为 10 nm,彩色光学显微放大倍数为 220~2200 倍。显然,目前的商业化纳米压痕仪的功能已经非常强大,能够测试更多力学性能参数。

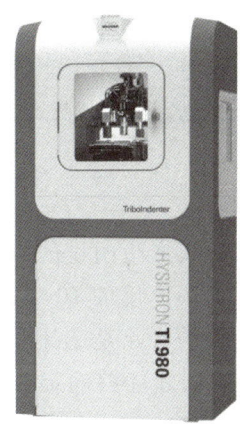

图 13-10   Bruker TI 980 TriboIndenter 设备

13.2.4   纳米压痕仪测试

纳米压痕仪的测试过程就是将压头按照程序设定的载荷压入样品,再按照设定程序卸去载荷离开样品,精确控制压入载荷和压头位移量是纳米压痕仪的关键技术。压入驱动的控制方式有 3 种:载荷率控制、位移率控制和应变率控制。纳米压痕仪商品设备的基本驱动方式为载荷率控制,载荷与时间呈线性关系,具体如式(13-18)所示,称为准静态加载方式。

$$F = kt \tag{13-18}$$

如果是采用动态加载方式,需要在准静态加载方式上增加一个高频谐波,称其为激励载荷,加载方式数学表达式如式(13-19)所示。在动态载荷加载方式下,可以获得不同样品在不同压入深度下的接触刚度,以及其他力学参数。

$$F = kt + F_0 e^{i\omega t} \tag{13-19}$$

式中，F_0 为激励载荷幅值，ω 为角频率。

整个测试过程按照载荷施加方式划分，一般分为 5 个阶段：加载、保持最大载荷、卸载、保持低载荷（热漂移）、第二次卸载，在压入深度与工作时间的关系上，也存在这样对应的关系，如图 13-11 所示。在很多测试过程中，只有 3 个阶段，并没有保持低载荷（热漂移）、第二次卸载这两个阶段。

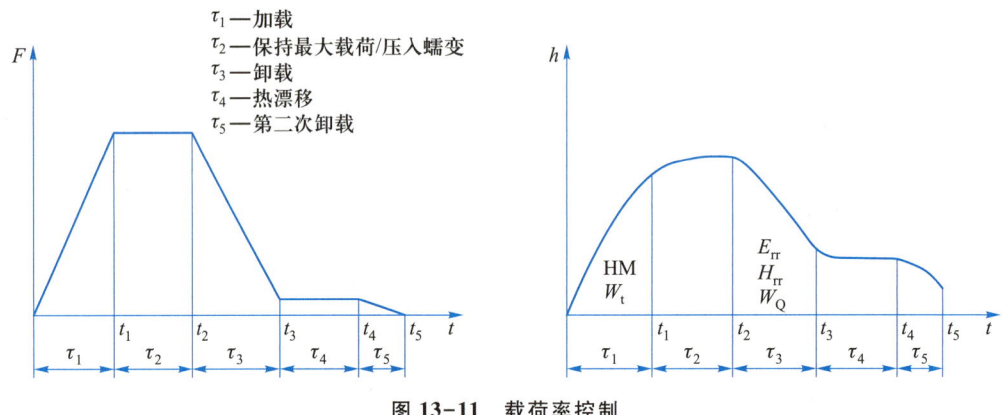

图 13-11　载荷率控制

在实际测试中，当压入深度超过膜厚的 20 % 时，基体与薄膜产生明显的力学耦合效应。为了排除基底对测试结果的影响，压入深度一般控制在薄膜厚度的 10 % 以内，而纳米压痕仪控制的输入参量是外加载荷，所以纳米压痕测试过程的难点是选择合适的载荷率和测试时间。对于硬度完全未知的样品，需要进行多次尝试，才能够确定合适的测试条件。

13.3　纳米压痕仪应用案例

作为一种微观力学性能表征方法，纳米压痕测试技术可用于研究微、纳米尺度材料的力学性能，被广泛应用于分析生物材料、有机材料、无机材料的纳米薄膜和涂层的力学分析，亦可应用于脆性材料的力学分析，如非晶合金材料。下面，我们介绍几个纳米压痕仪的典型应用案例。

13.3.1　高分子薄膜力学性能分析

有机太阳能电池是前沿研究热点领域，本节以有机太阳能电池中的典型共轭高分子聚（3-己基噻吩）（P3HT）及富勒烯衍生物 1-（3-甲氧羰基）丙基-1-苯基 [6,6] C71（PC71BM）共混纳米薄膜为例，介绍纳米压痕测试技术在光电功能高分子材料领域中的应用。

经过前期的探索实验,这一纳米薄膜适合的最大加载载荷为 20 μN,实验选择测试条件如下:

(1) 加载速率 4 μN/s,加载 5 s,至最大载荷为 20 μN;

(2) 保持最大载荷 20 μN,2 s;

(3) 卸载速率 4 μN/s,卸载 5 s,至不再施加载荷。

图 13-12 显示了纯 P3HT 膜及不同比例 P3HT∶PC$_{71}$BM 的共混膜在力加载模式下的载荷-位移曲线。其中,纯 P3HT 薄膜显示出最大的压入深度,共混膜显示出较小的压入深度,且随着掺入 PC$_{71}$BM 比例的增大,压入深度减小。这一现象表明,相比于共混膜,纯 P3HT 薄膜"更软",弹性模量更小,说明掺入 PC$_{71}$BM 可有效增大 P3HT 薄膜的弹性模量。根据 Oliver-Pharr 法,计算得到 P3HT,P3HT∶PC$_{71}$BM (1∶0.4),P3HT∶PC$_{71}$BM (1∶0.6)的模量分别为 3.77,15.2,15.72 GPa;硬度分别为 180.16,470.64,612.32 MPa。

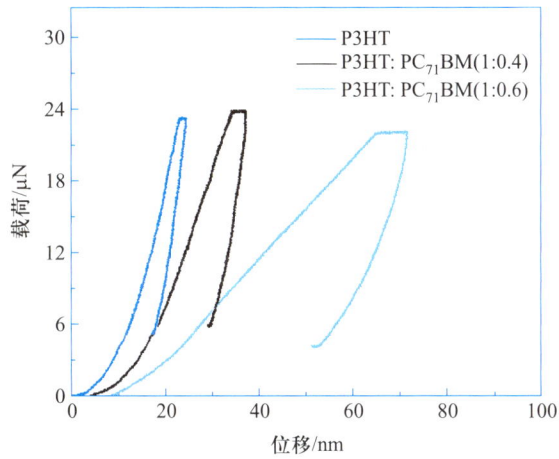

图 13-12　P3HT,P3HT∶PC$_{71}$BM (1∶0.4),P3HT∶PC$_{71}$BM (1∶0.6)薄膜的载荷-位移曲线

除了准静态压痕测试,纳米压痕仪还可采用纳米动态力学分析(NanoDMA)的方法对材料的动态力学行为进行研究。NanoDMA 是一种以正弦加载与准静态压痕加载并行的测试方法,可用于表征材料随频率变化的储存模量和损耗模量。储存模量是指黏弹性材料在发生形变过程中,由于弹性形变而存储的能量,损耗模量是指黏弹性材料在发生形变过程中由于黏性形变而损耗的能量。

图 13-13(a)(b)分别展示了纯 P3HT 薄膜,共混膜的储存模量和损耗模量随频率变化的关系曲线。如图 13-13 所示,3 种薄膜的储存模量和损耗模量均表现出明显的频率依赖性,即储存模量和损失模量均随着频率的增大而增大。相比于共混膜,纯 P3HT 薄膜的储存模量和损失模量最小,在低频(50 Hz)下分别为 18 GPa 和 5.5 GPa。而 P3HT∶PC$_{71}$BM (1∶0.4)在低频(50 Hz)下的储存模量和损耗模量分别为 30 GPa 和 8.5 GPa,P3HT∶PC$_{71}$BM (1∶0.6)分别为 39 GPa 和 9.5 GPa,表明在 P3HT 中掺入 PC$_{71}$BM,增强了

P3HT 和 PC$_{71}$BM 之间的相互缠结,提高了材料储存能量和损耗能量的能力。

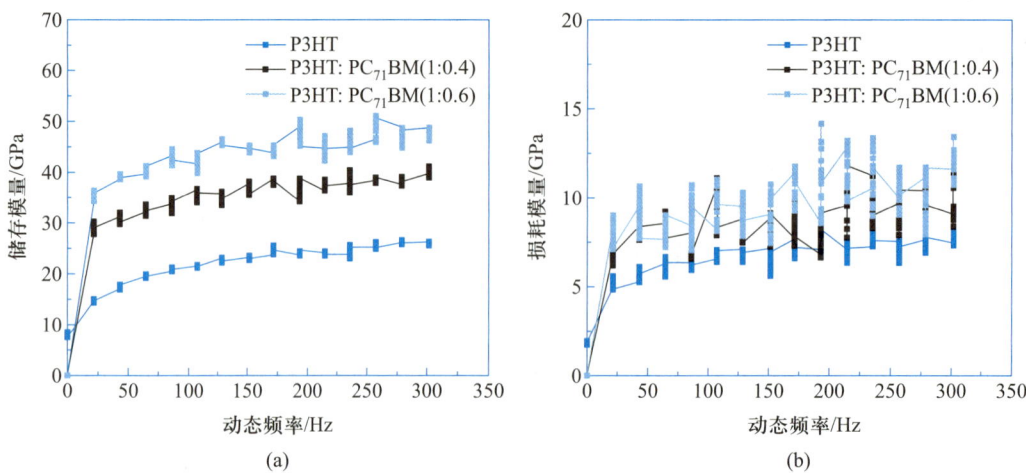

图 13-13　P3HT,P3HT：PC$_{71}$BM（1：0.4）,P3HT：PC$_{71}$BM（1：0.6）薄膜的储存模量(a),损耗模量(b)随频率的变化曲线

13.3.2　类金刚石纳米碳膜力学性能分析

类金刚石碳膜(diamond like carbon films,DLC 膜)是一类硬度、摩擦学、光学、电学、化学等特性类似于金刚石的非晶碳膜,常作为光学器件、磁记录介质、机械工具、医用矫形体等的保护膜,以延长使用寿命。

为了表征 DLC 薄膜的力学响应和性能,张泰华采用纳米压入技术测试 DLC 薄膜的压入载荷、硬度和模量。在制备样品时,将碳膜沉积于基体 9Cr18 上,DLC 厚度约为 0.5 μm。压入测试时,一般选用玻氏压头,控制参数为应变率 0.05 s^{-1}、压入深度为 1.0 μm,每种测试条件需要进行多次压入实验,确定数据的精确性。

图 13-14 分别显示了厚度约为 0.3 m 和 0.5 m 的 9Cr18-DLC/9Cr18 的载荷、硬度和模量与位移的关系曲线。纳米压痕试验表明,9Cr18 钢的硬度和模量基本上与深度无关,而 DLC/9Cr18 的硬度和模量则与深度有关。当压痕深度低于薄膜厚度的 20 % 时,可以忽略基体对硬度和模量的影响。表面形貌的变化导致薄膜表面 50 nm 范围内测量值的分散。在压入 30~100 nm 时,DLC 薄膜的硬度和模量大约为 60 GPa 和 600 GPa。随着深度的增加,硬度和模量逐渐下降,这可以归因于 DLC 涂层和钢铁基材的贡献。当深度达到 1000 nm 时,底层基材的贡献变得更加明显,硬度和模量接近于基材的值。在图 13-14(a)中,卸载 90 % 的峰值载荷,DLC/9Cr18 的残余压痕深度比 9Cr18 钢的要浅。因此,DLC 薄膜表现出更好的弹性恢复能力。

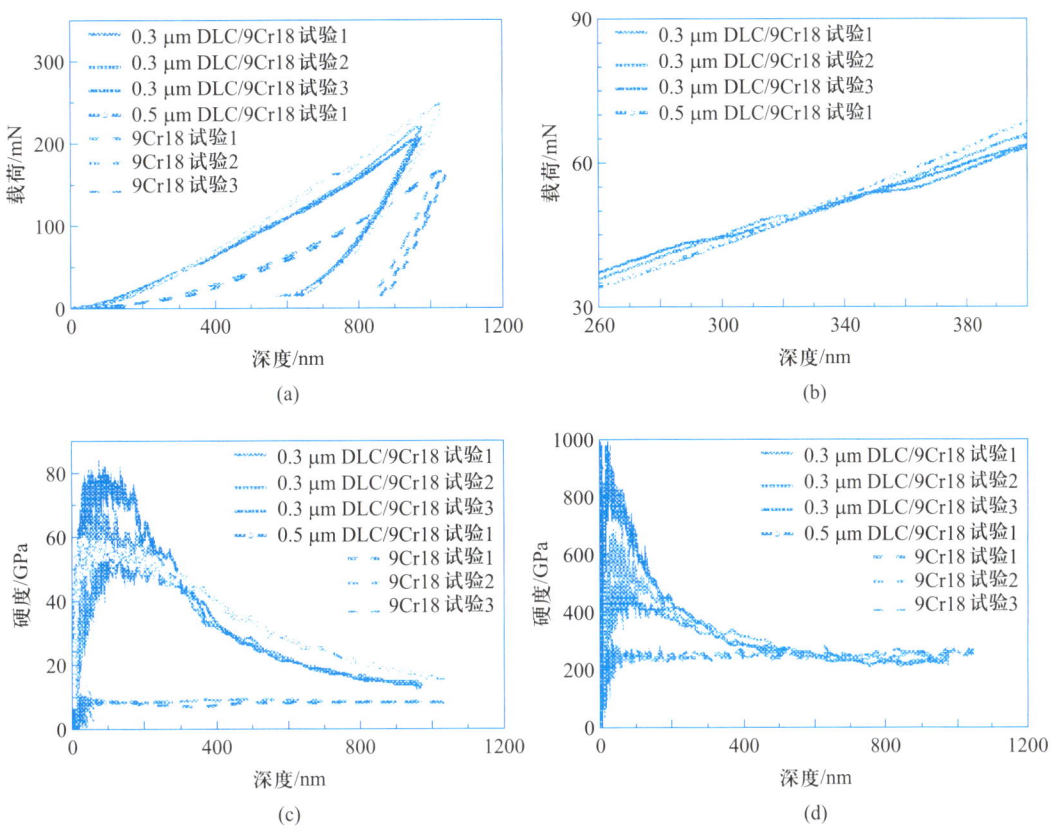

图 13-14　不同样品上的载荷、硬度和模量与深度的关系

13.3.3　牙齿力学性能分析

人体牙齿最重要的功能是持久咀嚼,认识它们的力学性能对于临床医疗和仿生材料都具有十分重要的意义。张泰华采用纳米压痕仪技术研究了牙齿的力学特性,测试参数为压入深度 1 μm,泊松比取 0.25,牙齿的解剖图和力学测试曲线如图 13-15 所示。

通过纳米压痕仪获得的牙齿力学性能数据列于表 13-3 中。通过数据分析发现,牙本质的力学性能空间取向不明显,而牙釉质的力学性能空间取向明显。相同压入深度下,牙本质的最大压入载荷远小于牙釉质,牙釉质水平截面的模量和硬度最大,即牙釉质的水平截面最硬、最耐磨。通过压入能量标度关系 W_u/W_t 可知,牙釉质的力学行为具有类金属性,其耐磨性和能量损耗方面与金属玻璃有相似之处。

此外,还可以通过纳米压痕仪对牙齿的断裂行为进行分析研究,获得牙齿的断裂韧性,以及分析确定断裂长度后牙齿能够承受的断裂应力,当接近咬合力时,牙齿容易发生断裂。

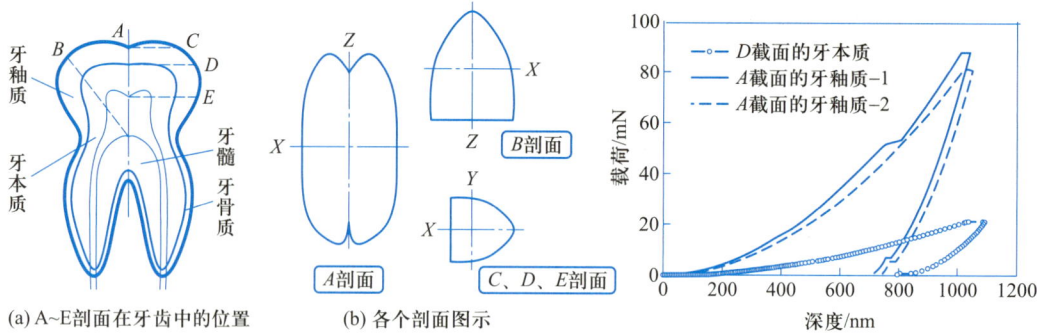

图 13-15　牙齿不同截面和部位的典型载荷-深度曲线

表 13-3　牙齿的牙釉质和牙本质的压入模量、硬度和 W_u/W_t 值

截面方向		牙釉质			牙本质		
		垂直截面	水平截面	倾斜截面	垂直截面	水平截面	倾斜截面
模量/ GPa	Z/Y	81.02	91.93	82.57	24.11	23.55	24.36
	X	80.56	95.83	66.67	22.77	24.18	22.26
硬度/ GPa	X/Y	4.11	4.27	3.93	0.85	0.85	0.87
	X	4.13	4.53	3.83	0.81	0.85	0.81
W_u/W_t /%	Z/Y	31.37	33.31	30.84	25.53	26.01	26.15
	X	32.03	34.97	33.65	25.20	25.50	25.03

13.3.4　锂离子电池材料颗粒断裂强度分析

　　锂离子电池是目前应用最广泛的电化学储能技术,已经广泛应用于商用电子、电动工具等领域,正在逐步应用于电动汽车和储能系统,是新能源经济的主要技术手段。锂离子电池的正负极活性材料都是颗粒材料,正极材料的颗粒尺寸一般在 2~20 μm,它们与黏结剂和导电剂混合,然后涂覆到铝箔上制成几十微米厚的正极膜,在循环过程中,如果颗粒发生破碎,电解液会与新增加的表面发生副反应生成保护膜,造成电解液损耗直至循环寿命终止。因此了解材料的力学劣化特性、改善它的力学特性,对于提高电池的循环寿命变得越来越重要。

　　下面以多晶正极活性三元材料为例,介绍纳米压痕仪在粉体材料力学特性研究中的应用。多晶材料是由一次小晶粒组成的二次颗粒,在循环过程中,随着锂离子的嵌入脱出,晶胞会收缩、膨胀产生内应力,这会破坏一次小晶粒之间的连接力,造成颗粒开裂,如图 13-16 所示。

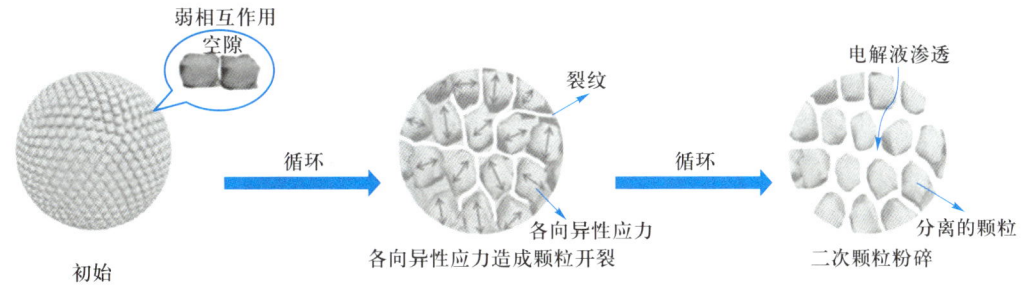

图 13-16 多晶正极材料的开裂机制

普度大学的 ZHAO 等采用纳米压痕仪研究了正极膜上三元材料颗粒的力学特性。他们使用的是布式三棱锥压头,测试的最大负载是 1~5 mN,实验选择测试条件如下:

（1）恒定加载速率加载 10 s,至最大载荷;

（2）保持最大载荷 5 s;

（3）恒定卸载速率,卸载 10 s,至不再施加载荷。

图 13-17 是测试电极的扫描电镜照片。被分析样品的颗粒尺寸在 10 μm 左右,经过抛光后,获得光滑表面,然后进行纳米压痕测试。在电镜下面,清晰发现了三棱锥压头的压痕,证明可以通过纳米压痕仪分析粉体材料的力学性能。

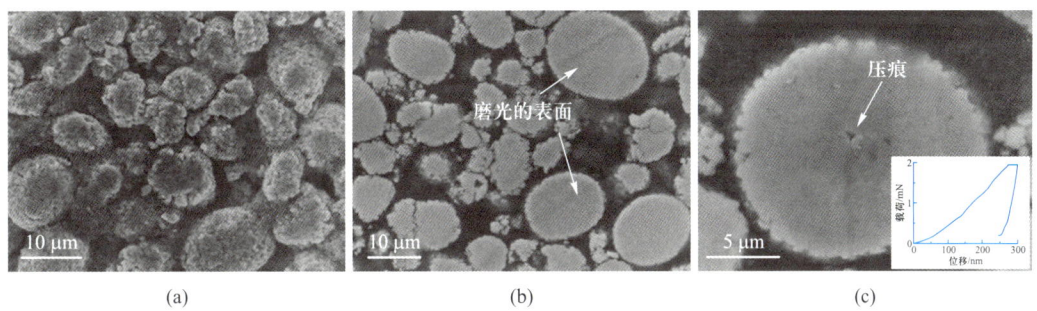

图 13-17 锂离子电池三元正极材料电极膜的力学分析

图 13-18 是通过纳米压痕仪测试曲线获得的力学参数。测试获得的模量是（142.5±11.3）GPa,硬度为（8.6±1.3）GPa,断裂韧性为（0.102±0.03）MPa·m$^{0.5}$,这些参数与块状材料的宏观测试数据比较接近,说明纳米压痕仪分析方法可以表征粉体材料的力学特性。通过电池循环过程中产生的形变,计算出电池材料的内应力,然后求出在此应力下的裂纹长度,可以评估锂电池材料的断裂极限工作区间,对于时间应用具有重要的指导意义。

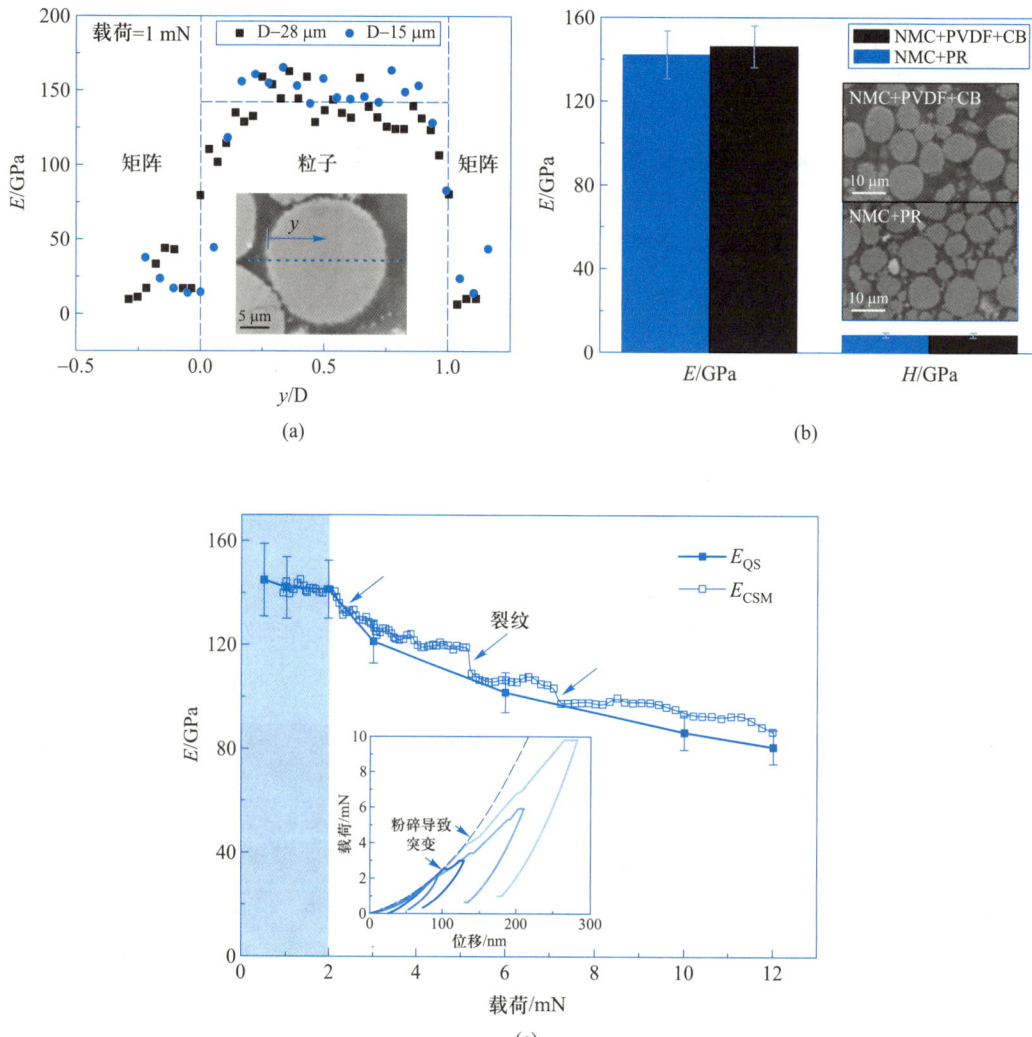

图 13-18   三元正极材料电极膜的力学分析

13.4   量纲分析法

量纲分析法是物理学研究中经常使用的重要分析方法,在纳米力学的研究中,它的应用也非常广泛,下面简要介绍一下这个方法。

1. 概述

量纲分析法就是方程式两侧的量纲相同,利用物理量纲平衡(齐次)原理,可以确定各物理量之间的关系,从而实现定性到半定量、定量地解决问题。量纲分析的正规形式为 Ⅱ 定理:如果一个物理关系式含有 n 个独立变量,其中 m 个为基本量纲量,则它可用 $n-m$ 个无量纲量表示。研究中,最著名的基本量纲就是 MLT 量纲体系,以质量、长度和时间为基本量纲,其余单位都是由以上 3 个量纲导出。

量纲分析的步骤一般分为以下 6 步:

选择量纲制,列出问题所有的独立关键参数,设共有 n 个;

(1) 确定所有 n 个参量的量纲;

(2) 确定 n 个变量中的 m 个基本量纲量,m 也称为量纲表示矩阵的秩;

(3) 构造出 $l=m-n$ 个无纲量 $\varPi_j$;

(4) 再次验证所有无纲量的确无纲量,适当整理简化,通常让每个待考察的原始变量只出现在一个无量纲中;

(5) 写出问题最终的无量纲关系,在理想情况下,可表现为简单的幂次关系,也称为标度律。

量纲分析法很早就被科学家使用。1822 年,傅里叶明确表述,物理定律应与单位无关,这导致一个重要结论,任何有意义的定量,对于每一个计量单位都必须是齐次方程式,这是量纲分析法的基本思想。很多大科学家如牛顿、欧拉、麦克斯韦、泊松等都使用量纲分析的方法来处理问题。近代最著名的例子,就是英国剑桥大学泰勒教授,他采用量纲分析法,根据 1947 年美国发表的第一颗原子弹爆炸从 0.10 ms 到 1.93 ms 等时间间隔的 14 帧火球照片,推算出原子弹的爆炸当量估计为 1.7 万吨 TNT 当量,在全世界范围内引发了轰动。

量纲分析法既可以用于实验设计和数据整理,也可以在求解问题前就对问题有个定量和定性的把握,且有助于加深对物理规律的认识。面对复杂问题时,建立数学模型可能会非常困难,或者方程非常复杂难以求解,或者难以理解所得解的意义。有时实际情况的尺寸很难在实验条件中实现,必须调整尺寸做模拟实验,满足一定的相似条件,这种条件也必须建立在量纲分析的基础之上。量纲分析法已经是探索科学规律、解决科学和工程问题的一个普适工具。

为了更好地理解量纲分析法,下面通过勾股定理和金属薄膜压入实验介绍它的推导过程。

2. 勾股定理

勾股定理示意图见图 13-19。

(1) 一个直角三角形可以由面积 A、斜边 c 和一个锐角 θ 3 个参量完全决定。

(2) 各量量纲为 $[c]=L$,$[A]=L^2$,$[\theta]=1$(无量纲)。

(3) 面积 A、斜边 c 和锐角 θ 的 3 个参量中,只有一个基本量纲 L(长度),量纲表示矩阵的秩为 1;即选择 c 作为基本量纲量。

（4）$l=m-n=3-1=2$，可以构建两个无纲量 Π_j：$\Pi_0=Ac^\alpha$，$\Pi_1=\theta c^\beta$；根据量纲齐次原理，得到量纲方程：$2+\alpha=0$；$\beta=0$。求解得 $\alpha=-2$。

（5）根据 Π 定理，两个无纲量的关系可写成 $\Pi_0=\Phi(\Pi_1)$，即 $A=c^2\Phi(\theta)$，函数 Φ 的形式可以不知道。将大三角形分为两个小三角形（见图 13-19），

$$A=c^2\Phi(\theta)=a^2\Phi(\theta)+b^2\Phi(\theta)\rightarrow c^2=a^2+b^2$$

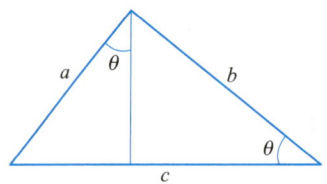

图 13-19　勾股定理

3. 金属薄膜材料的压入实验力学参数

（1）首先做如下假设，基底材料的力学性能参数已知，压头为给定角度 θ 的刚性压头，忽略摩擦系数对压痕的影响。因所测材料为金属材料，取泊松比 ν 为 0.3。那么，压入加载载荷 F 可表示为压入深度 h，所测材料的杨氏模量 E，初始屈服强度 Y，加工硬化指数 n 的函数，即 $F=f(E,Y,n,h)$。

（2）各量量纲为 $[F]=N$，$[E]=N/L^2$，$[Y]=N/L^2$，$[n]=1$（无量纲），$[h]=L$。

（3）上述 5 个参量中，选取 E 与 h 为基本量纲量。即秩为 2。

（4）$k=m-n=5-2=3$，可构建 3 个无纲量 Π_j。3 个量可以由 E 和 h 的量纲表示：$[F]=[E][h]^2$，$[Y]=[E][h]^0$，$[n]=[E]^0[h]^0$；$\Pi_0=F/(Eh^2)$，$\Pi_1=Y/E$；$\Pi_2=n$。

（5）根据 Π 定理，描写无量纲之间的函数关系，即 $\Pi_0=\Phi(\Pi_1,n)=\Phi(Y/E,n)$，即 $F=EH^2\Phi(Y/E,n)$。通过量纲分析，将未知函数 f 中的 4 个参数，减小到 Φ 中只含 2 个参数。

（6）同理可得到接触深度 h_c 的无量纲函数 $h_c=h\Psi(Y/E,n)$。

（7）压痕实验获得载荷-位移加载卸载曲线如图所示，首先可通过卸载曲线计算刚度 S 和等效弹性模量 E_r：$S=\left.\dfrac{dF_u}{dh}\right|_{h=h_{max}}=\dfrac{2}{\sqrt{\pi}}E_r\sqrt{A}$（其中 A 为接触面积），进一步计算得到被压材料的弹性模量 E_{IT} 为 $E_{IT}=(1-\nu^2)E_r$。然后根据载荷-位移曲线得到一组具有具体数值的 (h,F,h_c)，通过上述描述载荷和接触深度的方程，计算出被压材料的屈服强度 Y 和硬化指数 n。

习题

1. 纳米压痕仪与硬度计测试的相同点和不同点有哪些？

2. 根据你的了解，纳米压痕仪可以进行哪些领域的测试，请举例说明，并列出相应的计算公式。

3. 在你的科研工作中，哪些性能测试需要纳米压痕仪，需要使用哪些力学基础知识和力学分析模型。

第 13 章参考文献

第 14 章
电化学测试技术

电化学反应是发生在电子导体材料和离子导体材料界面上的化学反应,最大特色是反应速率、产物种类可以通过电极电势进行调控。以电化学反应为核心的产品和技术种类众多,如以锂离子电池为代表的化学电源技术、以钙钛矿太阳能电池为代表的光电化学技术、电沉积技术、电致变色技术等。常用的电化学测试方法包括循环伏安法、充放电法、交流阻抗法等。电化学工作站是常用的电化学测试设备,能够进行多种电化学测试。此外,某些电化学参数测试频率极高,如电池容量、器件内阻等,专门开发了单一功能测试设备,如充放电仪、内阻仪等。

14.1　电化学基础

14.1.1　电化学过程

电化学反应是一类特殊的化学反应,发生于电子导体和离子导体界面之上,由氧化反应、还原反应两个半反应组成。它的工作特点是两个半反应在不同地点、同一时间等量进行,电子通过外电路传输,反应速率可以通过电极电势进行调控。整个反应的吉布斯自由能与电池电动势的关系如式(14-1)所示,其中电池电动势(E)的物理意义是当通过一个电化学体系的电势为零时的电池两端的电势差。与传统的氧化还原反应相比,它的最大不同就是两个半反应发生在不同地点,这个区域称为电极。在化学电源内,习惯称电压高的电极为正极,电压低的电极为负极。在电池内,将发生氧化反应的电极定义为阳极,发生还原反应的电极称为阴极。

$$\Delta G = - zFE \tag{14-1}$$

下面,以工作电极为平板电极、反应物粒子和产物粒子均可溶的阴极反应为例,介绍电化学反应过程,整个反应过程可分为 5 个单元步骤,如图 14-1 所示。

(1)可溶氧化态反应物粒子 O 由电解液深处扩散到电极表面,标记为 O^s,这一步骤为液相传质步骤;

(2)O^s 在电极表面进行反应前的转化,得到易反应的活化态粒子 O^{*s},这一步骤为前置转化步骤;

(3)O^{*s} 粒子在电极表面得到 z 个电子,生成活性态还原产物粒子 R^{*s},这一步骤为电化学步骤;

(4)R^{*s} 在电极表面转变为最终还原产物 R^s,这一步骤为后置转换步骤;

(5)还原产物 R^s 扩散至电解液深处。

需要说明,上述反应为还原半反应,在另一侧同时发生一个等量的氧化半反应,两个半反应构成一个完整的电化学反应。

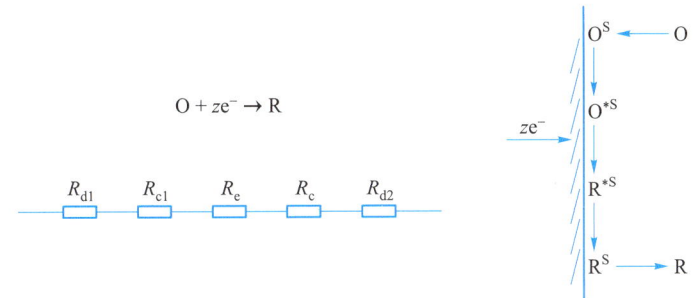

图 14-1　电化学反应过程

14.1.2 电极电势

电化学半反应的电极电势可以由能斯特方程计算获得,该方程由德国化学家能斯特(Walther Hermann Nernst,1864—1941)于 1889 年提出,具体计算公式如式(14-2)所示。需要说明,目前电化学领域使用的电极电势是以标准氢电极为零计算出的相对电极电势,绝大部分标准电极电势都可以通过查阅电极电势数据手册获得,平衡电极电势可以通过反应活度调整项获得。

$$\varphi_e = \varphi^\ominus + \frac{RT}{zF}\ln\frac{a_O}{a_R} \tag{14-2}$$

式中,φ_e 为平衡电极电势,$\varphi^\ominus$ 为标准电极电势,R 为摩尔气体常数 $8.314\ \mathrm{J\cdot mol^{-1}\cdot K^{-1}}$,$T$ 为热力学温度,z 为反应电子数,F 为法拉第常数,a_O 为氧化态粒子反应活度,a_R 为还原态粒子活度。

在实际工作中,电极电势会偏离平衡电极电势,称为极化(polarization),也称为过电势(overpotential),用 η 表示。根据能斯特方程可以得到,阴极的电极电势会低于平衡电势,称为阴极过电势,用 η_c 表示;阳极电极电势会高于平衡电势,称为阳极过电势,用 η_a

表示。因此,在发生电化学反应时,阴极电极电势的表达式如式(14-3)所示。

$$\varphi = \varphi_e - \eta_c = \varphi^\ominus + \frac{RT}{zF}\ln\frac{a_O}{a_R} - \eta_c \tag{14-3}$$

14.1.3　电化学反应的动力学影响因素

极化曲线是指电极在反应中的电极电势 φ 或过电势 η 与通过电流密度 j 之间的关系曲线,是研究电极反应规律最基本的方法之一。通常情况下,反应速率(即电流)会随极化的增加而增大,典型的阴极极化曲线如图 14-2 所示。

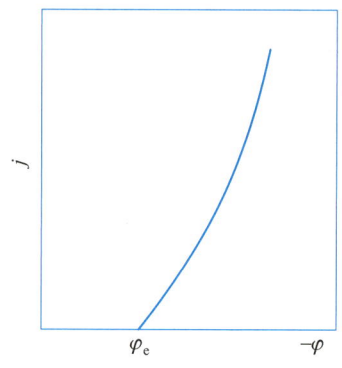

图 14-2　阴极极化曲线

显然,理解电化学反应速率与电极电势之间的关系,是分析电化学反应的基础与关键。如图 14-1 所示,电化学反应过程是 5 个基元步骤的串联反应,反应速率由最慢步骤决定,这一步骤称为控速步骤,英文为 rate determining step,简称为 RDS,这一反应的速率方程直接决定了电极反应速率,即电流密度。理论上说,上述 5 个步骤都可能成为控速步骤,在实际体系内,成为控速步骤的基元步骤主要是电化学反应步骤和反应物扩散到电极表面的液相传质步骤。

1. 电化学反应控速

电极表面发生的电化学反应包括同时发生的氧化反应与还原反应,它们的速率方程符合阿伦尼乌斯关系 $\left[k = A\exp\left(-\dfrac{E_a}{RT} \right) \right]$,该数学关系由瑞典科学家阿伦尼乌斯(Svante August Arrhenius,1859—1927)于 1889 年提出。阴极的净电流密度是还原电流密度 j_c 与氧化电流密度 j_a 的差值,数学表达式如式(14-4)所示,电极电势是平衡电势与电化学极化过电势的差值。

$$阴极电流密度\ j = j_c - j_a = j^0\left[\exp\left(\frac{\beta F\eta_c}{RT} \right) - \exp\left(-\frac{\alpha F\eta_c}{RT} \right) \right] \tag{14-4}$$

式中,j^0 为交换电流密度,表示氧化反应与还原反应达到平衡时的绝对电流密度;α、β 为常数,一般为 0.5。

当 $\eta_c \geqslant 118$ mV 时,$j_c \geqslant 100j_a$,阴极上进行的氧化反应可以忽略不计,电流密度的数学表达式转换为式(14-5)和式(14-6),这一公式又称为塔菲尔方程。

$$j \approx j_c = j^0 \exp\left(\frac{\beta F \eta_c}{RT}\right) \tag{14-5}$$

$$\eta_c = \frac{RT}{\beta F} \ln \frac{j}{j^0} = -\frac{2.3RT}{\beta F} \lg j^0 + \frac{2.3RT}{\beta F} \lg j = a + b \lg j \tag{14-6}$$

如果其他 4 个步骤的反应能力远大于电化学步骤,即电化学反应步骤最慢,可以通过调控极化电势来控制整个反应的速率。通过式(14.4)计算可得,当极化电势为 59 mV 时,$j = 2.8\, j^0$,当极化提高至 472 mV 时,$j = 9818.3\, j^0$,极化增加 413 mV,电流密度提高超过 3000 倍。

显然,除极化电势外,交换电流密度 j^0 也是影响实际电流密度 j 的重要参数。在塔菲尔方程中,j^0 的影响体现于 a 值,a 值越小,j^0 越大,a 值越大,j^0 越小。表 14-1 内列举了部分金属电极在不同水基电解液体系内析氢反应的塔菲尔方程的 a、b 值,可以根据 a 值判定金属材料的析氢能力,一般是 $a = 1.0 \sim 1.5$ 为高析氢过电位金属,$a = 0.5 \sim 0.9$ 为中析氢过电势金属,$a = 0.1 \sim 0.3$ 为低析氢过电势金属。正反应是氢气参与的电化学体系,如燃料电池、分解水等,需要选择 a 值小的材料,降低反应势垒;副反应是氢气参与的电化学反应,如碱锰电池的锌电极、铅酸电池的铅电极,需要选择 a 值大的材料抑制反应进行。

表 14-1　不同体系的 a、b 值

体系	a	b
Pb｜0.5mol・L^{-1}H$_2$SO$_4$	1.56	0.110
Hg｜0.5mol・L^{-1}H$_2$SO$_4$	1.415	0.113
Hg｜1mol・L^{-1}HCl	1.406	0.116
Cd｜0.7mol・L^{-1}H$_2$SO$_4$	1.40	0.12
Zn｜0.5mol・L^{-1}H$_2$SO$_4$	1.24	0.118
Sn｜1mol・L^{-1}HCl	1.24	0.116
Ag｜1mol・L^{-1}HCl	0.95	0.116
Fe｜1mol・L^{-1}HCl	0.70	0.125
Cu｜2mol・L^{-1}HCl	0.80	0.125
Pt｜1mol・L^{-1}HCl	0.10	0.13
Pd｜1mol・L^{-1}H$_2$SO$_4$	0.26	0.12

2. 浓差极化对反应速率的影响

电化学反应速度达到一定限度时,传质过程会成为新的限速步骤,此时,整个电化学反应速率不再符合阿伦尼乌斯关系,甚至反应速率不会因为电势提高而进一步提高。

液相传质包括对流传质、电迁移传质和扩散传质,在电极表面附近,绝大多数电化学体系内,扩散是最主要的传质方式。扩散传质过程分为稳态扩散和非稳态扩散,本节仅讨论稳态扩散,数学模型符合菲克第一定律,由德国生理学家菲克(Adolf Fick,1829—1901)于 1855 年提出。

根据菲克第一定律,在电化学体系内,第 i 种粒子在单位时间内通过垂直于扩散方向的单位截面积的扩散物质流量(用 J 表示)与该截面处的浓度梯度 $\dfrac{\mathrm{d}C_i}{\mathrm{d}x}$ 成正比,也就是说,浓度梯度越大,扩散通量越大,同时也与该粒子的扩散系数 D_i 成正比,粒子的输运速率如式(14-7)所示,其中"-"表示扩散方向与浓度梯度方向相反。

$$J_i = -D_i \frac{\mathrm{d}C_i}{\mathrm{d}x} \tag{14-7}$$

通过扩散计算出的电流密度如式(14-8)所示,浓度梯度 $\dfrac{\mathrm{d}C_i}{\mathrm{d}x}$ 是第 i 种物质的体相浓度 C_{i0}、电极表面浓度 C_{is} 的差值与扩散层厚度的比值。

$$j = zF(-J_i) = ZFD_i \frac{(C_{i0} - C_{is})}{l} \tag{14-8}$$

当 $C_{is} = 0$ 时,电化学体系的电流密度达到最大值,如式(14-9)所示,它代表的含义是输运到电极表面的反应物离子立刻反应,此时,无论如何提高极化电位,电流密度也不会再增加。

$$j = j_d = ZFD_i \frac{C_{i0}}{l} \tag{14-9}$$

当浓差极化是控速步骤时,电流密度与过电势之间的关系如式(14-10)所示。电极工作过程中,电极电势是平衡电势与浓差极化过电势的差值。

$$\eta_c = \frac{RT}{zF} \ln\left(\frac{j_d}{j_d - j}\right) \tag{14-10}$$

显然,浓差极化传质过程与电解液体系、电极结构密切相关。如果电极不是平板电极,而是为了增加反应表面积而使用的三维多孔电极的实际体系,在微孔内的液相传质更为复杂。

3. 混合控制对反应速率的影响

当电化学反应的控速步骤为电化学和浓差极化混合控制时,过电势与电流密度之间的关系如式(14-11)所示。

$$\eta_c = \frac{RT}{\alpha cF}\ln\left(\frac{j}{j_0}\right) + \frac{RT}{\alpha cF}\ln\left(\frac{j_d}{j_d - j}\right) \qquad (14-11)$$

在发生电化学反应过程中，电极电势的表达式如式（14-12）所示。

$$\varphi = \varphi_e - \eta_c = \varphi_e - \eta_e - \eta_d = \varphi_\ominus + \frac{RT}{zF}\ln\frac{a_O}{a_R} - \eta_e - \eta_d \qquad (14-12)$$

14.2　电化学测试设备

　　电化学测试方法就是研究一个电化学体系内电流与电压之间的响应关系，即输入一个电流信号，测试这一体系的电压输出信号，或者输入一个电压信号，测试这一体系的电流输出信号，然后计算出相应的电化学参数。

　　在电化学研究中，通常采用三电极体系来研究单个电极的电化学性质，被考察的电极叫作研究电极（working electrode，WE），与研究电极相对、流过极化电流的电极叫作辅助电极（auxiliary electrode，AE）或对电极（countering electrode，CE），测试研究电极电势的电极被称为参比电极（reference electrode，RE）。研究电极、辅助电极与测试设备构成电流测试回路，研究电极、参比电极与测试设备构成电压测试回路，这一方法又称为"三电极两回路"法，如图14-3所示。研究电极多由研究人员自行制备；辅助电极多为惰性材料组成的大比表面的电极，如活性炭电极、金属电极等；参比电极的选择标准是电化学反应的电势稳定，不能随着工作电压变化、电解液变化、短期存储发生变化，目前使用的商品参比电极有甘汞电极、银-氯化银电极、汞-硫酸汞电极、汞-氧化汞电极等，有时直接使用金属电极作参比电极，如金属锂，常用参比电极列于表14-2。

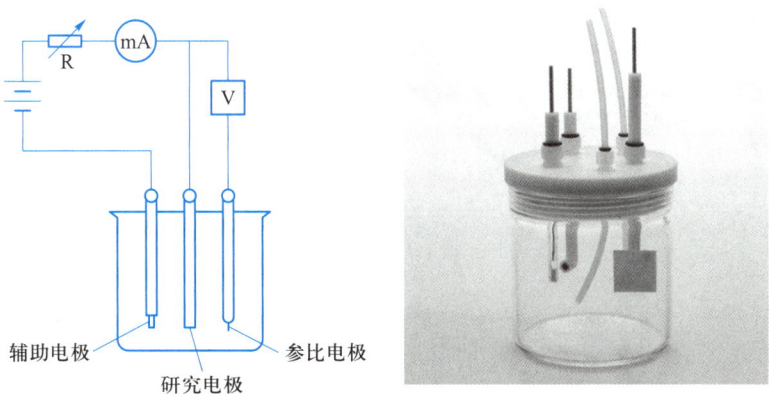

图14-3　电化学测试的三电极体系

表 14-2　主要参比电极特征

名称	电化学反应	电势 vs. S.H.E.	溶液	是否商品
标准氢电极	$H^+ + e^- \Longrightarrow \dfrac{1}{2}H_2$	±0.0000	1 mol/L H^+	定制
甘汞电极	$Hg_2Cl_2 + 2e^- \Longrightarrow 2Hg + 2Cl^-$	+0.3337	0.1 mol/L KCl	是
		+0.2801	1 mol/L KCl	
		+0.2444	KCl 饱和溶液	
银-氯化银电极	$AgCl + e^- \Longrightarrow Ag + Cl^-$	+0.2880	0.1mol/L KCl	是
		+0.199	KCl 饱和溶液	
汞-硫酸亚汞电极	$Hg_2SO_4 + 2e^- \Longrightarrow 2Hg + SO_4^{2-}$	+0.6158	1 mol/L SO_4^{2-}	是
汞-氧化汞电极	$HgO + H_2O + 2e^- \Longrightarrow Hg + 2OH^-$	+0.164	0.1mol/L NaOH	是
锂电极	$Li^+ + e^- \Longrightarrow Li$	−3.0401	1mol/L Li^+	否

电化学测试设备就是进行电压极化、测试电池信号或者输入电流、测试电压信号的设备。早期的测试设备集成程度低,多使用"电流源-电压表-电流表"或者"电压源-电压表-电流表"的设备组合进行测试。现在全部集成于同一个设备内,如图 14-4 所示,可以进行多种电化学测试,操作简单方便。

此外,在某些电化学体系,为了方便研究,也可以使用两电极体系,对电极也作为参比电极使用,如锂离子电池体系的扣式电池。

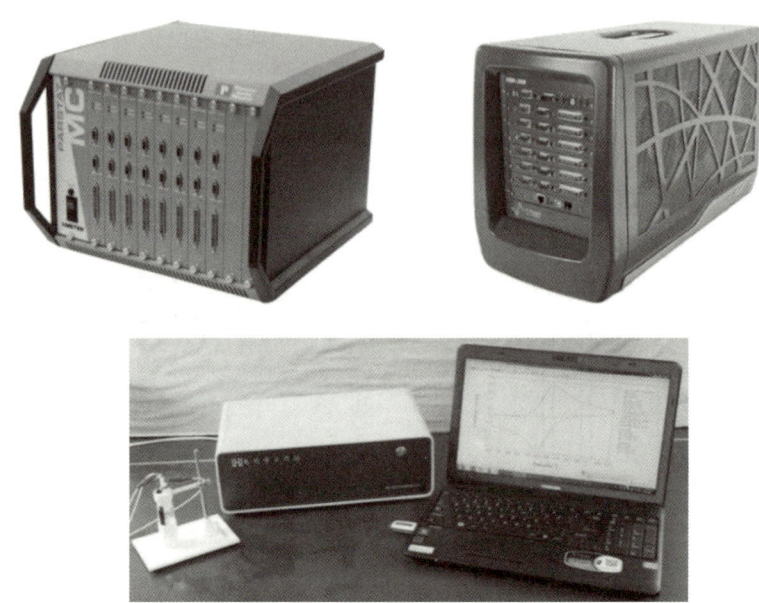

图 14-4　常见电化学测试设备

14.3 电化学测试方法与案例分析

电化学测试的目的是表征活性材料、电化学器件的电化学性能,常用测试参数包括氧化还原反应电势、光电反应速率、储能材料和器件的容量、反应速率特性、循环寿命等。对于新材料、新体系,重点关注反应电势、理论容量、倍率特性等参数,认识它们的电化学活性;对于相对成熟的材料与器件,重点是通过优化体系,设定工作条件,充分发挥它们的电化学反应活性。

14.3.1 充放电测试

1. 测试原理

恒流充放电测试是使用频率最高的评价材料、器件的容量、可逆性、循环性能和倍率性能等关键参数的测试方法,用于评估器件的容量单位是库仑(C)或安时(A·h),用于评估材料的单位是库仑/克(C/g)和毫安时/克(mA·h/g),电容器器件使用法拉第(F),电容器材料使用法拉第/克(F/g)。

在科学研究和器件开发中,最常用的充放电测试方法是"恒流充电/恒流放电"和"恒流充电-恒压充电/恒流放电"两种方式。恒流充电/恒流放电是指以恒定电流进行充电,然后再以恒定电流进行放电,根据法拉第定律($Q=It$)获得电荷量,即为储能器件的容量,通过计算继而获得器件内储能材料的容量。恒流充电-恒压充电/恒流放电测试方法,是充电时先恒流充电至截止电势,然后恒压充电至截止电流,二次电池研究、测试多采用这种充放电方式进行测试,如图14-5。采用这种方法,可以测试能源材料、电池器件的容量(capacity)、倍率(rate)和开路电压(open circuit voltage,OCV)测试。

在电池器件的实际使用中,多采用"恒功率-恒压"充电制度,可以大幅度缩短充电时间,放电过程多是脉冲式放电。

容量测试。一般情况下,活性材料、电池器件在小电流下的放电容量,称为它的容量。产业标准的测试电流多为0.2 C,学术界多采用更小的测试电流。注:C是电池行业术语,1 C代表活性材料、电池器件能够实际达到的放电容量,如电池在5小时率测试的容量为1 A·h,它的1 C电流为1 A,0.2 C电流是0.2 A。

微分容量曲线。为了更方便地看出电位平台,可以做出积分容量曲线(dQ/dV vs V),其产生的峰对应GCD曲线的平台,它的原理就是在固定的电势区间变化值,容量越高积分值越高。理论上说,dQ/dV的峰值与CV曲线的峰值应该一致。值得一提的是,dQ/dV曲线在积分过程中经常出现很多毛刺,为了避免这一问题,可以提前圆滑GCD曲线,并增加取值点的间隔以降低误差。

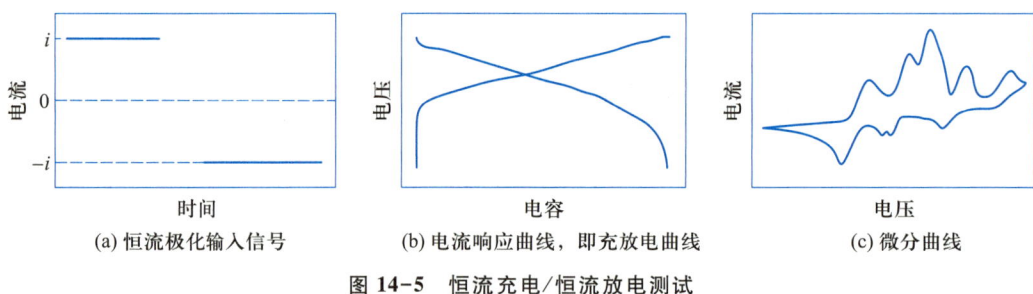

图 14-5   恒流充电/恒流放电测试

倍率测试。在充放电过程中,可以变换充放电电流密度,即可以获得相应储能材料、储能器件的倍率性能。在绝大多数应用领域对充电时间要求不苛刻,储能器件可以进行小电流充电,重点关注不同倍率下的放电容量;在某些应用领域要求快速充电,如电动汽车、手机等,亦需要关注充电倍率;高倍率器件需要同时兼顾高倍率充电和放电,如超级电容器。

2. 应用举例:18650 电池电化学性能

18650 电池是第一代锂离子电池,将活性材料放置于直径 18 mm、高度 650 mm 的不锈钢电池内,一直是最主流的锂离子电池产品,应用于诸多领域。本测试电池样品是新一代 18650 商品电池,采用可逆容量为 210 mA h/g 的高镍材料 $LiNi_{0.88}Co_{0.06}Mn_{0.06}O_2$ 为正极,可逆容量为 450 mA h/g 的硅碳-石墨复合材料为负极,本测试电池样品的标称容量是 3200 mA h,电池的容量测试采用 0.2 C,按照如下参数进行测试。

(1)静置 10 min;

(2)恒流充电 640 mA(0.2 C),截止电压 4.200 V;

(3)恒压充电 4.200 V,截止电池 32 mA(0.01C);

(4)静置 10 min;

(5)恒压放电,640 mA(0.2 C),截止电压 2.500 V。

循环测试是在 1C 倍率下进行的,按照如下跳进进行测试。

(1)静置 10 min;

(2)恒流充电 3200 mA(1 C),截止电压 4.200 V;

(3)恒压充电 4.200 V,截止电池 160 mA(0.05 C);

(4)静置 10 min;

(5)恒压放电,3200 mA(1 C),截止电压 2.500 V;

(6)循环周次加 1,跳转至第一步。

循环测试的测试是分别进行 0.2 C、0.5 C、1 C、2 C、3 C 下的容量,具体测试步骤不在这里进一步列出。

该 18650 型商品电池的容量测试、循环测试、倍率测试的测试曲线与测试结果如图 14-6 所示。容量测试曲线如图 14-6(b)所示,电池的放电容量为 3.295 A h,略高于标称容量;对充放电曲线进行的 dQ/dV 微分,产生的峰值对应的是容量较集中的电势区域,即在峰区域发生电化学反应,需要说明一点,4.2 V 处向上的直线对应恒压充电,并不代表此处充电容量更高;电池表现出优异的倍率特性,0.2 C 放电容量为 3.295 A h,0.5 C 放电容量为 3.280 A h,1 C 放电容量为 3.254 A h,2 C 放电容量为 3.241 A h,3 C 放电容量为 3.217 A h,随着充电倍率的提升,充放电容量略有降低;在循环测试中,在起始阶段,电池以一个较低速率缓慢下降,在循环至 510 周时,容量保持率为 93 %,随后容量快速下跌,在 600 周时容量保持率下降至 80%,需要说明一点,商品电池普遍设定容量残余 80 % 时退役。

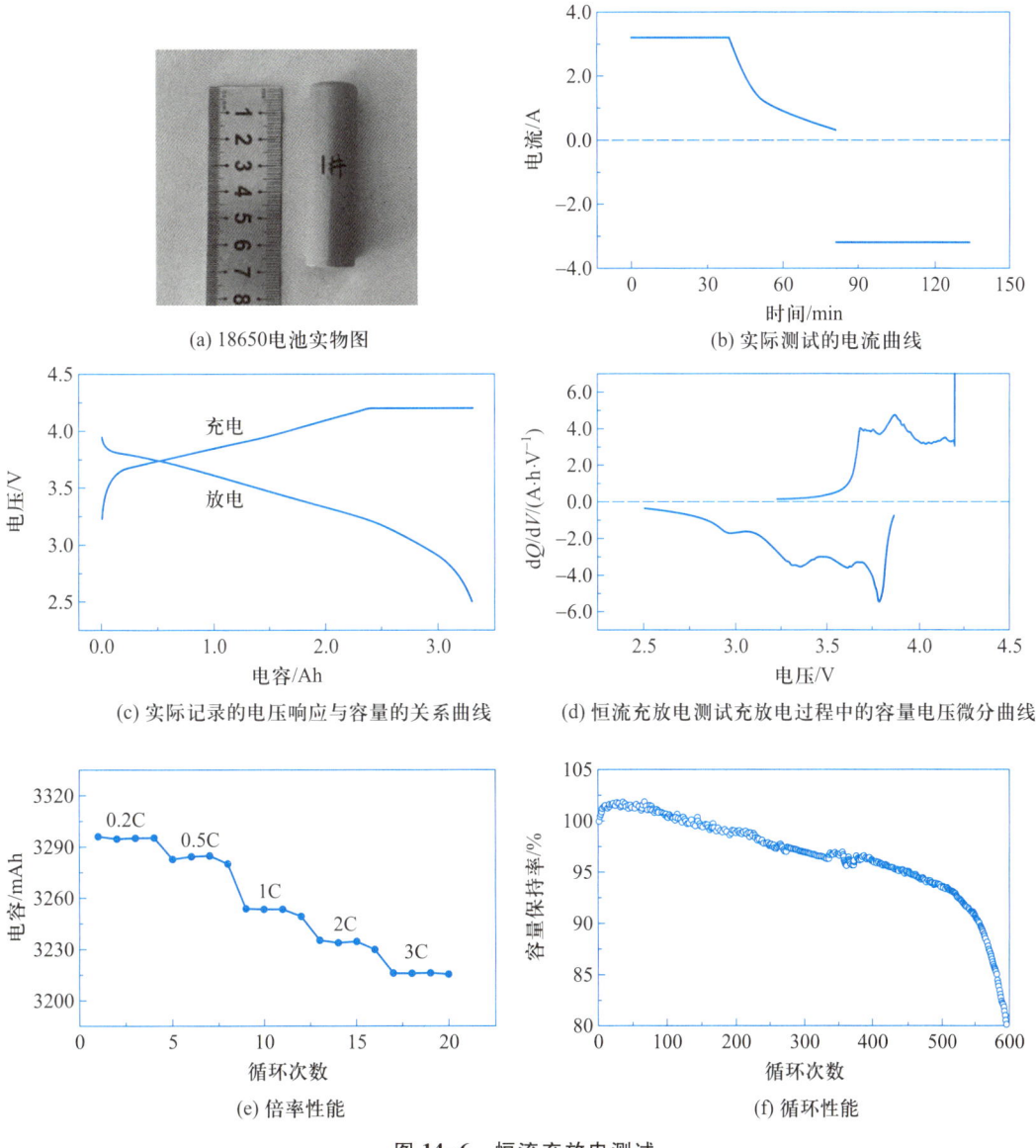

(a) 18650电池实物图　　(b) 实际测试的电流曲线

(c) 实际记录的电压响应与容量的关系曲线　　(d) 恒流充放电测试充放电过程中的容量电压微分曲线

(e) 倍率性能　　(f) 循环性能

图 14-6　恒流充放电测试

14.3.2 循环伏安测试

1. 测试原理

循环伏安测试(cyclic voltammetry, CV)是电化学测试中使用最多的电化学测试技术,最主要的应用是测试电化学反应体系的反应电势,同时也可以用于测试电化学反应的电子数、离子扩散数量、反应电荷量等。

循环伏安测试是典型的输入电压信号、测试电流响应的分析方法,需要设置的参数包括起始电压 U_0、静置时间、最高电压 U_1、最低电压 U_2、扫描速度、循环周期等参数,具体的电压输入信号变化如图 14-7(a)所示。如果电压扫描范围方式是首先负向扫描、最终保留在最低电势,电压按照" $U_0 \rightarrow U_1 \rightarrow U_2 \rightarrow U_1 \rightarrow U_2 \cdots U_2 \rightarrow U_1$ "的方式进行扫描,同时通过测试回路测试电流。

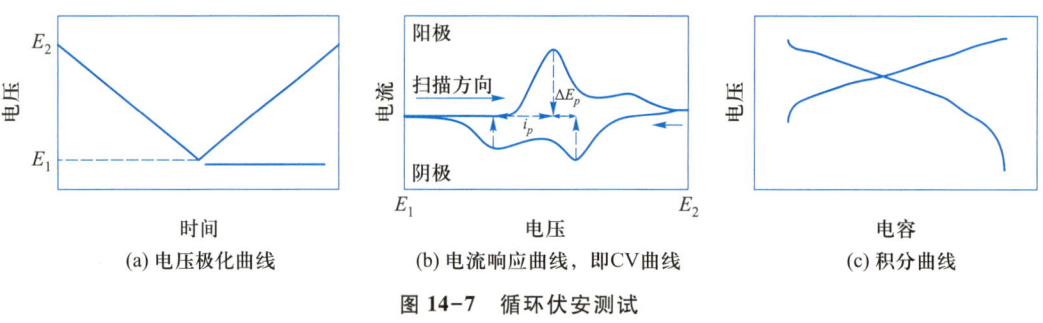

图 14-7   循环伏安测试

循环伏安测试需要在合适的电压窗口和扫描速率下进行:确定合适的电压窗口范围,扫描范围内需要出现电极反应,电解液没有发生显著分解反应,并且在结束时电流越小越好,理论上要降为零;选择合适的扫描速度,扫描过快会使传质过程成为控速步骤,电化学反应特征不明显、甚至不出现,过慢将需要很多时间,锂离子电池扫描速率一般在 0.1 ~ 0.5 mV/s,水基体系一般在 1~10 mV/s。

循环伏安测试所得到的典型曲线如图 14-7(b)所示,一对反应峰对应一个电极反应,峰电流(j_p)之比及其对应的电压差(ΔE_p)可用于判断电化学反应的可逆性。前面介绍过,充放电曲线的微分容量曲线与循环伏安曲线非常接近,相应的,循环伏安曲线的积分曲线近似于活性材料的充放电曲线。

2. 应用举例:CV 辅助研究 SEI 膜成膜添加剂

锂离子电池负极的 SEI 膜是锂离子能够稳定工作的关键。以金属锂为参比电极,锂离子电池石墨负极的工作电位在 50 mV,电解液碳酸酯溶剂的还原电势是 1 ~ 1.5 V,因此只有在电极和电解液之间形成稳定的介电层,才能够保证锂离子电池正常工作,这一介电层被称为固态中间相(solid interphase layer, SEI)膜。目前,学术界认为电解质膜具有以下 3 个典型特点:由电解液还原、电子绝缘和离子导通。

显然,可以通过循环伏安法测试电解液体系被还原的电位,此部分将对比碳酸乙烯酯(EC)基础电解液、氟代碳酸乙烯酯(FEC)添加剂和二草酸硼酸锂(LiBOB)添加剂的 CV 特性。为了提高反应表面积,采用 Super-P 电极,组装 Super-P/Li 电池进行测试,即工作电极为 Super-P 材料,参比电极和对电极都是金属锂,本实验的测试条件如下:

(1) 从开路电压扫到 0 V;

(2) 从 0 V 扫到 2.5 V;

(3) 从 2.5 V 扫描到 0 V;

(4) 从 0 V 扫描到 2.5 V;

(5) 扫描速度为 0.1 mV/s。

在实际测试中,需要设置静置时间、起始电位(~3.0 V)、最低电位(0 V)、最高电势(2.5 V)和扫描速度(0.1 mV/s)。通过上述实验条件,可以计算出这个测试大约是 29 h。需要重申一点,采用有机体系的化学电源,反应速率远远低于水体系,扫描速率需要选择低速扫描,一般为 0.1 mV、0.2 mV 或 0.5 mV,测试时间远远长于水体系。

基础电解液:1M LiPF₆-EC:DMC (1:1,v/v)。基础电解液中的溶剂为液态碳酸酯,EC 是碳酸乙烯酯的英文缩写,DMC 对应碳酸二甲酯。如图 14-8 所示,在首周进行负扫描时,出现了还原反应,峰值为 0.7 V,反应的起始电势为 1.3 V,说明还原反应在 1.3 V 时开始发生,在 0.7 V 时达到峰值。在第二周循环的第二个半周扫描时,没有出现对应的氧化峰,说明这一反应不是可逆反应;在第三个半周扫描时,没有出现新的还原峰,表明此反应为单次反应。这一体系已经过大量的研究,表明此反应 EC 的分解反应,这一实验现象也表明 EC 能够在负极表面形成稳定的 SEI 膜。反应机理如图 14-8-b 所示。

FEC 添加剂。在基础电解液中加入 0.1 mol/L 氟代碳酸乙烯酯(FEC)成膜添加剂,进行相同测试。如图 14-8(c)所示,FEC 电极在负扫时,发现除了 0.7 V 处还原峰外,在 1.55 V 也出现了还原峰,对应 FEC 的还原分解,表明 FEC 优先于 EC 分解,即 FEC 分解产物会沉积于 EC 分解产物下面。FEC 可能的反应机理如图 14-8(d)所示。

LiBOB 添加剂。在基础电解液中加入 0.05 mol/L 二草酸硼酸锂(LiBOB)成膜添加剂,进行相同测试。如图 14-8(e)所示,LiBOB 电极在负扫时,发现除了 0.7 V 处还原峰外,在 1.8 V 和 1.6 V 出现了还原峰,对应 LiBOB 的还原分解,表明 LiBOB 优先于 EC 分解,即它的分解产物会沉积于 EC 分解产物下面。LiBOB 可能的反应如图 14-8(f)所示。

14.3.3　电化学阻抗谱测试

1. 测试原理

电化学阻抗谱(electrochemical impedance spectroscopy,EIS)技术,又称为交流阻抗技术,是在某一平衡电势或稳定电势条件下,通常施加正弦交流扰动信号[交流电压 $V = V_0\sin(\omega t)$],测试电化学系统随频率变化的响应关系,获得电化学体系内部信息。

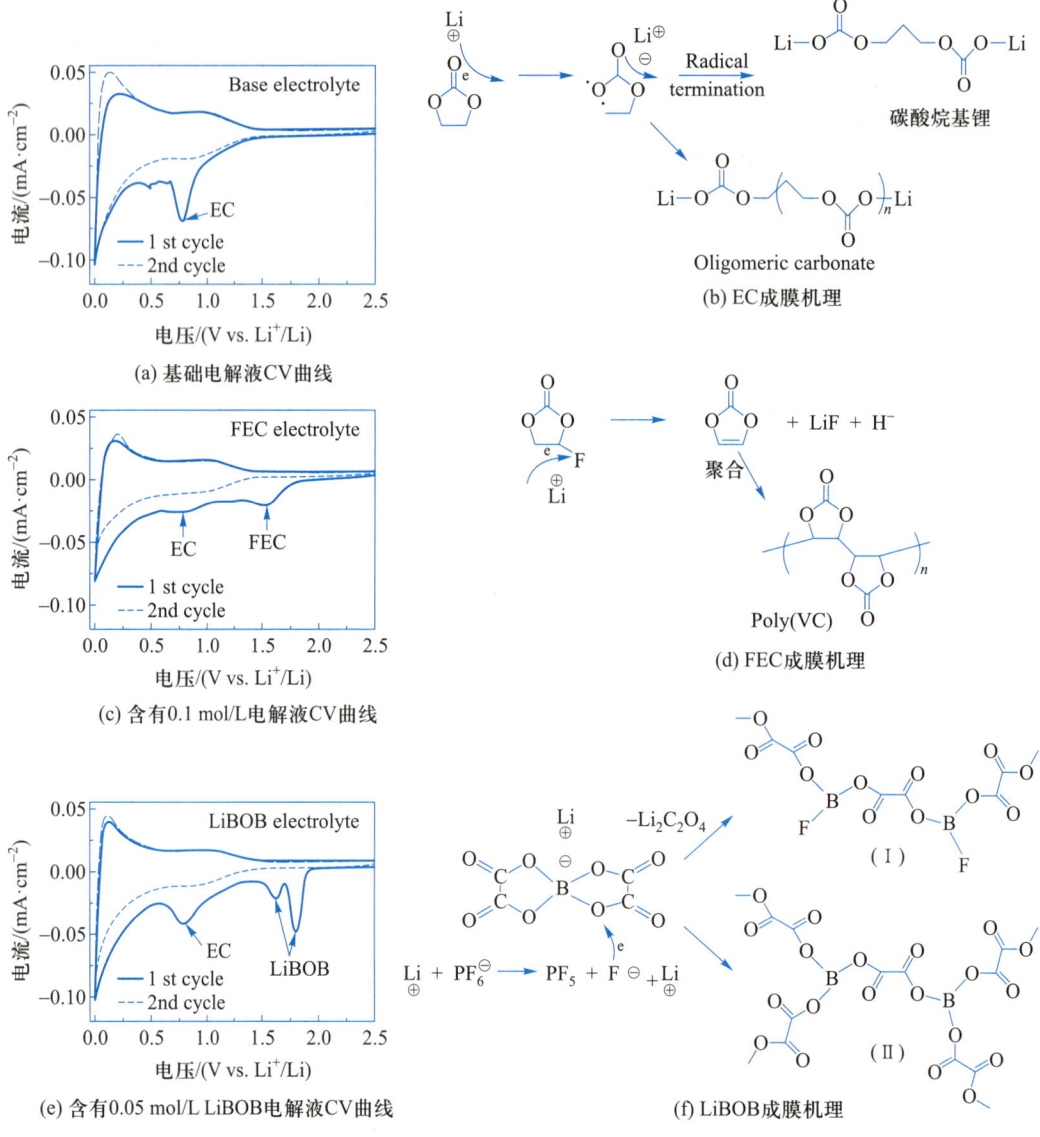

(a) 基础电解液CV曲线

(b) EC成膜机理

(c) 含有0.1 mol/L电解液CV曲线

(d) FEC成膜机理

(e) 含有0.05 mol/L LiBOB电解液CV曲线

(f) LiBOB成膜机理

图 14-8　电解液在 Super-P/Li 电池中的循环伏安测试

电化学方法能够直接准确测定电压和电流信号,通过计算获得阻抗(Z),包括电阻(R)、电容(C)和电感(L)。分析几个最基本的电路:由纯电阻 R 组成的电路,交流电流 $i = (V_0/R)\sin(\omega t) = i_0\sin(\omega t)$,电流和电压的位相相同,阻抗 $Z_R = V/i = R$,为实数。由纯电容 C 组成的电路,$i = C\mathrm{d}V/\mathrm{d}t = \omega CV_0\cos(\omega t) = \omega CV_0\sin(\omega t + \pi/2)$,电流的相位超前电压 $\pi/2$,容抗模值为 $|Z_C| = V/i = 1/(\omega C)$,相位角 $\theta = \pi/2$。由纯电感组成的电路,$V = L\mathrm{d}i/\mathrm{d}t$,$i = \int V/L\mathrm{d}t = V_0/(\omega L)\sin(\omega t - \pi/2)$,感抗模值为 $|Z_L| = V/i = \omega L$,相位角 $\theta = -\pi/2$。

通常,电化学体系内部均是由电阻、电容和电感等基本元件进行串联、并联等构成的交流电路。例如以电阻 R_1 和电容 C_1 并联组成的交流电路为例[图 14-9(a)],阻抗关系式有: $1/Z = 1/Z_R + 1/Z_C$,其中 $1/Z$ 也称为导纳。因此,得到 $1/Z = 1/R_1 + \mathrm{j}\omega C_1$,$j$ 代表复数中的虚数部分,进一步推导关系式

$$Z = \frac{R_1}{1 + (\omega R_1 C_1)^2} - \mathrm{j}\frac{\omega R_1^2 C_1}{1 + (\omega R_1 C_1)^2}$$

将阻抗的实部和虚部分别表示为

$$Z' = \frac{R_1}{1 + (\omega R_1 C_1)^2}$$

$$Z'' = \frac{\omega R_1^2 C_1}{1 + (\omega R_1 C_1)^2}$$

$$|Z| = \sqrt{Z'^2 + Z''^2} = \frac{R_1}{\sqrt{1 + (\omega R_1 C_1)^2}}$$

取两边对数,得 $\lg|Z| = \lg R_1 - \dfrac{1}{2}\lg[1+(\omega R_1 C_1)^2]$

$$\tan\theta = \frac{Z''}{Z'} = \omega R_1 C_1$$

对很低频率时,$\omega R_1 C_1 \ll 1$,$|Z| \approx R_1$,$\lg|Z| \approx \lg R_1$,电路阻抗相当于 R_1 的阻抗,$\theta \to 0$。

对很高频率时,$\omega R_1 C_1 \gg 1$,$|Z| \approx \dfrac{1}{\omega C_1}$,$\lg|Z| \approx -\lg\omega - \lg C_1$,电路阻抗相当于电容 C_1 的阻抗,$\theta \to \pi/2$。

对于在高低频之间的 $\omega_c = \dfrac{1}{R_1 C_1}$ 处,$|Z| = \dfrac{R_1}{\sqrt{2}}$,$\theta \to \pi/4$;其中 $\omega_{c^{-1}} = R_1 C_1 = \tau$,$\tau$ 称为电路的时间常数。

为了更清楚阻抗变化和频率的关系,通常绘制阻抗复数平面图和阻抗波特图。阻抗复数平面图是以阻抗的实部 Z' 为横轴,全部都是正数,代表电阻,以阻抗的虚部 Z'' 为纵轴回执的曲线,也叫作奈奎斯特图(Nyquist plot),也叫作斯留特图(Sluyter plot)。阻抗波特图(Bode plot)由两条曲线组成,一条描述阻抗的模随频率的变化关系,称为 Bode 模图;另一条曲线描述阻抗的相位角随频率的变化关系,称为 Bode 相图。Bode 模图和 Bode 相图要同时给出,才能完整描述阻抗的特征。

在以上电阻 R_1 和电容 C_1 并联的例子中,Bode 图如 14-9(b)所示,以 $\lg\omega$ 为横轴,$\log|Z|$ 为纵轴作 Bode 模图。在很低频率处 $\lg|Z|$ 与频率无关,为 R_1 的水平线;在很高频率处 $\lg|Z|$ 与 $\lg\omega$ 呈现斜率为 -1 的直线;而这两条延长线的焦点即为 $\omega = \omega_c$ 处的点,即 $\lg|Z| = \lg R_1 - 0.15$。以 $\lg\omega$ 为横轴,相位角 θ 为纵轴作 Bode 相图,当相位角 θ 在很低频率处,$\theta \to 0$;在很高频率处;$\theta \to \pi/2$;在 ω_c 处,$\theta = \pi/4$。Nyquist 图如 14-10(c)所示,在很

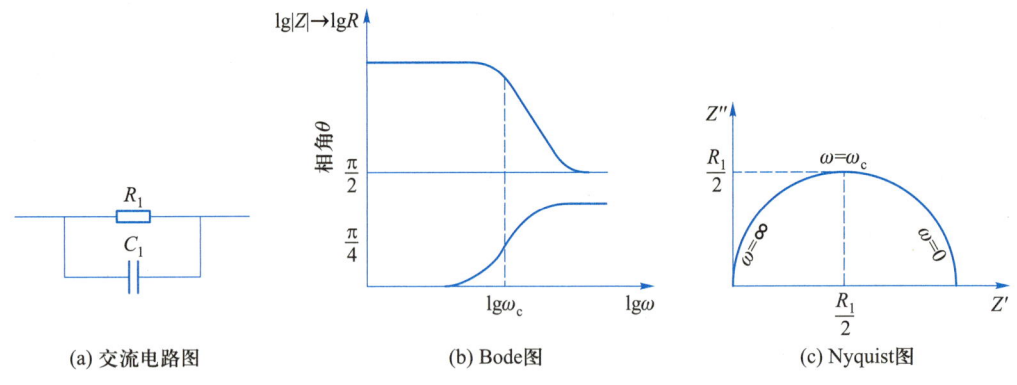

(a) 交流电路图   (b) Bode图   (c) Nyquist图

图 14-9   电阻 R_1 和电容 C_1 并联的典型图形

高或者很低频率时，Z' 和 Z'' 均为 0；在 $\omega = \omega_c$ 处，$Z' = Z'' = \dfrac{R_1}{2}$。

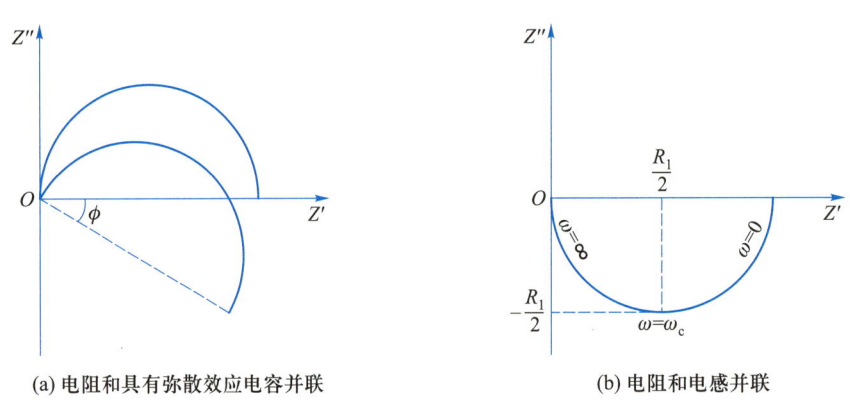

(a) 电阻和具有弥散效应电容并联   (b) 电阻和电感并联

图 14-10   Nyquist 图

在实际的电化学体系中，由于电极表面弥散效应的存在，造成双电层的电容不是常数，而是随着交流信号频率改变而变化。弥散效应主要与电极表面电流分布有关，也与电极表面粗糙度有关。在 Nyquist 图上表现为圆弧变扁平，如图 14-10(a) 所示，ϕ 为弥散角。因此，在电路模拟中需要用到特殊元件，其中最常用的是常相位角元件(constant phase angle element，CPE) 和有限扩散层的 Warburg 元件。

CPE 的阻抗由两个参数 CPE-T 和 CPE-P 共同定义，CPE 的阻抗为 $Z = \dfrac{1}{T \times (\mathrm{j}\omega)^p}$，其中 $\mathrm{j}^p = \cos\left(\dfrac{p\pi}{2}\right) + \mathrm{j}\sin\left(\dfrac{p\pi}{2}\right)$，因此 CPE 的阻抗可写成 $Z = \dfrac{1}{T \times \omega^p}\left[\cos\left(\dfrac{-p\pi}{2}\right) + \sin\left(\dfrac{-p\pi}{2}\right)\right]$。当 $p = 1$ 时，令 $T = C$，则有 $Z = 1/(\mathrm{j}\omega C)$，此时 CPE 相当于一个纯电容，Nyquist 图上为正半圆；

当 $p=-1$ 时,令 $T=1/L$,则有 $Z=j\omega L$,此时 CPE 相当于一个纯电感,Nyquist 图上为负半圆,如图 14-11(b)所示;当 $p=0$ 时,如果令 $T=1/R$,则 $Z=R$,此时 CPE 完全是一个电阻。当电极表面存在弥散效应时,p 的值通常在 $1\sim0.5$,即出现图 14-11(a)的情况,此时弥散角 $\phi=\pi/2\times(1-p)$。因此,在电化学体系中通常采用 CPE 元件代替纯电容 C 来模拟等效电路。

Warburg 元件主要用来描述电荷通过扩散穿过某一阻挡层时的电极行为。常用来描述低频区域下锂离子在活性材料颗粒内部的固体扩散过程。Warburg 元件分为开环和闭环两种模型,闭环模型的阻抗图在低频率时与实轴相交,而开环模型的阻抗图在低频率时向虚部方向发散,如图 14-11 所示。

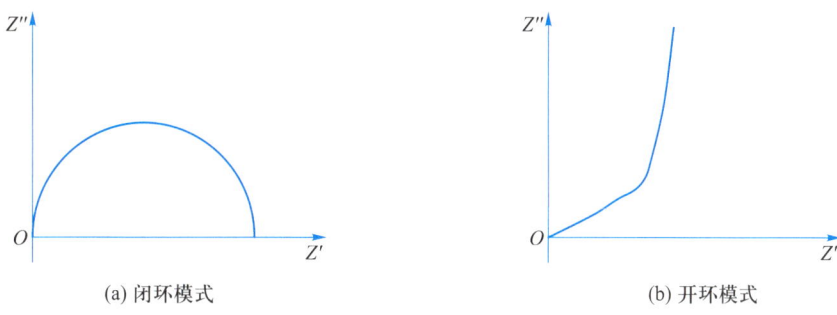

(a) 闭环模式　　　　　　　　　　(b) 开环模式

图 14-11　Warburg 元件的 Nyquist 图

EIS 测试,需要设定电势、振动幅度电压和频率变化范围这几个参数。电势为稳定电势,一般要求在 30 min 内电势变化不大于 2 mV,振动幅度一般限制在 10 mV 及以下,更严格时为 5 mV 以下。频率通常为 $0.1\sim10^5$ Hz,为了精确分析电化学体系中点击过程的各单元步骤,可以设置更低频率至 0.01 Hz。频率设置越低,测试时间越长,但可以测到反应动力学较慢的过程。有一点需要说明,EIS 特别灵敏,需要做好各个转接点的接触,避免接触电阻过大以至于结果失真。

2. 应用举例:电化学阻抗分析界面反应

Cu/Li 电池在 1M $LiPF_6$-EC:DEC:FEC 电解液中循环 10 周后的阻抗图,测试条件:$0.01\sim10^5$ Hz,振幅 10 mV。

测试结果如图 14-12 所示:在 Nyquist 图中,从高频区域到低频区域,依次出现两个半圆和一条斜线;在 Bode 图中模值随着频率的增加而减小,相位角随着频率增加,以先增大后减小的趋势形成两个半圆。高频区域的半圆对应于锂离子穿过 SEI 膜的阻抗,中频区域的半圆对应于电极表面上电荷传递的阻抗,低频区域的斜线对应于锂离子在活性材料颗粒内部的固相扩散阻抗。其中电荷传递和固相扩散的阻抗多见于多孔电极,但由于 Cu/Li 电池经过多周循环后,Cu 表面上具有较多疏松的反应物以及被反应物包裹的金属锂,造成类似多孔电极的特征。

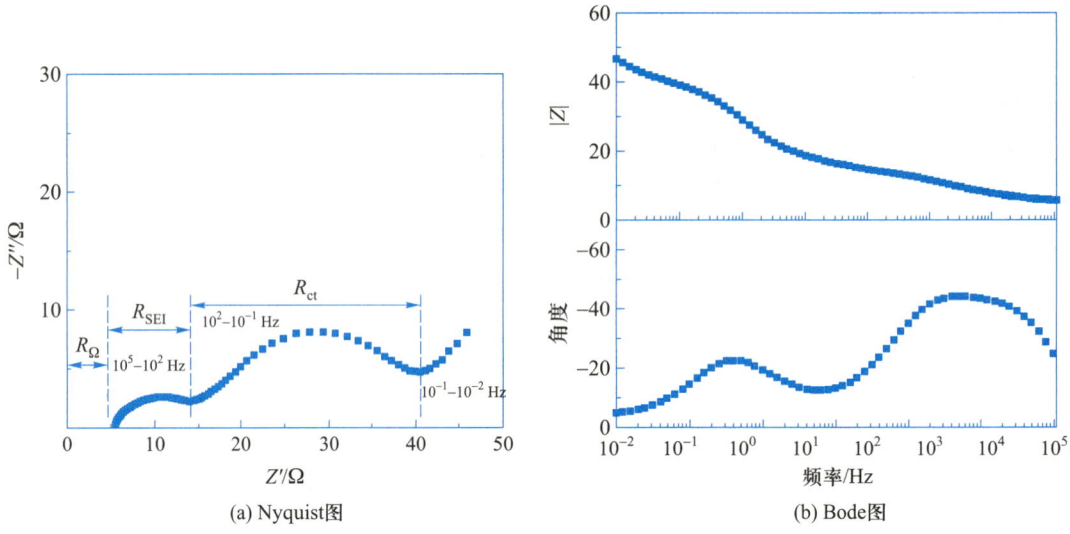

(a) Nyquist图   (b) Bode图

图 14-12   Cu/Li 电池循环 10 周后的

采用 Zview 软件对阻抗谱图进行电路模拟,由于电池内部各部件之间存在接触阻抗,通常是固定阻值,采用欧姆电阻 R_Ω。两个半圆区域的模拟采用 CPE 元件和电阻并联,模拟 $0.1 \sim 10^5$ Hz 频率范围内的电路图,可以得出 R_{SEI} 和 R_{ct} 的具体数值,如图 14-13 所示。

元素	数值	误差	相对误差/%
R_Ω	5.11	0.05	0.99
R_{SEI}	9.89	0.19	1.96
R_{ct}	29.05	0.44	1.52
CPE1-T	0.0004	4.11E-05	9.07
CPE1-P	0.582	0.0097	1.67
CPE2-T	0.013	0.0002	1.85
CPE2-P	0.62	0.0092	1.48

图 14-13   模拟电路图及对应模拟数值

根据低频区域的斜线,可以获得锂离子在固体内部的扩散系数。首先,以低频区域的 Z' 数据为纵轴,$\omega^{-1/2}$ 为横轴,画出图 14-14,由 $Z' = R + \delta\omega^{-1/2}$ 关系式,得到 Warburg 因子 δ 为 2.535。根据扩散系数公式 $D = 0.5\left(\dfrac{RT}{An^2F^2\delta C}\right)$,得到扩散系数 D 为 0.35×10^{-8},$\mathrm{cm^2\ s^{-1}}$。其中 D:扩散系数,$\mathrm{cm^2\ s^{-1}}$,A:电极面积,$\mathrm{cm^2}$,n:转移电子数,C:锂离子浓度,$\mathrm{mol \cdot L^{-1}}$,$R$、$F$ 常数,T:热力学温度,K,δ:Warburg 因子,ω:角频率 为 $2\pi f$,Z':阻抗实部。

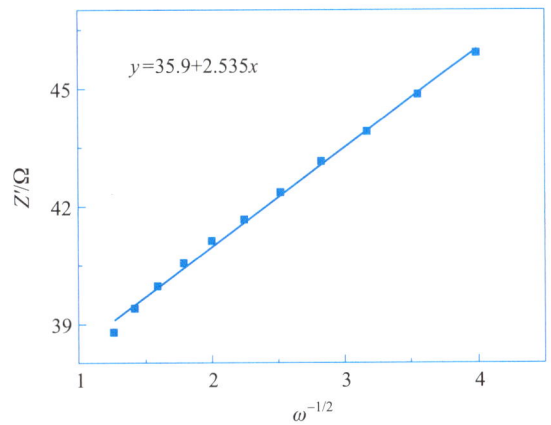

图 14-14 低频区域 $0.01 \sim 0.1$ Hz 的 Z' 和 $\omega^{-1/2}$ 关系图

14.3.4 电化学联合使用技术

电化学联用测试技术是目前非常活跃的测试分析技术。通过特殊的模拟电池,在电化学测试过程中,不拆解电池就对所研究的材料、电极直接进行物理测试,一般测试都是设置一个静置时间,物理测试在静置时间段进行,主要目的是获得研究电极在电化学测试过程中的晶体结构演化、表面特性变化、副反应规律等关键信息,这些信息对于认识电化学体系反应机理、开发器件都具有非常重要的价值。

目前,已经开发出多种与电化学测试方法-物理测试分析的联用技术,主要如下:电化学-原位 XRD 测试技术,用于测试研究材料在电化学测试过程中的晶体结构演化规律;电化学-原位拉曼光谱测试技术,主要用于分析研究电极表界面组成的变化规律;电化学-原位 SEM 测试技术、电化学-原位 TEM 测试技术,用于观测工作过程中材料的颗粒尺寸变化;电化学-原位 XPS 测试技术,准静压测试技术原理,原位测试表层材料化学环境的变化和测试材料的表面成膜过程;电化学-原位 XRD-原位 MS 测试技术,可以用于分析随着电化学反应的进行,材料结构变化和气体产生特性三者的耦合关系。

习题

1. 测试电化学反应电势的方法有哪些?

2. 如何测试储能材料的活性物质与电池器件容量?

3. 在自己的科研课题上会使用哪些电化学测试方法,对于科研有什么作用?

第 14 章参考文献

读者意见反馈

为收集对教材的意见建议,进一步完善教材编写并做好服务工作,读者可将对本教材的意见建议通过如下渠道反馈至我社。

咨询电话　400-810-0598

反馈邮箱　hepsci@pub.hep.cn

通信地址　北京市朝阳区惠新东街 4 号富盛大厦 1 座

　　　　　　高等教育出版社理科事业部

邮政编码　100029